사라진 스푼

The Disappearing Spoon
by Sam Kean

Copyright ⓒ 2010 by Sam Kean
This edition published by arrangement with Little, Brown and Company,
New York, New York, USA. All right reserved.

Korean translation Copyright ⓒ 2011 by Bookhouse Publishers Co.
Korean translation rights arranged with Little, Brown and Company,
New York, New York, USA. through EYA(Eric Yang Agency).

이 책의 한국어판 저작권은 EYA(Eric Yang Agency)를 통한 Little, Brown and Company 사와의
독점 계약으로 한국어 판권을 (주)북하우스 퍼블리셔스가 소유합니다. 저작권법에 의하여
한국 내에서 보호를 받는 저작물이므로 무단 전재와 무단 복제를 금합니다.

주기율표에 얽힌 광기와 사랑, 그리고 세계사

사라진 스푼

샘 킨 지음 ― 이충호 옮김

해나무

| 일러두기 |

1. 본문에서 *로 표시된 부분은 437쪽부터 시작되는 '노트'에 좀더 자세하고 흥미로운 이야기가 실려 있다.
2. 원소 주기율표는 498~499쪽에 실려 있다.
3. 책과 장편의 제목은 「 」로 묶었고, 단편·시·논문·기사명은 「 」로, 영화·신문·잡지명은 〈 〉로 묶었다.
4. 원소 이름은 1987년 맞춤법 및 외래어 표기법 개정 이후 초·중·고등학교 과학 교과서에 널리 사용된 명칭으로 표기했으며, 최근 대한화학회가 새 이름으로 바꾸기를 제안한 원소 이름은 괄호 안에 병기했다.

머리말

어린 시절이던 1980년대 초에 나는 입 속에 무엇(음식물, 치아 교정용 튜브, 곧 날려 보낼 풍선 등등)을 넣은 채 말하는 버릇이 있었는데, 주위에 아무도 없을 때에도 혼자서 주절거리곤 했다. 그런데 내가 주기율표에 처음 관심을 갖게 된 것은 바로 이 버릇 때문이었다. 그 계기가 된 사건은 혀 밑에 온도계를 넣고서 혼자 있을 때 일어났다. 나는 2학년과 3학년 때 10여 차례나 패혈성 인두염에 걸렸는데, 이 병에 걸리면 며칠 동안 음식이나 물을 삼키기가 힘들었다. 나는 학교에 안 가고 집에서 쉬면서 바닐라 아이스크림과 초콜릿 소스로 병을 치료하는 게 싫지 않았다. 그런데 아플 때마다 나는 그 기회를 놓치지 않고 늘 수은 온도계를 깨뜨렸다.

온도계를 혀 밑에 넣고 누워 있던 나는 혼자서 어떤 질문을 상상하다가 나도 모르게 그 답을 큰 소리로 외쳤는데, 그 바람에 온도계가 입 밖으로 튀어나가 딱딱한 바닥에 부딪쳐 깨지고 말았다. 유리구 안에 들어 있던 액체 수은은 수많은 볼베어링이 되어 흩어졌다. 잠시 후, 어머니가 고관절염을 앓고 있었는데도 불구하고 바닥에 엎드려 수은 공들을 일일이 모으기 시작했다. 이쑤시개를 하키 스틱처럼 사용해 물렁물렁한 공들을 서로 가까이 다가가게 하자, 두 공이 닿는 순간 갑자기 한 공이 다른 공을 집어삼켰다! 조금 전까지만 해도 두 공이 있던 자리에는 하나의 공이 흠집 하나 없이 흔들거리고 있었다. 어머니는 바닥 위로 계속 이동하면서 이 마술을 보여주었고, 결국엔 나머지 공들을 모두 집어삼킨 큰 공 하나만이 은빛 렌즈콩처럼 반짝이며 남았다.

수은을 다 모은 어머니는 부엌의 장식품 선반에서 낚싯대를 든 테디 베어와 1985년 가족 모임 때 선물로 받은 파란색 세라믹 머그잔 사이에 놓여 있던 초록색 라벨이 붙은 플라스틱 약병을 끌어내렸다. 그리고 수은 공을 봉투 속으로 굴려서 담은 뒤에 그것을 피칸만 한 크기의 수은 방울이 들어 있는 병 속에다 조심스럽게 부었다. 어머니는 병을 숨기기 전에 수은을 뚜껑에다 쏟아 부은 다음 나와 형제들에게 미래형 금속이 이리저리 굴러다니며 쪼개졌다가 다시 아무 흠 없이 합쳐지는 모습을 가끔 보여주었다. 난 수은이 무서워 참치조차 먹이려 하지 않는 어머니를 둔 아이들이 참 불쌍하다고 생각했다. 중세의 연금술사들은 금을 만들길 그렇게 갈망했지만, 수은을 우주에서 가장 강력하고 시적인 물질이라고 생각했다. 어린 시절의 나라면 그들의 생각에 순순히 동의했을 것이다. 심지어 그들처럼 수은이 액체나 고체, 금속이나 물, 천국이나 지옥 같은 일상적인 범주를 초월하며, 수은 속에 초자연적인 정령이 들어 있다고까지 믿었을 것이다.

　나는 나중에 수은의 이런 행동은 수은이 홑원소 물질이기 때문에 나타난다는 사실을 알게 되었다. 물(H_2O)이나 이산화탄소(CO_2) 혹은 우리가 매일 마주치는 대부분의 물질(화합물이나 혼합물)과는 달리, 홑원소 물질인 수은은 자연적인 방법으로는 더 작은 구성 요소로 분해할 수 없다. 사실, 수은은 컬트적 경향이 아주 강한 원소 중 하나이다. 수은 원자는 오직 다른 수은 원자하고만 붙어 있으려 하고, 공 모양으로 웅크림으로써 외부 세계와의 접촉을 최소화하려고 한다. 내가 어린 시절에 쏟아본 대부분의 액체는 그렇지 않았다. 물은 사방으로 퍼져나갔고, 기름이나 식초, 굳지 않은 젤리 과자도 그랬다. 내가 온도계를 떨어뜨릴 때마다 부모님은 보이지 않는 유리 조각에 발을 다칠까 봐 항상 신발을 신으라고 당부했다. 그렇지만 어딘가에 숨어 있을지도 모르는 수은에 대한 경고는 들은 적이 없다.

나는 오랫동안 학교뿐만 아니라 책에서도 80번 원소에 관한 이야기를 눈에 불을 켜고 찾았다. 신문에 혹시 어린 시절의 친구 이름이 실리지 않았나 하고 찾는 심정과 비슷했다. 나는 북아메리카 중서부에 펼쳐진 대평원인 그레이트플레인스 출신인데, 역사 시간에 메리웨더 루이스Meriwether Lewis와 윌리엄 클라크William Clark가 사우스다코타주를 포함한 루이지애나 구입지(1803년에 미국이 프랑스 정부로부터 사들인 프랑스령 루이지애나. 미시피 강 서안에서 로키 산맥까지 뻗은 이 광대한 땅에는 나중에 미국의 15개 주가 들어섰다.—옮긴이)를 여행할 때 가져간 도구 중에 현미경과 나침반, 육분의, 수은 온도계 3개도 포함돼 있었다는 사실을 알게 되었다. 그렇지만 수은 완하제 600정도 가져갔다는 사실은 몰랐다. 이 알약은 하나의 크기가 아스피린 4개만 했다. 이 완하제는 독립선언서 서명자 중 한 사람이자 1793년에 황열병이 창궐했을 때 용감하게 필라델피아에 머물면서 환자들을 치료한 영웅 의사 벤저민 러시Benjamin Rush의 이름을 따 '러시 박사의 쓸개즙 정제Dr. Rush's Bilious Pill'라고 불렸다. 러시가 즐겨 사용한 치료법은 어떤 환자에게나 염화수은 반죽을 마시게 하는 것이었다. 1400년에서 1800년 사이에 의술이 크게 발전하긴 했지만, 그 당시 의사들은 여전히 주술사와 비슷한 면이 많았다. 그들은 일종의 공감 마술과 아름답고 매력적인 수은을 사용하여 독으로 독을 치료하는 원리에 따라 환자를 위험한 고비로 몰아넣으면 병이 나을 것이라고 생각했다. 러시 박사는 환자가 입에서 침을 질질 흘릴 때까지 그 용액을 복용하게 했다. 몇 주일 혹은 몇 개월 동안 계속 치료를 받은 환자 중에는 이가 빠지거나 머리카락이 빠지는 사람이 많았다. 차라리 그냥 내버려두었더라면 황열병에서 회복되었을 사람들도 그의 '치료법' 때문에 중독되거나 죽어갔다. 그렇지만 필라델피아에서 그 치료법을 완성한 러시 박사는 10년 뒤에 루이스와 클라크가 탐사를 떠날 때 자신이 미리 준비한 약을 보냈다. 현대의 고고학자들은 러시 박사가 준 약의 부작용 덕분에 탐사대원들이 머문 야영지를 추적할 수 있다. 낯선 땅에서 이상한 음식과 의심스러운 물을 먹고 마신 탐사대원 중에는 늘 누군가 배탈이 났다. 그래서 탐사대가 변소로 사용하기 위해 땅을 판 곳 중 많은 장소에서는 지금도 흙에서 수은 침전물이 검출된다. 러시 박사의 완하제가 그 효과를 다소 지나치게 나타냈기 때문이다.

수은은 과학 수업 시간에도 등장했다. 교과서에서 복잡한 주기율표를 처음 보았을 때, 나는 수은을 찾으려고 죽 훑어보았지만 찾지 못했다. 주기율표에서 수은은 밀도가 높고 무른 금(79번)과 독성이 있는 탈륨(81번) 사이에 있다. 그러나 수은의 원소 기호 Hg는 영어 단어 머큐리mercury하고는 아무 상관도 없는 두 문자로 이루어져 있다. 왜 원소 기호가 Hg인지 그 수수께끼를 알아보았더니, '히드라르기룸hydrargyrum'이라는 라틴어에서 따온 것이었다. 이 단어는 그리스어로 물을 뜻하는 'hydr'와 은을 뜻하는 'argyros'를 합쳐 만든 것이다. 이 경험을 통해 나는 옛날 언어와 신화가 주기율표에 큰 영향을 미쳤다는 사실을 알게 되었는데, 주기율표에서 아래쪽에 있는 무거운 원소들에서 그러한 라틴어 이름을 많이 볼 수 있었다.

문학 수업 시간에도 수은을 만났다. 예전에 모자 제조업자들은 생가죽에서 모피를 분리할 때 밝은 주황색 수은 세제를 사용했다. 수은 증기가 솟아오르는 큰 통에서 모피를 다듬던 모자 제조공들은 시간이 지나자 『이상한 나라의 앨리스』에 나오는 미치광이 모자 장수처럼 머리카락이 빠지고 정신이 이상해졌다. 결국 나는 수은의 독성이 얼마나 위험한지 알게 되었다. 이것은 러시 박사의 쓸개즙 정제가 왜 그렇게 효과가 좋았는지도 설명해준다. 우리 몸은 외부에서 들어온 독성 물질을 빨리 내보내려고 하는데, 수은도 바로 그런 독성 물질이다. 수은은 그냥 삼키는 것도 위험하지만, 그 증기는 독성이 더 강하다. 수은 증기는 말기에 이른 알츠하이머병처럼 중추 신경계의 신경들을 손상시키고 뇌에 구멍을 숭숭 뚫는다.

그러나 수은의 위험에 대해 많은 것을 알수록 나는 그 파괴적인 아름다움(윌리엄 블레이크가 쓴 시 「호랑이」에 나오는 "호랑이! 호랑이! 이글이글 불타는 호랑이! Tyger! Tyger! burning bright"라는 구절처럼)에 더 매력을 느꼈다. 세월이 지나자 부모님은 부엌을 다시 꾸미면서 머그잔과 테디베어가 놓여 있던 선반을 없앴지만, 거기에 있던 장식품들은 판지 상자에 넣어 보관했다. 얼마 전 부모님 집을 방문한 나는 초록색 라벨이 붙어 있는 병을 꺼내 뚜껑을 열어보았다. 병을 이리저리 기울여보니 그 안에 든 것이 미끄러져 다니는 무게를 느낄 수 있었다. 병 가장자리 너머로 살며시 안을 들여다보던 내 눈은 한쪽에 모여 있는 작은 덩어리에 고정되었다. 그것은 환상 속에서나 만날 수 있는 완벽한 물방울처럼 반짝이며 그곳에 있었다. 어린 시절 내내 나는 바닥에 쏟은 수은을 생각할 때면 늘 뜨거운 열이 연상되었다. 그러나 이제 이 작은 구들이 지닌 공포의 대칭성을 잘 아는 나는 오싹한 냉기를 느꼈다.

수은이라는 한 원소에서 나는 역사와 어원학, 연금술, 신화, 문학, 독극물 법의학, 심리학*을 배웠다. 그렇지만 내가 모은 원소 이야기는 이것뿐만이 아니다. 특히 대학에서 과학을 공부하고, 과학에 관한 잡담을 위해서라면 하던 연구도 언제든지 잠시 멈췄던 교수님을 몇 분 만난 덕분에 그런 이야기를 많이 모을 수 있었다.

나는 물리학도였지만 글을 쓰겠다는 열정에 사로잡혀 실험실에서 탈출할 날만 꼽고 있던 처지라, 진지한 연구 자세와 재능을 겸비한데다가 숱한 시행착오를 반복하는 실험을 사랑했던(나로서는 절대로 흉내 낼 수 없는 방식으로) 동료들 사이에서 비참함을 느꼈다. 미네소타 대학에서 이렇게 힘들게 5년을 보낸 뒤에 학위를 받았는데, 실험실에서 수백 시간을 보내고, 수천 개의 공식을 외우고, 마찰이 없는 도르래와 경사로에 관한 도표를 수만 개나 그렸지만, 내가 받은 진짜 교육은 교수님들이 들려준 이야기였다. 그런 이야기 중에는 간디와 고질라, 그리고 게르마늄(저마늄)을 이용해 노벨상을 훔친 우생학자 이야기, 폭발성이 있는 나트륨 덩어리를 강에 던져 물고기를 죽인 이야기, 우주 왕복선에서 질소 가스에 질식해 죽은 사람들 이야기, 우리 학교 캠퍼스에서 자기 가슴 속에 플루토늄으로 작동하는 심장 박동기를 넣고 실험을 한 교수 이야기(거대한 자기磁氣 코일 옆에 서서 자기 코일을 만지작거리면서 심장 박동기를 빨리 뛰게 하거나 느리게 뛰게 했다고 한다) 등이 있다.

  나는 그런 이야기들에 흠뻑 빠졌는데, 최근에 아침을 먹으면서 수은에 관한 옛날 일을 떠올리다가 주기율표의 모든 원소는 각자 나름의 흥미롭고 기묘하고 섬뜩한 이야기를 지니고 있다는 사실을 깨달았다. 주기율표는 인류가 이룬 위대한 지적 업적 중 하나이다. 그것은 과학적 업적인 동시에 흥미진진한 이야기책이기도 하다. 그래서 나는 해부학 책의 투명화들이 같은 이야기를 서로 다른 깊이에서 들려주는 것처럼, 그 이야기를 이루는 모든 껍질들을 한 겹 한 겹 벗기면서 여러분에게 보여주고자 이 책을 썼다. 가장 단순한 차원에서 본다면, 주기율표는 우주에 존재하는 모든 원소를 실어놓은 목록이다. 각자 강한 개성을 지닌 100여 종의 이 원소들은 우리가 보고 만지는 모든 것을 만들어낸다. 주기율표의 구조는 개성이 강한 이 원소들이 서로 어떻게 섞이고 반응하는지 짐작할 수 있는 과학적 단서를 제공한다. 조금 복잡한 차원에서 본다면, 주기율표에는 모든 종류의 원자가 어디서 나왔으며, 어떤 원자가 분열하여 다른 원자로 변할 수 있는지를 가르쳐주는 일종의 법의학적 정보가 담겨 있다. 원자들은 자연적으로 결합하여 살아 있는 생물과 같은 역동적인 계를 만들기도 하는데, 주기율표는 그런 일이 어떻게 일어나는지 예측할 수 있게 해준다. 심지어 어떤 악당 원소들이 생물을 손상하거나 파괴하는지도 예측할 수 있게 해준다.

    마지막으로, 주기율표는 인류학적으로도 경이로운 대상이다. 이 인공물에는 경이롭거나 예술적이거나 추한 인간의 모든 속성과 우리와 자연계의 상호작용 방식까지 반영돼 있다. 그것은 간결하고도 우아한 문자로 표현된 우리 종의 역사이기도 하다. 그러니 가장 기본적인 것에서부터 시작하여 복잡성이 점차 증가하는 순서에 따라 이 모든 층들을 자세히 살펴볼 가치가 있다. 그리고 이 이야기는 단순히 재미있는 이야기를 들려주는 것에 그치지 않고, 교과서나 실험 안내서에는 절대로 나오지 않는 방식으로 주기율표를 이해하는 방법을 들려줄 것이다. 우리는 주기율표의 원소들을 먹고 숨 쉰다. 사람들은 주기율표의 원소들에 거액의 돈을 걸었다가 따거나 잃는다. 철학자들은 주기율표를 사용해 과학의 의미를 찾는다. 주기율표는 사람들을 중독시키고, 전쟁을 낳는다. 맨 위 왼쪽 끝에 있는 수소와 아래쪽에 있는 인공 원소들 사이에서 여러분은 거품과 폭탄, 돈, 연금술, 정치, 역사, 독, 범죄, 사랑을 만날 것이다. 그리고 심지어 약간의 과학도 접할 수 있다.

차례

머리말 | 5

1장 주기율표의 구조와 탄생
지리적 위치가 곧 운명 | 17
쌍둥이처럼 비슷한 원소들과 검은 양 : 원소들의 계보 | 44
주기율표의 갈라파고스 제도 | 64

2장 원자 창조와 원자 분해
원자는 어디서 왔을까 : "우리는 모두 별의 물질로 만들어졌다" | 87
전쟁에 쓰인 원소들 | 108
폭발과 함께 완성된 주기율표 | 129
주기율표의 확대와 냉전의 확산 | 151

3장 주기율표를 둘러싼 혼란 : 복잡성의 출현
물리학에서 생물학으로 | 175
독성 원소들의 복도 : "아야, 아야" | 197
기적의 의약품을 낳은 원소들 | 216
원소들의 속임수 | 239

4장 인간의 성격을 지닌 원소들

정치적 원소들 | 259

돈으로 쓰이는 원소들 | 283

예술적인 원소들 | 302

광기의 원소 | 323

5장 현재와 미래의 원소 과학

극저온에서 원소들이 나타내는 기묘한 행동 | 349

영광의 구 : 거품의 과학 | 371

터무니없을 정도로 정밀한 도구 | 394

주기율표를 넘어서 | 416

노트 | 437

참고 문헌 | 477

감사의 말 | 478

옮긴이의 말 | 480

찾아보기 | 488

원소 주기율표 | 498

1장
주기율표의 구조와 탄생

지리적 위치가 곧 운명

$$\underset{4.003}{\overset{2}{He}} \quad \underset{10.812}{\overset{5}{B}} \quad \underset{121.760}{\overset{51}{Sb}} \quad \underset{168.934}{\overset{69}{Tm}} \quad \underset{15.999}{\overset{8}{O}} \quad \underset{164.930}{\overset{67}{Ho}}$$

많은 사람들은 주기율표라고 하면 고등학교 화학 시간에 선생님 어깨 너머에 걸려 있던, 가로줄과 세로줄이 다소 비대칭적으로 배열된 도표를 떠올릴 것이다. 그 도표는 대개 가로 2미터, 세로 1미터 정도로 아주 컸는데, 주기율표가 화학에서 차지하는 중요성을 감안한다면 다소 위압적으로 보이는 그 크기는 적절한 것이라고 말할 수 있다. 그것은 대개 학기 초인 9월에 처음 교실에 소개된 뒤 5월 말까지 계속 걸려 있는 경우가 많았다. 또, 그것은 공책이나 교과서와는 달리 시험 때 마음껏 참고해도 되는 과학 정보였다. 물론 대부분은 그 거대한 커닝 페이퍼를 마음대로 활용해도 된다는 허락에도 불구하고, 그것을 활용할 방법을 제대로 알지 못해 좌절한 기억이 있을 테지만…….

얼핏 보면 주기율표는 최대의 과학적 효용을 위해 독일식 설계를 따른 듯 아주 잘 조직된 것처럼 보였다. 그러나 한편으로는 숫자와 약자와 컴퓨터 에러 메시지 같은 것들이 뒤죽박죽 섞여 있는 것처럼 보여,

그것을 쳐다보고 있으면 괜히 갑갑하고 불안한 느낌이 들었다. 그리고 주기율표는 물리학이나 생물학 등 다른 과학 분야와도 무슨 관계가 있는 게 분명했지만, 정확하게 무슨 관계가 있는지 알 수 없었다. 아마도 많은 학생에게 가장 큰 좌절을 안겨준 것은 주기율표를 제대로 이해한 우등생, 그러니까 그 원리를 깨치고 무덤덤하게 거기서 많은 사실을 끄집어내는 동급생이었을 것이다. 그것은 다른 사람들이 여러 가지 색의 점들 사이에서 7이나 9 같은 숫자(즉, 중요한 정보이지만 확실한 형체를 스스로 드러내지 않고 숨어 있는 정보)를 찾아낼 때 색맹인 사람이 느끼는 것과 비슷한 좌절감이다. 많은 사람들은 주기율표를 기억할 때 매혹과 애정과 자격지심과 혐오감이 뒤섞인 감정이 떠오를 것이다.

학생들에게 주기율표를 소개할 때에는 칸들에 어지럽게 들어 있는 문자와 숫자를 모두 없앤 텅 빈 표를 먼저 보여주는 게 좋다.

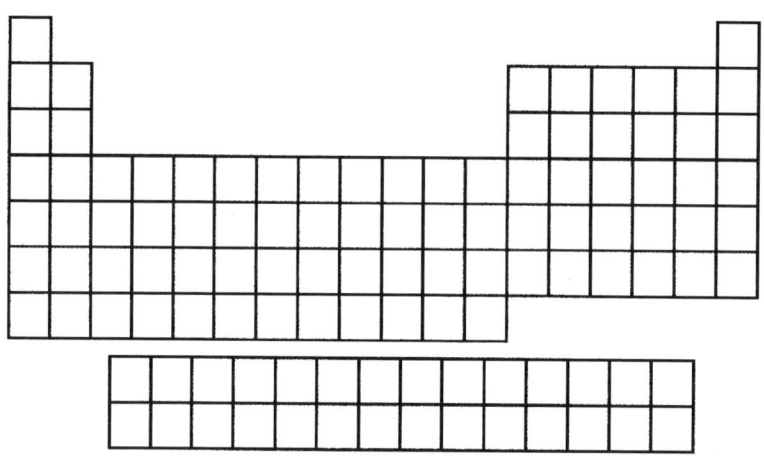

자, 이것은 무엇처럼 보이는가? 일종의 성처럼 보이지 않는가? 성벽 양쪽 끝에는 탑이 우뚝 솟아 있고, 그 사이의 윗부분은 석공들이 공사

를 하다 만 것처럼 휑하게 비어 있다. 위로 높이 돌출한 부분은 모두 8줄이고, 수평 방향으로는 7층 구조로 쌓여 있으며, 성 아래의 지하에는 따로 2층으로 '활주로'처럼 생긴 구조가 있다. '벽돌'로 쌓아올린 이 성의 첫 번째 특징은 각 벽돌의 위치를 서로 바꿀 수 없다는 점이다. 각 벽돌은 하나의 원소, 즉 물질의 기본 구성 요소에 해당한다. 만약 벽돌 중 하나라도 제자리에 정확하게 들어가 있지 않으면 성 전체가 와르르 무너지고 만다. 이것은 결코 과장이 아니다. 만약 과학자들이 한 원소가 다른 장소에 들어갈 수 있다거나 두 원소의 자리를 서로 바꿀 수 있다는 사실을 발견하는 날이면, 주기율표의 전체 구조는 와르르 무너지고 만다.

  건축학적으로 호기심을 끄는 또 한 가지 특징은 각 벽돌은 그 위치에 따라 서로 다른 물질로 만들어져 있다는 점이다. 즉, 모든 벽돌은 같은 물질로 만들어지지 않았을 뿐만 아니라 특징도 제각각 다르다. 전체 벽돌 중 75%는 금속이다. 즉, 대부분의 원소는 최소한 우리에게 익숙한 보통 온도에서는 차가운 회색 고체 물질이다. 오른쪽 끝부분에 있는 몇몇 세로줄에는 기체 원소들이 자리 잡고 있다. 실온에서 액체인 원소는 수은과 브롬(브로민), 두 가지뿐이다. 금속 원소들과 기체 원소들 사이에는 정의하기가 다소 애매한 원소들이 자리 잡고 있는데, 이러한 모호한 특징 때문에 이 원소들은 흥미로운 성질을 나타낸다. 예를 들면, 화학 실험실에 보관돼 있는 것보다 수십억 배나 강한 산을 만들 수 있다. 만약 각각의 벽돌이 그것이 나타내는 원소 물질로 만들어졌다면, 원소 벽돌들로 쌓아 올린 성은 서로 어울리지 않는 여러 시대의 구조물과 날개벽이 덕지덕지 붙어 있는 키메라처럼 보일 것이다. 좀더 좋게 봐준다면, 해체주의 건축의 거장인 다니엘 리베스킨트Daniel Libeskind(폴란드 출신의 유대인 건축가. 9·11 테러로 무너진 세계무역센터 자리인 '그라운드 제로'에 들어설 '프리덤 타워'의 공모 당선자로 화려한 조명을 받았다. 그는 건물이 지닌 모든 의미를 드러내면서 외부와 내부를 분리하는 '해체'의 건축 철학을 작품에 담아냈다.—옮긴이)가 지은 건축물과 비슷해 보일 것이다.

성벽의 설계도를 놓고 이렇게 길게 이야기하는 이유가 있다. 각 원소가 지닌 과학적으로 흥미로운 사실은 모두 그 원소의 좌표에 따라 결정되기 때문이다. 원소에게는 그 지리적 위치가 곧 운명이다. 이제 주기율표의 윤곽이 대충 어떤 모습인지 감을 잡았을 테니 좀더 유용한 은유를 사용할 때가 된 것 같다. 즉, 이제부터는 주기율표를 일종의 지도로 보는 것이다. 그 지도의 모습을 여러분에게 좀더 자세히 보여주기 위해 나는 이 지도의 동쪽에서 출발하여 서쪽으로 가면서 잘 알려진 원소들과 잘 알려지지 않은 원소들을 두루 자세히 살펴보려고 한다.

주기율표의 동쪽과 서쪽

먼저, 맨 오른쪽 끝에 있는 열여덟 번째 세로줄에는 흔히 '비활성 기체'라고 부르는 희유 기체(공기에 들어 있는 양이 희박한 여섯 가지 기체 원소, 곧 헬륨, 네온, 아르곤, 크립톤, 크세논[제논], 라돈을 통틀어 이르는 말. 다른 원소와 화학 반응을 잘 일으키지 않아 비활성 기체라 부른다.—옮긴이)가 있다. 영어로는 'noble gases'라고 하는데, '고상한' 또는 '고귀한'이란 뜻을 지닌 noble은 사실 고풍스럽고 우스꽝스러운 단어처럼 들리며, 화학보다는 윤리나 철학에 더 어울려 보인다. 'noble gases'라는 용어의 유래는 서양 철학이 탄생한 고대 그리스로 거슬러 올라간다. 플라톤Platon은 동료 철학자인 레우키포스Leucippos와 데모크리토스Democritos가 원자 개념을 만들어낸 뒤에 각 물질의 가장 작은 입자를 나타내는 단어인 '원소(고대 그리스어로는 stoicheia)'를 만들었다. 기원전 400년경에 스승인 소크라테스Socrates가 죽고 나서 신변의 위협을 느껴 아테네를 떠나 오랫동안 여러 곳을 전전하면서 철학에 관한 글을 쓴 플라톤은 원소가 정확하게 화학적으로 어떤 것인지는 알지 못했다. 그렇지만 만약 그것을 알았더라면, 틀림없이 주기율표의 동쪽 끝부분에 있는 원소들을, 그중에서도 특히 헬륨을 가장 좋아하는 원소로 꼽았을 것이다.

플라톤은 사랑과 연애를 다룬 작품『향연 $Symposium$』에서 모든 존재는 자신의 잃어버린 반쪽을 찾으려 한다고 주장했다. 이것을 사람에게 적용하면, 정열과 섹스 그리고 그것에 수반되는 모든 문제는 바로 여기서 비롯된다. 거기에 더해 플라톤은 작품 전체에 걸쳐 추상적이고 변하지 않는 것은, 여기저기를 들쑤시고 다니면서 천한 물질들과 마구 상호작용하는 것보다 본질적으로 더 고상하다고 누누이 강조했다. 그가 왜 기하학을 그렇게 칭송했는지도 이것으로 설명이 가능하다. 기하학은 오직 이성으로만 지각할 수 있는 이상적인 원이나 정다면체를 다루기 때문이다. 비수학적 물체를 설명하기 위해 플라톤은 '형상 form' 이론을 만들었는데, 모든 물체는 그 이상적인 형태인 형상의 그림자일 뿐이라고 주장했다. 예를 들면, 모든 나무는 이상적인 나무의 불완전한 복제품에 지나지 않으며 완전한 '나무다움'을 추구한다. 이것은 물고기와 '물고기다움'이나 컵과 '컵다움'에도 똑같이 적용된다. 플라톤은 그러한 형상이 단순히 추상적 개념이 아니라, 설사 인간이 직접 지각할 수 있는 범위를 벗어나 하늘의 영역에 머문다 하더라도 실제로 존재한다고 믿었다. 그런데 만약 과학자들이 이상적인 형상을 지상의 헬륨에서 발견한 것을 보았더라면, 플라톤은 엄청난 충격을 받았을 것이다.

1911년, 네덜란드 출신의 독일인 과학자가 액화 헬륨으로 수은을 냉각시키다가 −269℃에서 수은의 전기 저항이 0이 되면서 이상적인 전도체가 된다는 사실을 발견했다. 이것은 아이팟 iPod을 아주 낮은 온도로 냉각시키면, 헬륨이 회로를 계속 냉각시키는 한 음악을 아무리 오랫동안

(영원히) 크게 틀더라도 배터리가 전혀 닳지 않는다는 뜻이다. 러시아와 캐나다의 공동 연구팀은 1937년에 순수한 헬륨으로 훨씬 놀라운 것을 보여주었다. −271°C(정확하게는 2.19K)까지 냉각시키자 헬륨은 점성과 흐름에 대한 저항이 0인 초유체로 변했다. 초유체로 변한 헬륨은 중력의 법칙을 거스르면서 경사진 곳을 올라가는가 하면, 심지어 벽을 타고 기어 올라가기도 하는데, 이러한 성질을 '초유동'이라고 한다. 이것은 정말로 놀랄 만한 발견이었다. 과학자들은 가끔 마찰 효과를 0으로 가정하는 경우가 있지만, 그것은 단지 계산을 쉽게 하기 위한 임시방편으로 그럴 뿐이다. 플라톤조차도 누가 자신의 이상적인 형상 중 하나를 실제로 발견하리라고는 전혀 예상치 못했다.

헬륨은 '원소다움'을 보여주는 가장 좋은 예이기도 하다. 헬륨은 더 이상 분해되지도 않고, 정상적인 화학적 방법으로는 변하지도 않는다. 과학자들이 원소가 실제로 무엇인지 파악하기까지는 기원전 400년경의 고대 그리스로부터 1800년경의 유럽에 이르기까지 무려 2200년이 걸렸는데, 거의 모든 원소가 쉽게 변하는 성질이 있다는 점이 한 가지 원인이었다. 예컨대 탄소만 해도 각각 성질이 다른 수천 가지 화합물에 들어 있기 때문에 탄소의 정확한 정체를 파악하기가 쉽지 않았다. 오늘날 우리는 이산화탄소가 원소가 아니라고 이야기한다. 이산화탄소 분자는 산소 원자와 탄소 원자로 쪼개지기 때문이다. 산소와 탄소는 그것을 파괴하지 않는 한 더 작은 입자로 쪼개지지 않기 때문에 원소이다. 다시 『향연』의 주제와 잃어버린 반쪽에 대한 플라톤의 이론으로 돌아가보자. 거의 모든 원소는 함께 결합할 다른 원자를 찾는데, 이러한 원소 간의 결합은 원소의 정체를 숨긴다. 공기 중의 산소 분자(O_2)처럼 가장 '순수한' 홑원소 물질도 자연에서는 산소 원자 단독으로 존재하지 않고, 항상 다른 산소 원자와 결합한 분자 형태로 존재한다. 그렇지만 만약 과학자들이 헬륨을 알았더라면, 원소의 정체를 훨씬 빨리 파악했을 것이다. 헬륨은 다른 물질과 결코 반응하지 않으며, 항상 순수한 원소의 형태로 존재하기 때문이다.*

헬륨이 이렇게 독특한 행동을 나타내는 데에는 그럴 만한 이유가 있다. 모든 원자에는 음전하를 띤 전자가 있는데, 전자는 원자 내에서 각각 다른 층, 전문 용어로는 에너지 준위(흔히 전자 껍질이라 부르는)에 위치하고 있다. 각각의 에너지 준위는 동심원을 이루며 층층이 쌓여 있는데, 각 에너지 준위마다 들어갈 수 있는 전자의 수가 제한돼 있다. 맨 바깥쪽 에너지 준위가 전자로 가득 찰 때 원자는 가장 안정한 상태에 놓인다. 가장 안쪽, 그러니까 원자핵에서 가장 가까운 층에는 전자가 2개 들어갈 수 있다. 다른 층들에는 대개 8개까지 들어갈 수 있다. 원자는 보통은 음전하를 띤 전자의 수와 양전하를 띤 양성자의 수가 똑같기 때문에, 전체적으로는 전기적 중성을 유지하고 있다. 그런데 전자는 원자들 사이에서 자유롭게 이동할 수 있으며, 전자를 얻거나 잃은 원자는 양전하나 음전하를 띠게 되는데, 이것을 이온ion이라고 한다.

꼭 알아두어야 할 사실이 하나 있는데, 원자는 안쪽의 낮은 에너지 준위들을 자신의 전자들로 가득 채운 뒤 맨 바깥층이 가득 찬 상태가 아니면, 전자를 다른 원자에게서 빼앗거나 다른 원자에게 주거나 혹은 다른 원자와 공유하는 방법으로 맨 바깥층을 가득 찬 상태로 만든다. 어떤 원소들은 전자들을 외교적 방식으로 공유하거나 거래하지만, 어떤 원소들은 폭력적인 방식으로 전자를 빼앗는다. 즉, 맨 바깥쪽 에너지 준위를 전자로 가득 채우지 못한 원자들은 그것을 가득 채우기 위해 싸우거나 거래하거나 애원하거나 동맹을 맺거나 동맹을 깨는 등 할 수 있는 일은 무엇이든지 다 하려고 한다.

2번 원소인 헬륨은 채워야 할 에너지 준위가 딱 하나 있는데, 그것을 가득 채우는 데 필요한 전자(2개)를 이미 갖고 있다. 이러한 '폐쇄적인' 전자 배열 덕분에 헬륨은 독보적인 독립성을 자랑한다. 에너지 준위를 채우기 위해 다른 원자와 상호작용하거나 전자를 훔쳐오거나 공유할 필요가 전혀 없기 때문이다. 헬륨은 잃어버린 반쪽을 스스로에게서 찾는다. 게다가 헬륨과 같은 열여덟 번째 세로줄에 있는 원소들(비활성 기체인 네온, 아르곤, 크립톤, 크세논, 라돈)도 모두 헬륨과 마찬가지로 맨 바깥층 에너지 준위가 가득 차 있다. 그래서 이 원소들은 정상적인 조건에서는 다른 원소와 절대로 반응하지 않는다. 19세기에 많은 과학자가 새로운 원소를 확인하고 이름을 붙이려고 열띤 경쟁을 벌였는데도 불구하고, 1895년까지 열여덟 번째 세로줄에 있는 비활성 기체를 분리하는 데 아무도 성공하지 못한 것은 이 때문이다. 일상의 물질과는 동떨어진 이 비활성 기체의 성격은 이상적인 기하학 도형인 구나 삼각형처럼 플라톤의 마음을 사로잡았을 것이다. 지상에서 헬륨과 그 친척 원소들을 발견한 과학자들이 이 원소들에 '고귀한 기체noble gases'라는 이름을 붙인 것은 이 때문이다. 플라톤식으로 표현한다면 이렇게 말할 수 있을 것이다. "완전하고 변하지 않는 것을 숭배하고, 부패하기 쉽고 천한 것을 경멸하는 자는 나머지 원소들보다 고귀한 기체를 훨씬 더 선호할 것이다. 왜냐하면 이들은 결코 변하지도 않고, 동요하지도 않고, 시장에서 값싼 물건을 흥정하는 시정잡배처럼 다른 원소에게 알랑거리는 법도 없기 때문이다. 이들은 절대로 부패하지 않으며 이상적이다."

그러나 비활성 기체의 이러한 평온한 속성은 매우 드문 것이다. 한 칸 왼쪽에 있는 세로줄에는 주기율표에서 가장 정력적이고 반응성이 강한 기체 원소인 할로겐 원소들이 자리 잡고 있다. 만약 주기율표를 메르카토르 도법으로 그린 지도로 상상하여 실제로는 동쪽 끝과 서쪽 끝이 연결돼 있다고 본다면, 즉 열여덟 번째 세로줄과 첫 번째 세로줄이 서로 맞닿아 있다면, 서쪽 가장자리 끝에는 반응성이 훨씬 더 강한 알칼리 금속 원소들이 오른쪽에 오게 된다. 평화적인 비활성 기체는 불안정한 이웃들 사이에 끼인 비무장 지대와 같다.

알칼리 금속은 어떤 면에서는 보통 금속과 같지만, 녹이 슬거나 부식하는 대신에 공기 중이나 물속에서 자연 발생적으로 연소할 수 있다. 또, 할로겐 원소와 이해관계에 따라 동맹을 맺는다. 할로겐 원소는 맨 바깥쪽 에너지 준위에 전자가 7개 있기 때문에 가득 채우려면 1개가 더 필요하다. 반면에 알칼리 금속 원소는 맨 바깥쪽 에너지 준위에 전자가 1개만 있고, 그 바로 아래층의 에너지 준위는 8개가 가득 차 있다. 따라서 알칼리 금속 원소가 남는 전자 1개를 할로겐 원소에게 주는 것은 자연스러우며, 이를 통해 각각 양이온과 음이온이 된 두 원자는 아주 강한 결합으로 동맹을 맺는다.

이러한 종류의 결합은 항상 일어나며, 바로 이 이유 때문에 전자는 원자에서 가장 중요한 역할을 한다. 전자는 원자에서 밀도가 아주 높은 중심부인 원자핵 주위를 빙빙 돌고 있는데, 전자가 지나다니는 길은 구름과 같은 모양으로 원자핵을 에워싸고 있다. 원자핵을 이루는 입자인 양성자와 중성자가 전자보다 훨씬 큰데도 불구하고, 원자 내 공간 중 대부분은 사실상 전자의 활동 영역이다. 만약 원자를 축구 경기장만 한 크기로 확대한다면, 원자핵은 경기장 한가운데 놓여 있는 테니스공만 하고, 핀 대가리만 한 크기의 전자들이 그 주위를 빙빙 돌고 있을 것이다. 그렇지만 전자들은 엄청나게 빠른 속도로 돌면서 경기장 안으로 들어오려는 사람이나 물체에 무수히 많이 충돌하여 안으로 들어오지 못하게 막는다. 이러한 전자들의 움직임이 빚어내는 힘은 마치 단단한 벽처럼 느껴진다. 따라서 원자들끼리 서로 접촉할 때, 깊숙이 숨어 있는 원자핵은 아무런 영향력도 미치지 못하며, 일어나는 모든 상호작용을 좌우하는 것은 바로 전자이다.*

그런데 한 가지 주의할 게 있다. 단단한 원자핵 주위를 빠른 속도로 돌아다니는 핀 대가리라는 전자의 이미지를 곧이곧대로 받아들여서는 안 된다. 또, 많은 비유에서 이야기하는 것처럼 태양(원자핵) 주위를 도는 행성 이미지도 그대로 믿어서는 안 된다! 행성 비유는 편리한 것이긴 하지만, 모든 비유와 마찬가지로, 그리고 일부 유명한 과학자들이 그랬다가 낭패를 본 것처럼, 지나친 억측으로 치닫기 쉽다.

이온 사이의 결합은 염화나트륨(소금)처럼 할로겐 원소와 알칼리금속 원소의 화합물이 왜 그렇게 흔한지 설명해준다. 마찬가지로, 칼슘처럼 여분의 전자가 2개 있는 세로줄의 원소들과, 산소처럼 2개의 전자가 더 필요한 세로줄의 원소들 사이에도 결합이 잘 일어난다. 이것은 서로의 필요를 충족시키기에 가장 쉬운 방법이기 때문이다. 서로 필요한 전자의 수가 딱 맞아떨어지지 않는 원소들도 같은 법칙에 따라 짝을 이룰 수 있다. 나트륨 이온(Na^+) 2개와 산소 이온(O^{-2}) 1개가 결합하여 산화나트륨(Na_2O)을 만든다. 염화칼슘($CaCl_2$)도 마찬가지 방식으로 만들어진다($Ca^{+2} + 2Cl^- \rightarrow CaCl_2$). 원소들이 몇 번째 세로줄에 있으며 전하가 얼마인지 보면, 원소들이 어떤 방식으로 결합할지 대강 짐작할 수 있다. 그 패턴은 주기율표의 좌우 대칭성에서 비롯된다.

불행하게도, 주기율표에 있는 모든 원소들이 항상 이렇게 질서정연하게 행동하는 것은 아니다. 그렇지만 어떤 원소는 변덕스러운 행동 때문에 오히려 흥미를 끈다.

＊＊＊

실험실 조수에 관련된 재미있는 유머가 하나 있다. 어느 날 아침,

밤새 실험실에서 힘들게 일한 조수가 몹시 흥분하여 과학자의 연구실로 달려왔다. 조수는 거품이 뽀글뽀글 나고 쉿쉿거리는 초록색 액체가 든 병을 든 채 만능 용매를 발견했노라고 의기양양하게 외쳤다. 과학자는 병을 가만히 들여다보더니 "만능 용매란 게 뭔가?" 하고 물었다. 그러자 조수는 여전히 흥분을 가라앉히지 못하고 침을 튀기며 소리쳤다. "그야 어떤 물질이든지 모조리 녹이는 산이죠!"

과학자는 이 놀라운 이야기를 듣고서 잠시 생각에 잠겼다가(이 놀라운 물질은 경이로운 과학 업적일 뿐만 아니라, 두 사람에게 큰돈을 벌게 해줄지도 모른다) 불쑥 이렇게 말했다. "그런데 어째서 그게 유리병 안에 들어 있는가?"

마지막 말이 이 유머에서 정곡을 찌르는 결정타인데, 미국의 물리화학자 길버트 루이스Gilbert Lewis가 이 이야기를 들었다면 아마도 씁쓸한 미소를 지었을 것이다. 원소들의 화학적 행동을 좌지우지하는 것은 전자인데, 전자의 작용 방식과 원자들 사이의 결합을 밝혀내는 데 루이스만큼 큰 공을 세운 사람도 없다. 그의 전자 연구는 특히 산과 염기에 관한 많은 사실을 밝혀내는 데 큰 도움을 주었다. 그래서 그는 조수의 터무니없는 주장에 귀를 기울였을 것이다. 그리고 그 결정적 한마디에 개인적으로 과학적 영광이 얼마나 쉽게 변할 수 있는지 떠올랐을 것이다.

방랑자였던 루이스는 네브래스카주에서 자라나 1900년 무렵에 매사추세츠주에서 대학과 대학원을 다닌 뒤, 독일로 건너가 발터 네른스트Walther Nernst 밑에서 연구를 했다. 네른스트와 사이가 좋지 않았던 루이스는 그 생활이 너무 힘들어 결국 몇 달 뒤에 매사추세츠주로 돌아와 하버드 대학에서 강사로 일했다. 그렇지만 그 생활 역시 행복하지 않자, 당시 미국이 새로 정복한 필리핀으로 가 미국 정부를 위해 일했다.

그때 그가 가지고 간 책은 네른스트가 쓴 『이론 화학』 딱 한 권뿐이었는데, 그 책에서 온갖 사소한 오류를 이 잡듯이 찾아내 논문으로 발표하면서 몇 년을 보냈다.*

결국 루이스는 향수병에 걸려 버클리에 있는 캘리포니아 대학에 자리를 잡았고, 거기서 40여 년간 머물면서 버클리의 화학과를 세계 최고 수준으로 끌어올려 놓았다. 이렇게 말하면 해피엔딩으로 끝난 것처럼 들리지만 사실은 그렇지 않다. 루이스에 관한 이야기 중 가장 흥미로운 것은 그가 노벨상을 받지 못한 사람 중 최고의 과학자였다는 사실이다. 그도 그것을 잘 알고 있었다. 노벨상 수상자 후보로 그만큼 많이 추천된 사람도 없지만, 그의 노골적인 야망과 국제적으로 야기한 일련의 분쟁 때문에 최종 심사에서 번번이 탈락했다. 그는 얼마 후 이에 대한 항의의 표시로 명성 높은 직위들에서 물러났고(혹은 사퇴를 강요받았고), 회한에 찬 은둔자가 되었다.

개인적 이유와는 별개로 루이스가 한 분야를 깊이 파고든 게 아니라 광범위한 분야에 걸쳐 연구한 것도 상복이 따르지 않은 이유 중 하나였다. 그는 보통 사람들이 "와우!" 하고 감탄할 만큼 놀라운 것은 하나도 발견하지 못했다. 대신에 여러 가지 상황에서 전자들이 어떻게 행동하는지, 특히 산과 염기 분자들이 어떻게 행동하는지 자세히 밝히는 데 거의 평생을 바쳤다. 일반적으로 원자들이 전자를 교환하면서 결합이 끊어지거나 새로운 결합을 만들 때, 화학자들은 '반응'이 일어난다고 말한다. 산-염기 반응은 그러한 전자 교환 사례를 아주 잘 그리고 때로는 격렬한 방식으로 보여주는데, 산과 염기에 대한 루이스의 연구는 어떤 사람이 한 연구보다도 전자 교환이 미시적 차원에서 무슨 의미를 지니는지 분명하게 보여주었다.

1890년경 이전에는 과학자들은 맛을 보거나 손가락을 그 속에 담가보거나 하는 방법으로 산과 염기를 구분했는데, 물론 그런 방법은 안전한 방법도 아니고 신뢰할 만한 방법도 아니었다. 그후 수십 년 사이에 과학자들은 산이 본질적으로 양성자를 내놓는 물질이라는 사실을 알아차렸다. 많은 산은 수소를 포함하고 있는데, 수소는 1개의 양성자(이것이 수소의 원자핵이다) 주위를 전자 1개가 돌고 있는 구조로 이루어져 있다. 염산(HCl) 같은 산이 물과 섞이면, 수소 이온(H^+)과 염소 이온(Cl^-)으로 분해된다. 수소 원자에서 음전하를 띤 전자가 떨어져나가면 양성자인 H^+만 남아 물속에 떠돌아다니게 된다. 식초 같은 약산은 양성자를 약간만 용액 속에 내놓는 반면, 황산 같은 강산은 양성자를 많이 내놓는다.

 루이스는 이 정의가 너무 제한적이라고 보았다. 왜냐하면, 수소를 포함하지 않으면서도 산과 같은 성질을 나타내는 물질이 있기 때문이었다. 그래서 루이스는 패러다임을 바꾸었다. H^+가 떨어져 나오는 것 대신에 Cl^-가 전자를 하나 훔쳐간다는 사실을 강조한 것이다. 즉, 산은 양성자를 내놓는 대신에 전자를 빼앗아가는 물질이라고 정의했다. 이와는 반대로 표백제나 양잿물 같은 염기는 전자 공여체(전자를 주는 물질)라고 할 수 있다. 이 정의는 더 일반적일 뿐만 아니라 전자의 행동에 초점을 맞춘 것이어서 전자를 기반으로 한 주기율표 화학에 더 부합하는 것이기도 하다.

 루이스가 이 이론을 만든 것은 1920년대와 1930년대였지만, 지금도 과학자들은 얼마나 강한 산을 만들 수 있는지 그 한계를 시험하는 데 그의 개념을 이용하고 있다. 산의 세기는 pH(수소 이온 농도)로 측정하는데, pH 값이 작을수록 산성이 더 강하다. 2005년에 뉴질랜드의 한 화학자는 붕소를 기반으로 한 카보레인carborane(붕소, 탄소, 수소로 이루어진 결정성 화합물을 통칭하는 말)이라는 산을 만들었는데, 그 pH는 −18이었다. 참고로 말하자면, 물의 pH는 약 7이고, 우리 위 속에 들어 있는 진한 염산의 pH는 1이다. 그런데 pH 값을 계산하는 특이한 방식(수소 이온의 해리 농도를 로그의 역수를 취해 구하는 방식) 때문에 산성도가 1이 낮아지면(예컨대 pH 값이 4에서 3으로 떨어지면), 산의 세기는 10배가 커진다. 따라서 pH가 1인 위산의 농도와 비교할 때 pH가 −18인 카보레인은 10^{19}배, 그러니까 1억×1000억 배나 더 강한 것이다. 이것은 같은 수의 원자를 일렬로 늘어세운다면 달까지 뻗어갈 정도로 아주 큰 수이다.

안티몬(안티모니)을 기반으로 한 산 중에는 그보다 더 강한 것도 있다. 안티몬은 아마도 주기율표의 원소 중에서 가장 화려한 역사를 자랑하는 원소일 것이다.* 기원전 6세기에 바빌론의 공중 정원을 만든 네부카드네자르 2세Nebuchadnezzar II(성경에는 유대와 예루살렘을 정복한 바빌론의 왕으로 나온다)는 안티몬과 납을 섞어 만든 유독한 혼합물로 궁전의 벽을 노랗게 칠했다. 얼마 지나지 않아 그가 미쳐서 들에서 잠을 자고 소처럼 풀을 뜯어먹은 것은 우연히 일어난 사건이 아니었을 것이다. 같은 시기에 이집트 여성들은 얼굴을 장식하거나 적을 노려보는 악한 눈evil eye (상대를 해치거나 죽일 수 있는 능력을 지닌 것으로 믿어지는 눈초리)과 같은 마법의 힘을 얻으려는 목적으로 다른 종류의 안티몬 혼합물을 마스카라로 사용했다. 더 나중에 중세의 수도자들(이 점에서는 아이작 뉴턴도 빼놓을 수 없다)은 안티몬이 지닌 성적 성격에 주목하여, 반금속에 반절연체로 중간 상태의 이 물질을 암수한몸 물질이라고 규정했다. 안티몬 정제는 완하제로도 널리 쓰였다. 오늘날의 정제와 달리 딱딱한 안티몬 정제는 위에서도 녹지 않았는데, 안티몬 정제를 아주 귀한 것으로 여겼던 사람들은 변을 뒤적여 그것을 회수해 다시 사용했다. 운 좋은 일부 가족은 대를 이어 그 완하제를 물려주었다. 아마도 이런 이유 때문에 안티몬은 사실은 독성이 있는데도 불구하고 의약품으로 많이 쓰였을 것이다. 모차르트Mozart도 열병과 싸우느라 안티몬 정제를 너무 많이 복용한 것이 원인이 되어 죽었을 가능성이 있다.

결국 과학자들은 안티몬을 더 나은 곳에 활용하는 방법을 찾아냈다. 1970년대에 과학자들은 전자가 필요한 원소들을 끌어당기는 안티몬의 능력을 이용해 맞춤식 산을 만드는 방법을 발견했다. 그 결과로 헬륨 초유체만큼 놀라운 것을 만들 수 있었다. 오플루오르화안티몬(SbF_5)을 플루오르화수소산(HF, 플루오르산이라고도 함)과 섞어 pH가 −31인 물질을 얻었다! 이 초강산은 위산보다 농도가 10^{32}배, 그러니까 1억×1조×1조 배나 강하며, 마치 물이 종이를 흐물흐물하게 만들듯이 유리마저 부식시킨다. 따라서 이 물질은 유리병에 담아 보관할 수 없다. 그랬다간 유리병과 여러분의 손마저 녹일 것이다. 앞의 유머에서 교수가 던진 질문에 답을 한다면, 안에다 테플론을 입힌 용기에 보관하면 된다.

그런데 솔직히 말해서, 안티몬 혼합물을 세상에서 가장 강한 산이라고 부르는 것은 약간 부정 행위에 가깝다. 전자를 빼앗는 물질인 SbF_5와 양성자를 내놓는 물질인 HF는 각자 그 자체로 아주 강한 산이다. 그렇지만 단독으로는 초강산이 되지 못한다. 초강산을 만들려면 이 둘을 섞어 상호 보완적인 힘을 발휘하도록 해야만 한다. 따라서 이 물질은 인위적으로 만든 환경에서만 가장 강한 산의 지위를 유지할 수 있다. 단일 물질 중에서 가장 강한 산은 붕소를 기반으로 한 카보레인산($HCB_{11}Cl_{11}$)이다. 그런데 이 카보레인산은 깜짝 놀랄 만한 반전을 보여주는데, 세상에서 가장 강한 산인 동시에 가장 '부드러운' 산이기도 하기 때문이다. 무슨 소리인지 헷갈린다면, 산이 양이온과 음이온으로 쪼개진다고 한 사실을 기억할 필요가 있다. 카보레인산은 H^+와 정교한 우리 같은 구조를 가진 나머지 부분($CB_{11}Cl_{11}^-$)으로 쪼개진다. 대부분의 산에서 부식성과 가성苛性(동식물의 세포 조직이나 여러 가지 물질을 깎아내거나 삭게 하는 성질)을 나타내는 부분은 음이온을 띤 부분이다. 그러나 붕소 우리 구조는 지금까지 만들어진 분자들 가운데 가장 안정한 편에 속한다. 붕소 원자들은 서로 아주 관대하게 전자들을 공유하기 때문에, 헬륨과 마찬가지로 다른 원자들에게서 전자를 빼앗는 성질(산 특유의 끔찍한 성질)이 전혀 없다.

그렇지만 카보레인산이 유리병을 녹이거나 은행 금고를 부식시키지 못한다면, 도대체 무슨 쓸모가 있단 말인가? 그 용도를 두 가지만 소개한다면, 가솔린의 옥탄가를 높이는 것과 비타민의 소화를 돕는 것이 있다. 더 중요하게는 화학적 '요람' 역할도 한다. 양성자(수소 이온)가 관여하는 많은 화학 반응은 깔끔하고 빠르게 일어나지 않는다. 대개 많은 단계를 거치며, 양성자들은 수조분의 1초보다 훨씬 짧은 순간에 교환되며 돌아다니기 때문에, 과학자들은 실제로 어떤 일이 일어나는지 알 수가 없다. 그런데 카보레인산은 아주 안정하고 반응성이 없기 때문에, 용액 속에 양성자를 대량으로 풀어놓으면서도 중요한 중간 단계에서 분자들을 사실상 얼어붙게 한다. 카보레인산은 중간 물질 종들을 부드럽고 안전한 베개 위에 누워 있게 한다. 이와는 대조적으로 안티몬을 기반으로 한 초강산은 과학자들이 보고 싶어하는 분자들을 갈기갈기 찢어놓음으로써 피비린내 나는 요람을 만든다. 루이스가 오래 살아 이것을 비롯해 전자와 산에 관한 자신의 연구가 여러 가지로 응용되는 것을 보았더라면 무척 기뻐했을 테고, 어둡기만 했던 그의 말년이 조금 밝아졌을지 모른다. 그는 제1차 세계 대전 때 정부를 위해 일했고, 60대가 될 때까지 화학에 중요한 공헌을 했지만, 제2차 세계 대전 때 맨해튼 계획에는 부름을 받지 못했다. 자신이 버클리에서 키워낸 많은 화학자는 원자폭탄을 만드는 데 참여하여 국가적 영웅이 되었기 때문에 그는 무척 마음이 상했을 것이다. 루이스는 전쟁 동안에 추억을 회상하거나 한 병사에 관한 삼류 소설을 쓰면서 특별히 하는 일 없이 시간을 보냈다. 그는 1946년에 자신의 실험실에서 고독사했다.

일반적으로 루이스는 40년 이상 매일 담배를 스무 개비 이상 피운 끝에 심장마비로 사망했다고 알려져 있다. 그러나 그가 죽던 날 오후, 그의 실험실에는 쓰디쓴 아몬드 냄새(이것은 시안화수소, 즉 청산가스의 징후이다)가 진동했다. 루이스가 연구에 시안화수소를 사용했고, 심장마비가 일어난 뒤에 시안화수소가 든 용기를 바닥에 떨어뜨렸을 가능성도 있다. 그런데 그날 루이스는 카리스마가 넘치는 더 젊은 화학자와 점심 식사를 했다.(처음에는 거절했던 약속이었다.) 그 경쟁자는 노벨상을 수상했고, 맨해튼 계획에도 특별 자문 위원 자격으로 참여했다. 일부 사람들은 세상의 명성을 다 차지한 그 동료가 루이스의 마음을 뒤집어놓았을 가능성이 있다고 생각한다. 만약 그게 사실이라면, 해박한 화학 지식이 그에게 편리하면서도 불행한 최후를 선택하게 했을지도 모른다.

전이 금속 대평원

주기율표를 살펴보면, 서해안의 반응성이 높은 알칼리 금속들과 동해안의 할로겐과 비활성 기체 사이에 세 번째 세로줄부터 열두 번째 세로줄까지 전이 금속 '대평원'이 뻗어 있다. 그런데 전이 금속 원소들은 좀 성가신 화학적 성질을 갖고 있어서, 일반적으로 이야기할 수 있는 게 하나도 없다(그저 조심하라는 말 외에는). 전이 금속처럼 무거운 원소들은 가벼운 원소들보다 전자를 저장하는 방법이 상당히 유연하다. 전이 금속 원소도 다른 원소처럼 여러 층의 에너지 준위가 있으며, 낮은 에너지 준위는 높은 에너지 준위보다 아래에 위치한다. 또 맨 바깥쪽 에너지 준위를 8개의 전자로 채우려고 다른 원자들과 경쟁한다. 그런데 맨 바깥쪽 에너지 준위가 정확하게 어떤 것인지 말하기 애매한 경우가 많다.

주기율표에서 수평 방향으로 늘어선(즉, 같은 가로줄에 있는) 원소들에서 각 원소는 그 왼쪽에 있는 원소보다 전자가 하나 더 많다. 11번 원소인 나트륨은 전자가 11개이고, 12번 원소인 마그네슘은 전자가 12개이며, 나머지 원소들도 원자 번호가 증가함에 따라 전자 수가 그만큼 증가한다. 원자는 크기가 커질수록 전자들을 에너지 준위(전자 껍질)에 차곡차곡 채워 넣기만 하는 게 아니다. 전자 껍질은 다시 오비탈$_{orbital}$이라는 각각 다른 모양을 가진 공간들로 이루어져 있다.(오비탈의 종류는 s, p, d, f, g 등이 있다. 1주기 원소는 s 오비탈만 있고, 2주기 원소는 s 오비탈 1개와 p 오비탈 3개로 이루어져 있다. ― 옮긴이) 그러나 원자들은 상상력이 부족하고 순응적이어서 주기율표 상에서 원자 번호가 증가하는 것과 똑같은 순서대로 오비탈과 전자 껍질을 차곡차곡 채워나간다. 주기율표에서 가장 왼쪽에 있는 원소들은 첫 번째 전자를 구형인 s 오비탈에 집어넣는다. s 오비탈은 작아서 전자가 2개만 들어갈 수 있다.(사실은 모든 개개 오비탈에는 전자가 최대 2개까지만 들어갈 수 있다. 다만 s 오비탈은 1개, p 오비탈은 3개, d 오비탈은 5개, f 오비탈은 7개가 존재하기 때문에, p 오비탈 전체에 들어갈 수 있는 전자의 수는 모두 6개가 된다. ― 옮긴이) 주기율표에서 맨 왼쪽의 두 세로 기둥이 다른 기둥들보다 높이 솟아 있는 것은 이 때문이다. 주기율표에서 중간의 텅 빈 공간을 건너가면, 오른쪽에 있는 원소들은 새로운 전자들을 아령 모양으로 생긴 p 오비탈에 차례로 채우기 시작한다. 3개의 p 오비탈에는 전자가 모두 6개 들어갈 수 있기 때문에, 주기율표 오른쪽에 있는 6개의 기둥도 나머지 다른 기둥들보다 높이 솟아 있다. 맨 오른쪽 꼭대기의 헬륨 밑에 위치한 두 가로줄(즉, 2주기와 3주기. 주기율표에서 가로줄은 위에서부터 차례로 1주기, 2주기,…7주기라 하고, 세로줄은 왼쪽에서부터 차례로 1족, 2족, 3족,…18족이라고 한다. ― 옮긴이)은 s 오비탈에 들어갈 수 있는 전자 2개와 p 오비탈에 들어갈 수 있는 전자 6개를 더하면 8개가 되는데, 이것은 거의 모든 원자들이 맨 바깥쪽 전자 껍질을 가득 채우길 원하는 개수에 해당한다. 그리고 자급자족 상태인 비활성 기체 원소를 제외한 나머지 원소들은 모두 맨 바깥쪽 전자 껍질에 있는 전자들이 언제든지 떨어져 나가거나 다른 원소의 전자들과 반응할 준비가 되어 있다. 이 원소들은 논리적인 방식으로 행동한다. 전자가 하나 추가되면 원자의 행동이 변하는데, 반응에 참여할 수 있는 전자가 그만큼 늘어나기 때문이다.

자, 이번에는 좀 성가신 행동을 보이는 원소들을 살펴보기로 하자. 전이 금속은 4~7주기의 세 번째 세로줄(3족)에서 열두 번째 세로줄(12족)까지 분포한다. 이 원소들은 전자가 d 오비탈에도 들어가기 시작하는데, d 오비탈은 모두 5개가 존재하므로 전체 d 오비탈에 들어갈 수 있는 전자의 수는 10개이다.(d 오비탈의 모양은 기묘한 풍선 동물처럼 생겼다.) 이전의 원소들이 보여준 행동으로 미루어볼 때, 전이 금속 원소에서는 추가된 d 오비탈 전자가 맨 바깥쪽 전자 껍질의 일부가 되어 반응에 참여할 것이라고 생각하기 쉽다. 그러나 전이 금속 원소는 추가되는 d 오비탈 전자를 다른 전자 껍질 아래쪽에 꼭꼭 숨겨놓는 경향이 있다. 일반적인 관행에 어긋나는 이러한 행동은 눈에 거슬릴 뿐만 아니라 직관에 반하는 것으로, 플라톤이 절대로 좋아하지 않을 행동이다. 하지만 이것은 자연이 작용하는 방식이어서 우리로서는 어쩔 도리가 없다.

정상적으로는 주기율표에서 수평 방향으로 옮겨가면 전이 금속 원소의 전자 수가 하나씩 늘어나므로 원소의 행동도 변해야 한다. 적어도 주기율표의 다른 부분에 있는 원소들은 그렇게 행동한다. 그러나 전이 금속은 d 오비탈 전자를 이중 바닥으로 된 서랍의 아래쪽 바닥에 감추기 때문에, 추가되는 전자들은 겉으로 그 존재가 드러나지 않는다. 전이 금속 원소와 반응하려는 다른 원소는 이 전자들을 만날 기회가 없으며, 그 결과로 같은 주기에 속한 전이 금속 원소들은 맨 바깥쪽 전자 껍질에 존재하는 전자의 수가 모두 똑같다. 그래서 이 원소들은 모두 화학적으로 똑같은 행동을 보인다. 많은 금속이 구별할 수 없을 정도로 비슷하게 생기고 성질도 비슷한 것은 이 때문이다. 이 금속들은 모두 차갑고 단단한 회색 덩어리 형태를 하고 있는데, 맨 바깥쪽 전자 껍질에 있는 전자들 때문에 다른 선택의 여지가 없다.(때로는 숨어 있던 전자들이 튀어나와 반응에 참여함으로써 문제를 복잡하게 만든다. 일부 금속들 사이에 약간의 차이점이 있는 것은 이 때문이다. 이것은 또한 이 원소들이 가끔 종잡을 수 없는 화학적 행동을 나타내는 이유이기도 하다.)

f 오비탈에 전자가 들어가는 원소들 역시 전이 금속과 비슷하게 혼란스러운 행동을 보인다. f 오비탈은 주기율표 본체 아래에 따로 떨어져 있는 두 층의 금속 원소들 중 위층에 위치한 란탄족(란타넘족) 원소들에서 처음 나타나기 시작한다.(6주기에 해당하는 57번부터 71번까지의 원소들로 이루어진 란탄족은 21번 원소 스칸듐과 39번 원소 이트륨과 함께 희토류 원소라고 부른다. 희토류 원소들은 화학적 성질이 비슷하여 보통의 화학적 방법으로는 분리하기 어렵고, 천연으로 존재하는 양이 아주 적으며, 서로 섞여 산출되는 경우가 많다.) 란탄족을 주기율표에서 따로 떼어내 배치한 이유는 주기율표의 형태를 보기 흉한 뚱뚱한 것에서 날씬한 것으로 바꿈으로써 사용하기에 편리하도록 하기 위한 것이다. 란탄족은 새로운 전자들을 전이 금속보다 훨씬 더 깊숙한 곳에, 때로는 에너지 준위가 두 단계 아래에 있는 층에 숨긴다. 이 때문에 란탄족 원소들은 전이 금속 원소들보다 서로 구별하기 힘들 정도로 더 비슷하다.

자연에서는 란탄족 원소를 순수한 형태로 보기가 불가능한데, 항상 다른 형제 원소들과 함께 섞여 존재하기 때문이다. 이와 관련해 유명한 사례가 하나 있는데, 뉴햄프셔주의 한 화학자가 69번 원소인 툴륨을 분리하려고 시도한 적이 있었다. 그는 툴륨을 많이 함유한 광석을 큰

도가니에 넣고서 화학 물질을 사용해 처리하고 끓이는 과정을 반복하면서 매 단계마다 툴륨을 조금씩 정제했다. 그것은 시간이 많이 걸리는 과정이어서 하루에 한두 번만 반복할 수 있었다. 그렇지만 그는 이 지긋지긋한 과정을 수작업으로 1만 5000번이나 반복했고, 수백 kg의 광석을 정제한 끝에 마침내 수십 g의 툴륨을 얻었다. 그러나 거기에는 아직도 다른 란탄족 원소가 약간 섞여 있었는데, 그 화학자는 아주 깊숙이 숨어 있는 그 전자들을 끄집어낼 수 있는 화학적 방법을 알지 못했다.

마법의 원자핵과 원자핵 껍질 모형

전자의 행동이 원소의 화학적 행동을 좌지우지한다. 그러나 원소를 이해하려면 원자 질량의 99퍼센트 이상을 차지하는 원자핵을 무시해서는 안 된다. 전자는 최고의 실력을 지녔으면서도 노벨상을 타지 못한 비운의 과학자가 발견한 법칙을 따르는 반면, 원자핵은 사람들의 예상을 뒤엎고 노벨상을 수상한 사람이 발견한 법칙을 따른다. 그 사람은 루이스보다도 더 여러 곳을 전전하며 살아간 여성이었다.

마리아 괴퍼트Maria Goeppert는 1906년에 독일에서 태어났다. 아버지가 6대를 이은 교수였지만, 마리아는 여성의 신분으로 박사 과정을 밟는데 어려움을 겪었으며, 그래서 이 대학 저 대학을 전전하며 필요한 강의를 들었다. 그러다가 결국 하노버 대학에서 초면인 교수들 앞에서 논문을 변호한 뒤에 박사 학위를 받았다. 당연한 일이지만, 추천서도 연줄도 전혀 없는 마리아를 강사나 교수로 채용하려는 대학은 한 곳도 없었다. 그래서 마리아는 독일에서 연구하던 미국인 조지프 메이어Joseph Mayer와 결혼했고, 결국 남편을 통해 우회적인 방법으로 과학계에 진출했다. 마리아는 남편이 1930년에 볼티모어로 돌아갈 때 함께 미국으로 건너갔고,

그 후로 메이어가 하는 연구와 그가 참석하는 회의에는 괴퍼트-메이어(마리아의 새 성)도 늘 함께 따라다녔다. 그러나 불행하게도 대공황 시절에 메이어는 일자리를 잃었고, 두 사람은 뉴욕과 시카고에 있는 대학들을 전전해야 했다.

대학들은 대부분 괴퍼트-메이어가 과학에 대한 토론을 하면서 대학에 머무는 것을 관대하게 봐주었다. 일부 대학은 심지어 일거리를 주는 친절까지 보였지만 급료는 지불하지 않았다. 그리고 연구 주제는 색이 왜 나타나는가 하는 문제처럼 '여성적'인 것에 국한되었다. 대공황이 끝난 뒤에 괴퍼트-메이어의 동료 수백 명이 맨해튼 계획에 참여하게 되었는데, 그것은 역사상 과학적 아이디어의 교환이 가장 활발하게 일어나는 무대를 제공했다. 괴퍼트-메이어도 참여해달라는 초청을 받았지만, 맡겨진 일은 섬광을 이용해 우라늄을 분리하는 일(중요도가 좀 떨어지는)이었다. 당연히 개인적으로는 불만스러웠겠지만, 과학 연구를 몹시 갈망하던 그녀는 그런 악조건에서도 계속 일을 해나갔다. 제2차 세계대전이 끝난 뒤, 시카고 대학은 그녀를 제대로 평가해 물리학 교수로 임용했다. 그러나 교수실은 주었지만 급료는 지불하지 않았다.

그럼에도 불구하고, 교수로 임명된 것에 용기를 얻은 괴퍼트-메이어는 1948년에 원자핵 연구를 시작했다. 원자의 종류를 결정하는 것은 원자핵 속에 들어 있는 양성자의 수로, 그 수는 원자 번호와 같다. 바꿔 말하면, 원자가 양성자를 얻거나 잃으면 그 원자는 다른 원소로 변한다. 원자는 정상적으로는 중성자를 잃는 일조차 잘 일어나지 않지만, 같은 원소인데도 중성자 수가 다른 원자들이 있다. 그런 원자들을 동위원소(원자 번호는 같으나 질량수가 서로 다른 원소. 양성자 수는 같지만 중성자 수가 다르기 때문이다)라고 한다. 예를 들면, 납-204와 납-206은 원자번호는 82번으로 똑같지만 중성자 수(각각 122개와 124개)가 다른 동위원소이다. 원자 번호(곧 양성자 수)에다 중성자 수를 더한 것을 원자량이라 한다. (사실은 양성자와 중성자 수를 더한 것은 '질량수'라고 한다. 원자량은 탄소-12를 기준으로 하여 각 원소의 상대 질량을 나타낸 것인데, 동위원소의 존재 때문에 정수로 딱 떨어지는 질량수와는 약간 차이가 있다. ─ 옮긴이)과 학자들이 원자 번호와 원자량 사이의 관계를 알아내기까지는 많은 세월이 걸렸지만, 일단 그것을 알아내자 주기율표 과학이 훨씬 명확해졌다.

물론 괴퍼트-메이어도 이 모든 것을 알고 있었지만, 그녀가 한 연구는 아주 단순하면서도 더 이해하기 어려운 수수께끼에 관한 것이었다. 우주에서 가장 간단한 원소인 수소는 가장 많이 존재하는 원소이기도 하다. 둘째로 간단한 원소인 헬륨은 두 번째로 풍부한 원소이다. 미학적인 우주라면 세 번째 원소인 리튬이 세 번째로 풍부해야 할 것이고, 나머지도 그래야 할 것이다. 그러나 실제 우주는 그렇지 않다. 세 번째로 풍부한 원소는 8번 원소인 산소이다. 왜 그럴까? 과학자들은 산소가 아주 안정한 원자핵을 갖고 있어 '붕괴'하지 않기 때문이라고 대답할지 모른다. 그렇지만 이 대답은 또 다른 의문을 낳는다. 왜 산소 같은 일부 원소의 원자핵은 그토록 안정한가?

다른 과학자들과 달리 괴퍼트-메이어는 여기에 비활성 기체의 놀라운 안정성을 연상시키는 원리가 있다고 보았다. 그래서 원자핵 속의 양성자와 중성자가 전자들처럼 껍질을 이루어 배열돼 있으며, 원자핵 껍질을 가득 채우면 안정한 상태가 된다고 주장했다. 국외자가 볼 때 이것은 상당히 타당하고 근사한 추측처럼 보인다. 그러나 노벨상은 그럴 듯한 추측에 수여하는 상이 아니다. 그것도 정식 급료도 받지 못하는 여교수가 제안한 것이라면 더더욱. 게다가 원자핵을 연구하는 과학자들은 이 개념을 터무니없다고 생각했다. 원자핵에서 일어나는 과정은 화학적 과정과는 아주 다르기 때문이었다. 상호 의존적이고 집 안에 가만히 틀어박혀 있는 양성자와 중성자가, 매력적인 이웃을 찾아 수시로 집을 떠나는 작고 변덕스러운 전자와 똑같이 행동한다고 믿을 이유가 없었다. 실제로 대개의 경우, 양성자와 중성자는 전자처럼 행동하지 않는다.

그러나 괴퍼트-메이어는 자신의 직감을 믿고서 서로 무관한 여러 실험을 묶어 분석함으로써 원자핵도 껍질이 있으며, 그 때문에 '마법의 원자핵'이 존재한다는 것을 증명했다. 복잡한 수학적 이유 때문에 마법의 원자핵은 원소들의 성질처럼 주기적으로 나타나지 않는다. 그 마법수는 원자 번호 2, 8, 20, 28, 50, 82, 126번이다.(좀더 정확하게 는 원자핵의 양성자나 중성자의 수가 마법수와 같으면 그 원자핵은 특별히 안정하다. 이중의 마법수를 가진 원자핵, 즉 양성자와 중성자의 수가 모두 마법수인 원자핵은 특별히 더 안정하다.—옮긴이) 괴퍼트-메이어의 연구는 이런 원자 번호를 가진 원소들은 양성자와 중성자가 아주 안정하고 대칭적인 구들의 형태로 배열된다는 것을 증명했다. 양성자와 중성자가 모두 8개인 산소는 이중의 마법수를 가진 경우라서 특별히 더 안정하다. 산소가 우주에 풍부하게 존재하는 이유는 이 때문인지 모른다. 원자핵 껍질 모형은 칼슘(20번 원소) 같은 원소들이 왜 비정상적으로 풍부하게 존재하며, 또 왜 우리 몸에 이 광물질이 많이 들어 있는지도 설명해준다.

괴퍼트-메이어의 이론은 아름다운 형태가 더 완전하다는 플라톤의 주장을 반복하는 것처럼 보이는데, 마법수로 이루어진 구형의 원자핵 모형은 나머지 원자핵들을 비교하는 이상적인 기준이 되었다. 반대로, 두 마법수 사이에 위치하면서 각각의 마법수에서 멀찌감치 떨어진 원소들은 보기에 아름답지 않은 긴 타원형 원자핵을 이루기 때문에 풍부하게 존재하지 않는다. 과학자들은 심지어 홀뮴(67번)의 한 동위원소(홀뮴-165)가 찌그러지고 흔들거리는 '럭비공 원자핵'을 갖고 있다는 사실을 발견했다. 괴퍼트-메이어의 모형에서(혹은 럭비 경기에서 공을 잡는 데 실수를 저지르는 것을 보고서) 추측할 수 있듯이, 홀뮴-165의 럭비공 원자핵은 그다지 안정하지 않다. 그리고 균형이 맞지 않는 전자 껍질을 가진 원자가 다른 원자에서 전자를 빼앗아와 균형을 맞출 수 있는 것과는 달리, 일그러진 형태의 원자핵을 가진 원자는 다른 원자에서 양성자나 중성자를 빼앗아올 수 없다. 그래서 홀뮴-165처럼 일그러진 형태의 원자핵을 가진 원자는 생겨나는 경우가 드물며, 생겨나더라도 금방 붕괴하고 만다.

원자핵 껍질 모형은 아주 획기적인 물리학 이론이다. 그런데 과학자들 사이에서 간신히 그 지위를 유지하고 있던 괴퍼트-메이어는 독일의 남자 물리학자들이 자기와 똑같은 연구 결과를 얻었다는 사실을 알고는 큰 충격을 받았다. 괴퍼트-메이어는 하마터면 하루아침에 모든 것을 다 잃을 뻔했다. 그렇지만 양측은 각자 독자적인 연구를 통해 그것을 발견했고, 독일 과학자들은 관대하게도 괴퍼트-메이어의 연구를 인정하면서 함께 협력하자고 제의했다. 그러자 괴퍼트-메이어의 앞길에 서광이 비치기 시작했다. 괴퍼트-메이어는 합당한 찬사를 받았고, 1959년에 남편과 함께 샌디에이고로 이사하여 그곳에 새로 들어선 캘리포니아 대학에서 정식 급료를 받는 일자리를 얻었다. 그렇지만 그녀는 딜레탕트라는 낙인을 완전히 지우진 못했다. 1963년에 스웨덴 왕립과학원이 괴퍼트-메이어를 노벨상 수상자로 발표했을 때, 샌디에이고의 신문은 "샌디에이고의 주부가 노벨상을 수상하다 S. D. Mother Wins Nobel Prize"라는 제목으로 그 사건을 축하했다.

그렇지만 그것은 순전히 관점의 문제일 수도 있다. 길버트 루이스가 노벨상을 수상했더라도 신문들은 그런 식으로 비하하는 투의 제목을 내걸 수 있었겠지만, 그래도 루이스는 크게 감격했을 것이다.

주기율표에서 각각의 가로줄을 왼쪽에서 오른쪽으로 읽으면 원소

여성 과학자 마리아 괴퍼트-메이어는 원자핵에도 껍질이 있으며 '마법의 원자핵'이 존재한다는 것을 증명했다.

들에 관해 많은 사실을 알 수 있지만, 그것은 전체 이야기의 일부에 불과하며, 그나마 가장 좋은 이야기도 아니다. 같은 세로줄에서 수직 방향으로 늘어선 원소들은 수평 방향으로 늘어선 이웃들보다 훨씬 더 밀접한 관계에 있다. 거의 모든 언어가 그렇듯이 사람들은 무엇을 읽을 때 왼쪽에서 오른쪽으로(혹은 오른쪽에서 왼쪽으로) 읽도록 길들여져 있다. 그렇지만 주기율표는 위에서 아래로 읽는 게 훨씬 도움이 된다. 그러면 예기치 못했던 경쟁 관계와 대립 관계를 비롯해 원소들 사이의 관계에 대해 놀라운 사실을 많이 발견할 수 있다. 주기율표는 나름의 문법을 갖고 있으며, 행간을 잘 살피면 아주 놀랍고 새로운 이야기를 읽을 수 있다.

쌍둥이처럼 비슷한 원소들과
검은 양 : 원소들의 계보

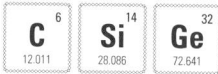

셰익스피어Shakespeare가 자신의 작품에서 사용한 단어 중 철자 수가 가장 많은 단어는 'honorificabilitudinitatibus'이다. 그 뜻은 누구에게 묻느냐에 따라 달라지는데, '수많은 영예를 받은 상태'라는 뜻으로 해석하는 사람도 있지만, 셰익스피어의 희곡을 실제로 쓴 사람은 셰익스피어가 아니라 프랜시스 베이컨Francis Bacon이라는 뜻의 애너그램anagram이라고 주장하는 사람도 있다.* 그렇지만 27자로 이루어진 이 단어가 영어에서 가장 긴 단어의 자리에 오르기에는 턱없이 부족하다.

물론 가장 긴 영어 단어를 결정하는 것은 거센 파도가 일렁이는 바다를 건너가려고 하는 것과 비슷하다. 언어는 유동적이고 방향이 늘 바뀌기 때문에 금방 통제력을 잃기 쉽다. 심지어 영어 단어라는 자격조차 상황에 따라 달라질 수 있다. 희곡 『사랑의 헛수고 *Love's Labor's Lost*』에서 광대가 말한 위의 단어는 라틴어에서 유래한 게 분명하다. 그렇지만 설사 영어 문장에 들어가 있다 하더라도, 외래어는 영어 단어로 인정해서는 안 될 것이다. 게다가 접두사와 접미사를 덧붙인 단어들(예컨대 'antidisestablishmentarianism', 국교 폐지 조례 반대론, 즉 국교에 대하여 국가가 지지와 시인을 철폐하는 것에 반대하는 주장, 28자)이나 말이 안 되는 단어들(예컨대 'supercalifragilisticexpialidocious', 뮤지컬 영화 〈메리 포핀스〉에 등장하는 단어로, 이 영화에서 가장 강력한 마법의 주문 중 하나, 34자)까지 단어로 인정한다면, 작가들은 손에 쥐가 날 때까지 긴 단어를 만들어 독자를 괴롭힐 수 있다.

그렇지만 합리적인 정의(가장 긴 단어라는 기록을 세우기 위한 목적으로 만든 것이 아니면서 영어로 쓰인 문서에 나타난 가장 긴 단어)를 채택한다면, 우리가 찾는 단어는 1964년에 화학자들을 위한 사전 형식의 참고서적인 『화학 물질 개요 Chemical Abstracts』에 나온다. 그 단어는 바로 담배모자이크 바이러스를 나타낸 것이다. 1892년에 발견된 이 바이러스는 일반적으로 역사학자들이 세계 최초로 발견된 바이러스로 간주한다. 자, 숨을 깊이 들이쉬고 나서 읽어보라.

acetylseryltyrosylserylisoleucylthreonylserylprolylserylglutaminylphenylalanylvalylphenylalanylleucylserylserylvalyltryptophylalanylaspartylprolylisoleucylglutamylleucylleucylasparaginylvalylcysteinylthreonylserylserylleucylglycylasparaginylglutaminylphenylalanylglutaminylthreonylglutaminylglutaminylalanylarginylthreonylthreonylglutaminylvalylglutaminylglutaminylphenylalanylserylglutaminylvalyltryptophyllysylprolylphenylalanylprolylglutaminylserylthreonylvalylarginylphenylalanylprolylglycylaspartylvalyltyrosyllysylvalyltyrosylarginyltyrosylasparaginylalanylvalylleucylaspartylprolylleucylisoleucylthreonylalanylleucylleucylglycylthreonylphenylalanylaspartylthreonylarginylasparaginylarginylisoleucylisoleucylglutamylvalylglutamylasparaginyl

glutaminylglutaminylserylprolylthreonylthreonylalanylglutamylthreonylleu
cylaspartylalanylthreonylarginylarginylvalylaspartylaspartylalanylthreonylva
lylalanylisoleucylarginylserylalanylasparaginylisoleucylasparaginylleucylvaly
lasparaginylglutamylleucylvalylarginylglycylthreonylglycylleucyltyrosylaspa
raginylglutaminylasparaginylthreonylphenylalanylglutamylserylmethionyls
erylglycylleucylvalyltryptophylthreonylserylalanylprolylalanylserine

이 아나콘다 단어는 무려 1185자나 된다!*

    아마도 대다수 사람들은 전체를 그냥 한번 슥 훑어보는 정도에 그치고 꼼꼼히 살펴볼 엄두도 내지 않을 것이다. 그렇지만 다시 한 번 자세히 살펴보라. 문자들의 분포에서 흥미로운 점을 발견할 수 있을 것이다. 이 영어 단어에서 가장 많이 쓰이는 문자인 e는 모두 65번 나오는 반면, 잘 쓰이지 않는 문자인 y는 183번이나 나온다. 그리고 l은 이 단어의 22%(모두 255번)를 차지한다. 그리고 y와 l은 아무 데나 임의로 분포하지 않고, 서로 나란히 붙어 있는 경우가 많다.(모두 166쌍이 대략 일곱 자마다 한 번씩 나온다.) 이것은 전혀 우연의 일치가 아니다. 이 긴 단어는 단백질 분자를 나타낸 것인데, 단백질은 주기율표에서 여섯 번째 원소(그리고 가장 많은 용도로 쓰이는 원소)인 탄소를 기반으로 한 분자이다.

탄소와 아미노산 분자

탄소는 아미노산 분자의 중추를 이루는데, 아미노산 분자들이 구슬처럼 엮여 단백질 분자를 만든다.(담배모자이크 바이러스 단백질은 모두 159개의 아미노산 분자로 이루어져 있다.) 생화학자들은 세어야 할 아미노산의 수가 너무 많기 때문에 간단한 언어 규칙을 사용해 그 목록을 만든다.

'세린serine'이나 '아이소류신isoleucine' 같은 아미노산에서 –ine를 잘라내고 그것을 yl로 바꾸어 '세릴seryl'이나 '아이소류실isoleucyl'처럼 일정한 운율이 나타나게 한다. 그리고 순서대로 늘어놓으면 'yl'로 연결된 이 단어들은 단백질의 구조를 정확하게 나타낸다. 보통 사람들이 'matchbox(성냥갑)' 같은 복합어를 보고 그 뜻을 쉽게 파악할 수 있는 것처럼, 1950년대와 1960년대 초의 생화학자들은 그 이름만 보고도 전체 분자 구조를 재구성할 수 있도록 분자들에 'acetyl……serine'과 같은 공식 이름을 붙였다. 이 체계는 비록 성가시긴 해도 정확한 것이었다. 역사적으로 단어들을 합성하는 경향에는 독일 과학과 합성어를 선호하는 독일어가 화학에 미친 영향력이 반영돼 있다.

그런데 아미노산들은 왜 그렇게 서로 잘 결합하는 것일까? 그것은 주기율표에서 탄소가 차지하는 위치와, 원자가 안정한 상태가 되기 위해 맨 바깥쪽 에너지 준위를 8개의 전자로 채우려고 하는 옥텟octet 규칙 때문이다. 원자와 분자를 공격적 성향에 따라 순서대로 늘어세운다면, 아미노산은 비교적 온순한 쪽에 위치하고 있다. 각각의 아미노산은 한쪽 끝부분에 산소가 있고, 반대쪽 끝부분에 질소가 있으며, 그 가운데에는 탄소 원자 2개로 이루어진 줄기가 있다.(그 밖에도 수소와 본줄기에서 갈라져나간 가지가 있으며, 가지는 20여 가지의 분자로 이루어질 수 있지만, 우리의 주제와는 상관없는 것이니 자세한 이야기는 생략하기로 한다.) 탄소와 질소, 산소는 모두 맨 바깥쪽 전자 껍질에 8개의 전자를 채우고 싶어 하지만, 이 중에서 한 원소는 다른 원소들에 비해 훨씬 유리하다. 8번 원소인 산소는 전자가 8개 있다. 2개는 가장 낮은 에너지 준위를 먼저 채우는 데 쓰이고, 남은 6개가 맨 바깥쪽 전자 껍질에 들어가므로, 산소는 2개의 전자를 더 받아들이려고 한다. 전자 2개를 더 구하는 것은 그렇게 어려운 일이 아니며, 공격적인 산소는 자신의 요구 조건을 내세우면서 다른 원자들을 괴롭힌다. 그런데 6번 원소인 탄소는 첫 번째 전자 껍질을 채운 뒤에 4개의 전자가 남으므로 맨 바깥쪽 전자 껍질을 가득 채우려면 전자가 4개 더 필요하다. 그것은 좀더 많은 노력이 필요한 일인데, 그 결과 탄소는 사실상 아무하고나 들러붙어 결합하려는 행동을 보인다.

이런 난잡스러운 행동이야말로 탄소의 미덕이다. 산소와 달리 탄소는 가능하기만 하면 어느 방향으로건 다른 원자들과 결합한다. 사실, 탄소는 자신의 전자들을 최대 4개의 다른 원자들과 동시에 공유한다. 이러한 성질 덕분에 탄소는 복잡한 사슬 구조의 분자를 만들 수 있으며, 심지어 3차원 분자 그물까지 만들 수 있다. 그리고 탄소는 전자를 다른 원자에게서 빼앗아오는 게 아니라 공유하는데, 이렇게 생겨난 공유 결합은 튼튼하고 안정하다. 질소도 맨 바깥쪽 전자 껍질을 가득 채우려면 다중 결합을 해야 하지만, 탄소만큼 많은 결합을 할 필요는 없다. 앞에 나온 아나콘다와 비슷한 단백질은 원소의 이런 성질을 이용해 긴 분자를 만든다. 한 아미노산의 줄기에 있는 탄소 원자가 다른 아미노산의 끝부분에 있는 질소 원자와 전자를 공유함으로써 두 아미노산이 연결되는데, 이런 식으로 탄소와 질소가 무한히 연결된 사슬을 통해 단백질이 만들어진다.

사실, 오늘날의 과학자들은 'acetyl……serine'보다 훨씬 긴 분자들도 해독할 수 있다. 현재까지 최고 기록은 만약 그 이름을 제대로 쓸 경우 무려 18만 9819자의 문자로 이루어진 거대 단백질 분자이다. 그러나 1960년대에 아미노산의 분자 구조를 빨리 분석하는 도구가 많이 개발되면서 과학자들은 곧 이 책만큼 긴 분자 이름도 나오게 될 것이라고 예상했다.(그 철자들을 일일이 확인하는 것은 정말로 힘겨운 일이 될 것이다.) 그래서 그들은 거추장스러운 독일식 명명법을 버리고, 공식적인 용도에도

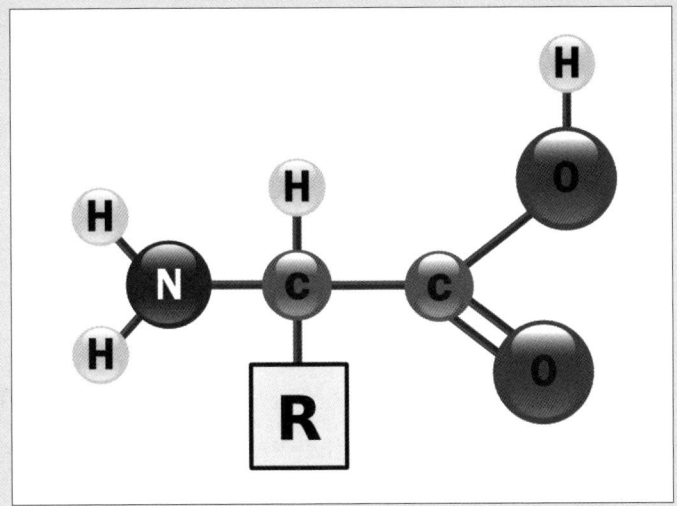

아미노산의 분자식은 NH_2CHR_nCOOH(단, $n=1\sim20$)이다. 생화학에선 흔히 α-아미노산을 간단히 아미노산이라 부른다. α-아미노산은 아미노기와 카르복시기(카복시기)가 하나의 탄소(α-탄소라 부른다)에 붙어 있다. 일반적인 α-아미노산의 구조는 위의 그림과 같다. 여기서 'R'은 나머지라는 뜻의 'Residue' 혹은 'Remainder'의 머리글자로 곁사슬을 나타내고, 곁사슬에 따라 무슨 아미노산인지가 결정된다.

더 짧은 이름을 사용하기 시작했다. 예를 들면 18만 9819자의 문자로 이루어진 분자는 지금은 다행스럽게도 티틴titin이라 부른다.* 이제 담배모자이크 바이러스 단백질의 완전한 이름보다 더 긴 이름을 인쇄물의 형태로 발표하려고 시도하는 사람이 있을지 의심스럽다.

그렇다고 해서 야심에 불타는 사전 편찬자가 더 이상 생화학을 들여다볼 필요가 없다는 이야기는 아니다. 의학은 늘 비상식적으로 긴 단어를 제공하는 보고였고, 『옥스퍼드 영어 사전』에 실린 비전문 용어 중 가장 긴 것은 탄소의 화학적 사촌인 원소를 바탕으로 한 것이다. 외계 생명체의 몸을 구성하는 기본 골격 원소로 탄소 대신에 종종 거론되는 이 원소의 이름은 규소(실리콘)이다.

규소와 생명

한 가계의 계보에서 맨 꼭대기에 위치한 부모는 자신을 닮은 자식을 낳는다. 이와 비슷하게 탄소는 주기율표에서 수평 방향으로 바로 옆에 있는 붕소나 질소보다도 바로 밑에 있는 규소와 공통점이 더 많다. 우리는 이미 그 이유를 알고 있다. 탄소는 6번 원소이고 규소는 14번 원소인데, 둘 사이에 여덟 칸의 간격(또 다른 옥텟 규칙)이 있는 것은 결코 우연의 일치가 아니다. 규소의 경우, 전자 2개는 가장 낮은 에너지 준위를 채우고, 8개는 두 번째 에너지 준위를 채운다. 그러면 4개의 전자가 남으므로 탄소와 똑같이 난처한 상황에 놓이게 된다. 그렇지만 이런 상황 때문에 규소도 탄소와 같은 유연성을 약간 발휘한다. 탄소의 유연성은 생명체를 만드는 능력과 직접적으로 연관되기 때문에, 탄소와 비슷한 특징을 지닌 규소는 지구의 생명과는 다른 규칙을 따르는 대체(즉, 외계) 생명체에 큰 관심을 가진 공상 과학 팬들 사이에서 꿈의 원소로 간주되어왔다. 그렇지만 자식이 부모와 정확하게 똑같지는 않으므로 계보가 그대로 운명이 되는 것은 아니다. 탄소와 규소는 아주 가까운 관계이긴 하지만, 서로 다른 원소이며, 각자 독특한 화합물을 만든다. 그리고 공상 과학 팬들에게는 안타까운 소식이지만, 규소는 탄소가 보여주는 놀라운 재주를 다 보여주지 못한다.

흥미롭게도 우리는 또 다른 단어의 분석을 통해 규소의 한계를 알 수 있다. 그 단어는 앞에 나온 탄소를 바탕으로 한 단백질(1185자로 이루어진)과 같은 이유로 그 길이가 아주 길다. 이 단백질에는 일종의 공식 같은 이름이 붙어 있는데, 파이(π)의 값을 소수 수조 자리까지 계산하는 방법처럼 그 방법의 참신함이 큰 흥미를 끈다. 『옥스퍼드 영어 사전』에 실린 비전문 용어 중 가장 긴 것은 45자로 이루어진 'pneumonoultramicroscopicsilicovolcanoconiosis'인데, 병명을 나타내는 이 단어 중심에 'silico'라는 철자가 포함돼 있다. 로골로지스트logologist(단어의 의미보다는 단어를 구성하는 글자들의 패턴을 중점으로 연구하는 학문 분야인 로골로지logology를 연구하는 사람)들은 이 단어를 'p45'라는 속어로 부른다. 그런데 p45가 정말로 독립적인 질병인가에 대해서는 의학적으로 약간 논란이 있다. 이것은 진폐증pneumonoconiosis이라는 폐 질환의 한 변종에 지나지 않기 때문이다. p16(진폐증의 철자 수를 딴 이름)은 폐렴과 비슷한 증상을 나타내며, 석면을 흡입하면 걸릴 수 있다. 모래와 유리의 주성분인 이산화규소(SiO_2) 흡입이 진폐증의 원인이 될 수 있다. 건축 현장에서 하루 종일 모래 분사기를 사용하는 노동자나 단열재 생산 공장에서 유리섬유를 들이마시며 작업하는 노동자 중에서 종종 규소를 기반으로 한 p16에 걸리는 사람이 나온다. 이산화규소는 지각에서 가장 풍부한 광물이기 때문에 진폐증에 걸리기 쉬운 인구 집단이 하나 더 있는데, 그것은 바로 활화산 근처에서 살아가는 사람들이다. 활동이 활발한 화산은 수백만 톤의 실리카silica(이산화규소를 달리 부르는 말)를 고운 분말 형태로 공기 중에 뿜어낸다. 이 가루들은 화산 지대에 사는 사람들의 폐 속으로 들어갈 수 있다. 이산화탄소를 일상적으로 처리하는 우리의 폐는 그 사촌 격인 이산화규소가 들어오더라도 별다른 반응을 보이지 않지만, 이산화규소는 건강에 치명적인 결과를 초래한다. 6500만 년 전에 대도시만 한 크기의 소행성이나 혜성이 지구에 충돌했을 때, 많은 공룡이 이것과 같은 과정을 통해 죽어갔을지 모른다.

이런 사실들을 감안하면, p45의 접두사와 접미사를 분석하기가 훨씬 쉽다. 사람들이 화산 분화 현장을 피해 달아나면서 들이마신 초미세 먼지 실리카 때문에 생기는 폐 질환을 pneumono-ultra-microscopic-silico-volcano-coniosis라고 이름 붙인 것은 자연스러워 보인다. 그렇지만 여러분이 대화 중에 이 단어를 무심코 사용하기 전에 단어 순수주의자들 중에는 이 단어를 혐오하는 사람이 많다는 사실을 알아둘 필요가 있다. p45는 1935년에 어떤 사람이 퍼즐 대회에서 우승하기 위해 만들어낸 단어이며, 아직도 어떤 사람들은 이 단어를 '트로피용 단어trophy word'라고 조롱한다. 심지어 『옥스퍼드 영어 사전』의 권위 있는 편집자들도 p45를 순전히 그 뜻만을 나타내기 위해 조합한 단어라면서 '사용하기 힘든 단어'라고 폄하한다. p45는 일상 언어에서 유기적으로 탄생한 단어가 아니라, 인공 생명체처럼 조립해 만든 단어라는 것이다.

규소를 좀더 깊이 연구하면, 규소를 기반으로 한 생명체가 존재할 수 있다는 주장이 일리가 있는지 판단할 수 있다. 공상 과학에서 광선총만큼이나 자주 등장한 규소 생명체는 아주 중요한 개념인데, 가능한 생명체의 존재를 탄소를 중심으로 한 것에서 더 확대할 수 있기 때문이다. 규소에 열광한 사람들은 규소 가시를 가진 성게나 규소로 외골격을 만드는 방산충류 원생동물처럼 지구에도 몸을 만드는 데 규소를 이용하는 동물이 있다는 사실을 지적한다. 또 컴퓨터와 인공 지능 분야에서 일어나는 발전은 규소(실리콘)를 사용해 탄소를 기반으로 한 뇌만큼 복잡한 '뇌'를 만들 수 있음을 시사한다. 이론적으로는 우리 뇌의 모든 뉴런을 실리콘 트랜지스터로 교체하는 게 불가능할 이유가 없다.

그러나 p45가 실제 화학에서 주는 교훈은 규소 생명체에 대한 열광에 찬물을 끼얹는다. 지상 생물의 몸에 탄소가 드나들듯이 규소 생명체도 조직을 수리하거나 그 밖의 목적을 위해서는 몸에 규소가 드나들어야 한다. 먹이사슬의 바닥에 있는 생물들(많은 점에서 가장 중요한 생명체인)은 이산화탄소 기체를 흡입하거나 배출함으로써 그런 일을 할 수 있다. 규소도 자연에서는 거의 항상 산소와 결합한 형태(주로 SiO_2)로 존재한다. 그러나 이산화탄소와 달리 이산화규소는(심지어 미세한 화산 먼지조차) 생명이 살 수 있는 온도에서는 고체 상태로 존재하지 기체 상태로 존재하지 않는다.(2230°C 이상이 되어야 기체가 된다.) 세포 호흡이라는 차원에서 보면, 고체 물질은 호흡해봐야 아무 도움도 되지 않는다. 고체 물질은 서로 엉겨 붙기 쉽고 잘 흘러다니지 않으므로 개개 세포에 도달하기가 힘들기 때문이다. 해캄처럼 아주 초보적인 규소 생명체도 호흡을 하는 데에는 어려움을 겪을 수밖에 없고, 여러 세포층으로 이루어진 큰 생명체는 더더욱 살기가 힘들 것이다. 환경과 기체를 교환할 방법이 없다면, 식물 비슷한 규소 생명체는 영양분을 만들지 못해 죽을 것이고, 동물 비슷한 규소 생명체는 탄소를 기반으로 한 우리의 폐가 p45에 질식하듯이 노폐물에 질식해 죽고 말 것이다.

그렇지만 이러한 규소 미생물이 다른 방법으로 실리카를 배출하거나 흡수할 수는 없을까? 그런 방법이 있을 수도 있겠지만, 실리카는 우주에 가장 풍부하게 존재하는 액체인 물에 녹지 않는다. 따라서 그러한 생물은 영양분과 노폐물을 순환시키는 혈액이나 다른 액체가 지닌 진화상의 이점을 포기해야 할 것이다. 규소를 기반으로 한 생물은 고체에 의존해 살아가야 하는데, 고체는 쉽게 섞이지 않기 때문에 규소 생명체가 대단한 일을 하길 기대하기는 어렵다.

게다가 규소는 탄소보다 전자가 더 많기 때문에 부피가 크다. 이것은 큰 문제가 아닐 수도 있다. 규소는 화성 생물의 지방이나 단백질에서 탄소를 대체할 수 있을지도 모른다. 그렇지만 탄소 화합물은 탄소 원자들 사이의 결합 형태를 구부러뜨려 우리가 당류라고 부르는 고리 모양의 분자를 만들 수 있다. 고리는 장력이 매우 높은 상태(그래서 에너지를 많이 저장할 수 있다)인데, 규소는 유연성이 떨어져 고리 형태를 만들 만큼 규소 원자들 사이의 결합 형태를 구부러뜨리지 못한다. 이와 관련된 문제점이 하나 더 있는데, 규소 원자들은 이중 결합을 만들 만큼 전자들을 좁은 공간에 압축시킬 수가 없다. 복잡한 생화학 분자라면 사실상 거의 다 이중 결합을 포함하고 있다.(두 원자가 두 전자를 공유하는 게 단일 결합이고, 두 원자가 네 전자를 공유하는 게 이중 결합이다.) 규소를 기반으로 한 생명체는 화학 에너지를 저장하고 호르몬을 만들 수 있는 선택을 수백 가지나 제약받는다. 이 모든 이유 때문에 실제로 성장하고 반응하고 생식하고 공격하는 규소 생명체의 유지는 생화학을 통해서만 가능하다.(성게와 방산충은 실리카를 호흡이나 에너지를 저장하는 데 사용하는 게 아니라, 구조를 지탱하는 목적으로만 사용한다.) 그리고 탄소가 규소보다 훨씬 적게 존재하는데도 불구하고 탄소를 기반으로 한 생명이 지구에서 진화했다는 사실 자체가 이런 추측들을 증명해주는 증거나 마찬가지이다.* 나는 규소 생명체가 아예 불가능하다고 예언할 만큼 어리석진 않지만, 그러한 생명체가 모래를 배설하는 대사를 하고, 화산에서 초미세 실리카가 계속 뿜어 나오는 행성에서 살지 않는 한, 규소는 생명을 계속 살아가게 하는 데 적합하지 않다.

그렇지만 다행히도 규소는 다른 방식으로 불멸의 존재로 남게 되었다. 무생물과 생물의 중간에 위치한 바이러스처럼 규소는 자신에게 알맞은 진화의 생태적 지위를 찾아 주기율표에서 그 밑에 있는 원소에 기생하는 방식으로 살아남았다.

반도체의 영광과 불운의 원소 게르마늄

주기율표에서 탄소와 규소가 위치한 세로줄에서는 계보에 관한 교훈들을 더 얻을 수 있다. 규소 밑에는 게르마늄(저마늄)이 있다. 그리고 게르마늄 밑에는 주석이 있고, 주석 밑에는 납이 있다. 주기율표에서 생명의 원소인 탄소에서 시작하여 곧장 아래로 내려가면, 현대 전자공학의 핵심 원소인 규소와 게르마늄을 지나 깡통의 재료로 쓰이는 칙칙한 회색 원소인 주석이 있고, 그 밑에는 생명에 다소 적대적인 원소인 납이 나온다. 각 단계 사이의 간격은 좁고 각 원소는 바로 그 아래에 있는 원소와 비슷한 점이 많지만, 이 원소들은 작은 차이들이 누적되면 큰 차이를 빚어낸다는 것을 보여준다.

또 하나의 교훈은 모든 족族(주기율표에서 같은 세로줄에 위치한 원소들)에는 검은 양처럼 같은 족의 나머지 원소들에게 따돌림을 받는 원소가 반드시 있다는 점이다. 14족에서 검은 양은 불운의 원소인 게르마늄이다. 규소(실리콘)는 컴퓨터와 마이크로칩, 자동차, 계산기 등에 쓰인다. 실리콘 반도체는 사람을 달로 보냈고, 우리가 인터넷을 마음대로 사용할 수 있게 해주었다. 그러나 60여 년 전에 일이 조금 다른 방향으로 흘러갔더라면, 오늘날 캘리포니아주 북부에 있는 실리콘 밸리는 게르마늄 밸리로 불리고 있을지도 모른다.

현대 반도체 산업은 1945년에 뉴저지주의 벨 연구소에서 탄생했다.

그곳은 70년 전에 토머스 앨바 에디슨Thomas Alva Edison이 발명 공장을 세운 곳에서 불과 몇 km 떨어진 거리에 있었다. 전기공학자이자 물리학자인 윌리엄 쇼클리William Shockley는 메인프레임 컴퓨터에 쓰이던 진공관을 대체할 소형 실리콘 증폭기를 만들려고 했다. 공학자들은 진공관 때문에 골머리를 썩였는데, 기다란 전구처럼 생긴 유리관이 거추장스럽고 약한 데다가 쉽게 과열되었기 때문이다. 그러나 아무리 마음에 들지 않더라도 진공관을 쓰지 않을 수 없었다. 진공관이 수행하는 이중의 임무를 대신할 수 있는 게 아무것도 없었기 때문이다. 진공관은 약한 신호가 죽지 않도록 전기 신호를 증폭시키는 일을 할 뿐만 아니라, 회로에서 전자가 거꾸로 흘러가지 않게 하는 일방통행 문의 역할도 한다.(여러분 집에서 배수관의 물이 양쪽으로 흐른다고 상상하면, 이게 얼마나 중요한 기능인지 짐작할 수 있을 것이다.) 쇼클리는 에디슨이 전구를 발명해 양초를 대체한 것처럼 진공관을 대체할 발명을 원했는데, 그 답이 반도체 원소에 있다는 걸 알고 있었다. 반도체 물질만이 충분한 전자를 회로에 흐르게 하는 동시에 통제 불가능할 정도로 너무 많은 전자가 흐르지 않도록 함으로써 공학자들이 원하는 균형 잡힌 행동을 나타낼 수 있었다. 그런데 공학자보다는 몽상가에 더 가까웠던 쇼클리가 만든 실리콘 증폭기는 아무것도 증폭시키지 못했다. 2년 동안 연구에 매달리다 지친 쇼클리는 그 과제를 부하 직원인 존 바딘John Bardeen과 월터 브래튼Walter Brattain에게 맡겼다.

한 전기 작가의 평에 따르면, 바딘과 브래튼은 "두 남자 사이에서 일어날 수 있는 최대의 사랑을 보여주었다……. 이 공동 생명체의 뇌는 바딘이었고, 브래튼은 그 손이었다."* 이 공생 관계는 아주 편리한 것이었다. 왜냐하면 바딘은 '에그헤드egghead(지식인)'란 단어가 마치 그를 위해 만들어진 것처럼 보일 정도로 머리가 좋았지만 손재주는 무척 서툴

왼쪽부터 존 바딘, 월터 브래튼, 윌리엄 쇼클리. 바딘과 브래튼은 게르마늄을 사용해 세계 최초의 반도체 증폭기를 만들었다.

렀다. 두 사람은 실리콘이 부서지기 쉽고 순수하게 만들기가 힘들어 증폭기로 쓰기에 부적합하다는 결론을 내렸다. 게다가 그들은 게르마늄은 맨 바깥층 전자들이 규소보다 더 높은 에너지 준위에 있어 약하게 결합돼 있으며, 전기를 더 부드럽게 흐르게 한다는 사실을 알고 있었다. 두 사람은 게르마늄을 사용해 1947년 12월에 세계 최초의 반도체 증폭기를 만들었다.

 이 소식에 쇼클리는 뛸 듯이 기뻤을 것이다. 다만 쇼클리는 크리스마스 때 파리에 있었기 때문에 그 발명에 자신도 기여했다고 주장하기가 어려웠다.(쇼클리가 반도체 물질로 사용한 원소는 게르마늄이 아닌 다른 원소라는 것은 말할 것도 없고.) 그래서 쇼클리는 바딘과 브래튼의 공적을 가로챌 궁리를 세웠다. 쇼클리는 악한 사람은 아니었지만 자신이 옳다고 믿을 때에는 단호한 모습을 보였는데, 트랜지스터 발명의 공은 대부분 자신의 것이라고 믿었다.(이 단호한 믿음은 훗날 쇼클리가 반도체 물리학을 버리고 인류의 질 개선을 목적으로 한 '우생학'에 빠졌을 때에도 또 한 번 발휘되었다. 그는 지식인이 가장 우수한 집단이라고 믿어 '천재 정자 은행'*에 정자를 기증하기 시작했고, 가난한 사람과 소수 민족에게 돈을 주어 불임 시술을 받도록 유도함으로써 인류의 집단 IQ가 떨어지는 것을 막아야 한다고 주장했다.)

 파리에서 황급히 돌아온 쇼클리는 트랜지스터 연구에 급히 끼어들었는데, 가끔은 문자 그대로 불쑥 연구팀 한가운데에 끼어들곤 했다. 세 사람이 연구하는 장면을 보여주는 벨 연구소의 홍보 사진들을 보면, 쇼클리는 항상 바딘과 브래튼 사이의 가운데에 서서 공동 생명체를 갈라놓고 있으며, '자신'은 장비를 만지는 대신에 나머지 두 사람은 마치 조수처럼 어깨 너머로 그것을 지켜보고 있다. 이러한 이미지가 새로운 현실인 것처럼 널리 알려졌고, 일반 과학계는 트랜지스터의 발명에 세 사람이 함께 기여했다고 받아들이게 되었다. 쇼클리는 또한 상업적으로 더 실용성이 있는 제2세대 게르마늄 트랜지스터를 자신이 주도해 개발하려고 마치 봉건 시대의 영주처럼 자신의 주요 경쟁자인 바딘을 트랜지스터와는 아무 관계가 없는 다른 연구실로 추방했다. 당연한 일이지만, 얼마 후 바딘은 벨 연구소를 그만두고 일리노이 대학에서 교수 자리를 얻었다. 그는 쇼클리의 비열한 행동에 환멸을 느낀 나머지 반도체 연구를 때려치웠다.

그러나 게르마늄의 운명은 순탄치 못했다. 1954년에 이르자 트랜지스터 산업이 급성장했다. 컴퓨터의 처리 능력이 수십 배 이상 증가했고, 휴대용 라디오 같은 새로운 제품의 생산 라인이 크게 늘어났다. 그런데 이러한 급성장기 동안에 공학자들은 실리콘에 미련을 갖고 연구를 계속했다. 실리콘에 미련을 버리지 못한 이유 중 일부는 게르마늄의 단점 때문이었다. 게르마늄은 전기가 아주 잘 통하는 성질이 있는 반면, 바로 그 때문에 불필요한 열이 너무 많이 발생해 게르마늄 트랜지스터가 과열되어 작동이 중단되는 일이 종종 일어났다. 더 중요한 이유는, 흙보다도 더 싼 실리콘(모래의 주성분인)의 가격 경쟁력에 있었다. 과학자들은 여전히 게르마늄을 고수하면서도, 실리콘 트랜지스터 개발에 많은 시간을 투입하고 있었다.

같은 해에 열린 한 반도체 거래상 회의에서 실리콘 트랜지스터의 전망에 대해 암울한 연설이 끝난 뒤에 텍사스 주에서 온 당돌한 공학자가 벌떡 일어나더니, 자신의 호주머니 속에 실리콘 트랜지스터가 있다고 말했다. 그리고 원한다면 그 성능을 보여주겠다고 제안했다. 바넘P. T. Barnum(진짜 이름은 고든 틸Gordon Teal)이라는 이 남자는 게르마늄 트랜지스터를 사용한 전축을 외부 스피커에 연결한 뒤에 전축의 내부 장비를 끓는 기름 속에 담갔다. 예상했던 대로 전축은 죽고 말았다. 틸은 내부 장비를 끄집어낸 뒤에 게르마늄 트랜지스터를 자신이 가져온 실리콘 트랜지스터로 교체했다. 그리고 그것을 다시 끓는 기름 속에 담갔는데, 음악은 아무 이상 없이 잘 흘러나왔다. 반도체 거래상들이 회의장 뒤편에 있는 전화 부스로 우르르 몰려가는 순간, 게르마늄은 종말을 고했다.

다행스럽게도 바딘에게는 이야기가 좋은 결말로 끝났다(완전히 만족스러운 것은 아니지만). 그는 게르마늄 반도체 연구 업적을 높이 평가받아 브래튼과 그리고…… (불만스럽게도) 쇼클리와 함께 1956년에 노벨 물리학상을 공동 수상했다. 바딘은 아침에 달걀을 프라이하다가 라디오(아마도 그때쯤에는 실리콘 트랜지스터로 작동되었을 것이다)에서 그 소식을 들었다. 이 소식에 흥분한 그는 프라이한 달걀을 바닥에 떨어뜨리고 말았다. 노벨상 수상과 관련해 그가 저지른 실수는 이것뿐만이 아니다. 스웨덴에서 노벨상 시상식이 열리기 며칠 전에 그는 시상식에 입고 갈 흰색 나비넥타이와 조끼를 다른 빨래와 함께 빨다가 그만 초록색으로 물들이고 말았다. 시상식 당일에는 스웨덴 국왕인 구스타프 1세Gustav I를 만난다는 사실에 너무 흥분한 나머지 바딘과 브래튼은 속을 진정시키기 위해 퀴닌을 삼켰다. 그렇지만 그것도 구스타프 1세가 바딘에게 왜 아들들을 함께 데려오지 않고 하버드에 남겨두고 왔느냐고 나무랐을 때에는 별 도움이 되지 않았을 것이다.(바딘은 아들들이 시험을 빼먹을까 봐 염려하여 데려가지 않았다.) 국왕의 질책에 바딘은 다음번에 노벨상을 탈 때에는 꼭 데려오겠다고 멋쩍은 농담을 했다.

바딘이 노벨상을 수상한 것은 그만큼 반도체가 아주 높이 평가받았다는 것을 말해준다. 그 당시만 해도 노벨 화학상과 물리학상 수상자를 결정하는 스웨덴 왕립과학원은 응용 과학보다는 순수 과학 연구를 더 중시했기 때문에, 트랜지스터 발명이라는 응용 과학 분야의 업적을 인정한 것은 이례적인 일이었다. 그러나 1958년에 이르러 트랜지스터 산업은 또 다른 위기를 맞게 되었다. 바딘이 떠난 뒤에, 기회의 문은 새로운 영웅에게 활짝 열려 있었다.

얼마 후 그 문으로 걸어 들어간 사람은 잭 킬비Jack Kilby라는 젊은이였는데, 그는 키가 거의 2m에 이르러 문을 통과할 때 허리를 구부려야 했을지도 모른다. 캔자스주 출신으로 느릿느릿한 말투에 얼굴 피부가 가죽처럼 질긴 킬비는 밀워키주의 첨단 전자 회사에서 10여 년을 보내다가 1958년에 텍사스 인스트루먼츠TI 사에 입사했다. 킬비는 전공이 전기공학 쪽이었지만, 맡은 과제는 '수의 횡포tyranny of numbers'라는 컴퓨터 하드웨어 문제를 푸는 것이었다. 값싼 실리콘 트랜지스터는 기본적으로 제대로 작동했지만, 첨단 컴퓨터 회로에는 트랜지스터가 수십 개나 필요했다. 이 때문에 TI 같은 회사들은 전신 작업복을 입고서 땀을 뻘뻘 흘리고 구시렁거리면서 하루 종일 현미경을 들여다보며 실리콘 부품들을 용접하는 저임금 근로자들(대부분 여성)을 많이 고용해야 했다. 이 과정은 비용이 많이 들 뿐만 아니라 비효율적이기도 했다. 이렇게 만든 회로는 결국 언젠가는 약한 전선이 끊어지거나 느슨해져 전체 회로가 죽었다. 그렇지만 공학자들은 그렇게 많은 트랜지스터를 써야만 하는 문제를 해결하지 못했는데, 이것이 바로 '수의 횡포'라는 문제였다.

킬비가 TI에 입사한 시기는 무더운 6월이었다. 신입 사원이라 휴가가 없었던 킬비는 전 사원이 7월에 강제 휴가를 떠나자 작업장에 혼자 남게 되었다. 고요한 침묵의 평온함 속에서 킬비는 트랜지스터의 배선을 연결하기 위해 수천 명의 직원을 고용하는 것은 우둔한 짓이라는 사실을 새삼 확인했다. 그리고 상사들이 없는 자유로운 분위기에서 집적 회로라는 새로운 아이디어를 연구했다. 일일이 손으로 연결해야 하는 회로 부품은 실리콘 트랜지스터뿐만이 아니었다. 탄소 저항기와 자기 축전기도 구리선으로 일일이 연결해야 했다. 킬비는 이런 개별적인 부품들을 모두 폐기하고, 대신에 하나의 반도체 덩어리에다 모든 것(모든 저항기와 트랜지스터와 축전기)을 새겨 넣는 방법을 도입했다. 그것은 획기적인 아이디어였다. 두 방법 사이의 구조적, 예술적 차이는 한 덩어리의 대리석으로 조각상을 만드는 것과 각각의 팔다리를 따로 조각한 뒤에 철사로 얼기설기 엮어 전체 조각상으로 합치는 것에 비유할 수 있다. 저항기와 축전기의 재료로 실리콘의 순도를 크게 신뢰하지 않았던 킬비는 시제품을 만들 때 게르마늄을 사용했다.

결국 이 집적 회로는 모든 것을 일일이 수작업으로 진행해야 했던 공정에서 공학자들을 해방시켜주었다. 이제 모든 부품이 같은 반도체 덩어리 위에 만들어지기 때문에 그것을 일일이 손으로 용접할 필요가 없어졌다. 사실, 얼마 후에는 용접 자체가 아예 불가능해졌는데, 집적 회로 덕분에 부품을 새기는 과정이 자동화되어 소형 트랜지스터 집단(최초의 진정한 컴퓨터 칩)을 만드는 게 가능해졌기 때문이다. 킬비는 자신의 혁신 기술에 대해 완전한 인정을 받지 못했지만(쇼클리의 추종자 중 한 사람이 몇 달 뒤에 좀더 개선된 경쟁 제품에 대한 특허를 신청하여 킬비의 회사와 특허권을 놓고 분쟁이 일어났기 때문이다), 오늘날 전문가들은 궁극적인 공을 킬비에게 돌린다. 제품 사이클이 몇 달 만에 바뀌는 첨단 산업 분야에서 컴퓨터 칩은 아직도 50년 전에 킬비가 생각한 기본 설계를 바탕으로 만들어지고 있다. 그리고 때 늦은 감이 있지만, 킬비는 2000년에 집적 회로 연구에 대한 공로를 인정받아 노벨상을 수상했다*

그러나 슬프게도 그 어떤 노력도 게르마늄의 명성을 되살리는 데에는 실패했다. 킬비가 처음에 만든 게르마늄 회로는 스미스소니언 협회에 보관돼 있지만, 게르마늄은 경쟁이 치열한 시장에서 완전히 외면당하고 말았다. 실리콘이 너무 값이 싸고 풍부하기 때문이었다. 아이작 뉴턴은 자신이 거인들(자신이 연구를 해나갈 수 있게 미리 기초를 닦은 과학자들)

의 어깨 위에 서 있었던 덕분에 모든 것을 이룰 수 있었다는 유명한 말을 남겼다. 실리콘에 대해서도 똑같은 말을 할 수 있다. 게르마늄이 힘든 일을 다 한 뒤에 실리콘은 그 모든 일에 대한 공로를 차지했고, 게르마늄은 주기율표에서 눈에 띄지 않는 구석 자리로 돌아가야 했다.

사실, 주기율표에서 이런 운명은 비일비재하다. 대다수 원소는 부당하게도 제대로 인정받지 못하고 있다. 심지어 많은 원소를 발견하고 최초의 주기율표에 그것들을 집어넣은 과학자들의 이름도 오랫동안 잊힌 상태로 남아 있었다. 그렇지만 몇몇 사람은 실리콘처럼 세계적인 명성을 얻었다. 초기에 주기율표를 연구한 과학자들은 모두 특정 원소들 사이의 유사점에 주목했다. 탄소, 규소, 게르마늄의 예처럼 '세 쌍 원소triad'의 존재는 주기율표 같은 어떤 체계가 존재할지도 모른다는 것을 시사한 최초의 단서였다. 그렇지만 원소들 사이에서 미묘한 점(사람에게서 보조개나 매부리코 같은 특징이 나타나듯이 주기율표의 같은 족 사이에 나타나는 특징)을 간파하는 능력이 특히 뛰어난 사람들이 있었다. 드미트리 멘델레예프Dmitri Mendeleev는 그러한 유사점을 추적하고 예측함으로써 주기율표의 아버지로 역사에 영원히 남았다.

주기율표의
갈라파고스 제도

주기율표의 역사는 그것을 만든 많은 사람들의 역사라고 말할 수도 있다. 무엇인가를 처음 만든 사람은 역사책에 나오는 기요탱Guillotin 박사나 찰스 폰지Charles Ponzi, 쥘 레오타르Jules Léotard, 에티엔 드 실루에트Étienne de Silhouette 같은 인물처럼, 널리 쓰이는 물건이나 개념에 자신의 이름을 남겼다. 주기율표를 개척한 독일 화학자는 그의 이름이 붙은 버너가 역사상 어떤 실험 장비보다도 어설픈 묘기를 보여주기에 아주 좋기 때문에 특별한 찬사를 받을 자격이 있다. 그러나 실망스럽게도 분젠 버너를 발명한 사람은 로베르트 분젠Robert Bunsen이 아니다. 분젠은 단지 다른 사람이 발명한 그 버너의 설계를 조금 개선하여 19세기 중반에 널리 유행시켰을 뿐이다. 그런데 분젠은 분젠 버너를 발견한 것 말고도 많은 위험과 파괴가 점철된 삶을 살아갔다.

주기율표를 만드는 데 도전한 사람들

분젠의 첫사랑 상대는 비소였다. 33번 원소인 비소는 먼 옛날부터 명성이 자자했지만(로마 시대의 암살자들은 비소를 무화과에 발라놓고 암살 표적이 그것을 먹길 기다렸다), 분젠이 그것을 시험관에 넣고 휘저으며 분석하기 전까지는 화학자들조차 비소에 대해 잘 몰랐다. 분젠은 비소를 기반으로 한 카코딜cacodyl이란 화합물을 연구했는데, 카코딜이란 이름은 '악취가 심한'이란 뜻의 그리스어에서 유래했다. 분젠은 카코딜이 악취가 너무 심해 "즉각 손발이 얼얼해지고, 심하면 어지럼증과 무감각을 동반하면서" 환각을 일으킨다고 말했다. 그의 혀는 "시커먼 막으로 뒤덮였다." 그는 지금까지도 비소 중독에 대한 최고의 해독제로 꼽히는 산화철 수화물을 만들었는데, 필시 자신의 안전을 위해 그랬을 것이다. 녹과 관련이 있는 이 화합물은 혈액 속의 비소에 들러붙어 비소를 걸러낸다. 그렇지만 분젠은 모든 위험을 다 차단하지는 못했다. 부주의로 인해 비소가 든 유리 비커가 폭발하면서 오른쪽 눈을 완전히 잃을 뻔했고, 그 때문에 나머지 60년 동안을 반실명 상태로 지냈다.

그 사고를 겪은 뒤 분젠은 비소 연구를 그만두고, 자연적인 폭발 쪽으로 관심을 돌렸다. 그는 땅에서 솟아나오는 것이라면 무엇이든지 좋아했고, 증기와 끓어오르는 액체를 손으로 직접 채집하면서 몇 년 동안 간헐천과 화산을 조사했다. 그는 실험실에 모조 간헐천을 만들어 연구를 한 끝에 간헐천이 어떻게 압력이 쌓여 폭발하는지 알아냈다. 1850년대에 하이델베르크 대학에서 다시 화학 연구로 돌아간 뒤에 빛을 이용해 원소를 연구하는 기구인 분광기를 발명함으로써 과학계에 불멸의 명성을 남겼다. 주기율표의 모든 원소는 가열할 때 나오는 빛을 분광기에 통과시키면, 특정 색깔의 빛이 스펙트럼 상의 특정 위치에 가느다란 선 모양으로 나타난다. 예를 들면, 수소는 빨간색 선과 황록색 선, 옅은 파란색 선, 남색 선이 나타난다. 따라서 수수께끼의 물질을 가열했더니 수소와 똑같은 선 스펙트럼이 나타났다면, 그 물질이 수소라는 걸 알 수 있다. 이것은 아주 획기적인 연구였다. 수수께끼의 물질을 끓이거나 산으로 분해하기 전에 먼저 이 방법으로 그 물질에 어떤 원소들이 섞여 있는지 파악할 수 있게 되었으니까.

　분젠은 한 제자와 함께 최초의 분광기를 만들 때, 다른 빛을 차단하기 위해 프리즘을 담배 상자 안에 집어넣고, 망원경에서 떼어낸 접안렌즈 2개를 거기에 붙여 안을 들여다보았다. 그 당시 분광학의 유일한 걸림돌은 원소를 들뜬 상태로 만들 만큼 충분히 뜨거운 불꽃을 얻는 방법이었다. 분젠은 그에 필요한 장비도 발명해 불에 자를 녹이거나 연필을 불태운 경험이 있는 사람들 사이에서 일약 영웅으로 떠올랐다. 분젠은 현지 기술자가 쓰던 원시적인 가스버너에 산소의 흐름을 조절하는 밸브를 추가했다.(혹시 실험실에서 분젠 버너를 만진 경험이 있는 사람이라면, 분젠 버너 아래쪽에 붙어 있는 손잡이가 기억날 것이다. 바로 그것이 그 밸브이다.) 그러자 비효율적인 버너에서 탁탁거리는 소리를 내며 주황색으로 타오르던 불꽃이 오늘날 가스레인지에서 보는 것처럼 산뜻하게 타오르는 파란색 불꽃으로 변했다.

　분젠의 연구는 주기율표의 발전에 큰 도움을 주었다. 분젠은 원소들을 그 스펙트럼을 바탕으로 분류하는 것에 반대했지만, 다른 과학자들은 별로 거부감이 없었고, 분광기는 곧 새로운 원소들을 확인하는 도구로 쓰이기 시작했다. 게다가 분광기는 미지의 물질로 위장한 기존의 원소들을 밝혀냄으로써 새 원소를 발견했다는 거짓 주장들을 가려내는 데에도 큰 도움을 주었다. 신뢰할 수 있는 원소 확인 방법 덕분에 화학자들은 물질을 더 깊은 수준에서 이해하는 궁극적인 목표를 향해 한 발 더

다가갈 수 있었다. 그렇지만 새로운 원소들을 발견하는 것만으로 문제가 다 해결된 것은 아니었다. 그것들을 일종의 가계도로 조직하는 게 필요했는데, 여기서 분젠은 주기율표의 발전에 또 한 가지 중요한 기여를 했다. 그는 하이델베르크 대학에서 위대한 과학자 왕조를 세웠고, 그곳에서 초기에 주기율표를 연구한 사람들을 가르쳤다. 그 중에는 우리의 두 번째 주인공인 드미트리 멘델레예프Dmitri Mendeleev도 있었는데, 그는 일반적으로 최초의 주기율표를 만든 사람으로 인정받고 있다.

사실은, 분젠과 분젠 버너 이야기와 비슷하게 최초의 주기율표는 멘델레예프 혼자서 만든 게 아니다. 최초의 주기율표는 여섯 사람이 각자 독자적으로 만들었으며, 모두 이전 세대의 화학자들이 주장한 '화학 친화도'를 바탕으로 주기율표를 조직했다. 멘델레예프는 원소들을 유사한 것끼리 소집단으로 묶는다는 대략적인 개념으로 시작하여, 주기율 체계를 과학 법칙으로 바꾸었다. 그것은 전승돼오던 별개의 그리스 신화들을 호메로스가 집대성하여 『오디세이아』로 엮어낸 것과 비슷한 업적이었다. 다른 분야와 마찬가지로 과학에도 영웅이 필요한데, 멘델레예프는 여러 가지 이유로 주기율표 이야기의 주인공이 되었다.

우선, 멘델레예프는 삶 자체가 아주 파란만장했다. 시베리아에서 14남매 중 막내로 태어난 멘델레예프는 열세 살 때 아버지를 잃었다. 어머니는 가족을 부양하기 위해 유리 공장을 인수해 운영하면서 남자 유리 직공들을 부렸는데, 그 당시로서는 아주 당찬 일이었다. 그러나 얼마 후 공장에 불이 나고 말았다. 똑똑한 막내아들에게 모든 기대를 건 어머니는 멘델레예프를 말에 태우고 스텝 지대와 눈 덮인 우랄 산맥을 지나 3000여 km를 여행해 모스크바의 일류 대학을 찾아갔다. 그러나 대학 측은 멘델레예프가 현지 주민이 아니라는 이유로 입학을 거절했다. 어머니는 이에 굴하지 않고 다시 멘델레예프를 말에 태우고 죽은 남편의 동창을 찾아 600여 km를 더 여행하여 상트페테르부르크로 갔다. 그리고 멘델레예프가 대학에 들어가는 것을 보고 나서 세상을 떠났다.

멘델레예프는 뛰어난 성적으로 상트페테르부르크 대학을 졸업한 뒤에 파리와 하이델베르크로 건너가 공부했다. 하이델베르크 대학에서는 유명한 분젠 밑에서 잠깐 동안 배운 적도 있었다.(두 사람은 개인적으로는 사이가 좋지 않았는데, 기분 변화가 심한 멘델레예프의 성격도 문제였지만, 시끄럽고 악취가 심한 것으로 악명 높은 분젠의 실험실도 문제였다.) 멘델레예프는 1860년대에 상트페테르부르크 대학으로 돌아가 화학 교수로 일했다. 여기서 원소의 본질에 대해 깊이 생각하기 시작했는데, 그 연구가 결국 1869년에 유명한 주기율표로 결실을 맺었다.

원소들을 체계적으로 조직하는 문제는 많은 사람들이 연구하고 있었고, 멘델레예프와 똑같은 방법으로 문제를 푼 사람도 일부 있었다. 영국에서는 존 뉴랜즈John Newlands라는 화학자가 1865년에 자신이 만든 임시 주기율표를 런던화학협회에 제출했다. 그러나 수사학적 실수 때문에 뉴랜즈는 낭패를 당했다. 그 당시 비활성 기체(헬륨에서부터 라돈에 이르는)는 아무도 몰랐기 때문에, 그의 주기율표에서 맨 윗줄은 일곱 칸만 있었다. 뉴랜즈는 즉흥적으로 일곱 개의 기둥을 음계의 도-레-미-파-솔-라-시에 비교했다. 그러나 불행하게도 런던화학협회는 그런 기묘한 취향을 좋아하는 단체가 아니었고, 그들은 뉴랜즈의 경박한 화학을 조롱했다.

멘델레예프에게 더 강력한 경쟁자는 율리우스 로타르 마이어Julius Lothar Meyer라는 독일 화학자였다. 말쑥하게 기름을 바른 검은색 머리에 너저분한 흰색 턱수염을 기른 마이어도 하이델베르크 대학에서 분젠 밑에서 연구한 적이 있으며, 훌륭한 경력을 갖고 있었다. 그가 한 주요 연구 중에는 적혈구의 헤모글로빈이 산소와 결합해 산소를 온몸으로 운반

한다는 사실을 알아낸 것도 있다. 마이어는 자신의 주기율표를 멘델레예프와 거의 동시에 발표했으며, 심지어 두 사람은 '주기율표'를 공동 발견한 공로로, 노벨상이 생기기 이전에 가장 명망 높던 상인 데이비 메달을 공동 수상했다.(데이비 메달은 영국에서 수여하는 상이지만, 정작 영국인인 뉴랜즈는 번번이 외면당하다가 1887년에 가서야 수상했다.) 마이어는 그 뒤에도 훌륭한 연구를 많이 함으로써 명성을 높여갔다.(그는 급진적 이론들을 널리 알리는 데 기여했는데, 그것들은 결국 모두 옳은 것으로 밝혀졌다.) 하지만 멘델레예프는 성격이 까탈스러운 괴짜로 변했는데, 믿을 수 없게도 원자가 실제로 존재한다는 것을 믿으려 하지 않았다.*(그는 훗날 전자나 방사능처럼 눈으로 볼 수 없는 다른 것들도 믿으려 하지 않았다.) 만약 1880년 당시에 두 사람을 놓고 누가 더 훌륭한 이론 화학자인지 평가하라고 했다면, 누구나 마이어를 선택했을 것이다. 그런데 왜 멘델레예프는 최소한 역사적으로는* 마이어와 그 전에 주기율표를 발표한 네 명의 화학자를 물리치고 압도적인 평가를 받는 것일까?

첫째, 멘델레예프는 원소가 지닌 성질은 조건에 따라 변하지만, 어떤 경우에도 변하지 않는 특징이 있다는 사실을 알아챘다. 그는 다른 화학자와는 달리 산화수은(주황색 고체 물질) 같은 화합물이 기체인 산소와 액체 금속인 수은을 포함하고 있는 게 아니라는 사실을 깨달았다. 대신에 산화수은은 구성 성분으로 분리했을 때 각각 기체 물질과 액체 금속이 되는 두 원소를 포함하고 있다. 원소가 지닌 불변의 특징으로 원자량이 있는데, 멘델레예프는 이것을 원소를 정의하는 특징으로 간주했다.(이것은 현대적인 견해와 아주 비슷한 것이다.)

둘째, 다른 사람들은 원소들을 주기율표의 가로줄과 세로줄에 이리저리 배열해보는 데 그쳤지만, 멘델레예프는 평생 실험실에서 지내면서 각 원소의 감촉과 냄새가 어떠하며 어떻게 반응하는지 잘 알았다.

특히 주기율표에 집어넣기가 가장 골치 아픈 금속 원소들에 대해 잘 알았다. 그 덕분에 당시 알려져 있던 원소 62종을 자신의 주기율표에 모두 제대로 집어넣을 수 있었다. 또 멘델레예프는 강박 관념에 사로잡힌 듯이 주기율표를 계속 수정했는데, 원소들의 이름을 색인 카드에 하나씩 적어 넣은 뒤에 연구실에서 마치 카드놀이를 하듯이 이리저리 배열한 적도 있었다. 무엇보다 중요한 것은, 멘델레예프와 마이어는 둘 다 알려진 원소 중에서 주기율표의 빈칸에 들어갈 적당한 원소가 없을 경우 그 칸을 빈칸으로 남겨두었지만, 신중한 마이어와는 달리 멘델레예프는 과감하게도 그 빈칸에 들어갈 새로운 원소가 발견될 것이라고 주장했다는 점이다. 그것은 마치 "화학자와 지질학자 들이여, 좀더 열심히 찾아보라. 그러면 그것을 찾을 수 있을 것이다."라고 조롱하는 것 같았다. 그리고 각각의 세로줄에 늘어선 원소들의 특징을 비교하여 빈칸에 해당하는 원소의 밀도와 원자량까지 예측했는데, 나중에 실제로 그런 특징을 가진 원소가 발견되자 사람들은 감탄하지 않을 수 없었다. 게다가 1890년대에 과학자들이 비활성 기체 원소들을 발견함으로써 멘델레예프의 주기율표는 중요한 관문을 하나 통과하게 되었다. 왜냐하면, 그 주기율표는 새로운 세로 기둥을 하나 추가하는 것만으로 비활성 기체 원소들을 간단히 전체 체계에 편입시킬 수 있었기 때문이다.(멘델레예프는 처음에는 비활성 기체의 존재를 부정했지만, 그 무렵에 주기율표는 이미 그의 전유물이 아니었다.)

같은 시대에 살았던 도스토예프스키Dostoevsky는 급한 도박 빚을 갚으려고 3주일 만에 『노름꾼』이라는 소설을 쓴 적이 있는데, 멘델레예프도 교재 출판업자의 마감 날짜에 맞추려고 최초의 주기율표를 허겁지겁 만들어 제출했다. 그는 이미 500여 쪽에 이르는 교재 한 권을 썼지만, 거기서는 겨우 여덟 번째 원소까지만 다루었다. 그래서 2권에서 나머지 원소들을 모두 다루어야 했다. 6주일이나 지체한 뒤에 어느 순간 영감이 떠오른 멘델레예프는 그 정보를 표로 보여주는 게 가장 간단한 방법이라고 생각했다. 그 아이디어에 흥분한 그는 치즈 공장에서 화학 자문위원으로 일하던 부업도 내팽개치고 주기율표를 완성하는 데 몰두했다. 마침내 그 책이 출판되었을 때, 멘델레예프는 규소와 붕소 같은 원소 아래의 빈칸에 들어갈 새 원소들이 나중에 발견될 것이라고 예측했을 뿐만 아니라, 임시로 그 이름까지 붙였다. 그런 이름을 정할 때 이국적이고 신비스러운 언어를 사용했는데도 그의 명성에는 전혀 금이 가지 않았다. 그는 '초超'란 뜻의 산스크리트어 단어 에카eka를 사용해 에카규소와 에카붕소 같은 이름을 지었다.

몇 년 뒤, 크게 유명해진 멘델레예프는 아내와 이혼하고 재혼하길 원했다. 보수적인 교회는 재혼을 하려면 7년을 기다려야 한다고 말했지만, 멘델레예프는 사제에게 뇌물을 주고 결혼식을 올렸다. 이 때문에 그는 엄밀하게 따지면 중혼자가 되었지만, 그를 체포하려는 사람은 아무도 없었다. 한 관리가 차르에게 그 사건에 적용된 이중 잣대(그 사제는 그 일 때문에 해임되었으므로)에 대해 불만을 제기하자, 차르는 이렇게 대답했다고 한다. "나도 멘델레예프가 아내가 둘이라는 걸 아네. 하지만 내가 아는 멘델레예프는 한 사람뿐이지." 그렇지만 차르의 인내심도 무한한 건 아니었다. 1890년, 공공연히 무정부주의자임을 자처하던 멘델레예프는 과격한 좌익 학생 집단에 동조했다는 이유로 교수직에서 해임되었다.

이만하면 역사학자들과 과학자들이 왜 멘델레예프의 생애에 그토록 큰 흥미를 느꼈는지 충분히 이해할 수 있을 것이다. 물론 주기율표를 만들지 않았더라면, 오늘날 그의 생애를 기억하는 사람은 한 사람도 없을 것이다. 전체적으로 평가할 때, 멘델레예프의 업적은 다윈이 진화론

주기율표를 만든 드미트리 멘델레예프

에서 세운 업적이나 아인슈타인이 상대성 이론에서 세운 업적과 비교할 만하다. 이들 중 누구도 그 모든 연구를 혼자서 다 하진 않았지만, 거의 모든 연구를 했고, 또 다른 사람들보다 훨씬 우아하게 했다. 이들은 그 연구 결과들이 얼마나 멀리까지 뻗어나갈지 볼 수 있었고, 많은 증거로 자신의 발견을 뒷받침했다. 그리고 다윈처럼 멘델레예프도 자신의 연구 때문에 적을 많이 만들었다. 자신이 직접 보지도 않은 원소들에 이름을 붙인 것은 주제넘은 짓이었고, 그럼으로써 분젠의 지적 후계자를 분노케 했다. 그 사람은 '에카알루미늄'을 발견했는데, 그 원소를 발견한 공로와 이름을 붙일 권리는 과격한 그 러시아인이 아니라 자기에게 있다고 생각했다.

갈륨과 사라지는 스푼

오늘날 갈륨이라 부르는 에카알루미늄의 발견에 관한 이야기는 세상을 바라보는 틀을 만드는 이론과 우아한 이론들을 단숨에 무너뜨릴 수 있는 실험 중 과학을 발전시키는 진짜 원동력은 어느 것일까 하는 질문을 던진다. 갈륨을 발견한 실험가는 이론가인 멘델레예프와 논쟁을 벌인 뒤에 그 답을 얻었다. 폴 에밀 프랑수아 르코크 드 부아보드랑 Paul Emile François Lecoq de Boisbaudran은 1838년에 프랑스 코냐크의 포도주 양조 집안에서 태어났다. 잘생긴데다가 물결치는 곱슬머리에 코밑수염을 기르고 멋있는 크라바트 cravat(17세기의 남성용 스카프. 나중에 넥타이가 되었다)를 매고 다니길 좋아한 르코크 드 부아보드랑은 어른이 되자 파리로 가 분젠의 분광 분석 기술을 배워 세계 최고의 분광학 전문가가 되었다.

분광 분석 기술에 독보적인 실력을 갖게 된 그는 1875년에 한 광물에서 이전에 본 적이 없는 색띠를 발견하자, 자신이 새로운 원소를 발견했다는 사실을 즉각 알아챘다. 그는 그 원소의 이름을 프랑스 지역을 가리키던 옛 라틴어 지명인 갈리아에서 따 갈륨gallium이라고 정했다.(음모론을 좋아하는 사람들은 갈륨이란 이름이 사실은 르코크 드 부아보드랑 자신의 이름을 딴 것이라고 주장한다. 프랑스어로 르 코크le coq는 수탉이란 뜻인데, 라틴어로는 갈루스gallus이기 때문이다.) 르코크 드 부아보드랑은 자신이 새로 발견한 원소를 직접 보관하고 만져보고 싶어서 그 시료를 정제하는 작업에 착수했다. 원하는 갈륨 시료를 얻기까지는 몇 년이라는 시간이 걸렸지만, 1878년에 마침내 순수한 갈륨을 얻는 데 성공했다. 갈륨은 실온에서는 고체이지만 29.8°C에서 녹기 때문에, 그것을 손바닥 위에 올려놓으면 녹아서 수은처럼 변한다. 갈륨은 액체 상태에서 만져도 뼛속까지 살이 타지 않는 희귀한 금속 물질이다. 그래서 갈륨은 화학 전문가들이 사람들에게 장난치고 싶을 때 선호하는 물질이 되었다. 많이 쓰는 방법 중 하나는 알루미늄처럼 보이고 원하는 모양으로 쉽게 만들 수 있는 갈륨으로 찻숟가락을 만드는 것이다. 그리고 뜨거운 차와 함께 손님에게 내놓고는, 손님이 찻잔에 담근 찻숟가락이 사라지는 걸 보고 깜짝 놀라는 모습을 즐긴다.*

르코크 드 부아보드랑은 자신이 발견한 변덕스러운 금속을 자랑스럽게 여기며 과학 학술지에 보고했다. 갈륨은 멘델레예프가 1869년에 주기율표를 만든 이후 처음으로 발견된 새 원소였다. 르코크 드 부아보드랑이 한 연구를 읽은 멘델레예프는 거기에 끼어들어 갈륨의 발견은 자신이 에카알루미늄의 존재를 예측한 덕분이라고 인정받길 원했다. 그러나 르코크 드 부아보드랑은 갈륨을 발견한 실제 연구는 자신이 한 것이라고 딱 부러지게 말했다. 멘델레예프는 이의를 제기했고, 두 사람은 과학 학술지를 통해 이 문제에 대해 한참 논쟁을 벌였다. 그것은 마치 두 작가가 서로 다른 장을 연재하는 소설처럼 보였다. 얼마 지나지 않아 논쟁은 독기를 뿜어내며 가열되기 시작했다. 멘델레예프가 잘난 체하는 것에 화가 난 르코크 드 부아보드랑은 잘 알려지지 않은 프랑스인이 멘델레예프보다 먼저 주기율표를 만들었으며, 러시아 과학자는 그 사람의 아이디어를 표절했는데, 표절은 과학에서 데이터 조작 다음으로 중대한 범죄 행위라고 주장했다.(멘델레예프는 인용 출처를 밝히는 데 인색했다. 이와는 대조적으로 마이어는 1870년대에 발표한 자신의 연구에서 멘델레예프의 주기율표를 참고했다고 밝혔는데, 이것은 후대의 과학자들에게 마이어의 연구가 멘델레예프의 연구를 모방했다는 인상을 주었을 수 있다.)

한편, 멘델레예프는 르코크 드 부아보드랑이 발표한 갈륨의 데이터를 훑어보고는 아무 근거도 없이 일부 측정이 잘못되었다고 말했는데, 갈륨의 밀도와 질량이 자신이 예측한 값과 차이가 있었기 때문이다. 이런 주장은 정말로 대단한 배짱 없이는 불가능하지만, 과학 철학자이자 역사학자인 에릭 셰리가 평한 것처럼 멘델레예프는 "자연을 자신의 거대한 철학적 틀에 맞춰 집어넣으려고 노력했다." 멘델레예프의 행동과 다른 사람의 정신 나간 짓 사이에 차이점이 하나 있다면, 그것은 바로 멘델레예프가 옳았다는 점이다. 르코크 드 부아보드랑은 곧 자신이 발표한 데이터를 철회하고, 멘델레예프의 예측을 뒷받침하는 결과를 발표했다. 셰리는 "이론가인 멘델레예프가 새 원소의 성질을 그것을 발견한 화학자보다 더 정확하게 예측했다는 사실에 과학계는 깜짝 놀랐다."라고 지적했다. 내게 문학을 가르쳤던 선생님은 이야기를 위대하게 만드는 요소(주기율표를 만드는 것도 위대한 이야기이다)는 "놀라우면서도 필연적인" 클라이맥스라고 말한 적이 있다. 나는 주기율표의 위대한 체계를 발견한 멘델레예프도 큰 놀라움을 느꼈을 거라고 생각한다. 그렇지만 그 우아하고 필연적인 단순성 때문에 그것이 옳다고 확신했을 것이다. 그러니 자신이 느낀 그 힘에 가끔 스스로 도취된 것도 놀라운 일이 아니다.

과학적 마초 기질을 논외로 한다면, 여기서 벌어진 논쟁의 핵심은 이론 대 실험에 있다. 이론은 르코크 드 부아보드랑이 새로운 것을 보도록 감각을 조율하는 데 도움을 주었을까? 아니면 실험을 통해 진짜 증거가 발견되었는데, 멘델레예프의 이론이 그저 우연히 그것과 일치했던 것일까? 멘델레예프는 그저 허풍을 친 것뿐인데, 나중에 르코크 드 부아보드랑이 그의 주기율표에서 빈칸에 해당하는 갈륨을 발견한 것일 수도 있다. 그렇지만 르코크 드 부아보드랑은 자신이 발표한 데이터를 철회하고, 멘델레예프가 예측한 것을 뒷받침하는 새 결과를 내놓았다. 르코크 드 부아보드랑은 멘델레예프의 주기율표를 본 적이 없다고 주장했지만 다른 주기율표를 보았을 가능성이 있으며, 아니면 주기율표에 대한 이야기가 과학계에 널리 퍼져 자신도 모르게 새로운 원소를 찾으려는 잠재 의식이 생겼을 수도 있다. 위대한 천재 과학자 아인슈타인은 "우리가 관찰할 수 있는 것을 결정하는 것은 이론이다"라고 말했다.

과학의 양면인 이론과 실험 중 어느 쪽이 과학 발전에 더 중요한지 가리는 건 아마도 불가능할 것이다. 멘델레예프가 잘못된 예측도 많이 했다는 사실을 감안한다면 더더욱 그렇다. 르코크 드 부아보드랑 같은 훌륭한 과학자가 에카알루미늄을 먼저 발견한 게 천만다행이었다. 만약 멘델레예프가 저지른 여러 실수(멘델레예프는 수소 앞에도 원소가 많이 있다고 예측했고, 태양의 코로나에는 코로늄이라는 특이한 원소가 들어 있다고 예측했다) 중 하나를 누가 먼저 발견했더라면, 이 러시아 화학자는 사람들에게 전혀 알려지지 않은 채 죽었을 것이다. 그러나 사람들은 잘못되거나 심지어 모순되기까지 한 천궁도(12궁도)를 만든 옛날의 점성술사들을 용서하고, 대신에 그들이 정확하게 예측한 밝은 혜성 하나에만 관심을 쏟는 것과 마찬가지로, 멘델레예프의 경우에도 성공을 거둔 것만 기억하는 경향이 있다. 게다가 역사를 간략하게 정리하려고 할 때에는 마이어와 다른 사람들에게도 그러는 것처럼 멘델레예프의 업적을 높이 평가하고 싶은 충동을 느끼기 쉽다. 이들은 원소들을 집어넣을 수 있는 격자 시렁을 세우는 중요한 일을 했다. 그러나 1869년까지는 전체 원소 중 3분의 2 정도만 발견되었고, 가장 나은 주기율표에서도 일부 원소들이 엉뚱한 칸에 들어가 있었다.

오늘날의 화학 교과서에 실린 주기율표는 멘델레예프의 연구 뒤에도 많은 노력과 수정을 거쳐 완성되었다. 특히 란탄족 원소들을 주기율표 아래에 따로 격리하는 결정이 내려지기까지는 많은 연구와 노력이 있었다. 란탄족은 57번 원소인 란탄(란타넘)부터 시작하는데, 주기율표에서 이 원소들의 적절한 자리를 찾아주는 문제는 20세기에 와서도 화학자들을 계속 괴롭혔다. 란탄족 원소들은 깊숙이 숨어 있는 전자들 때문에 종잡을 수 없는 방식으로 서로 결합한다. 그래서 이 원소들을 분리하는 것은 뒤엉킨 칡넝쿨을 푸는 것만큼이나 힘들었다. 분광학도 란탄족 앞에서는 속수무책이었다. 설사 수십 개의 색띠를 새로 발견한다 하더라도, 그것이 몇 가지 원소에서 나온 것인지 알 방법이 없었기 때문이다. 원소에 대한 예측을 밥 먹듯 하던 멘델레예프조차 란탄족에 대해서만큼은 예측을 삼갈 정도였다. 두 번째 란탄족 원소인 세륨 뒤쪽에 있는 원소들에 대해서는 1869년 당시에 알려진 게 거의 없었다. 그러나 멘델레예프는 더 많은 '에카 원소'를 예측하는 대신에 자신의 한계를 인정했다. 자신의 주기율표에서 세륨 다음은 여러 줄의 빈칸으로 남겨놓았다. 그리고 나중에 세륨 다음의 빈칸들을 새로운 란탄족 원소들로 채울 때에도 멘델레예프는 그 위치를 잘못 안 경우가 많았는데, 새로운 원소라고 생각한 것 중 상당수가 이미 알려진 원소들이 결합한 것으로 밝혀졌기 때문이다. 고대 세계의 항해가들에게 지브롤터가 세계의 끝으로 보였던 것처럼, 멘델레예프와 그 동료들에게는 세륨이 알려진 원소 세계의 끝처럼 보였다. 그래서 세륨 너머의 세계를 탐험한 화학자들은 소용돌이 속으로 빨려 들어가거나 세상의 가장자리 너머로 떨어지는 듯한 느낌을 받았다.

그런데 멘델레예프가 상트페테르부르크에서 서쪽으로 수백 km만 여행했더라면, 이러한 좌절에서 쉽게 벗어날 수 있었을 것이다. 세륨이 처음 발견된 곳에서 멀지 않은 스웨덴의 이테르비라는 작은 마을에 고령토 광산이 있었다.

이테르비에서 발견된 원소들

1701년, 허풍 떨길 좋아하던 요한 프리드리히 뵈트거Johann Friedrich Böttger라는 10대 소년은 자신의 악의 없는 거짓말에 속아 모여든 군중 앞에서 마술을 보여주려고 은화 두 개를 꺼냈다. 손을 흔들면서 화학적 마술을 쓰자 은화가 '사라지고', 대신에 금화가 나타났다. 그것은 현지 주민이 직접 목격한 연금술 중에서 가장 믿을 만한 것이었다. 뵈트거는 이제 유명해지겠지 하고 기대했는데, 그것이 불행의 시작이 되리라고는 꿈에도 생각지 못했다!

그 소문을 들은 폴란드의 강건왕 아우구스트 1세는 젊은 연금술사를 붙잡아오게 해 룸펠슈틸츠킨Rumpelstiltskin(독일 민화에 나오는 난쟁이)처럼 성 안에 가두고는, 금을 만들라고 명령했다. 그렇지만 뵈트거는 진짜 금을 만들 수 있는 재주가 없었다. 몇 차례의 실험이 실패로 끝나자 한창 젊은 나이에 꼼짝없이 교수형을 당할 처지에 놓였다. 뵈트거는 왕에게 제발 목숨을 살려달라고 간청했다. 비록 연금술은 실패했지만, 대신에 자기瓷器를 만드는 방법을 안다고 주장했다. (도자기는 흙을 빚어 높은 온도의 불에서 구워낸 그릇이나 장식물을 총칭한다. 크게 1300°C 이하의 온도

				K = 39	Rb = 85	Cs = 133	—	—
				Ca = 40	Sr = 87	Ba = 137	—	—
				—	?Yt = 88?	?Di = 138?	Er = 178?	—
				Ti = 48?	Zr = 90	Co = 140?	?La = 180?	Tb = 231
				V = 51	Nb = 94	—	Ta = 182	—
				Cr = 52	Mo = 96	—	W = 184	U = 240
				Mn = 55	—	—	—	—
				Fe = 56	Ru = 104	—	Os = 195?	—
Typische Elemente				Co = 59	Rh = 104	—	Ir = 197	—
				Ni = 59	Pd = 106	—	Pt = 198?	—
H = 1	Li = 7	Na = 23	Cu = 63	Ag = 108	—	A· = 199?
	Be = 9,4	Mg = 24	Zn = 65	Cd = 112	—	Hg = 200
	B = 11	Al = 27,3	—	In = 113	—	Tl = 204
	C = 12	Si = 28	—	Sn = 118	—	Pb = 207
	N = 14	P = 31	As = 75	Sb = 122	—	Bi = 208
	O = 16	S = 32	Se = 78	Te = 125?	—	—
	F = 19	Cl = 35,5	Br = 80	J = 127	—	—

드미트리 멘델레예프가 1869년에 만든 초기의 주기율표. 가로, 세로 방향이 오늘날의 주기율표와는 반대이다. 세륨(Ce) 다음에 남아 있는 큰 공백은 멘델레예프와 그 당시의 화학자들이 희토류 금속 원소들의 복잡한 화학에 대해 아는 게 얼마나 없었는지 보여준다.

에서 구운 도기와 1300~1500°C에서 구운 자기로 나누며, 도기와 자기를 통틀어 도자기라고 한다.—옮긴이)

그 당시에 유럽에서 이런 주장을 믿는 사람은 거의 없었다. 13세기 말에 마르코 폴로가 중국에서 돌아온 뒤, 유럽 상류층은 백색의 중국 자기에 매료되었다. 자기는 손톱을 다듬는 줄로 긁어도 흠이 나지 않았으며, 신비하게도 달걀 껍데기처럼 반투명했다. 왕실의 위신은 얼마나 훌륭한 자기 찻잔 세트가 있느냐에 좌우되었고, 자기의 신비한 힘에 얽힌 헛소문까지 널리 퍼졌다. 자기 잔으로 술이나 차를 마시면 중독되지 않는다는 소문도 있었고, 심지어 중국에는 자기가 차고 넘쳐 그것으로 9층짜리 탑까지 세웠다는 소문(이것은 사실로 밝혀졌다!)까지 떠돌았다. 피렌체의 메디치 가를 비롯해 유럽의 권력자들은 자기 연구를 적극 후원했지만, 겨우 싸구려 모조품을 만들어내는 데 그쳤다.

뵈트거에게는 다행스럽게도, 아우구스트 1세에게는 자기를 연구하던 에렌프리트 발터 폰 취른하우스Ehrenfried Walter von Tschirnhaus라는 유능한 사람이 있었다. 그 전에 취른하우스는 대관식용 보석을 만들 광석을 찾기 위해 토양 조사를 했고, 온도가 약 1700°C까지 올라가는 가마도 발명했다. 이 가마 덕분에 취른하우스는 자기를 녹여 분석할 수 있었는데, 왕이 뵈트거를 취른하우스의 조수로 임명하자, 연구에 더욱 박차를 가하게 되었다. 두 사람은 중국 자기의 비밀 성분이 고령토라는 흰색 점토와 고온에서 유리질로 변하는 장석 성분의 광물이라는 사실을 알아냈다. 그리고 점토를 구운 뒤에 유약을 바르고 다시 굽는 대부분의 도자기 제법과는 달리, 점토에 유약을 발라 함께 굽는 것이 비법이라는 것도 알아냈다. 자기의 광택과 단단함은 고온에서 유약과 점토가 융합하는 데서 나왔다. 제조 과정을 완성한 두 사람은 왕에게 그 결과를 보여주었다. 아우구스트 1세는 그들에게 후하게 사례를 하고, 이제 자기 덕분에 최소한 사교계에서 유럽 최고의 군주로 떠오르는 모습을 상상했다. 큰 공을 세운 뵈트거는 이제 자유를 얻으리라고 꿈에 부풀었다. 그러나 왕은 중요한 비밀을 알고 있는 그를 풀어주어서는 안 된다고 판단하고는 계속 가두어두고 감시를 더 강화했다.

그렇지만 비밀은 결국 새어나가게 마련이어서, 뵈트거와 취른하우스의 비법은 곧 유럽 전역으로 퍼졌다. 그후 50여 년에 걸쳐 장인들은 그 과정을 더욱 개선해나갔다. 그러자 사람들은 장석이 묻혀 있는 곳이면 어디든 달려가 그것을 캐내기 시작했는데, 날씨가 추운 스칸디나비아도 예외가 아니었다. 스칸디나비아에서는 자기 난로가 큰 인기를 누렸는데, 철제 난로보다 온도가 더 높이 올라갔고, 열도 더 오래 품었기 때문이다. 스톡홀름에서 20여 km 떨어진 이테르비에서도 유럽에서 막 성장하던 산업에 원료를 공급하기 위해 1780년에 장석 광산을 채굴하기 시작했다.

'바깥 마을'이란 뜻의 이테르비Ytterby는 겉보기에는 스웨덴의 여느 해안 마을과 별다를 게 없어 보인다. 빨간색 지붕에 흰색 덧문이 달린 집들이 해안가에 늘어서 있고, 널찍한 정원에는 전나무가 무성하다. 사람들은 여객선을 타고 섬들을 여행한다. 거리에는 광물과 원소 이름이 붙어 있다.*

이테르비의 채석장은 섬 남동부 모퉁이에 있는 언덕 꼭대기에서 파 들어갔는데, 거기서 나온 원광석은 자기를 만드는 재료 외에도 여러 가지 목적으로 쓰였다. 그런데 그 암석을 적절히 처리하면 기묘한 안료와 유약이 나온다는 사실이 과학자들의 흥미를 끌었다. 오늘날 우리는 그 밝은 색깔들이 란탄족 원소가 섞여 있음을 말해주는 결정적 증거란 사실을 안다. 이테르비의 그 광산에는 몇 가지 지질학적 이유로 란탄족 원소가 특별히 많이 포함돼 있었다. 지구의 모든 원소들은 처음에는 마치 온갖 양념을 그릇에 집어넣고 잘 버무린 것처럼 지각 속에 균일하게 혼합돼 있었다. 그러나 금속 원소들, 그 중에서도 특히 란탄족 원소들은 무리를 지어 움직이는 경향이 있는데, 녹은 상태의 지구 물질들이 뒤섞일 때 이 원소들이 함께 모이게 되었다. 그 결과, 란탄족 원소들의 광맥이 스웨덴 근처(실제로는 그 아래쪽)에 자리 잡게 된 것이다. 스칸디나비아는 단층선 근처에 위치하기 때문에 먼 과거에 일어난 판의 활동으로 깊은 지하에 있던 란탄족을 풍부하게 함유한 암석들이 위로 솟아올랐다. 그리고 마지막 빙하 시대에 스칸디나비아를 덮었던 광범위한 빙하가 흘러가면서 지표면을 깎아냈다. 이 마지막 지질학적 사건은 란탄족이 풍부한 암석들을 이테르비 근처에 노출시킴으로써 채굴 작업을 편하게 해주었다.

그렇지만 이테르비가 채굴 작업으로 이윤을 얻을 만큼 경제적 조건을 갖추고, 과학적 가치가 있을 만한 지질 구조를 가졌다 하더라도, 적절한 사회 분위기가 형성되기까지는 시간이 걸렸다. 17세기 후반까지만 해도 스칸디나비아는 바이킹 정신에서 그다지 크게 발전하지 못했다. 심지어 대학들에서도 살렘을 능가하는 마녀 사냥이 벌어졌다.(17세기 아메리카 식민지의 청교도 사회에서 기독교의 영향력이 줄어들자, 대다수 청교도는 이것을 사탄의 세력 때문이라고 생각했다. 이러한 불안과 두려움이 1692년에 살렘 마녀 사냥으로 폭발했다. 1692년 초, 미국 동부 매사추세츠주 살렘에서 갑자기 몇몇 소녀가 집단적으로 앓기 시작하더니 환상과 발작 증세를 보였다. 마을 사람들과 종교 지도자들은 이를 악마의 짓이라고 결론 내리고, 악명 높은 '마녀 사냥'을 시작했다. 마을 사람들은 문제의 진원지인 소녀들을 비롯해 누군가를 지목하면서 악마와 관련이 있다고 비난했다. 그해 여름, 결국 이 병적인 마녀 사냥으로 50명 중 19명이 마녀로 몰려 교수형을 당했다.—옮긴이) 그러나 스웨덴이 스칸디나비아 반도를 정치적으로 정복하고, 스웨덴

계몽 운동을 통해 문화적으로도 정복한 이후인 18세기에 스칸디나비아 사람들은 합리주의를 집단적으로 받아들였다. 적은 인구에 비해 위대한 과학자들이 많이 배출되었는데, 그중에 과학적 사고 방식을 가진 학자 가문 출신의 요한 가돌린Johan Gadolin이라는 화학자도 있었다.(그 아버지는 물리학 교수와 신학 교수를 겸했고, 할아버지는 더 어울리지 않게 물리학 교수와 주교직을 겸했다.)

가돌린은 젊은 시절에 유럽을 널리 여행한 뒤에(영국에서는 도자기 제조업자로 유명한 조사이어 웨지우드Josiah Wedgwood를 친구로 사귀어 그의 점토 광산도 구경했다) 발트 해를 사이에 두고 스톡홀름과 마주 보는 투르쿠(지금은 핀란드 땅임)에 정착했다. 이곳에서 그는 지구화학자로 명성을 날렸다. 아마추어 지질학자들이 그의 의견을 듣고자 이테르비에서 나온 흔치 않은 암석들을 보내오기 시작했는데, 가돌린이 발표한 과학 논문을 통해 과학계는 점차 이 놀라운 채석장을 알게 되었다.

가돌린은 란탄족 원소 14종을 모두 가려낼 만한 화학적 도구(그리고 화학적 이론)가 없었지만, 이 원소 집단을 분리해냄으로써 중요한 공헌을 했다. 가돌린은 원소 사냥을 오락거리나 소일거리로 여겼는데, 멘델레예프가 늙었을 때 더 나은 도구들로 무장한 화학자들이 이테르비의 암석에 관한 가돌린의 연구를 다시 자세히 검토하자, 새로운 원소들이 잔돈처럼 우수수 떨어지기 시작했다. 새로운 원소에 이테르비의 이름을 따서 붙이는 유행도 가돌린이 한 추정 원소에 이트리아yttria라는 이름을 붙이면서 시작되었다. 다른 화학자들도 새로 발견된 원소들이 공통의 기원을 가졌다는 사실을 상기시키는 이름을 지음으로써 주기율표에 이테르비의 흔적을 영원히 남겼다. 7종의 새 원소에 이테르비와 연관된 이름이 붙었다. 이테르븀ytterbium(이터븀), 이트륨yttrium, 테르븀terbium(터븀), 에르븀erbium(어븀)은 바로 이테르비의 지명을 따 이름을 붙인 원소들이다.

그리고 나머지 세 원소는 스톡홀름의 이름을 딴 홀뮴holmium, 신화에 나오는 스칸디나비아 지명을 딴 툴륨thulium, 그리고 르코크 드 부아보드랑의 끈질긴 주장으로 가돌린의 이름을 딴 가돌리늄gadolinium으로 정해졌다.

이테르비에서 발견된 7종의 원소 중 6종은 멘델레예프의 주기율표에서 빈칸으로 남았던 란탄족 원소였다. 만약 멘델레예프가 서쪽으로 핀란드 만과 발트 해를 건너 이 주기율표의 갈라파고스 제도로 여행했더라면, 역사는 완전히 달라졌을지 모른다. 멘델레예프 자신이 주기율표를 계속 고쳐 쓰고, 세륨 다음에 남아 있던 빈칸들을 직접 채워넣었을지도 모르니까.

2장

원자 창조와 원자 분해

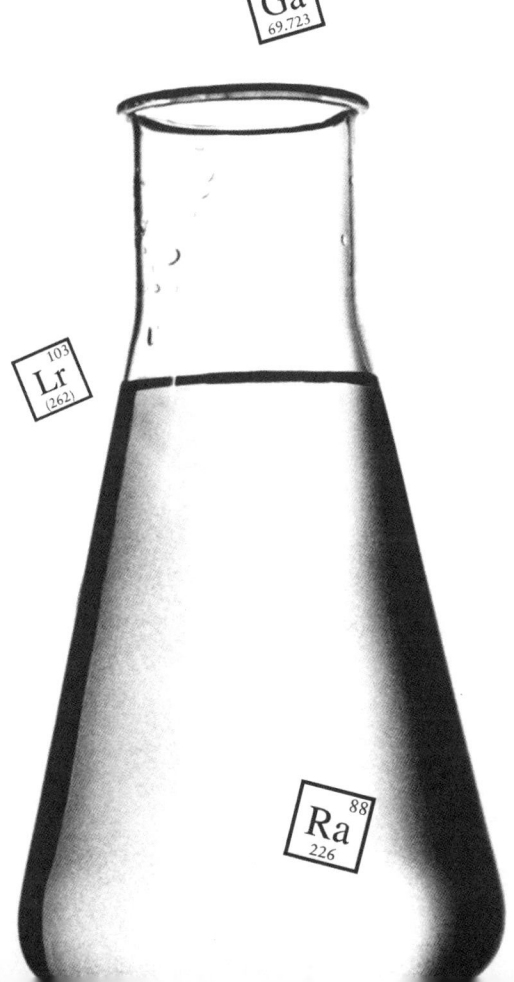

원자는 어디서 왔을까 :
"우리는 모두 별의 물질로 만들어졌다"

Fe	Ne	Pb	Ir	Re
26	10	82	77	75
55.845	20.180	207.2	192.217	186.207

원소들은 어디서 왔을까? 수백 년 동안 과학계에서 상식으로 통해온 견해에 따르면, 어디서도 오지 않았다. 우주를 누가(혹은 무엇이) 왜 창조했는지를 놓고 형이상학적 논쟁이 많이 벌어졌지만, 모든 원소의 나이는 우주의 나이와 같다는 게 과학계의 일치된 의견이었다. 원소는 창조되지도 않고 파괴되지도 않으며, 늘 그 상태 그대로 남아 있다. 1930년대에 나온 빅뱅 이론을 비롯해 다른 이론들은 이 견해를 전체 틀의 일부로 포함시켰다. 약 140억 년 전에 존재했던 아주 작은 점 안에 우주의 모든 물질이 들어 있었는데, 거기서 우리 주위에 있는 모든 것이 튀어나왔다. 다이아몬드가 박힌 머리 장식이나 깡통이나 알루미늄 포일 같은 게 튀어나온 건 아니지만, 어쨌든 기본 물질은 같은 것이었다.(한 과학자는 빅뱅 직후에 알려진 우주의 모든 물질이 만들어지기까지는 약 10분이 걸렸다고 계산하고는 이렇게 너스레를 떨었다. "원소들을 조리하는 데에는 오리고기나 감자구이를 조리하는 것보다 시간이 덜 걸렸다.") 이렇게 생겨난 원소들이 우주

의 전체 역사 동안 계속 안정한 상태로 머물러 있었다는 주장 역시 상식적인 견해로 자리 잡았다.

그런데 그후 수십 년 사이에 이 견해가 흔들리기 시작했다. 독일 과학자들과 미국 과학자들이 1939년경에 태양과 별 내부에서는 수소 원자핵들이 융합하여 헬륨 원자핵으로 변하는 반응이 일어나며, 이 과정에서 막대한 에너지가 나온다는 것을 증명했다.* 그러자 일부 과학자들이 이렇게 말했다. "그래, 수소와 헬륨의 양은 변할 수 있다 치자. 그렇지만 그 변화 정도는 아주 미미하며, 나머지 원소들의 양이 변한다는 증거는 전혀 없다." 그러나 망원경의 성능이 점점 개선되면서 머리를 긁적이는 과학자들이 더 많이 나타났다. 이론상으로는 빅뱅에서는 원소들이 모든 방향으로 균일하게 튀어나가야 했다. 그렇지만 관측 자료에 따르면 젊은 별은 수소와 헬륨으로만 이루어진 반면, 늙은 별에는 다른 원소도 수십 종이나 포함돼 있었다. 게다가 지구에는 존재하지 않는 테크네튬 같은 아주 불안정한 원소들이 '화학적으로 특이한 별'*에 존재했다. 따라서 미지의 어떤 과정을 통해 매일 이 원소들이 새로 만들어지는 게 분명했다.

초신성 폭발과 원소의 탄생

1950년대 중반에 통찰력 있는 몇몇 천문학자는 별 자체가 하늘의 불카누스Vulcanus(로마 신화에 나오는 불과 대장장이의 신. 그리스 신화의 헤파이스토스에 해당함)라는 사실을 깨달았다. 제프리 버비지Geoffrey Burbidge, 마거릿 버비지Margaret Burbidge, 윌리엄 파울러William Fowler, 프레드 호일Fred Hoyle은 1957년에 발표한 유명한 논문(전문가들 사이에서는 간단히 B²FH라는 이름으로 알려진)을 통해 별 내부에서 일어나는 핵 합성 과정을 대부분 설명했다. B²FH는 학술 논문치고는 어울리지 않게 셰익스피어의 작품에서 인용한 두 구절로 서두를 시작했는데, 그것은 별들이 인간의 운명을 지배하는가라는 물음에 대해 서로 모순되는 답에 해당하는 두 구절이었다.* 그리고 실제로 별들이 인간의 운명을 지배한다고 주장한다. 먼저, 처음에 우주에는 거의 수소만 존재했고, 거기에 헬륨과 리튬이 약간 섞여 있었다. 그러다가 수소들이 뭉쳐 커다란 덩어리가 되었고, 그러한 덩어리 중심부에서 거대한 중력의 압력 때문에 수소 원자들이 융합해 헬륨으로 변하면서 빛을 내기 시작했다. 그러나 이 과정은 비록 우주론적으로는 중요할지 모르지만, 과학적으로는 무척 따분한 과정이다. 별이 수십억 년 동안 하는 일이라곤 헬륨을 만드는 것뿐이니까. 수소가 다 타고 나서야 비로소 변화가 일어나기 시작한다. 오랜 세월 동안 소처럼 수소 연료를 되새김질하면서 굼뜬 상태에 머물러 있던 별에 어떤 연금술사도 꿈꾼 적이 없는 굉장한 변화가 일어난다.

수소 연료가 바닥난 별은 계속 고온을 유지하기 위해 이번에는 헬륨을 융합해 태우기 시작한다. 헬륨 원자들은 때로는 온전한 상태로 융합하여 짝수 번호의 원소를 만들기도 하고, 때로는 양성자와 중성자가 분해되면서 융합이 일어나 홀수 번호의 원소를 만들기도 한다. 얼마 지나지 않아 별 내부에는 리튬, 붕소, 베릴륨, 그리고 특히 탄소가 상당량 쌓이기 시작한다.(오로지 별 내부에서만 이런 일이 일어난다. 온도가 낮은 바깥층은 별의 생애 동안에 대부분 수소 상태로 남아 있다.) 불행하게도, 헬륨을 태울 때 나오는 에너지는 수소를 태울 때 나오는 것보다 적다. 그래서 별은 대부분 수억 년 안에 헬륨 연료가 바닥나고 만다. 일부 작은 별은 이 단계에서 '죽어' 주로 탄소로 이루어진 백색왜성이 된다. 더 무거운 별(태양 질량의 8배 이상 되는)은 탄소를 연료로 사용해 그 다음 단계의 핵융합 반응을 계속 일으키며 수백 년 동안 더 버텨나가는데, 이 과정에서 마그네슘까지 여섯 종의 원소가 더 만들어진다. 그리고 이 단계에서 다시 많은 별이 죽지만, 가장 크고 뜨거운 별들(내부 온도가 50억 ℃에 이르는)은 이 원소들도 연료로 태우면서 수백만 년을 더 버틴다. B^2FH는 이 다양한 핵융합 반응을 일일이 추적하면서 철에 이르기까지 모든 원소가 만들어지는 과정을 자세히 설명한다. 이것은 가히 원소의 진화라고 부를 만하다. B^2FH의 결과로 오늘날 천문학자들은 리튬과 철 사이에 있는 모든 원소를 별의 '금속'이라고 뭉뚱그려 말한다. 그리고 별에서 철을 발견하면, 그보다 원자 번호가 낮은 원소들은 찾으려고 하지도 않는다. 일단 철이 만들어졌다면, 그 이전 원소들도 이미 모두 만들어졌다고 봐도 무방하다.

상식적으로 생각하면, 아주 큰 별에서는 철 원자들이 융합하여 더 무거운 원소가 만들어지고, 다시 그 원소들이 융합하여…… 결국 주기율표에 있는 모든 원소들이 만들어질 것 같다. 그러나 상식이 늘 통하는 것은 아니다. 원자핵이 융합할 때 발생하는 에너지를 계산해보면, 26개의 양성자를 지닌 철 원자핵에 뭔가 다른 것을 융합하면 발생하는 에너지보다 드는 에너지가 더 많다는 결과가 나온다. 따라서 철 이후 단계의 핵융합*은 에너지가 필요한 별에게는 백해무익한 일이다. 별의 자연적 생애에서 철은 마지막 종착역이다.

그렇다면 27번 코발트부터 92번 우라늄까지 철보다 무거운 원소들은 어떻게 생겨났을까? 기묘하게도 B^2FH는 이 원소들이 미니 빅뱅에서 만들어졌다고 말한다. 아주 큰 별(태양 질량의 12배 이상)은 마그네슘이나 규소 같은 원소들을 흥청망청 다 태우고 나면 하루가 지나기 전에 철로 된 핵만 남는다. 그러나 별은 죽기 전에 마지막 단말마의 몸부림을 친다. 연료를 다 태운 별은 뜨거운 기체 덩어리와 마찬가지로 전체 부피를 유지할 에너지가 갑자기 사라지면, 자체 중력을 이기지 못하고 내파

implosion(속폭발)가 일어나면서 몇 초 만에 수만 km나 붕괴한다. 중심부에서는 어마어마한 중력 때문에 양성자와 전자가 짜부라지면서 결합해 중성자로 변하는 과정이 일어나, 결국에는 별 전체에 중성자만 남게 된다. 그런 다음 이 붕괴 과정이 역전되어 다시 바깥쪽으로 폭발이 일어나는데, 이것이 초신성 폭발이다. 폭발로 튀어나온 물질은 그 지름이 수백만 km 이상에 이를 정도로 넓게 퍼져나가며, 10억 개의 별이 한꺼번에 쏟아내는 것보다 더 밝은 빛을 한 달 이상 뿜어낸다. 초신성 폭발이 일어날 때에는 엄청난 운동량을 가진 입자들이 무수히 많이 쏟아져 나오면서 충돌하기 때문에, 정상적인 에너지 장벽을 뛰어넘어 철과 융합한다. 그 결과로 많은 철 원자핵은 중성자가 많아지는데, 일부 중성자가 붕괴하여 양성자로 변하면서 새로운 원소가 생겨난다. 이 입자 눈보라 속에서 자연계에 존재하는 모든 원소와 동위원소가 생겨난다.

우리은하만 놓고 봐도 수억 개의 초신성이 이러한 환생과 격변적 죽음의 순환을 겪었다. 초신성 폭발은 태양계의 탄생도 촉진했다. 약 46억 년 전에 한 초신성에서 나온 충격파가 지름 약 240억 km의 납작한 우주 먼지 구름(이전에 적어도 둘 이상 존재했던 별들의 잔해)을 지나갔다. 먼지 입자들은 초신성에서 나온 거품과 섞이면서 빙빙 소용돌이치기 시작했다. 밀도가 높은 구름 중심부는 끓어오르면서 태양이 되었고, 그 주위를 돌던 물질이 뭉쳐 행성이 만들어졌다. 거대 기체 행성들은 항성풍(태양에서 분출한 물질들의 흐름)이 가벼운 원소들을 태양계 바깥쪽으로 밀어내는 바람에 생겨났다. 거대 기체 행성 중에서 기체를 가장 많이 함유하고 있는 행성은 목성인데, 목성은 여러 가지 이유에서 원소들에게는 환상적인 캠프나 다름없다. 원소들이 지구에서는 결코 상상할 수 없는 형태로 존재할 수 있기 때문이다.

먼 옛날부터 하늘에서 밝게 빛나는 금성과 고리를 두르고 있는 토성, 화성인이 산다는 화성은 인간의 상상력을 자극했다. 천체들은 많은 원소의 이름에도 실마리를 제공했다. 1781년에 천왕성Uranus이 발견되자 과학계는 이 발견에 크게 흥분했다. 심지어 한 과학자는 천왕성에는 그 원소가 티끌만큼도 없는데도 불구하고, 천왕성의 이름을 따서 한 원소에 우라늄uranium이라는 이름을 붙였다. 넵투늄과 플루토늄 역시 같은 방식으로 지은 이름이다.(넵투늄은 해왕성Neptune, 플루토늄은 명왕성Pluto의 이름을 딴 것이다.) 그렇지만 모든 행성 중에서 최근 수십 년 사이에 가장 극적인 흥행을 기록한 것은 목성이다. 1994년에 슈메이커-레비 9호 혜성이 목성과 충돌했는데, 이것은 인류가 역사상 처음으로 목격한 은하 내 천체 충돌 사건이었다. 이 사건은 사람들의 기대를 저버리지 않았다. 모두 21개의 혜성 파편이 목성에 정면 충돌했고, 충돌로 인한 화염이 3000km 높이까지 치솟았다. 이 극적인 사건에 일반 대중도 큰 관심을 보였는데, NASA 과학자들은 온라인 공개 질의응답 시간에 일부 황당한 질문에 대답하느라 진땀을 흘렸다. 어떤 사람은 목성의 핵이 지구보다 큰 다이아몬드가 아니냐고 물었다. 또 한 사람은 목성의 대적점이 "자신이 들은 고차원 물리학"과 도대체 무슨 관계가 있느냐고 물었다. 그 물리학은 시간 여행을 가능케 하는 물리학이었다. 슈메이커-레비 9호 혜성이 충돌하고 나서 몇 년 뒤, 헤일-봅 혜성의 궤도가 목성의 중력 때문에 지구 쪽으로 휘어지자, 샌디에이고에서 광신도 39명이 모두 나이키 운동화를 신은 채 집단 자살을 했다. 목성이 신처럼 혜성의 궤도를 변하게 했으며, 혜성 속에는 자신들을 더 높은 영적 차원으로 데려갈 UFO가 있다고 믿었기 때문이다.

    기묘한 믿음은 설명할 길이 없다.(B²FH를 만든 사람들 중 한 명인 프레드 호일은 훌륭한 교육 배경과 경력을 지녔으면서도 진화나 빅뱅을 믿지 않았다. 사실, 빅뱅이란 이름은 BBC 라디오 쇼에서 호일이 그 이론을 조롱하려고 만든 말이었다. bang은 폭발물이 빵 하고 터지는 것을 나타내는 의성어이니, 빅뱅 이론을 '빵 이론'이라고 조롱한 셈이다.) 그렇지만 다이아몬드에 관한 질문은 적어도 어느 정도 근거가 있다. 한때 몇몇 과학자는 목성의 큰 질량 때문에 그렇게 거대한 보석이 생길 수 있다고 주장했다. 어떤 과학자는 아직도 액체 다이아몬드와 캐딜락만 한 크기의 고체 다이아몬드가 존재할 가능성이 있다는 희망을 버리지 않고 있다. 만약 정말로 기이한 물질을 원한다면 이것은 어떤가? 천문학자들은 목성의 거대한 자기장은 오직 검은색 액체 '금속성 수소' 바다가 존재해야 설명이 가능하다고 믿고 있다. 지구에서는 과학자들이 만들어낼 수 있는 극한 조건에서 금속성 수소를 100나노초 동안만 본 적이 있을 뿐이다.(수소도 아주 높은 밀도로 압축하면 다른 알칼리 금속처럼 금속성을 나타내는데, 이것을 금속성 수소라고 한다.—옮긴이) 많은 과학자는 목성 내부에 두께 4만 3000km에 이르는 액체 금속성 수소 저수지가 있다고 생각한다.

목성 내부에 원소들이 이렇게 기묘한 형태로 존재하는(그다음으로 큰 행성인 토성에서는 그 정도가 좀 덜하다) 이유는 목성이 보통 행성이 아니라 별이 되려다 실패한 행성이기 때문이다. 목성이 지금보다 10배쯤 더 많은 물질을 끌어모았더라면, 일부 원자핵이 융합을 일으킬 만큼 충분한 질량을 가지게 되어, 행성에서 졸업해 낮은 에너지의 갈색 빛을 방출하는 갈색왜성*이 되었을 것이다. 그랬더라면 태양계에는 2개의 태양이 쌍성계를 이루어 존재할 것이다.(나중에 보게 되겠지만, 이런 상황은 그다지 기이한 것이 아니다.) 그러는 대신에 목성은 핵융합의 문턱을 넘어서지 못해 식어버리고 말았지만, 원자들을 아주 촘촘하게 압축시킬 만큼 충분한 열과 질량과 압력을 지녀 원자들이 지구에서 보는 것과는 다른 행동을 보인다. 목성 내부에서 원자들은 화학 반응과 핵반응 사이의 중간 영역인 림보limbo('가장자리'란 뜻인 라틴어 limbus에서 유래한 말로, 지옥과 천국의 중간에 있는 장소)에 머물고 있다. 이곳에서는 행성만 한 크기의 다이아몬드나 기름 같은 금속성 수소도 얼마든지 존재할 수 있다.

목성 표면의 날씨도 원소들에게 마법을 부린다. 거대한 붉은색 눈(대적점)이 장기간 유지되는 행성에서 이것은 그다지 놀라운 일이 아니다. 대적점은 지름이 지구보다 세 배나 큰 폭풍으로 수백 년 동안 사라지지 않고 있다. 목성 내부의 기상은 더 극적일 것이다. 항성풍이 목성이 있는 곳까지 날려 보낼 수 있는 원소들은 가장 가볍고 흔한 원소들뿐이어서, 목성의 구성 성분은 별과 똑같이 수소 90%와 헬륨 10%로 이루어져 있고, 그 밖에 네온을 비롯해 다른 원소들이 극소량 포함돼 있다. 그런데 최근의 위성 관측 결과에 따르면, 바깥층 대기에서 헬륨 성분 중 약 4분의 1이, 그리고 네온 성분 중 약 90%가 부족하다는 사실이 드러났다. 대신에 더 깊은 내부에 이들 원소가 더 많이 들어 있다. 어떤 과정이 헬륨과 네온을 한 장소에서 다른 장소로 보낸 게 분명한데, 과학자들은 기상도를 통해 그 과정이 무엇인지 알아냈다.

진짜 별에서는 중심부에서 끊임없이 일어나는 핵폭발이 물질을 바깥쪽으로 밀어내는 힘과 중력이 물질을 안쪽으로 끌어당기는 힘이 균형을 이루고 있다. 그렇지만 목성에는 핵융합로가 없기 때문에 바깥 기체층에서 수소보다 더 무거운 헬륨이나 네온이 안쪽으로 끌려가는 것을 막을 힘이 없다. 목성 내부 쪽으로 4분의 1쯤 다가간 지점에서 이 기체들은 액체 금속성 수소층에 가까워지는데, 이곳에서 강한 대기압이 기체 원자들을 압축해 액체로 변화시킨다. 이 원자들은 금방 응결한다.

헬륨과 네온이 유리관 속에서 밝은 색의 빛을 내는 것을 본 적이 있을 것이다. 그것을 네온등이라 부른다. 헬륨과 네온 액체 방울들은 목성 상공에서 스카이다이빙을 할 때 발생하는 마찰열 때문에 유성처럼 불타게 된다. 만약 충분히 큰 방울이 충분히 빠른 속도로 떨어진다면,

목성 내부의 금속성 수소층 근처에 있는 사람은 크림색과 주황색이 감도는 하늘에서 아주 극적인 빛의 쇼를 보게 될 것이다. 수조 개의 진홍색 빛줄기가 불꽃놀이처럼 목성의 밤하늘을 환하게 밝히는 광경이 펼쳐진다. 과학자들은 이것은 네온 비라고 부른다.

지구의 나이를 알려주는 납과 우라늄

태양계 안쪽 궤도를 도는 지구형 행성(수성, 금성, 지구, 화성)의 역사는 이와는 사뭇 다르고, 그 이야기는 좀더 미묘하다. 태양계를 떠돌던 물질들이 뭉쳐 행성이 만들어질 때, 거대 기체 행성들이 최소한 100만 년 이상 먼저 생겼고, 무거운 원소들은 지구 궤도 부근에 모인 채 수백만 년 동안 비교적 조용하게 떠다녔다. 마침내 지구와 이웃 행성들이 용융 상태의 구로 탄생했을 때, 이 원소들은 그 내부에서 대체로 균일하게 섞였다. 그 물질을 한 움큼 집어 올리면 여러분의 손 안에는 전체 우주가, 곧 전체 주기율표가 들어 있었을 것이다. 그러나 원소들이 마구 뒤섞이는 과정에서 화학적 쌍둥이 원소들과 사촌 원소들이 끼리끼리 모이기 시작했고, 수십억 년에 걸쳐 자리바꿈이 일어난 끝에 각 원소의 광상이 따로 생기게 되었다. 예를 들면, 밀도가 높은 철은 행성의 핵으로 가라앉아 지금도 거기에 머물고 있다.(목성에 질세라 수성은 액체 핵에서 가끔 철 '눈송이'를 내보내는데, 이것은 지구에서 보는 육각형 눈송이와는 달리 아주 작은 정육면체 모양이다.*) 특별한 일이 일어나지 않았더라면, 지구에는 우라늄과 알루미늄을 비롯해 그 밖의 원소들로 이루어진 거대한 빙원들이 여기저기 널려 있을지도 모른다. 그 특별한 일은 지구가 충분히 빨리 냉각되면서 굳어지는 바람에 더 이상 원소들이 뒤섞이기 힘들어진 사건이었다. 그래서 오늘날 지구에는 원소들의 집단이 여기저기 남게 되었는데,

충분히 많은 원소 집단들이 아주 널리 흩어져 어느 한 나라가 특정 원소를 독점하는 경우는 드물다(악명 높은 일부 사례를 제외한다면).

우리 태양계의 네 암석질 행성에 존재하는 각 원소의 비율은 다른 별 주위를 돌고 있는 행성들과 차이가 있다. 태양계(우리 태양계와 외부 태양계를 모두 합쳐)는 대부분 초신성 폭발에서 생겨난 것으로 보이는데, 각 태양계에 존재하는 정확한 원소 비율은 폭발 이전에 원소를 합성하는 데 쓸 수 있었던 초신성의 에너지와, 우주 공간에 남아 있다가 폭발 분출물과 섞인 물질(예컨대 우주 먼지)에 따라 달라진다. 그 결과, 태양계마다 제각각 독특한 원소 지문을 가진다. 화학을 배운 사람이라면, 주기율표의 각 원소 기호 밑에 적힌 숫자를 본 적이 있을 것이다. 원자량을 나타내는 그 숫자는 양성자의 수와 중성자의 수를 합한 것(앞에서도 말했듯이 이것은 정확하게는 질량수임)과 같다. 예를 들면, 탄소의 원자량은 12.011로 적혀 있다. 왜 원자량이 정수가 아니라 소수로 표시돼 있는지 의아하게 생각하는 사람도 있을 테지만, 그것은 동위원소까지 고려한 평균값이기 때문이다. 대부분의 탄소 원자(탄소-12)는 원자량이 정확하게 12이지만, 동위원소인 탄소-13과 탄소-14도 극소량 존재한다. 바로 이 동위원소들의 존재 비율까지 감안한 모든 탄소의 평균 원자량을 구하면 12.011이 된다. 그러나 다른 은하에서는 탄소의 평균 원자량이 이보다 다소 높을 수도 있고 다소 낮을 수도 있다. 게다가 초신성 폭발에서는 방사성 원소가 많이 생겨나는데, 이것들은 폭발 직후부터 붕괴하기 시작한다. 따라서 두 태양계가 동시에 태어난 게 아니라면, 방사성 원소와 비방사성 원소의 비율이 똑같을 가능성은 거의 없다.

태양계가 이렇게 다양한 종류가 존재한다는 사실과 가늠하기 어려울 만큼 먼 옛날에 탄생했다는 사실을 감안한다면, 과학자들이 지구의 탄생 과정을 어떻게 알아낼 수 있었는지 의문이 들 것이다. 기본적으로 과학자들은 지각에 포함된 보편적인 원소와 희귀한 원소의 양과 위치를 분석하여 그것들이 어떻게 그곳에 남게 되었는지 추정한다. 예를 들면, 보편적인 원소인 납과 우라늄은 지구의 탄생 시기를 알려준다. 그것은 1950년대에 시카고에서 한 대학원생이 정교한 실험을 통해 알아냈다.

가장 무거운 원소들은 방사성 원소들이어서 대부분(특히 우라늄)은 일련의 방사성 붕괴 과정을 거쳐 마지막에 안정한 원소인 납이 된다. 클레어 패터슨Clair Patterson은 맨해튼 계획이 끝난 뒤에 전문가로서 연구를 시작했기 때문에, 우라늄이 붕괴하는 속도를 정확하게 알고 있었다. 또, 지구에는 세 종류의 납, 즉 원자량이 각각 204, 206, 207인 납 동위원소가 존재한다는 사실도 알고 있었다. 세 종류의 납 중 일부는 초신성 폭발로 태양계가 탄생한 이래 계속 존재했지만, 일부는 우라늄의 방사성 붕괴를 통해 새로 생겨났다. 그런데 우라늄의 방사성 붕괴에서는 납-206과 납-207만 생겨난다. 납-204의 양은 변하지 않고 늘 고정돼 있는데, 어떤 원소도 방사성 붕괴를 통해 납-204로 변하지 않기 때문이다. 여기서 주목해야 할 사실은 고정된 납-204에 대한 납-206과 납-207의 비율이 예측 가능한 속도로 증가해왔다는 점이다. 우라늄이 방사성 붕괴를 하면서 납-206과 납-207이 계속 만들어졌기 때문이다. 만약 현재의 그 비율이 처음에 비해 얼마나 더 큰지 알아낼 수만 있다면, 우라늄의 붕괴 속도를 이용해 최초의 그 시간이 언제쯤인지 계산할 수 있다.

그렇지만 문제가 하나 있는데, 처음에 납 동위원소들의 비율이 어떠했는지 전혀 알 수 없다. 그래서 패터슨은 시간을 거슬러 올라가며 추적하는 과정을 어느 시점에서 멈춰야 하는지 알 수가 없었다. 그렇지만 그는 이 문제를 우회적으로 돌파하는 방법을 찾아냈다. 지구 주변에 떠돌던 우주 먼지가 모두 다 행성에 합쳐진 것은 아니었다. 유성, 소행성, 혜성도 생겨났다. 이 천체들은 똑같은 우주 먼지에서 생겨나 그후 극저온 우주 공간을 떠다녔기 때문에, 원시 지구와 똑같은 구성 성분을 그대로 보존하고 있다. 게다가 철은 별의 핵합성 피라미드에서 꼭대기에 위치하기 때문에 우주에는 철이 불균일하게 분포한다. 유성은 주로 고체 상태의 철로 이루어져 있다. 여기서 좋은 소식이 하나 있는데, 철과 우라늄은 화학적으로 섞이지 않지만, 철과 납은 섞인다. 그래서 유성에는 최초의 지구와 같은 비율의 납이 들어 있다. 왜냐하면, 유성에는 우라늄이 없어 새로운 납 원자가 추가되지 않았기 때문이다. 흥분한 패터슨은 애리조나 주의 미티어 운석 구덩이에서 캐니언 디아블로(미티어 운석 구덩이를 만든 운석의 이름) 운석 파편을 수집해 즉시 분석에 착수했다.

그런데 더 큰 문제가 장애물로 등장했는데, 그것은 바로 산업화였다. 사람들은 먼 옛날부터 무르고 유연한 납을 도시의 수도관 같은 것을 만드는 데 사용해왔다.(납의 원소 기호 Pb는 라틴어 plumbum에서 딴 것인데, 이 단어는 배관공을 뜻하는 plumber의 어원이 되었다.) 그리고 19세기 후반과 20세기 전반에 납 페인트와 노킹 방지를 위한 유연 가솔린을 대량으로 사용하면서 환경 속의 납 농도는 현재 증가하고 있는 이산화탄소의 농도처럼 계속 증가했다. 이렇게 환경 속에 광범위하게 퍼진 납은 패터슨이 운석을 분석하려는 초기의 시도를 수포로 돌아가게 했다. 그래서 그는 증기 상태로 떠다니는 인위적인 납이 자신의 순수한 우주 암석 시료를 오염시키는 걸 막기 위해 극단적인 조처(예컨대 진한 황산 용액에 장비를 넣고 끓이는 것과 같은)를 취하지 않을 수 없었다. 훗날 한 인터뷰에서 패터슨은 이렇게 말했다. "내 실험실처럼 아주 깨끗한 실험실에 들어올 때에는 여러분의 머리카락에서 나온 납조차 실험실 전체를 오염시킬 수 있습니다."

이러한 용의주도한 태도는 곧 강박증으로 발전했다. 일요일 신문에 실린 만화 「피너츠Peanuts」를 보던 패터슨의 눈에는 먼지투성이의 지저분한 소년인 피그펜Pig-Pen이 인류로, 그리고 그 주위를 둘러싼 먼지 구름이 공기 중의 납으로 보이기 시작했다. 그렇지만 납에 대한 이 집착이 중요한 결과를 두 가지 낳았다. 첫째, 실험실을 충분히 깨끗하게 하자, 현재까지 나온 지구의 나이 추정치 중 최선의 결과인 45억 5000만 년이라는 측정값을 얻을 수 있었다. 둘째, 납 오염에 대한 공포 때문에 패터슨은 환경 운동가로 변신했다. 어린이들이 더 이상 납 페인트 조각을 먹지 않고, 주유소에서 '무연' 가솔린을 선전하지 않게 된 데에는 그의 공이 크다. 패터슨의 투쟁 덕분에 오늘날 납 페인트는 사용이 금지되었고, 자동차는 숨을 통해 우리 몸속으로 들어가거나 머리카락에 축적될 납 증기를 내뿜지 않는다.

공룡 멸종과 이리듐

패터슨은 지구의 기원을 정확하게 알아냈지만, 지구의 나이를 안 것만으로 모든 문제가 해결된 것은 아니다. 금성과 수성, 화성도 동시에 생겨났지만, 이 행성들은 피상적인 사실 일부를 제외하고는 지구와 전혀 닮지 않았다. 우리의 역사를 더 자세히 알아내려면 주기율표에서 잘 알려지지 않은 곳들까지 살펴보아야 했다.

1977년, 부자지간인 물리학자 루이스 알바레즈Luis Alvarez와 지질학자 월터 알바레즈Walter Alvarez는 이탈리아에서 공룡이 멸종한 시기의 석회암 지층을 조사하고 있었다. 석회암층은 균일해 보였지만, 공룡이 멸종한 6500만 년 전 무렵의 지층 위에 미세한 입자로 이루어진 붉은색 점토층이 덮여 있었다. 그런데 그 점토층에는 기묘하게도 정상치보다 600배나 많은 이리듐 원소가 포함돼 있었다. 이리듐은 철을 좋아하는 친철 원소* 이기 때문에, 대부분은 철이 녹은 상태로 존재하는 핵에 모여 있다. 핵을

미국 물리학자 루이스 알바레즈는 소행성 충돌로 공룡이 멸종했고 이리듐층이 남았다고 주장했다.

제외하고 이리듐이 풍부하게 존재하는 곳은 철이 풍부한 유성과 소행성, 혜성뿐이다. 알바레즈 부자는 이 수수께끼에 대해 깊이 생각했다.

달을 비롯해 다른 천체에는 먼 옛날부터 유성이나 소행성과 충돌한 흔적이 많이 남아 있다. 지구 역시 그러한 충돌을 많이 겪었을 것이다. 만약 6500만 년 전에 대도시만 한 크기의 천체가 지구와 충돌했다면, 그것은 전 세계에 이리듐을 많이 함유한 먼지 구름을 일으켰을 것이다. 이 먼지 구름은 태양을 가려 지구상의 식물을 죽게 했을 것이다. 이 가설은 그때 공룡뿐만 아니라 전체 종의 75%와 살고 있던 전체 생물 중 99%가 왜 사라졌는지를 명쾌하게 설명해주었다. 다른 과학자들을 설득하는 데에는 많은 연구와 노력이 필요했지만, 알바레즈 부자는 곧 이리듐층이 전 세계에 광범위하게 퍼져 있다는 사실을 확인했고, 그 먼지 퇴적물이 근처의 초신성 폭발에서 날아온 것이라는 경쟁 가설을 배제했다. 다른 지질학자들(석유 회사를 위해 일하던)이 멕시코의 유카탄 반도 해저에서 6500만 년 전에 생긴 폭 160km, 깊이 20km의 운석 구덩이를 발견하자, 소행성 충돌로 인해 공룡이 멸종했고 이리듐층이 남았다는 가설이 입증된 것처럼 보였다.

그렇지만 작은 의혹 하나가 남아 있었다. 소행성이 하늘을 캄캄하게 하고, 산성비를 내리고, 수 km 높이의 해일을 일으켰다고 치자. 그렇더라도 지구는 불과 수십 년 안에 정상으로 돌아갔을 것이다. 하지만 화석 기록에 따르면 공룡은 짧은 기간에 멸종한 게 아니라 수십만 년이라는 긴 시간에 걸쳐 서서히 멸종해갔다. 오늘날 많은 지질학자들은 유카탄 반도에 소행성이 충돌하기 전후에 때마침 인도에서 일어난 대규모 화산 활동이 공룡의 멸종에 중요한 원인이 되었다고 생각한다. 그런데 1984년에 일부 고생물학자들은 공룡의 멸종이 더 큰 규모로 나타나는 패턴의 일부라고 주장했는데, 이에 따르면 지구에서는 약 2600만 년마다 한 번씩 대멸종이 일어난다고 한다. 공룡이 멸종할 때 소행성이 떨어진 것은 그저 우연의 일치에 불과한 사건일까?

지질학자들은 이리듐을 풍부하게 함유한 다른 점토층도 조사하기 시작했다. 이 지층들이 생성된 지질 연대는 다른 멸종 사건들이 일어난 시기와 일치하는 것처럼 보였다. 알바레즈의 뒤를 이어 몇몇 사람들이 지구 역사에서 일어난 대규모 멸종 사건들은 모두 소행성이나 혜성이 그 원인이라고 결론 내렸다. 아버지인 루이스 알바레즈는 이 가설을 의심스럽게 생각했는데, 이 가설에서 가장 중요하면서도 가장 터무니없어 보이는 부분, 즉 2600만 년마다 일관성 있게 멸종이 일어나는 원인을 아무도 설명할 수 없었기 때문이다. 그런 알바레즈의 생각을 돌려놓은 것은 그다지 눈길을 끌지 않는 원소인 레늄이었다.

알바레즈의 동료인 리처드 멀러Richard Muller가 『네메시스Nemesis』란 책에서 이야기한 것처럼, 1980년대의 어느 날 알바레즈는 심사하던 논문을 들고 멀러의 연구실로 쳐들어왔다. 그것은 주기적인 멸종에 관한 '터무니없는' 논문이었다. 알바레즈는 이미 화가 나서 씩씩대고 있었는데, 멀러는 어떻게든지 그를 진정시키려고 했다. 두 사람은 언성을 높여가며 논쟁을 벌이기 시작했다. 멀러는 문제의 핵심을 이렇게 설명했다. "광대한 우주 공간에서는 지구도 아주 작은 표적에 지나지 않는다. 태양 가까이 다가오는 소행성이 지구와 충돌할 확률은 10억분의 1보다 조금 더 높을 뿐이다. 따라서 소행성 충돌 사건은 시간상 균일한 간격으로 일어나는 게 아니라, 무작위적으로 일어날 것이다. 그런데 무엇이 소행성 사건을 규칙적 간격으로 일어나게 할 수 있단 말인가?"

멀러는 단서는 전혀 없지만 뭔가가 주기적 폭격의 원인이 될 수 있다는 주장을 옹호했다. 알바레즈는 끝없이 이어지는 추측을 듣다못해 마침내 소리를 지르며 그 뭔가가 도대체 뭐냐고 물었다. 멀러 자신의

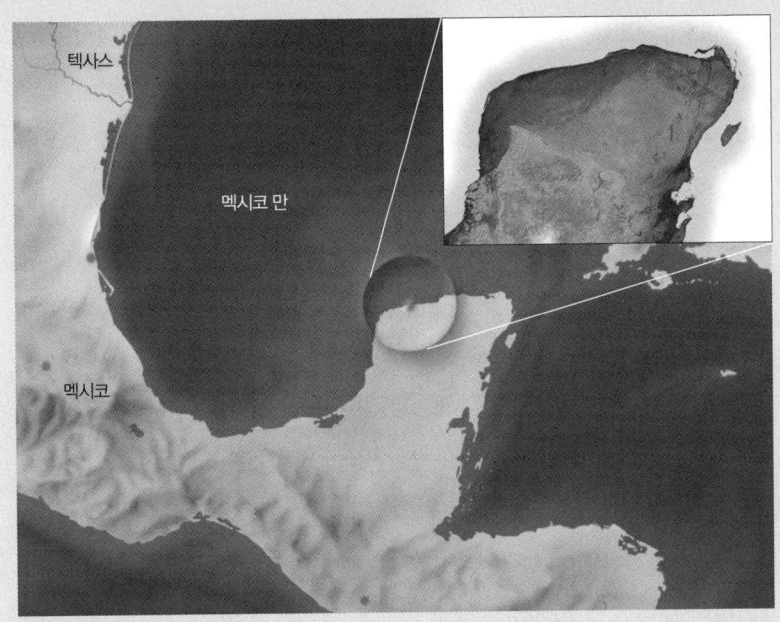

운석 구덩이가 있는 멕시코의 유카탄 반도. 지질학자들이 폭 160km, 깊이 20km의 이 운석 구덩이를 발견하자, 소행성 충돌로 공룡이 멸종했다는 가설이 주목을 받았다.

표현에 따르면, 그 순간 아드레날린이 마구 분출하던 그는 천재성이 폭발하면서 태양과 짝을 이룬 동반성이 있을지도 모른다고 내뱉었다. 그리고 지구는 그 동반성 주위를 아주 천천히 돌고 있기 때문에 우리는 그 별의 존재를 눈치 채지 못하는데, 지구가 동반성에 가까이 다가갈 때마다 중력의 작용으로 소행성들이 지구를 향해 다가올 수 있다고 덧붙였다.

나중에 네메시스(그리스 신화에 나오는 보복의 여신)라는 이름이 붙은 그 동반성 이야기는 진지하게 생각한 뒤에 꺼낸 것이 아니었다. 그렇지만 알바레즈는 그 말을 듣는 순간 충격을 받았는지 말을 멈추었다. 그것은 레늄에 얽힌 수수께끼를 명쾌하게 설명해주었기 때문이다. 모든 태양계는 제각각 고유한 지문을 갖고 있다고 한 이야기를 기억하는가? 즉, 어떤 태양계에 존재하는 동위원소들의 비율은 제각각 독특하다. 이리듐 점토층에서 미량의 레늄이 섞인 채 발견되었는데, 알바레즈는 두 종류의 레늄(하나는 방사성, 다른 하나는 비방사성)의 비율을 고려할 때, 대멸종을 초래한 것으로 추정되는 모든 소행성은 우리 태양계에서 날아온 것임을 알 수 있었는데, 그 비율이 지구의 것과 일치했기 때문이다. 만약 네메시스가 정말로 2600만 년마다 한 번씩 지구에 가까워져서 우주의 암석들을 우리를 향해 날려 보낸다면, 그 암석에 포함된 두 종류의 레늄 역시 그 비율이 동일할 수밖에 없다. 무엇보다도, 네메시스 가설은 공룡이 왜 그렇게 오랜 기간에 걸쳐 서서히 멸종했는지 설명할 수 있다. 멕시코에 남은 운석 구덩이는 네메시스가 지구 가까이에 머물렀던 수만 년 동안 계속된 수많은 폭격 가운데 가장 큰 것에 불과한 것일지도 모른다. 공룡 시대를 끝낸 것은 단 한 번의 거대한 충돌이 아니라, 계속 이어진 수만 번 혹은 수백만 번의 작은 충돌이었을지 모른다.

그날 멀러의 연구실에서 주기적인 소행성 충돌 가능성을 확인하자마자 알바레즈의 분노는 눈 녹듯이 증발했다. 그는 만족하여 멀러의 연구실을 떠났다. 그러나 멀러는 우연히 떠오른 그 아이디어를 그냥 내버려둘 수 없었다. 생각하면 할수록 더욱 확신이 커졌다. 네메시스가 실제로 존재하지 말란 법도 없지 않은가? 그래서 다른 천문학자들에게 그 가설을 이야기하기 시작했고, 네메시스에 관한 논문도 발표했다. 증거와 근거를 모아 책도 썼다. 이 가설이 한창 뜨던 1980년대 중반에는 목성은 질량이 충분치 않아 별이 될 수 없었지만, 그래도 어딘가에 태양의 동반성이 존재할 가능성이 높아 보였다.

불행하게도 네메시스의 존재를 뒷받침하는 증거는 정황 증거 말고는 믿을 만한 것이 없었으며, 그 신뢰도는 갈수록 희박해졌다. 단일 충돌설이 비판론자들에게 뭇매를 얻어맞았다면, 네메시스 가설은 미국 독립 전쟁 때 포위되어 일제 사격을 받은 영국군과 같은 신세가 되었다. 설사 네메시스가 아주 먼 지점에 위치한다 하더라도, 수천 년 동안 하늘을 샅샅이 훑어온 천문학자들의 눈에 띄지 않았을 리가 없다. 특히 가장 가까운 별인 켄타우루스자리 알파별이 4광년 거리에 있다는 것을 감안할 때, 네메시스가 중력의 영향을 미치려면 적어도 0.5광년 이내의 거리에 있어야 하므로, 지금까지 발견되지 않았을 리가 없다. 아직도 네메시스를 찾으려고 하늘을 훑는 집요하거나 낭만적인 사람들이 있지만, 아무 성과 없는 해가 계속 거듭될수록 네메시스의 존재 가능성은 점점 희박해지고 있다.

그렇지만 사람들에게 계속 생각을 하게 만드는 힘을 과소평가해서는 안 된다. 일정한 간격으로 일어나는 대멸종 사건, 충돌을 암시하는 이리듐, 충돌체가 우리 태양계에서 날아왔다는 것을 시사하는 레늄 ― 이 세 가지 사실은 과학자들에게 설사 네메시스가 아니더라도 여기에 뭔가가 있다는 생각이 들게 했다. 그래서 그런 파괴를 초래할 수 있는 다른 주기들을 찾기 시작했는데, 얼마 후 태양의 움직임에서 유력한 용의자를 발견했다.

많은 사람들은 코페르니쿠스의 혁명이 태양을 시공간상의 한 점에 고정시켰다고 생각하지만, 실제로는 태양은 국부 은하군의 조수에 끌려가고 있으며, 그 과정에서 마치 회전목마처럼 위아래로 흔들거리며 나아간다.* 일부 과학자는 이러한 상하 운동 때문에 태양계 주변을 둘러싸고 있는 혜성과 우주 부스러기의 구름인 오르트운에 태양이 충분히 가까이 다가가 중력의 영향을 미친다고 생각한다. 오르트운에 있는 물체는 모두 초신성 폭발에서 생긴 것인데, 태양이 2600만 년마다 한 번씩 가장 높은 위치로 올라가거나 가장 낮은 위치로 내려올 때 작은 물체들을 끌어당겨 지구 쪽으로 날아가게 할 수 있다. 그 물체들은 대부분 태양(혹은 우리를 위해 슈메이커-레비 9호 혜성을 막아준 목성)의 중력 때문에 우리를 비켜가지만, 그래도 그 사이로 뚫고 들어와 지구에 충돌하는 것이 있을 것이다. 이 가설은 아직 입증된 것이 아니지만, 만약 입증이 된다면 우리는 우주 안에서 아주 느리게 움직이는 죽음의 회전목마를 타고 있는 셈이다. 어쨌든 우리는 이리듐과 레늄에게 고마워해야 한다. 곧 날아올지도 모를 소행성 충돌에 대비하라고 경고해주었으니까.

어떤 의미에서 주기율표는 우주 전체에 존재하는 원소들을 연구하는 데에는 그다지 큰 쓸모가 없다고 볼 수도 있다. 모든 별은 사실상 수소와 헬륨만으로 이루어져 있고, 거대 기체 행성 역시 그렇다. 그러나 우주 전체적으로 볼 때에는 아무리 중요하다 하더라도, 수소와 헬륨의 반응만으로는 상상력에 불을 지피기에 부족한 게 사실이다. 초신성 폭발이나 탄소를 기반으로 한 생명체처럼 존재의 흥미진진한 세부 사실을 추론하려면 전체 주기율표가 필요하다. 철학자이자 역사학자인 에릭 세리는 이렇게 지적했다. "수소와 산소를 제외한 나머지 원소가 우주에서 차지하는 비율은 0.04%밖에 되지 않는다. 이러한 관점에서 보면 주기율표는 별 쓸모가 없어 보인다. 그렇지만 우리가 지구에…… 즉 원소들의 상대적 비율이 아주 다른 장소에 살고 있다는 사실이 중요하다."

정말로 그렇다. 천체물리학자 칼 세이건Carl Sagan은 그것을 좀더 시적으로 표현했다. B^2FH에서 설명한 탄소와 산소, 질소 같은 원소를 만들어내는 핵융합 반응이 없었더라면, 지구처럼 적절한 환경을 갖춘 행성이 탄생하도록 씨를 뿌려준 초신성 폭발이 없었더라면, 생명은 결코 나타나지 못했을 것이다. 세이건이 애정 어린 구절로 표현했듯이 "우리는 모두 별의 물질로 만들어졌다."

아쉽게도 원소들의 이야기에서 비극적인 사실이 하나 있는데, 세이건이 말한 '별의 물질'은 지구 전체에 공평하게 분포하고 있지 않다. 비록 초신성 폭발 때 원소들이 모든 방향으로 균일하게 날아갔고, 용융 상태의 지구가 골고루 섞이는 과정이 일어났지만, 일부 땅에는 희귀한 광물이 더 많이 존재한다. 이 때문에 드물게 스웨덴의 이테르비 같은 장소는 천재 과학자의 영감을 자극한다. 그렇지만 그보다는 탐욕과 약탈을 자극하는 일이 더 자주 일어난다. 특히 그 희귀한 원소가 상업이나 전쟁에 쓰일 때, 혹은 최악의 경우 둘 다에 쓰일 때에는 더더욱.

전쟁에 쓰인 원소들

현대 사회를 이루는 중요한 요소인 민주주의, 철학, 연극이 고대 그리스에서 비롯된 것과 마찬가지로, 화학전의 기원 역시 고대 그리스 시대로 거슬러 올라간다. 기원전 5세기에 아테네를 포위 공격하던 스파르타는 끈질기게 저항하는 상대를 굴복시키려고 그 당시로서는 최첨단 화학 기술인 연기를 사용하기로 했다. 스파르타 병사들은 입을 꽉 다문 채 나무와 피치, 황을 짊어지고 아테네의 성벽을 기어 올라가 불을 붙여 던지고는, 아테네 사람들이 콜록콜록 기침을 하며 도시를 버리고 도망가길 기다렸다. 이 화학 무기 공격은 트로이 목마만큼이나 기발한 전술이었지만, 결국 실패로 돌아갔다. 가스가 아테네에 퍼지긴 했지만, 아테네 사람들은 악취탄 공격을 참아내면서 끝까지 저항해 스파르타를 물리쳤다.*

독가스를 개발한 프리츠 하버

이 가스 공격 실패는 먼 훗날 반복될 역사의 예고편이었다. 화학전의 발전은 그후 2400여 년 동안 지지부진했으며, 쳐들어오는 적의 머리 위에 끓는 기름을 붓는 것보다 효율적이지 못했다. 제1차 세계 대전 이전까지 독가스는 전략적 가치가 거의 없었다. 그렇다고 전 세계 국가들이 화학전의 위험을 몰랐던 것은 아니다. 1899년, 과학이 발전한 나라들은 오직 한 나라만 빼고 모두 화학 무기를 전쟁에 사용하는 것을 금지하는 헤이그 조약에 서명했다. 유일하게 서명을 거부한 미국이 내세운 논리는 나름대로 일리가 있었다. 기관총으로 18세 소년들을 대량 살상하고, 어뢰로 전함을 격침해 해군 장병들을 캄캄한 바닷속에 수장시키는 일을 버젓이 자행하면서도, 그 당시 고춧가루를 살포하는 것보다 효과적이라고 보기 어려운 독가스 사용을 금지하는 것은 위선적으로 보였기 때문이다. 그러나 다른 나라들은 미국의 냉소주의를 비웃으면서 서로 과시하듯이 헤이그 조약에 서명하고는, 이내 그 조약을 무시했다.

초기에 비밀리에 개발된 화학 무기는 브롬(브로민)을 주 원료로 사용했다. 다른 할로겐 원소와 마찬가지로, 브롬은 맨 바깥쪽 에너지 준위에 전자가 7개 있어 전자 1개를 더 얻으려고 한다. 목적은 수단을 정당화한다는 신념에 눈이 먼 브롬은 세포에 포함된 약한 원소(탄소 같은)를 공격해 전자를 빼앗아온다. 브롬은 특히 눈과 코를 고통스럽게 자극하는데, 1910년 무렵에 군사 화학자들은 브롬을 기반으로 한 최루 가스를 개발했다. 이 최루 가스는 타는 듯한 눈물을 쏟게 하면서 성인을 무력화시킬 만한 위력이 있었다.

그렇게 편리한 최루 가스를 자국민에게 사용하는 것을 마다할 이유가 없었으므로(헤이그 조약은 전쟁에 사용되는 화학 무기만 규제했다)

1912년에 프랑스 정부는 에틸 브로모아세테이트를 사용해 파리의 은행 강도들을 붙잡았다. 그 소문이 퍼져나가자 이웃 나라들도 독가스에 신경을 쓰지 않을 수 없었다. 1914년 8월에 제1차 세계 대전이 일어나자, 프랑스군은 진격해오는 독일군에게 브롬 포탄을 퍼부어댔다. 그러나 그 결과는 2000년도 더 전에 스파르타 군대가 거둔 것보다 더 참담했다. 바람이 세게 부는 평야에 포탄들이 떨어지는 바람에 독가스는 아무 효과도 발휘하지 못했다. 독일군이 독가스 공격을 받았다는 사실을 알아채기도 전에 독가스는 바람에 날려 흩어지고 말았다. 그렇지만 이 독가스 공격은 '즉각적인' 효과가 거의 없었다고 말하는 게 더 정확할 것이다. 왜냐하면, 독가스 때문에 히스테리 반응에 가까운 소문이 양국의 신문을 통해 널리 퍼졌기 때문이다. 독일은 자국의 화학 무기 개발을 위해 그 소문을 더 부추겼다. 독일군 병영에서 운 나쁘게 일산화탄소에 중독돼 사망한 병사가 나오면, 프랑스의 비밀 질식 가스 공격으로 죽었다고 비난을 퍼부었다.

얼마 지나지 않아 독일의 독가스 개발은 세계 어느 나라보다도 앞서게 되었는데, 그것을 이끈 사람은 대머리에 코밑수염을 기르고 코안경을 쓴 화학자였다. 프리츠 하버Fritz Haber는 역사상 위대한 화학자 중 한 명으로 꼽히는데, 1900년 무렵에 가장 흔한 물질인 공기 중의 질소를 산업 제품으로 만드는 방법을 개발함으로써 세계적으로 유명해졌다. 질소 기체는 사람을 질식시킬 수도 있지만, 보통은 별 해가 없다. 실제로 질소는 거의 쓸모가 없을 정도로 특별한 성질이 없다. 질소가 하는 중요한 일 중 하나는 토양에 영양분을 공급하는 것이다. 질소는 식물이 생장하는 데 아주 중요하다.(또 벌레잡이식물이나 파리지옥은 벌레의 몸에서 나오는 질소를 추적해 벌레를 잡는다.) 그런데 질소는 공기 중에서 약 80%를 차지하지만(그러니까 우리가 들이마시는 공기 분자 5개 중 4개는 질소이다),

흙에 영양분을 공급하는 효율은 아주 낮다. 질소는 다른 물질과 거의 반응하지 않아 땅 속에 잘 '고정'되지 않기 때문이다. 질소는 그 풍부함과 무반응성 그리고 중요성 때문에 야심만만한 화학자라면 누구나 노리는 주요 표적이었다.

하버가 질소를 '붙들기' 위해 발명한 과정은 많은 단계로 이루어져 있는데, 그 과정에서 많은 화학 물질이 나타나고 사라진다. 그렇지만 기본 과정은 다음과 같다. 질소를 수백 ℃로 가열하면서 수소 기체를 약간 집어넣고 압력을 수백 기압으로 올린 뒤, 오스뮴을 촉매로 약간 첨가하면, 보통 공기가 인공 비료의 선구자인 암모니아(NH_3)로 변한다. 산업 비료를 값싸게 사용할 수 있게 되자, 이제 농부들은 더 이상 분뇨를 모으거나 퇴비를 만들 필요가 없어졌다. 제1차 세계 대전이 일어나기 전까지 하버는 맬서스Malthus가 예언한 기아에서 수백만 명을 구했다. 또 오늘날 75억 명의 세계 인구가 굶주리지 않고 살아갈 수 있게 된 데에도 그의 공이 크다.*

그런데 위의 간략한 설명에서 빠진 사실이 하나 있는데, 하버는 비료에는 별로 큰 관심이 없었다(비록 자신은 가끔 반대로 이야기하긴 했지만). 값싼 암모니아를 만드는 방법을 추구한 진짜 이유는 독일의 질소 폭발물(1995년에 티모시 맥베이Timothy McVeigh가 오클라호마시티의 연방 청사를 폭파시키는 데 사용한 것과 같은 종류의 비료 증류 폭탄) 생산을 돕기 위해서였다. 하버 같은 인물이 역사에 종종 나타나는 것은 참 비극적인 일이다. 이들은 효율적인 살인 수단을 만들어내려고 과학 기술을 악용하는 사람들로, 작은 파우스트 같은 존재들이다. 그런 인물이 비범한 재능을 지녔을 경우 그 이야기는 더욱 불행해진다. 독일군 지휘부는 참호전의 교착 상태를 타개하고자 하버에게 독가스 개발 임무를 맡겼다. 암모니아 합성에 대한 특허를 바탕으로 정부와 맺은 계약만으로도 큰돈을 벌 수 있었지만, 하버는 새로운 제안을 뿌리치지 못했다. 독가스 개발 부서는 얼마 후 '하버 연구소'로 불리기 시작했고, 독일군은 심지어 루터파로 개종한(그것은 그의 경력에 도움이 되었다) 46세의 유대인을 대위로 진급시켰다. 하버는 어린애같이 그것을 자랑스럽게 여겼다.

그렇지만 가족은 그런 하버를 탐탁지 않게 여겼다. 독일을 최고로 생각하는 하버의 태도는 주위 사람들을 멀어지게 했는데, 특히 그를 구제할 수 있는 위치에 있던 아내 클라라 이메르바르Clara Immerwahr와 사이가 멀어졌다. 이메르바르도 비범한 천재였는데, 하버의 고향인 브레슬라우(지금은 폴란드의 브로츠와프)의 유명한 대학에서 여성으로서는 최초로 박사 학위를 받았다. 그렇지만 같은 시대에 살았던 마리 퀴리와 달리 클라라는 홀로 서지 못했다. 피에르 퀴리처럼 열린 마음을 가진 남자와 결혼하는 대신에 하버와 결혼했기 때문이다. 얼핏 보기에는 과학적 야망이 넘치는 남자와 결혼하는 것은 나쁜 선택으로 보이지 않았지만, 하버는 과학적 천재성은 뛰어난 반면 인간으로서는 결함이 많았다. 클라라는 한 역사학자가 말한 것처럼 "결코 앞치마에서 벗어나지 못했으며" 한번은 친구에게 "자기 주장이 약한 사람의 인격을 완전히 짓밟아버릴 정도로 가정과 결혼 생활에서 자신만을 우선시하는 프리츠의 방식"에 후회를 털어놓기도 했다. 그녀는 하버가 쓴 글을 영어로 번역하고, 질소 합성 연구에 기술적 지원을 제공하는 등 여러 가지로 도움을 주었지만, 브롬 독가스 연구를 돕는 것은 거부했다.

그래도 하버는 전혀 신경 쓰지 않았다. 하버를 돕겠다고 자원하고 나선 젊은 화학자가 수십 명이나 있었으니까. 독일은 처음에는 화학전 무기 개발에서 숙적인 프랑스보다 뒤져 있었으나, 1915년 초에 이르자 프랑스의 최루 가스에 대항할 만한 무기를 개발하는 데 성공했다. 그런데 독일은 그 포탄을 독가스 무기를 전혀 보유하지 않은 영국군에게 시험

프리츠 하버는 질소를 이용해 인공 비료를 만들어 수백만 명을 구했지만, 브롬과 염소를 이용한 독가스 개발로 수십만 명을 살상케 하고 수백만 명을 공포로 몰아넣었다.

했다. 다행히도 프랑스군이 감행한 첫 번째 가스 공격과 마찬가지로 독가스가 바람에 흩어지는 바람에 영국군 표적(근처 참호에 틀어박혀 따분한 세월을 보내고 있던)은 자신들이 공격받은 줄도 몰랐다.

독일은 이에 굴하지 않고 화학 무기 개발에 더 많은 자원을 쏟아부었다. 그런데 한 가지 문제가 있었으니, 그것은 정치 지도자들이 공개적으로 위반하길 꺼린 헤이그 조약이었다. 그래서 나온 묘안은 조약 문구를 아주 꼼꼼하게 해석하되 결국은 왜곡하는 방식으로 해석하는 것이었다. 독일은 그 조약에 서명하면서 "질식 가스나 유독 가스를 확산시키는 것을 유일한 목적으로 하는 발사체를 사용하지 않는다"는 데 동의했다. 독일측의 엄밀한 해석에 따르면, 유산탄과 가스를 함께 실어 나르는 포탄은 이 조약에 저촉되지 않았다. 그런 포탄을 만드는 데에는 교묘한 공학 기술이 필요했지만(충격을 받으면 증발하면서 가스가 되어 피어오르는 액체 브롬은 포탄 속에서 출렁거리면서 포탄의 탄도를 방해했으므로), 독일의 효율적인 군산학 복합체는 그 문제를 충분히 해결할 수 있었고, 1915년 초에 브롬화크실릴을 가득 채운 150mm 최루 가스탄을 생산해 실전에 배치했다. 독일군은 그것을 '백십자'란 뜻의 바이스크로이츠weisskreuz라고 불렀다. 이번에도 독일군은 프랑스군을 내버려두고 이동식 독가스 부대를 동쪽으로 돌려 러시아군을 향해 바이스크로이츠를 1만 8000발이나 발사했다. 그렇지만 그 결과는 첫 번째 독가스 공격보다 더 참담한 실패로 끝났다. 러시아 땅은 너무 추워서 브롬화크실릴이 얼어 고체로 변해버렸기 때문이다.

하버는 현장 조사를 한 뒤에 브롬을 포기하고, 브롬의 화학적 사촌인 염소로 눈길을 돌렸다. 염소는 주기율표에서 브롬 바로 위에 있고, 사람이 숨을 통해 들이마시면 브롬보다 훨씬 큰 고통을 겪는다. 염소는 전자 하나를 더 빼앗아오기 위해 다른 원소를 공격하는 성향도 훨씬 강하다. 게다가 염소 원자는 더 작기 때문에(염소 원자의 무게는 브롬 원자 무게의 절반이 채 안 된다) 우리 몸의 세포를 훨씬 효과적으로 공격할 수 있다. 염소는 피부를 노란색, 초록색, 검은색으로 변색시키고, 눈에 심한 염증을 일으킨다. 염소 가스 공격을 받은 사람은 폐에 액체가 차 익사하게 된다. 브롬 가스가 점막을 공격하는 보병 부대라면, 염소 가스는 우리 몸의 방어벽을 허물고 폐와 그 밖의 기관을 손상시키는 전차 부대라 할 수 있다.

실패만 거듭하던 브롬 계통 가스를 역사책에 길이 기록될 무서운 염소 가스로 대체한 장본인이 바로 하버였다. 독일의 적국 병사들은 곧 염소를 기반으로 한 그륀크로이츠grünkreuz(녹십자)와 블라우크로이츠blaukreuz(청십자) 그리고 악몽 같은 물집이 생기는 겔프크로이츠gelbkreuz(황십자, 일명 머스타드 가스) 공격에 벌벌 떨게 되었다. 하버는 과학적으로 기여하는 데 만족하지 않고 역사상 최초로 큰 성공을 거둔 독가스 공격을 열정적으로 지휘해 이프르 전투에서 프랑스군을 일대 혼란에 빠뜨렸다. 이 염소 가스 공격으로 5000여 명의 프랑스군 병사가 진흙탕 참호 속에서 죽어갔다. 하버는 남는 시간을 활용해 '하버의 규칙'이라는 엽기적인 생물학 법칙을 만들었는데, 이것은 가스의 농도와 노출 시간, 사망률 사이의 관계를 정량화한 것이었다. 이 법칙을 만드는 데에는 엄청난 양의 데이터가 필요했을 것이다.

앞서 클라라는 프리츠의 독가스 개발 계획에 소스라치게 놀라 그 연구를 중단하라고 요구했다. 그러나 언제나처럼 프리츠는 콧방귀도 뀌지 않았다. 사실, 하버는 연구소에서 가스 연구 중 사고로 동료들이 사망했을 때에는 눈물을 흘렸지만, 이프르에서 귀환한 뒤에는 자신의 신무기를 축하하기 위해 만찬 파티를 열었다. 그러나 하버가 집에 머문 것은 그날 하룻밤뿐이었고, 그것도 동부 전선에서 추가 공격을 하기 위해 전장으로 이동하던 도중에 잠시 들른 것이었다. 두 사람은 심하게 다투었고, 그날 밤 늦게 클라라는 프리츠의 권총을 들고 정원으로 나가 자기 가슴을 쏘았다. 분명히 큰 충격을 받았을 테지만, 프리츠는 이 일 때문에 임무 수행에 지장을 받아서는 안 된다고 생각했다. 그래서 장례식을 치르느라 지체하지 않고 계획대로 이튿날 아침에 전선으로 떠났다.

비범한 독가스전 전문가의 헌신적인 노력에도 불구하고, 결국 독일은 모든 전쟁을 끝내기 위한 전쟁에서 패했고, 악당 국가로 비난받는 신세가 되고 말았다. 하버에 대한 국제적 반응은 좀 복잡했다. 1919년, 제1차 세계 대전의 먼지(혹은 가스)가 가라앉기 전에 하버는 질소로 암모니아를 만드는 방법을 알아낸 공로로 전쟁 때문에 수상이 보류되었던 1918년도 노벨 화학상을 수상했다. 그렇지만 1년 뒤에 그는 수십만 명을 살상케 하고 수백만 명을 공포로 몰아넣은 화학전을 주도한 혐의로 국제 전범으로 기소되었다.

상황은 점점 나빠졌다. 독일이 연합국에 지불해야 할 막대한 전쟁 배상금에 모욕을 느낀 하버는 그 돈을 마련하려고 바닷물에 녹아 있는 금을 추출하는 방법을 개발하느라 6년이라는 세월을 허비했다. 다른 계획들 역시 무위로 돌아갔는데, 자신을 소련에 독가스전 고문으로 팔려고 노력하여 이목을 끈 것 외에 이 기간에 하버가 유일하게 세상의 관심을 끈 것은 살충제 연구였다. 하버는 전쟁 전에 치클론 A를 발명했는데, 전쟁이 끝난 후 한 독일 회사가 그것을 개선하는 연구를 한 끝에 더 효과적인 차세대 가스 살충제 치클론 B를 만드는 데 성공했다. 그렇지만 얼마 후 독일에 새로 들어선 나치 정권은 하버를 유대인이라는 이유로 추방했다. 하버는 영국에 머물다가 1934년에 팔레스타인으로 가던 도중에 스위스 바젤에서 사망했다. 한편, 처음에 하버가 개발한 살충제 연구는 계속되었다. 그리고 얼마 후, 나치는 바로 그 치클론 B 가스로 하버의 친척을 포함해 수백만 명의 유대인을 학살했다.

무기에 사용된 몰리브덴과 텅스텐

나치 독일이 하버를 파문한 이유는 유대인이라는 이유 외에도 한물간 인물이었기 때문이다. 독일 군부는 제1차 세계 대전 때 화학전에 자원을 투자하는 동시에 주기율표의 다른 원소들도 이용하려고 노력했다. 그 결과로 몰리브덴(몰리브데넘)과 텅스텐이라는 두 가지 금속으로 만든 무기를 적에게 퍼부었는데, 그것은 염소 가스와 브롬 가스 공격보다 더 효과적이었다. 텅스텐은 제2차 세계 대전 때 아주 중요한 금속으로 쓰였지만, 어떤 측면에서는 몰리브덴 이야기가 훨씬 흥미롭다. 이 이야기를 아는 사람은 거의 없지만, 제1차 세계 대전 때 싸움이 일어난 곳 중 가장 외딴 장소는 시베리아도 아니고, 아라비아의 로렌스가 활약한 사하라 사막도 아니다. 그곳은 바로 콜로라도주의 로키 산맥에 있던 몰리브덴 광산이었다.

전쟁 동안에 독가스 다음으로 연합국을 공포에 떨게 한 독일 무기는 빅 베르타Big Bertha(독일어로는 디케 베르타Dicke Bertha이며, '뚱뚱한 베르타'라는 뜻이다)라는 별명으로 불린 장거리포였다. 아주 무거운 이 공성포는 프랑스와 벨기에의 참호뿐만 아니라 병사들의 심리까지도 갈기갈기 찢어놓았다. 최초의 빅 베르타는 무게가 43톤이나 나가 여러 조각으로 분리한 다음 트랙터에 실어 발사대까지 운반했으며, 그것을 다시 조립하려면 200명이 달려들어 여섯 시간이 걸렸다. 그 대신에 빅 베르타는 무게 1톤짜리 포탄을 몇 초 만에 14km 밖까지 쏠 수 있었다. 그렇지만 빅 베르타는 큰 단점이 하나 있었다. 1톤짜리 포탄을 높이 쏘아 올리려면 많은 화약을 써야 하는데, 여기서 엄청난 열이 발생해 길이 6m의 강철

포신을 달구어 구부러지게 했다. 시간당 몇 발만 쏜다 하더라도 며칠 동안 계속 쏘다 보면, 대포 자체가 망가지고 말았다.

조국을 위해 무기를 공급하는 일에서는 좌절이나 불가능을 몰랐던 무기 제조 회사 크루프 사는 강철을 강화하는 방법을 발견했다. 그것은 바로 몰리브덴을 첨가하는 방법이었다. 몰리브덴은 녹는점이 2617°C로, 강철의 주성분인 철보다 1000°C 이상 높기 때문에 높은 열에도 잘 견딘다. 또 몰리브덴 원자는 철 원자보다 더 커서 훨씬 느리게 들뜬 상태에 이르며, 전자도 60%나 더 많이 가지고 있어서 열을 더 많이 흡수하고 서로 더 단단하게 결합할 수 있다. 게다가 고체 속의 원자들은 온도가 변하면 종종 자연발생적으로 재배열이 일어나는데, 부서지기 쉬운 금속에서 이런 일이 일어나면 금이 가거나 부서지게 된다. 강철에 몰리브덴을 첨가하면 철 원자들을 꽉 붙들어 미끄러져 돌아다니는 것을 막아준다. (이 방법을 맨 처음 알아낸 사람들은 독일인이 아니다. 14세기에 일본에서 검을 만들던 한 장인이 강철에 몰리브덴을 뿌려 일본 최고의 명검을 만들었는데, 그 검은 날이 무뎌지거나 금이 가는 일이 없었다고 한다. 그러나 일본의 그 장인이 죽자 그 비법도 함께 사라지고 말았다. 이것은 훌륭한 기술이 반드시 주변으로 퍼져나가 후세에 전해지는 것은 아님을 보여준다.)

어쨌든 얼마 후 독일군은 제2세대 '몰리브덴강' 대포를 사용해 프랑스군과 영국군에게 공포의 포탄을 퍼부어댔다. 그런데 얼마 가지 않아 독일군은 또 다른 난관에 봉착했다. 몰리브덴을 구할 데가 없어 공급이 바닥날 지경에 처한 것이다. 사실, 그 당시 알려진 유일한 공급처는 미국 콜로라도주의 바틀렛 산에 있던 광산이었는데, 그 광산은 파산하여 거의 버려진 상태에 놓여 있었다.

제1차 세계 대전이 일어나기 전에 한 현지 주민이 그곳에서 납이나 주석처럼 보이는 광맥을 발견하고는 바틀렛 산 광산에 대한 소유권을 주장했다. 하지만 납이나 주석이라면 kg당 최소한 몇 센트의 가치가 있었을 텐데, 그 대신에 발견된 몰리브덴은 별로 가치가 없어 채굴 비용도 건지기 어려웠다. 그래서 그는 광산의 권리를 네브래스카주 출신의 오티스 킹Otis King이라는 혈기왕성한 은행가에게 팔았다. 늘 모험적이었던 킹은 이전에 아무도 개발할 생각조차 하지 않은 추출 방법으로 곧 순수한 몰리브덴을 약 2600kg 얻었지만, 이 때문에 그는 파산 직전에 내몰렸다. 거의 3톤에 가까운 그 양은 연간 세계 수요량을 약 50%나 초과하는 것이었기 때문에, 킹은 몰리브덴 시장을 단지 폭락으로 몰고 가는 데 그치지 않고 거의 빈사 상태에 이르게 했다. 그래도 미국 정부는 킹의 시도가 참신성이 있다고 인정하여 1915년에 발표한 광물 자원 관보에서 그것을 언급했다.

이 관보에 주목한 사람들은 본사가 독일 프랑크푸르트에 있고 뉴욕에 지사가 있던 국제적 거대 채굴 회사 메탈게젤샤프트 담당자들 말고는 거의 없었다. 메탈게젤샤프트는 전 세계 각지에 제련소, 광산, 정련소를 많이 소유하고 있었다. 프리츠 하버와 가까운 관계에 있던 그 회사의 경영진은 킹의 몰리브덴에 관한 내용을 읽자마자 즉각 콜로라도주의 최고 책임자 막스 쇼트Max Schott에게 바틀렛 산을 손에 넣으라고 지시했다.

"최면에 빠뜨릴 정도로 상대방을 꿰뚫어보는 듯한 눈"을 가진 쇼트는 이미 파산 직전에 몰려 있던 그 땅을 빼앗고자 해결사들을 보내 그 땅에 대한 권리를 주장하고, 법적으로 킹을 괴롭히려고 했다. 난폭한 해결사들은 광부들의 아내와 자녀를 위협하고, −30°C까지 내려가는 한겨울에 그들의 야영지를 파괴했다. 킹은 광부들과 재산을 보호하기 위해 쌍권총 애덤스라는 절름발이 무법자를 고용했지만, 독일인이 보낸 해결사들은 킹을 칼과 곡괭이로 공격하고 가파른 낭떠러지에서 떨어뜨렸다.

운 좋게도 눈 더미 위에 떨어지는 바람에 킹은 간신히 목숨을 건졌다. 한 광부의 "말괄량이 신부"라고 자칭한 한 여자는 회고록에서 이렇게 묘사했다. "(독일인은) 킹의 회사를 방해하기 위해 노골적인 살인을 빼고는 수단과 방법을 가리지 않았다." 킹의 용감한 광부들은 목숨을 걸고 파낸, 발음도 하기 어려운 그 금속을 '몰리 비 댐드Molly be damned'라고 불렀다.

킹은 몰리브덴이 독일에 어떤 가치가 있는지 어렴풋하게만 알았지만, 유럽이나 북아메리카에서 그 정도의 정보라도 알고 있는 사람은 그뿐이었다. 영국군이 1916년에 독일군 무기를 탈취한 뒤에 그것을 녹여 역분석할 때까지 연합국은 그 경이로운 금속에 대해 전혀 알지 못했지만, 그때까지도 로키 산맥의 분쟁은 계속되었다. 미국은 1917년에 가서야 제1차 세계 대전에 개입했기 때문에, 아메리칸메탈이라는 애국적으로 보이는 이름을 내걸고 있던 메탈게젤샤프트의 뉴욕 지사를 감시해야 할 특별한 이유가 없었다. 막스 쇼트의 '회사'에 지시를 내린 것도 아메리칸 메탈이었는데, 1918년경에 미국 정부가 이에 대해 질문을 하자, 아메리칸메탈은 자신들이 합법적으로 그 광산을 소유하고 있다고 주장했다. 오티스 킹이 집요한 공격과 괴롭힘을 견디지 못하고 결국 4만 달러라는 헐값에 광산을 쇼트에게 팔아넘겼기 때문이다. 그리고 채굴한 몰리브덴은 모두 독일로 보냈다고 인정했다. 연방 정부는 즉각 메탈게젤샤프트의 미국 내 자산을 동결하고, 바틀렛 산을 압수했다. 불행하게도 독일의 빅 베르타를 무력화시키기에는 너무 때늦은 조처였다. 1918년에도 독일은 몰리브덴강 대포를 사용해 120km라는 아주 먼 거리에서 파리로 포탄을 날려 보내 연합국 측을 깜짝 놀라게 했다.

불의에 대한 뒤늦은 천벌이라고나 할까, 전쟁이 끝난 뒤 쇼트의 회사는 몰리브덴 가격이 폭락하면서 1919년 3월에 파산했다. 광물 채굴업으로 다시 돌아온 킹은 헨리 포드에게 자동차 엔진에 몰리브덴강을 쓰라고 설득하여 백만장자가 되었다. 그렇지만 제2차 세계 대전이 시작될 무렵에는 강철 생산에 쓰이던 몰리브덴은 주기율표에서 바로 밑에 있는 원소인 텅스텐에 밀려나게 되었다.

몰리브덴이 주기율표에서 발음하기 어려운 원소 중 하나라면, 텅스텐은 그 원소 기호 W가 무엇을 나타내는지 감을 잡기 어려운 원소 중 하나이다. 그 기호는 텅스텐을 뜻하는 독일어 볼프람Wolfram에서 유래했는데, '늑대'란 뜻의 'Wolf'는 전쟁에서 텅스텐이 맡게 될 어두운 역할을 정확하게 예고했다. 나치 독일은 기계를 만들거나 장갑을 관통하는 미사일을 만드는 데 텅스텐이 많이 필요했다. 그래서 금을 약탈하는 것보다 텅스텐을 손에 넣으려고 더 광분했고, 나치 관리들은 텅스텐을 얻을 수 있다면 그 대가로 기꺼이 금을 내주었다. 그런데 나치와 텅스텐을 교역한 파트너는 누구였을까? 그것은 독일의 동맹국인 이탈리아도 일본도 아니었다. 독일이 점령한 폴란드나 벨기에 같은 나라도 아니었다. 늑대처럼 왕성한 식욕을 자랑하던 독일의 전쟁 노력에 텅스텐을 공급한 나라는 겉으로 중립을 지키던 포르투갈이었다.

그 당시에는 포르투갈이 그런 일을 하리라고는 상상하기 어려웠다. 포르투갈은 연합국에게 대서양의 아조레스 제도에 있던 소중한 공군 기지를 빌려주었고, 영화 〈카사블랑카〉를 본 사람이라면 누구나 알고 있듯이, 난민들은 안전하게 영국이나 미국으로 갈 수 있는 리스본으로 탈출하려고 했다. 그러나 포르투갈의 독재자 안토니우 드 올리베이라 살라자르António de Oliveira Salazar는 정부 안에 있는 나치 동조자들을 묵인했고, 추축국 스파이들에게 피난처를 제공했다. 게다가 전쟁 동안에는 양 진영 모두에 수만 톤의 텅스텐을 수출했다. 경제학 교수 출신이라는 자신의 진가를 입증이라도 하듯이 살라자르는 거의 독점에 가까운 텅스텐 자원(그 당시 유럽 전체 공급량의 90%를 차지했다)의 공급을 잘 조절해 평화시보다 10배에 가까운 이익을 남겼다. 만약 포르투갈이 독일과 장기적 무역 관계를 맺어왔고, 전쟁 때문에 경제적 타격이 예상되는 상황이었다면, 이러한 행동은 변명의 여지가 충분히 있었다. 그러나 살라자르는 1941년에 가서야 독일에 텅스텐을 상당량 팔기 시작했는데, 중립적 지위 때문에 양 진영에서 동등하게 폭리를 취할 권리가 있다고 판단한 것 같았다.

포르투갈과 독일 사이의 텅스텐 교역은 다음과 같이 일어났다. 몰리브덴의 사례에서 교훈을 얻은 독일은 텅스텐의 전략적 가치를 인식하고는, 폴란드와 프랑스를 침공하기 전에 텅스텐을 충분히 비축하려고 노력했다. 텅스텐은 가장 단단한 금속 중 하나로, 강철에 첨가하면 아주 강한 드릴이나 톱을 만들 수 있었다. 게다가 탄두에 텅스텐을 씌운 소형 미사일(소위 운동 에너지탄이라 부르는)은 전차를 파괴할 수 있었다. 강철에 첨가하는 물질로 다른 금속보다 텅스텐이 훨씬 우수한 이유는 주기율표를 보면 쉽게 알 수 있다. 몰리브덴 바로 아래에 있는 텅스텐은 몰리브덴과 성질이 비슷하다. 그렇지만 전자가 더 많기 때문에 녹는점이 $3422°C$로 훨씬 높다. 또, 원자도 몰리브덴보다 더 무겁기 때문에 텅스텐은 철 원자들이 미끄러져 돌아다니는 걸 방지하는 능력이 더 뛰어나다. 가스 공격의 경우에는 염소의 민첩성이 뛰어난 효율을 발휘했지만, 금속의 경우에는 텅스텐의 고형성과 단단함이 강점으로 작용했다.

낭비적인 나치 정권이 이처럼 매력적인 텅스텐을 흥청망청 쓰다 보니 1941년에 이르자 텅스텐 재고량은 바닥나고 말았다. 그러자 총통이 직접 나섰다. 히틀러는 각료들에게 프랑스 점령 지역을 통해 열차로 실어 나를 수 있는 한 텅스텐을 최대한 확보하라고 지시했다. 그러나 잿빛이 감도는 이 금속은 암시장에서 전혀 거래가 되지 않았을 뿐만 아니라, 생산에서부터 거래에 이르기까지 전체 과정이 완전히 투명했다. 텅스텐은 포르투갈에서 또 다른 '중립국'인 파시스트 국가 에스파냐를 통해 운반되었고, 나치가 유대인에게서 빼앗은 금(가스실에서 죽어간 유대인의 이에서 회수한 것을 포함해) 중 상당량은 리스본과 스위스(어느 편도 들지 않은 또 하나의 중립국)의 은행들에서 세탁되었다.(50년 뒤, 리스본의 한 은행은 많은 금괴에 나치를 상징하는 문양 스바스티카가 찍혀 있었는데도 불구하고 그 당시 44톤의 금을 받은 은행 담당자가 그것이 더러운 자금이란 사실을 몰랐다고 잡아뗐다.)

강경한 영국조차 자국 병사들을 죽이는 데 사용되는 텅스텐 거래에 간섭할 수 없었다. 윈스턴 처칠Winston Churchill 총리는 사적인 자리에서는 포르투갈의 텅스텐 거래를 '나쁜 행동'이라고 언급했지만, 자신의 발언이 오해를 낳는 걸 피하기 위해 살라자르가 영국의 적국과 텅스텐 거래를 하는 것은 아무 문제가 없다고 덧붙였다. 그렇지만 여기에도 이견이 있었다. 사회주의 독일에 이익을 안겨다주는 이 노골적인 자본주의 행위에 자유 시장 국가인 미국이 발작적인 반응을 보였다. 미국은 왜 영국이 포르투갈에게 얌체같이 중간에서 이익을 챙기는 중립의 지위를 포기하라고 요구하거나 공개적으로 비난하지 않는지 이해할 수 없었다. 미국의 끈질긴 압력에 못 이겨 마침내 처칠도 철권 독재자 살라자르에게 강경한 자세를 보이기로 동의했다.

그때까지 살라자르는 모호한 약속과 비밀 조약, 지연 전술을 사용하여 추축국과 연합국 사이에서 실리를 취하며 텅스텐 수출을 계속했다. 그는 1940년에 1100달러였던 포르투갈의 한 수출 상품의 가격을 1941년에 2만 달러로 올렸고, 투기가 기승을 부리던 3년 동안에 개인적으로 1억 7000만 달러를 챙겼다. 더 이상 핑계가 없어지자 그제야 살라자르는 1944년 6월 7일부터 나치에 대한 텅스텐 수출을 전면 금지했다. 하필 그날은 디데이 바로 다음 날이어서 경황이 없던(그리고 넌더리가 난)

연합국 지휘관들은 그를 처벌할 생각을 하지 못했다. 나는 『바람과 함께 사라지다』에서 레트 버틀러가 제국이 건설되는 과정이나 해체되는 과정에서만 큰돈을 벌 수 있다고 말한 장면이 기억나는데, 살라자르는 그 신념에 투철했던 것으로 보인다. 소위 텅스텐 전쟁에서 최후의 웃음을 웃은 사람은 바로 포르투갈의 독재자였다.

분쟁을 부추기는 탄탈과 니오브

텅스텐과 몰리브덴은 20세기 후반에 일어날 진짜 금속 혁명의 예고편에 지나지 않았다. 전체 원소 중 4분의 3이 금속이지만, 제2차 세계 대전 이전에는 철과 알루미늄을 비롯해 몇몇 원소를 빼고는 나머지는 그다지 쓸모가 없었다.(사실, 40년 전이라면 이 책은 절대로 쓸 수 없었을 것이다. 원소에 대해 말할 것이 별로 없었으니까.) 그렇지만 1950년경부터 모든 금속이 적재적소에 쓰이게 되었다. 가돌리늄은 자기공명영상MRI에 쓰기에 이상적이며, 네오디뮴은 아주 강한 레이저를 만드는 데 쓰인다. 오늘날 알루미늄 야구 배트와 자전거 프레임에 첨가 물질로 쓰이는 스칸듐은 1980년대에 소련이 경량 헬리콥터를 개발하는 데 도움을 주었고, 소련이 북극해 아래에 숨겨둔 ICBM의 탄두에도 쓰인 것(핵 미사일이 두꺼운 얼음을 뚫고 나가는 데 도움을 주기 위해)으로 알려져 있다.

금속 혁명 동안에 일어난 그 모든 기술 발전에도 불구하고, 일부 원소는 아직도 전쟁을 부추기고 있다(그것도 오래전의 과거가 아니라, 지난 10년 사이에). 기묘하게도 그중 두 원소에는 그리스 신화에서 큰 고난을 겪은 두 인물의 이름이 붙어 있다. 테베 왕 암피온의 아내인 니오베가 아들과 딸이 각각 하나뿐인 여신 레토에게 아들 일곱과 딸 일곱을 자랑하자, 화가 난 레토는 아들 아폴론과 딸 아르테미스를 시켜 니오베의 자녀를 모두 죽였다. 이에 니오베는 슬픔으로 날을 보내다가 돌이 되었는데, 돌에서도 계속 눈물이 흘렀다고 한다. 또, 니오베의 아버지 탄탈로스는 아들을 죽이고는 신들을 초대해 그 고기를 내놓았다. 신들을 시험하려 한 이 죄로 탄탈로스는 지하 세계의 연못에 박힌 말뚝에 영원히 묶이는 형벌을 받았다. 물은 탄탈로스의 턱 밑까지 차오르지만, 물을 마시려고 고개를 숙이면 물이 아래로 내려가 마실 수 없다. 또 코앞에는 먹음직스런 과일이 주렁주렁 매달려 있지만, 그것을 먹으려고 고개를 들면 과일이 그만큼 위로 물러나 먹을 수가 없다. 탄탈로스는 이렇게 물과 과일을 바로 눈앞에 두고도 영원히 갈증과 기아의 고통에 시달리는 형벌을 받았다. 니오베와 탄탈로스는 상실과 원하는 것을 얻을 수 없는 고통에 시달렸지만, 중앙아프리카 사람들은 오히려 이들의 이름이 붙은 원소가 풍부해 죽어갔다.

지금 여러분 주머니 속에도 탄탈(탄탈럼)과 니오브(나이오븀)가 들어 있을지 모른다. 주기율표에서 이웃에 있는 원소들과 마찬가지로 이 두 원소는 밀도가 높고 내열성과 내식성이 강한 금속으로, 전하를 잘 저장하기 때문에 소형 휴대 전화에 중요하게 쓰인다. 1990년대 중반에 휴대 전화 제조 회사들 사이에서 두 금속(그중에서도 특히 탄탈)의 수요가 크게 늘어났는데, 세계 최대의 공급원은 콩고민주공화국(그 당시 국명은 자이르)이었다. 콩고는 중앙아프리카에서 르완다 옆에 위치하는데, 대부분의 사람은 1990년대에 르완다에서 벌어진 학살 사건을 기억할 것이다. 그렇지만 1996년에 권좌에서 쫓겨난 르완다의 후투족이 피난처를 찾아 콩고로 흘러든 사실을 기억하는 사람은 많지 않을 것이다. 당시에 그것은 르완다 국내 분쟁이 국경을 넘어 약간 서쪽으로 확산되는 정도로만 보였지만, 돌이켜보면 그것은 10여 년에 걸쳐 누적된 종족 분쟁을 폭발시키는 계기가 되었다. 결국 아홉 나라에서 옛날의 동맹과 해결되지 않은 원한으로 뒤얽힌 200여 종족이 울창한 밀림에서 전투를 벌이게 되었다.

정규군 사이의 전투만 벌어졌더라면 콩고 분쟁은 얼마 지나지 않아 잦아들었을 것이다. 알래스카주보다 넓고 브라질만큼 숲이 울창한 콩고는 도로를 통해 접근하기가 쉽지 않아 장기전을 지속하기에 적합하지 않은 장소이다. 게다가 가난한 주민들은 돈이 걸려 있지 않으면 싸울 여력조차 없다. 여기에 탄탈과 니오브와 휴대 전화가 중요한 역할을 했다. 나는 직접적인 책임이나 비난을 다른 데로 돌리려고 하는 게 아니다. 물론 휴대 전화가 전쟁의 원인은 아니다. 어디까지나 그 원인은 종족 간의 증오심과 원한이다. 그렇지만 현금의 유입이 분쟁을 돌이킬 수 없게 만든 것은 사실이다. 탄탈과 니오브의 전 세계 공급량 중 60%가 콩고에서 나오는데, 두 금속은 콜탄이라는 광물에 함께 섞여 산출된다. 휴대 전화가 널리 확산되자(그 판매량은 1991년에 0대이던 것이 2001년에 10억 대 이상으로 늘어났다), 콜탄에 대한 서구 세계의 갈망은 탄탈로스보다 더 강했고, 콜탄 가격은 10배나 뛰었다. 휴대 전화 제조 회사를 위해 콜탄을 구입하는 사람들은 그것이 어디서 나온 것인지 묻지도 않았고 관심도 없었다. 콩고의 광부들은 그 광물이 어디에 쓰이는지 전혀 몰랐으며, 단지 백인들이 비싼 값을 주고 그것을 사간다는 것과 그 돈으로 용병을 양성할 수 있다는 것만 알았을 뿐이다.

그러나 누구나 쉽게 채취할 수 있는 콜탄의 민주적 성격 때문에 탄탈과 니오브가 이 지역에 재앙을 불러왔다. 교활한 벨기에인이 콩고의 다이아몬드광과 금광을 운영하던 시절과 달리 콜탄은 거대 회사가 장악하지도 않았으며, 채굴하는 데 굴착기나 덤프트럭이 꼭 필요한 것도 아니었다. 그저 삽 한 자루와 튼튼한 허리만 있으면 개울 바닥을 파내 걸쭉한 진흙처럼 보이는 콜탄을 채취할 수 있었다. 몇 시간만 노력하면 이웃

농부가 한 해 동안 버는 것보다 스무 배나 많은 돈을 벌 수 있었다. 너도 나도 농사를 내팽개치고 콜탄 채취에 뛰어들었다. 그러자 그러지 않아도 부족한 식량 공급이 악화되었고, 사람들은 고기를 얻으려고 고릴라를 사냥해 멸종 직전에 이르게 했다. 그렇지만 고릴라의 죽음은 사람들이 저지른 잔학 행위에 비하면 아무것도 아니었다. 무정부 상태의 나라에 돈이 쏟아져 들어오는 것보다 나쁜 것도 없다. 그러면 무자비한 자본주의가 판을 쳐서 생명을 포함해 모든 것을 돈으로 사고팔 수 있게 된다. 노예처럼 살아가는 매춘부들을 수용하는 거대한 '캠프'들이 곳곳에 들어섰고, 피비린내 나는 살인을 위해 막대한 금액이 지불되었다. 승자가 승리의 기분에 도취해 시신에서 꺼낸 창자를 몸에 두르고 춤을 추면서 희생자의 신체를 능욕하는 것을 비롯해 섬뜩한 이야기들이 나돌았다.

    콩고 내전은 1998년부터 2001년 사이에 절정에 이르렀는데, 그제야 휴대 전화 제조 회사들은 자신들이 무정부 상태를 부채질하고 있다는 사실을 깨달았다. 그리고 비용이 더 들더라도 탄탈과 니오브의 구입선을 오스트레일리아로 바꾸기로 결정을 했는데, 그러자 콩고 사태가 진정되기 시작했다. 그렇지만 2003년에 정전 협정이 체결되었음에도 불구하고, 르완다에 가까운 동부 지역의 상황은 쉽사리 진정되지 않았다. 그리고 나중에 또 다른 원소인 주석이 분쟁에 기름을 끼얹기 시작했다. 2006년, 유럽연합이 소비재에 납을 사용한 땜질을 불법으로 규정하자, 대다수 제조업체들은 대신에 주석을 사용하기 시작했는데, 주석 역시 콩고에 대량으로 매장돼 있는 자원이다. 조지프 콘래드 Joseph Conrad는 콩고를 "인간 양심의 역사를 영원히 훼손한 가장 비열한 약탈 장소"라고 묘사했는데, 이 표현은 아직까지도 수정할 이유가 없어 보인다.

    1990년대 중반 이후 콩고에서 사망한 사람은 500만 명 이상에 이르러 제2차 세계 대전 이래 최대의 인명 손실을 기록했다. 이곳에서 벌어지는 분쟁은 주기율표가 우리에게 가장 고상한 순간을 일깨울 뿐만 아니라, 가장 비인간적인 최악의 본능을 일깨우는 데에도 한몫을 한다는 사실을 생생하게 보여준다.

폭발과 함께
완성된 주기율표

초신성은 우리 태양계에 모든 천연 원소의 씨를 뿌렸고, 갓 태어난 행성은 녹은 상태에서 뒤섞이면서 이 원소들이 암석질 토양 속에 골고루 분포하게 했다. 그렇지만 이 과정들만으로는 원소들의 분포 형태를 다 설명할 수 없다. 초신성 폭발이 일어난 후 많은 종류의 원소들은 사라지고 말았는데, 그 원자핵이 불안정해 자연계에 살아남을 수 없었기 때문이다. 그러한 불안정성은 과학자들에게는 큰 충격이었고, 그 때문에 주기율표에는 설명할 수 없는 구멍들이 많이 남게 되었다. 그 구멍들은 멘델레예프의 시대와는 달리, 과학자들이 아무리 열심히 찾아도 결코 채울 수가 없었다. 그렇지만 결국은 주기율표를 빠짐없이 채우게 되었는데, 그것은 우리가 원소들을 스스로 만들어내는 능력을 손에 쥐고 나서야 가능해졌다. 그리고 그와 함께 일부 원소들의 불안정성에는 큰 위험이 도사리고 있다는 사실을 알게 되었다. 원자의 생성과 붕괴는 어느 누가 상상했던 것보다 서로 긴밀한 관계에 있었다.

원자 번호의 비밀을 밝혀내다

이 이야기는 제1차 세계 대전 직전의 영국 맨체스터 대학에서 시작된다. 맨체스터 대학에는 훌륭한 과학자가 여럿 있었는데, 그중에 어니스트 러더퍼드Ernest Rutherford라는 연구실 책임자가 있었다. 그리고 장래가 아주 유망해 보이는 학생인 헨리 모즐리Henry Moseley가 있었다. 모즐리는 찰스 다윈이 존경한 박물학자의 아들이었지만, 박물학보다 물리학에 더 흥미를 느꼈다. 그는 임종을 지키는 듯한 자세로 연구에 임했으며, 마치 자신이 원하는 것을 다 끝마칠 시간이 없다는 듯이 하루 15시간 동안 쉬지도 않고 계속 일했다. 음식도 야채 샐러드와 치즈만 먹으며 버텼다. 재능 있는 사람들이 흔히 그렇듯이 모즐리도 뻣뻣하고 재미없는 사람이었으며, 맨체스터 대학에서 마주치는 외국인들에게서 "냄새 나는 불결함"을 느끼고 공공연히 불쾌감을 표시했다.

그렇지만 젊은 모즐리의 재능을 높이 산 사람들은 그 모든 것을 너그럽게 봐주었다. 러더퍼드는 시간 낭비라며 그 연구에 반대했지만, 모즐리는 원자에 전자빔을 발사하는 방법으로 원소를 연구하는 것에 점점 흥미를 느꼈다. 그는 물리학자인 다윈의 손자를 파트너로 끌어들여 1913년부터 발견된 모든 원소(금까지)를 체계적으로 연구하기 시작했다. 지금은 잘 알려진 사실이지만, 전자빔이 원자에 충돌하면, 원자 안에 있던 전자가 튀어나가면서 그 자리에 구멍이 남게 된다. 전자가 원자핵 주위에 붙들려 있는 것은 전자와 양성자가 서로 반대 전하를 가지고 있기 때문인데, 원자핵에서 전자를 떼어내는 것은 아주 폭력적인 행동이다. 자연은 진공을 싫어하기 때문에 그 구멍을 채우려고 다른 전자들이 몰려오게 되는데, 이 과정에서 고에너지 X선이 나온다. 모즐리는 X선의 파장과 원자핵 속에 있는 양성자의 수, 그리고 그 원소의 원자 번호 사이에 성립하는 수학적 관계를 알아냈다.

멘델레예프가 1869년에 처음 발표한 이래 주기율표는 많은 변화를 겪었다. 멘델레예프는 처음에 주기율표를 세로로 세운 형태로 만들었으며, 나중에 누군가에게서 그것을 90° 돌리면 훨씬 보기에 편할 거라는 말을 듣고 나서 방향을 바꾸었다. 그다음 40년 동안 화학자들은 세로줄들을 추가하고 원소들의 위치를 바꾸면서 주기율표를 수정해나갔다. 한편, 이상한 현상들이 새로 발견되면서 이제야 주기율표를 제대로 이해했다는 화학자들의 자신감에 금이 갔다. 원소들은 대부분 원자량이 증가하는 순서대로 배열돼 있다. 이 기준을 따른다면, 원자량이 58.6934인 니켈(28번)이 58.9332인 코발트(27번)보다 앞에 와야 마땅하다. 그렇지만 주기율표에서 원소들의 배열에 질서를 잡기 위해(코발트와 비슷한 원소들 위에 코발트가 오고, 니켈과 비슷한 원소들 위에 니켈이 오도록 하기 위해) 화학자들은 이 두 원소의 위치를 바꾸었다. 왜 그렇게 하는 것이 필요한지 그 이유를 제대로 아는 사람은 아무도 없었는데 이것은 여러 가지 골치 아픈 문제 중 하나에 지나지 않았다. 이 문제를 두루뭉술하게 넘어가기 위해 과학자들은 원소들의 자리를 나타내는 원자 번호를 만들어냈는데, 원자 번호가 실제로 무엇을 의미하는지 아는 사람은 없었다.

겨우 25세밖에 안 된 모즐리는 그 문제를 화학에서 물리학으로 옮김으로써 수수께끼를 풀었다. 이 상황을 제대로 이해하려면, 그 당시에 원자핵이 실제로 존재한다고 믿었던 과학자가 거의 없었다는 사실을 아는 것이 중요하다. 러더퍼드는 불과 2년 전에 원자 중심에 밀도가 아주 높고 양전하를 띤 원자핵이 있다고 주장했지만, 그 주장은 1913년까지도 입증되지 않아 과학자들이 섣불리 받아들일 수 없었다. 그런데 모즐리의 연구가 그것을 최초로 확인하는 증거를 제공했다. 러더퍼드의 또 다른 제자인 닐스 보어Niels Bohr는 그때를 이렇게 회상했다. "오늘날의 관점에서는 이해가 되지 않겠지만, [러더퍼드의 연구는] 진지하게 받아들여지지 않았다. (…) 그랬다가 모즐리의 연구를 통해 큰 변화가 일어났다." 그것은 모즐리가 주기율표에서 원소의 위치를 한 가지 물리적 특징과 연결했기 때문이었다. 즉, 원자핵의 양전하를 원자 번호와 동일시한 것이다. 그는 누구라도 재현할 수 있는 실험을 통해 그것을 보여주었다. 그 실험은 원소의 순서가 임의적인 것이 아니라, 원자의 구조에 대한 정확한 이해를 바탕으로 정해진다는 사실을 입증했다. 그러자 코발트와 니켈처럼 수수께끼로 보이던 사례도 명쾌하게 설명되었다. 니켈은 코발트보다 원자량은 작지만 양성자 수가 더 많아 양전하를 더 많이 띠므로, 코발트 다음에 오는 것이 맞다. 멘델레예프와 다른 과학자들이 원소의 루빅큐브를 발견했다면, 모즐리는 그것을 푸는 방법을 발견했고, 모즐리 이후로는 억지 설명을 내놓으려고 애쓸 필요가 없어졌다.

게다가 모즐리의 전자총은 혼란스럽게 널려 있던 방사성 동위 원소들을 제대로 분류하고, 새로운 원소를 발견했다는 엉터리 주장들이 틀렸음을 입증함으로써 분광기처럼 주기율표를 말끔하게 정리하는 데 도움을 주었다. 모즐리는 또한 주기율표에 남아 있는 구멍은 단 네 원소(43번, 61번, 72번, 75번)뿐이라고 지목했다.(금보다 무거운 원소는 너무 귀해서 1913년 당시에는 실험에 사용할 만큼 적절한 시료를 얻을 수 없었다. 만약 모즐리가 시료를 구할 수만 있었다면 85번, 87번, 91번에서도 구멍을 발견했을 것이다.)

안타깝게도 그 당시에는 화학자와 물리학자가 서로를 불신했고, 일부 유명한 화학자는 모즐리가 과연 자기 주장처럼 대단한 것을 발견했는지 의심을 품었다. 프랑스의 조르주 위르뱅Georges Urbain은 이 젊은이에게 모호한 희토류 원소들이 섞인 혼합물을 주면서 분석해보라는 과제를 던졌다. 위르뱅은 희토류 원소 화학을 연구하느라 20년을 보냈는데, 모즐리에게 준 시료에 들어 있는 네 원소를 확인하는 데 몇 개월이 걸렸다. 위르뱅은 이 난제를 던짐으로써 모즐리에게 창피까지는 아니더라도 좌절을 맛보게 하려고 했다. 그러나 모즐리는 만난 지 한 시간 만에 위르뱅에게 돌아가 완전하고도 정확한 원소 명단을 제출했다.* 멘델레예프를 좌절하게 만든 희토류 원소들은 이제 아주 손쉽게 분리해낼 수 있었다.

그런데 그 원소들을 제대로 분류하는 일은 모즐리가 아닌 다른 사람들이 했다. 핵과학을 창시함으로써 후세를 위해 어둠을 밝힌 이 젊은 이에게 신들이 프로메테우스에게 그랬던 것처럼 징벌을 내렸기 때문이다. 제1차 세계 대전이 일어나자, 모즐리는 영국 육군에 자원하여(육군의 만류에도 불구하고) 1915년에 갈리폴리 전투에 투입되었다.(갈리폴리 전투는 영국과 프랑스 연합군이 오스만 제국 다르다넬스 해협의 갈리폴리에 상륙하려고 벌인 전투이다. 그러나 독일군과 터키군의 반격으로 실패하고, 연합군은 25만 2000명, 터키군은 25만 1000명의 사상자를 냈다. 연합군은 6개월 뒤에 갈리폴리에서 철수했다.—옮긴이) 하루는 터키군이 영국군 진영으로 돌격해왔고, 전투는 칼과 돌과 이빨까지 동원해 싸우는 치열한 육박전으로 변했다. 이 야만적인 격전 와중에 모즐리도 27세의 나이로 쓰러지고 말았다. 이 전쟁의 무의미함은 같은 전투에서 죽어간 영국 시인들을 통해 널리 알려졌다. 그러나 한 동료는 헨리 모즐리를 잃은 것 자체만으로도 모든 전쟁을 끝내기 위한 전쟁은 "역사상 가장 끔찍하고 회복 불가능한 범죄 중 하나"*로 기록될 것이라고 말했다.

과학자들이 모즐리에게 바칠 수 있는 최고의 경의는 그가 구멍으로 남아 있다고 지적한 원소들을 모두 찾아내는 것이었다. 사실, 모즐리는 원소 사냥꾼들에게 큰 영감을 주어 그들은 갑자기 무엇을 찾아야

이른 나이에 전쟁터에서 세상을 떠난 천재 핵과학자 헨리 모즐리

할지 명확한 개념을 갖게 되었고, 너도 나도 원소 사파리에 뛰어들었다. 얼마 지나지 않아 하프늄, 프로탁티늄, 테크네튬을 누가 먼저 발견했느냐를 놓고 분쟁이 일어났다. 다른 연구팀들은 1930년대 후반에 실험실에서 원소를 인공적으로 만듦으로써 85번과 87번 원소의 구멍을 메웠다. 1940년이 되자 천연 원소 중 발견되지 않은 원소는 61번 하나만 남았다.

그런데 이상하게도 전 세계에서 그 원소를 찾으려고 노력한 연구팀은 몇 개밖에 되지 않았다. 이탈리아 물리학자 에밀리오 세그레Emilio Segrè가 이끈 팀은 인공적으로 그것을 만들려고 시도하여 1942년에 성공했던 것 같으나, 순수한 원소 형태로 분리하려고 몇 차례 시도하다가 포기하고 말았다. 1947년, 미국의 오크리지 국립 연구소에서 연구하던 세 과학자가 필라델피아에서 열린 과학 학회에서 우라늄의 핵분열 산물을 조사하다가 61번 원소를 발견했다고 발표했다. 수백 년에 걸친 화학자들의 노력 끝에 마침내 주기율표에 남아 있던 마지막 구멍을 채우게 된 것이다.

그런데 그 발표에 대한 세상의 반응은 무덤덤했다. 세 과학자는 61번 원소를 2년 전에 발견했지만, 그동안 우라늄 핵분열 연구에 매달리느라 그것을 발표하지 못했다고 말했다. 언론도 이 발견을 그다지 크게 보도하지 않았다. 〈뉴욕 타임스〉는 마지막 원소가 발견되었다는 이 중요한 기사를 의심스러운 채굴 기술(수백 년 동안 석유를 계속 퍼올릴 수 있다는) 관련 기사와 함께 나란히 실었다. 〈타임〉은 그 기사를 요약 뉴스로 다루었고, 그 원소를 '대단치 않은 것'으로 평가절하했다.* 그리고 과학자들은 그 원소의 이름을 프로메튬promethium으로 지을 것이라고 발표했다. 20세기에 발견된 이전 원소들에는 과장스럽게 자랑하는 이름이나 최소한 설명에 도움이 되는 이름이 붙었으나, 그리스 신화에서 불을 훔쳐

인간에게 준 죄로 독수리에게 간을 쪼이는 형벌을 받은 프로메테우스의 이름을 딴 프로메튬은 엄격하고 잔인한 느낌을 풍겼으며, 심지어 무슨 죄를 지은 듯한 느낌마저 주었다.

모즐리의 시대와 61번 원소가 발견된 시대 사이에 도대체 무슨 일이 있었던 것일까? 동료가 모즐리의 죽음을 회복 불가능한 범죄라고 묘사할 정도로 중요하게 여겼던 원소 사냥이 어떻게 신문에 겨우 몇 줄짜리 기사로 처리되는 천대를 받게 된 것일까? 프로메튬이 그다지 유용한 원소가 아닌 건 사실이지만, 그래도 과학자들은 비실용적인 발견에도 환호를 보내는 사람들이고, 주기율표의 완성은 실로 획기적인 업적이다. 오랫동안 이어진 원소 사냥에 사람들이 염증을 느낀 것도 아니다. 냉전 기간에도 미국과 소련 과학자들은 원소 사냥에 뛰어들어 치열한 경쟁을 벌였다. 사실은 핵과학의 본질과 규모가 크게 변한 것이 중요한 원인이었다. 사람들은 핵과학의 대단한 성과에 홀린 나머지, 원자폭탄은 말할 것도 없고 플루토늄과 우라늄 같은 무거운 원소에 비하면 대수롭지 않은 원소인 프로메튬에 환호를 보낼 이유가 없었다.

핵분열 반응과 맨해튼 계획

1939년의 어느 날 아침, 캘리포니아 대학 버클리 캠퍼스에서 한 젊은 물리학자가 이발을 하려고 학생 회관에 있는 이발소를 찾았다. 그날 이발소에서 어떤 대화가 오갔는지는 아무도 모른다. 악당 히틀러에 관한 이야기나 양키스가 월드 시리즈를 4연패한 이야기가 주제에 올랐을 수도 있다. 어쨌든 루이스 알바레즈(공룡 멸종을 설명하는 가설로 유명해지기 전의)는 잡담을 나누면서 〈샌프란시스코 크로니클〉을 훑어보고 있었는데, 독일에서 오토 한 Otto Hahn이 핵분열 실험(우라늄 원자를 쪼갬)을 했다는 기사가 눈에 들어왔다. 알바레즈는 이발사에게 이발을 멈추게 하고, 가운을 벗어던지고는 연구실을 향해 쏜살같이 달려갔다. 그리고 가이거 계수기를 집어 들고는 곧장 밝게 빛나는 우라늄에 갖다 댔다. 그는 머리를 반쯤 깎다가 만 상태로 주변에 있는 사람들을 모두 불러모아 오토 한이 발견한 것을 보여주었다.

머리를 반만 깎은 채 거리를 질주한 알바레즈의 행동은 그 당시의 핵과학 연구 분위기를 상징적으로 보여준다. 여기저기서 작은 지식들이 계속 쌓이면서 과학자들은 원자핵의 작용 방식을 느리지만 꾸준히 이해해가고 있었는데, 갑자기 튀어나온 한 가지 발견이 그들을 흥분 상태로 몰아넣은 것이다.

모즐리는 원자과학과 핵과학의 기초를 쌓았는데, 1920년대에 많은 천재들이 이 분야로 뛰어들었다. 그렇지만 기대했던 것과는 달리 주목할 만한 성과는 좀체 나오지 않았고, 많은 것이 혼란 상태에 놓여 있었다. 그러한 혼란을 초래한 간접적 원인을 모즐리가 제공했다. 그의 연구는 납-204와 납-206 같은 동위원소가 원자량은 달라도 똑같은 양전하를 가질 수 있음을 증명했다. 원자를 이루는 입자는 양성자와 전자만 알려져 있던 시절이라, 이 때문에 과학자들은 원자핵에서 양전하를 가진 양성자가 음전하를 가진 전자를 팩맨처럼 잡아먹는 것과 같은 황당한 개념*을 생각하게 되었다. 게다가 아원자 입자들이 어떻게 행동하는지 이해하기 위해 과학자들은 완전히 새로운 수학 도구인 양자역학을 고안해야 했는데, 양자역학을 가장 간단한 원자인 수소 원자에 적용하는 방법을 찾아내는 데에만 몇 년이 걸렸다.

한편, 과학자들은 원자핵이 분열하는 방식을 연구하는 분야도 발전시켰다. 원자가 전자를 잃거나 새로 얻는다는 사실은 잘 알려져 있었지만, 마리 퀴리와 어니스트 러더퍼드 같은 과학자들은 일부 원소들은 파편을 방출하면서 원자핵 자체가 변할 수 있다는 사실을 알아냈다. 특히 러더퍼드는 원자핵에서 나오는 이 파편을 몇 종류로 분류했고, 그리스 문자를 따 그 과정을 각각 알파 붕괴, 베타 붕괴, 감마 붕괴라 이름 붙였다. 감마 붕괴는 가장 간단하면서도 가장 위험한데, 원자핵에서 감마선이 나올 때 일어난다.(감마선이 방출된다고 해서 원자핵의 본질이 변하는 것은 아니므로 감마 붕괴라고 부르는 것은 문제가 있다는 주장도 있다.) 알파 붕괴와 베타 붕괴가 일어날 때에는 원소의 종류가 변하는데, 1920년대의 과학자들에게는 이해하기 힘든 현상이었다. 각각의 원소마다 나름의 고유한 방식으로 방사성 붕괴가 일어났기 때문에, 알파 붕괴와 베타 붕괴에 숨어 있는 수수께끼 같은 과정은 과학자들을 혼란에 빠뜨렸으며, 동위원소의 본질도 의문의 대상으로 떠올랐다. 팩맨 모형이 실패로 돌아가자, 일부 과감한 과학자들은 새로운 동위원소가 계속 확대되는 상황에 대처하려면 주기율표를 폐기하는 수밖에 없다고 주장했다.

그러다가 1932년에 러더퍼드 밑에서 연구하던 제임스 채드윅James Chadwick이 전하에는 아무 변화를 미치지 않고 원자량만 늘리는 중성자를 발견하면서 돌파구가 열렸다. 이것을 원자 번호에 대한 모즐리의 직관과 결합하자, 갑자기 원자(최소한 독립적으로 존재하는 원자)에 대한 수수께끼가 모두 풀렸다. 납-204와 납-206이 원자량이 다르면서도 같은 원소가 될 수 있는 비밀은 바로 중성자에 있었다. 방사능의 본질에 관한 수수께끼 역시 쉽게 풀렸다. 베타 붕괴는 중성자가 양성자로 변하거나 양성자가 중성자로 변하는 과정으로 설명할 수 있었다.(베타 붕괴가 일어나면 양성자 수가 변하기 때문에 다른 원소로 변하게 된다.) 알파 붕괴 역시 원자핵 차원에서 가장 극적인 변화가 일어나면서(알파 입자는 중성자 2개와 양성자 2개로 이루어진 입자로, 헬륨의 원자핵과 같은 것인데, 알파 붕괴가 일어날 때에는 알파 입자가 튀어나온다) 원소를 다른 원소로 변하게 한다.

그다음 몇 년 사이에 중성자는 단순히 이론적 도구 이상의 의미를 지니게 되었다. 무엇보다도, 중성자는 원자 내부를 조사하는 데 환상적인 방법을 제공했다. 중성자는 전하가 없기 때문에 원자에 대고 발사해도 전하를 띤 입자와는 달리 반발력을 전혀 받지 않았다. 중성자는 또 새로운 종류의 방사성 붕괴를 유도하는 데 도움을 주었다. 원소들(특히 가벼운 원소들)은 양성자와 중성자를 1 대 1에 가까운 비율로 유지하려는 경향이 있다. 중성자 수가 양성자 수에 비해 너무 많으면, 원자핵이 분열하면서 큰 에너지와 함께 여분의 중성자가 튀어나온다. 근처에 있던 다른 원자핵이 이 중성자를 흡수하면, 이번에는 그 원자핵이 불안정해져 핵분열을 일으키면서 다시 여분의 중성자를 방출한다. 이런 과정이 계속 이어지면서 연쇄적으로 핵분열 반응이 일어나기 때문에, 이것을 연쇄 반응이라 부른다. 레오 실라르드Leo Szilard라는 물리학자는 1933년 무렵의 어느 날 아침 런던의 횡단보도에서 교통 신호등이 바뀔 기다리다가 문득 핵 연쇄 반응 개념이 머리에 떠올랐다. 그는 1934년에 그 과정에 대한 특허를 신청했고, 1936년부터 몇몇 가벼운 원소를 대상으로 연쇄 반응을 일으키려고 시도했지만 성공하진 못했다.

여기서 이 사건들이 일어난 역사적 배경을 한번 살펴보기로 하자. 전자와 양성자, 중성자에 대한 기본적인 이해가 이루어지고 있을 때, 구세계의 정치 질서가 무너져 내리고 있었다. 알바레즈가 이발소에서 우라늄 핵분열에 관한 기사를 읽던 무렵, 유럽에는 어두운 구름이 드리우고 있었다.

구세계에서 벌어지던 우아한 원소 사냥도 끝났다. 새로운 원자 모형으로 무장한 과학자들은 주기율표에서 발견되지 않고 남아 있던 일부 원소들은 본질적으로 불안정하기 때문에 발견되지 않았다는 사실을 알게 되었다. 비록 초기 지구에는 그 원소들이 풍부하게 존재했다 하더라도,

이미 오래전에 붕괴해 더 이상 존재하지 않게 되었다. 이것은 주기율표에 남아 있는 구멍들을 잘 설명해주었지만, 이 연구는 판도라의 상자처럼 인류에게 닥칠 큰 재앙을 감추고 있었다. 불안정한 원소들을 계속 연구하던 과학자들은 핵분열 반응과 중성자가 매개하는 연쇄 반응을 발견했다. 그리고 원자핵이 쪼개질 수 있다는 사실을 알게 된(그리고 그것이 지닌 과학적, 정치적 의미를 이해하는) 순간부터 남에게 자랑삼아 보여주기 위해 새로운 원소를 수집하는 일은 아마추어의 취미쯤으로 여겨졌다. 그것은 오늘날의 분자생물학 시대에 동물을 잡아 박제로 만들던 19세기의 케케묵은 생물학을 하는 것과 비슷했다. 1939년에 전쟁이 벌어지고 원자폭탄의 가능성이 눈앞에 닥친 세상에서 거의 10년이 지날 때까지도 프로메튬을 찾으려고 매달린 과학자가 없었던 것은 이 때문이었다.

그러나 과학자들이 핵분열 폭탄의 가능성에 아무리 흥분했다 하더라도 이론과 현실 사이의 간극은 아주 컸다. 지금은 그 당시 상황을 기억하는 사람이 별로 없지만, 핵폭탄은 아무리 좋게 봐주어야 무모한 도박 정도로 여겼던 것이 사실이다(특히 군사 전문가들 사이에서). 언제나처럼 군사 지도자들은 제2차 세계 대전 때에도 과학자들을 끌어들이려고 최선을 다했으며, 과학자들은 강철 성능 개선과 같은 신기술로 전쟁의 참혹성을 악화시키는 데 일조했다. 그렇지만 미국 정부가 더 거대하고 빠른 전쟁 무기를 지금 당장 만들어내라고 요구하는 대신에 비실용적인 순수 연구 분야인 입자물리학에 수십억 달러를 투자하기로 결정했더라면, 두 개의 버섯구름으로 전쟁이 쉽게 끝나는 상황은 오지 않았을지도 모른다. 어쨌거나 미국 정부가 그런 결정을 내리고 나서도 원자핵을 제어된 방식으로 분열시키는 방법을 개발하는 것은 그 당시의 과학 수준을 훨씬 넘어서는 것이어서, 맨해튼 계획은 성공하기 위해 완전히 새로운 연구 전략을 채택해야 했다. 그것은 바로 몬테카를로 방법이라 불리는 것으로, '과학을 하는 방법'에 대한 사람들의 인식을 완전히 바꾸어놓았다.

앞에서 말했듯이, 양자역학은 아주 단순한 원자에 적용할 때에는 잘 성립했는데, 1940년 무렵에 과학자들은 원자핵이 중성자를 하나 흡수하면 불안정해져 분열하면서 더 많은 중성자를 내놓는다는 사실을 알아냈다. 한 중성자의 경로를 추적하는 것은 다른 공과 충돌하며 돌아다니는 당구공의 경로를 추적하는 것만큼 쉽다. 그러나 연쇄 반응을 시작하게 하려면 온갖 방향으로 각자 다른 속도로 움직이는 수십조 아니 그것의 수십억 배나 되는 중성자를 제어하는 것이 필요했다. 그 많은 입자의 행동을 예측하고 제어하는 데에는 어떤 과학 이론도 무용지물이었다. 그와 동시에 우라늄과 플루토늄은 아주 값비싸고 위험했기 때문에, 자세한 실험 연구를 한다는 것은 애초부터 생각도 할 수 없었다.

맨해튼 계획에 참여한 과학자들은 폭탄을 만드는 데 우라늄과 플루토늄이 정확하게 얼마나 필요한지 계산하라는 명령을 받았다. 핵연료를 너무 적게 쓰면 폭탄의 위력이 기대한 만큼 나오지 않는다. 반대로 너무 많이 쓰면 폭탄의 위력은 충분하지만, 전쟁은 그만큼 더 길어질 수밖에 없었는데, 두 원소 모두 정제하는 과정이 엄청나게 복잡했기 때문이다. (플루토늄의 경우 정제는 말할 것도 없고 만드는 것부터 복잡했다.) 그래서 일부 실용적인 과학자들은 전통적인 접근 방법인 이론과 실험을 모두 버리고 제3의 길을 개척하기로 결정했다.

우선 그들은 플루토늄(혹은 우라늄) 더미 속에서 충돌하는 한 중성자의 무작위적인 운동 속도를 측정했다. 그 중성자의 무작위적인 운동 방향도 측정하고, 사용 가능한 플루토늄의 양, 중성자가 플루토늄에 흡수되지 않고 탈출할 확률, 심지어 플루토늄 더미의 기하학과 형태 같은 다른 매개변수들의 무작위적 값도 측정했다. 특정 값들을 선택한다는 것은 각 계산의 보편성을 포기한다는 뜻이다. 그 결과는 많은 설계 중 한 가지 설계 상황에 존재하는 많은 중성자 중 극소수 중성자에만 적용되는 것이기 때문이다. 이론과학자는 보편적으로 적용할 수 있는 결과를 포기하는 것을 무엇보다 싫어하지만, 선택의 여지가 없었다.

그리고 나서 방들을 가득 메운 젊은 여성들(그중 많은 사람은 과학자들의 아내들로, 로스앨러모스에서 마땅히 할 일도 없이 지내는 게 따분해 차라리 도움을 주는 쪽을 선택했다)이 무작위적인 그 수들이 적힌 종이를 받아 연필로 계산을 하기 시작했다. 그들은 때로는 그것이 무엇을 의미하는지 전혀 몰랐지만, 그것은 중성자가 플루토늄 원자와 어떻게 충돌하고, 중성자가 원자핵에 흡수되는지 흡수되지 않는지, 만약 새로운 중성자를 방출한다면 몇 개나 방출하는지, 그중 몇 개가 다시 흡수되고, 다시 몇 개가 방출되는지 등등을 계산하는 것이었다. 수백 명의 여성이 한 조가 되어 하나의 조립 라인에서 한 가지 계산을 하면, 과학자들이 그 결과들을 모았다. 역사학자 조지 다이슨Georgy Dyson은 이 과정을 "나노초 간격으로 중성자 하나하나를…… 수치적 방법을 통해" 폭탄을 만드는 과정이었다고 묘사했다. "(그것은) 어떤 배열이 열핵 반응을 일으킬지 일으키지 않을지 다른 방법으로는 계산 불가능한 질문에 대한 답을 얻기 위해…… 사건들을 무작위로 표본 추출한 뒤…… 일련의 대표적인 시간 간격들을 통해 추적하는 통계적 근사 [방법]이었다."*

가끔 이러한 이론적 종이 뭉치가 핵폭발이란 결과를 낳는 경우가 있었는데, 그런 경우는 성공한 것으로 쳤다. 하나의 계산이 끝나고 나면, 여성들은 곧바로 다른 무작위 수들을 가지고 다시 계산을 했다. 그것이 끝나면 또 다른 계산이 계속되었다. '리벳공 로지Rosie the Riveter'는 전쟁 기간에 산업 현장에서 일한 여성을 상징한다.(리벳공 로지는 제2차 세계 대전 때 전쟁터로 나간 남자들을 대신해 산업 현장에서 일한 여성을 상징했다.

유명한 포스터에서 리벳공 로지는 소매를 걷고 "우린 할 수 있어!"라고 외치는 모습으로 묘사되었다. 여성들은 연합국이 전쟁에서 승리를 거두는 데 큰 역할을 했고, 승리와 가족을 위해 일하면서 얻은 새로운 기술과 자유에 자부심을 느꼈다.—옮긴이) 하지만 엄청난 수치 자료를 일일이 손으로 계산한 이 여성들이 없었더라면 맨해튼 계획은 성공하지 못했을 것이다. 이 여성들은 '컴퓨터'라는 신조어로 불렸다.

그런데 이 방법을 왜 기존의 방법과 다르다고 하는 것일까? 과학자들은 각각의 계산을 본질적으로 하나의 실험과 동일한 것으로 간주했고, 실질적으로 플루토늄 폭탄과 우라늄 폭탄이 성공하는 결과를 낳는 자료만을 모았다. 그들은 정밀한 이론과 꼼꼼한 실험 연구를 통해 상호 보완해가며 완전한 결과를 얻는 방식을 버리고, "정도에서 벗어난" 방법을 채택했다. 한 역사학자는 그것을 "실험 영역과 이론 영역 양쪽에서 빌려온 모의 현실을 융합하고, 그 결과물인 아말감을 사용해 통상적인 방법론적 지도 위의 아무 곳에나 즉각 네덜란드를 만들어내는 방법"*이라고 묘사했다.

물론 그 계산들은 과학자들이 처음에 만든 방정식을 뛰어넘는 결과를 내놓지는 못했지만, 그들은 운이 좋았다. 양자 차원에서 행동하는 입자들은 통계 법칙의 지배를 받는데, 양자역학은 기묘하고 직관에 반하는 특징에도 불구하고 지금까지 나온 단일 과학 이론 중 가장 정확한 것이다. 게다가 맨해튼 계획 동안에 과학자들이 투입한 계산은 그 방대함 때문에 자신감을 갖게 해주었다. 그 자신감은 1945년 중반에 뉴멕시코주에서 이루어진 '트리니티' 핵실험의 성공으로 입증되었다. 몇 주일 뒤에 히로시마에 투하된 우라늄 폭탄과 나가사키에 투하된 플루토늄 폭탄이 아무 결함 없이 성공한 것 역시 전통 방식에서 벗어나 계산을 바탕으로 한 과학적 방법이 정확하다는 것을 증명했다.

고립된 장소에서 동지애를 느끼며 일하던 맨해튼 계획이 끝나자, 과학자들은 각자 자신의 둥지로 돌아가 자신이 한 일을 곰곰 생각했다. (어떤 사람들은 자부심을 느꼈지만, 어떤 사람들은 그렇지 못했다.) 많은 사람들은 여성들과 함께 방대한 계산을 하면서 보낸 시간을 그냥 잊어버렸다. 그렇지만 그곳에서 배운 것에 큰 흥미를 느낀 사람들도 있었는데, 스타니스와프 마르친 울람도 그중 한 명이었다. 폴란드 출신인 울람은 뉴멕시코주에서 카드 게임을 하면서 시간을 보냈는데, 1946년의 어느 날 혼자서 하는 카드놀이인 솔리테어solitaire를 하다가 무작위로 나눈 카드패로 이길 확률이 얼마일까 하는 의문이 떠올랐다. 울람이 카드보다 더 좋아한 것은 쓸데없는 계산이었다. 그래서 그는 확률 계산을 하는 방정식들로 종이를 빼곡하게 채우기 시작했다. 그렇지만 금방 문제가 엄청나게 복잡하게 확대되자, 울람은 현명하게 거기서 포기했다. 방정식으로 확률을 계산하는 것보다는 차라리 100번의 게임을 하여 이기는 확률을 조사하는 게 더 낫겠다고 판단했다. 그것은 아주 쉬웠다.

보통 사람이라면(심지어 과학자라도) 뇌의 뉴런에 그런 연결이 일어나지 않았겠지만, 울람은 솔리테어를 수없이 하던 도중에 자신이 로스앨러모스에서 과학자들이 폭탄을 만드는 '실험'을 할 때 사용한 것과 기본적으로 똑같은 방법을 사용하고 있음을 깨달았다.(그 연결 관계는 모호한 것이지만, 카드의 순서와 배열은 무작위적인 입력값과 같았고, 각각의 '계산'은 한 판의 카드 게임과 같았다.) 울람은 곧 계산을 아주 좋아하는 친구인 존 폰 노이만John von Neumann과 이 문제에 대해 토론을 벌였다. 폰 노이만 역시 유럽에서 건너온 수학자로, 맨해튼 계획에 참여해 중요한 역할을 한 인물이었다. 울람과 폰 노이만은 그 방법을 보편화해 무작위 변수들이 많이 나오는 상황에 적용한다면 아주 효율적인 방법이 될 것이라고 생각했다. 그런 상황에서는 저마다 날개를 퍼덕이는 수많은 나비들과

스타니스와프 마르친 울람. 울람과 존 폰 노이만은 몬테카를로 방법을 개발했으며, 이 방법에 기초해 수소폭탄을 만들었다.

같은 복잡한 세부 사실을 일일이 고려하는 대신에, 문제를 단순히 정의하고, 무작위 입력값들을 선택한 뒤에, 공식에 값을 대입하기만 하면 된다. 실험과 달리 그 결과는 확실한 것이 아니다. 그렇지만 계산을 충분히 많이 하기만 한다면, 그 확률에 확신을 가질 수 있었다.

때마침 울람과 폰 노이만은 미국의 공학자들이 필라델피아의 펜실베이니아 대학에서 에니악ENIAC이라는 최초의 전자 컴퓨터를 개발하고 있다는 사실을 알게 되었다. 맨해튼 계획에 투입되었던 인간 '컴퓨터'들은 나중에는 복잡한 계산을 하는 데 기계식 천공 카드를 사용했지만, 울람과 폰 노이만이 생각한 지루한 반복 계산을 하는 데에는 지칠 줄 모르는 에니악이 훨씬 효율적이었다. 역사적으로 확률에 관한 연구는 상류층의 카지노에서 시작되었지만, 울람과 폰 노이만이 개발한 방법의 이름(몬테카를로 방법)이 정확하게 어디서 유래했는지는 불확실하다. 그렇지만 울람은 "지중해의 한 공국에 있는 유명한 난수 생성기(0에서 36까지의 숫자가 붙어 있는)"에서 도박을 하려고 종종 돈을 빌려간 아저씨를 기려 그 이름을 지었다고 자랑하듯이 이야기했다.

어쨌거나 몬테카를로 과학은 금방 유행했다. 이 방법은 비용이 많이 드는 실험을 줄여주었으며, 고성능 몬테카를로 시뮬레이터에 대한 필요성 때문에 컴퓨터는 점점 더 빠르고 효율적으로 변해갔다. 복잡한 계산을 하는 데 드는 비용과 노력이 줄어들자 화학, 천문학, 물리학 분야뿐만 아니라 공학과 주식 시장 분석에까지 몬테카를로 방식의 실험과 시뮬레이션, 모형이 사용되기 시작했다. 겨우 두 세대가 지난 지금은 일부 분야에서는 몬테카를로 방법이 너무도 흔히 사용되어, 젊은 과학자 중에는 자신들이 하는 과학 방법이 전통적인 이론 과학과 실험 과학과 얼마나 다른지 알아차리지 못하는 경우도 많다. 처음에 임시방편으로 사용한 방법(연쇄 반응을 계산하기 위해 플루토늄 원자와 우라늄 원자를 주산처럼 사용한 방법)이 과학 연구 과정의 필수적인 방법으로 자리 잡았다. 그것은 단지 과학을 정복하는 데 그치지 않고, 정착하여 동화했고 다른 방법들과 결합되었다.

그러나 1949년 당시로서는 그런 변화는 먼 장래의 일이었다. 울람의 몬테카를로 방법은 초기에는 대부분 차세대 핵무기를 개발하는 데 쓰였다. 폰 노이만과 울람, 그리고 그 동료들은 컴퓨터들이 설치된 체육관만 한 크기의 방들에 도착하여 컴퓨터에 어떤 프로그램을 돌려도 되는지 물었다. 컴퓨터는 자정부터 시작하여 다음날 오전까지 가동했다. 그러면서 그들이 개발한 무기는 '슈퍼super'라는 별명으로 부른 수소폭탄이었다. 그것은 보통 원자폭탄보다 위력이 1000배나 강했다. 슈퍼는 아주 무거운 액체 수소(중수소) 속에서 플루토늄과 우라늄을 사용해 별 내부에서 일어나는 것과 같은 핵융합 반응을 일으켰다. 디지털 컴퓨터 계산이 없었더라면, 수소폭탄이 비밀 보고서 수준에서 벗어나 미사일 사일로에 들어가는 일은 결코 일어나지 않았을 것이다. 역사학자 조지 다이슨은 "컴퓨터가 폭탄을 낳았고 폭탄이 컴퓨터를 낳았다"라는 말로 그 시대의 기술 발전을 간결하게 요약했다.

코발트 폭탄의 가공할 위력

슈퍼를 만드는 최선의 설계를 찾느라 많은 애를 쓴 뒤에 과학자들은 1952년에 놀라운 폭탄 개념을 생각해냈다. 그해에 태평양에서 슈퍼 실험으로 에니웨톡 환초가 사라진 사건은 몬테카를로 방법의 뛰어난 효율성을 또 한 번 유감없이 보여주었다. 그런데 폭탄을 연구하는 과학자들은 슈퍼보다 훨씬 강력한 것을 이미 개발하고 있었다.

원자폭탄은 두 가지가 있다. 그저 많은 사람을 죽이고 많은 건물을 파괴하고자 하는 미치광이는 재래식 1단계 핵분열 폭탄으로 만족할 수 있다. 이것은 만들기가 더 쉽고, 거대한 섬광과 함께 일어나는 폭발은 거대한 회오리바람과 벽에 그을린 자국으로 남는 희생자의 실루엣 같은 폭발의 후유증과 함께 극적인 것을 좋아하는 미치광이의 취향을 만족시켜줄 것이다. 그러나 만약 그 미치광이가 인내심이 있고 좀더 음흉한 것을 원한다면, 그래서 모든 우물에 오물을 뿌리고 땅을 소금으로 절이길 원한다면, 코발트-60으로 만든 '더러운 폭탄dirty bomb'을 사용할지도 모른다.

재래식 핵폭탄이 뜨거운 열로 사람을 죽인다면, 더러운 폭탄은 감마선으로 사람을 죽인다. 방사성 붕괴 과정에서 나오는 감마선은 사람을 잔인하게 태울 뿐만 아니라, 골수로 파고들어 백혈구의 염색체를 파괴하고 변형시킨다. 백혈구는 즉각 죽거나 암세포로 변해 무한 증식하면서 외부에서 침입한 병원균에 맞서 싸우는 기능을 상실한다. 핵폭탄은 어떤 종류이건 모두 어느 정도 방사선을 방출하지만, 더러운 폭탄은 오로지 방사선 방출만을 목적으로 한 폭탄이다.

일부 폭탄의 야심만만한 목표에 비하면 백혈병 따위는 아무것도 아니다. 맨해튼 계획에 참여했던 레오 실라르드(1933년 무렵에 자기 지속적인 핵 연쇄 반응이라는 개념을 생각해냈다가 나중에 후회한 물리학자)는 1950년에 코발트-60을 1제곱마일당 3그램씩 뿌리기만 해도 인류를 멸망시킬 만큼 충분히 많은 감마선이 나올 것이라고 계산했다. 그가 생각한 폭탄은 코발트-59 외피로 둘러싸인 다단계 탄두로 이루어져 있었다. 플루토늄 핵분열 반응이 수소 핵융합 반응을 촉발해 일단 반응이 시작되면 코발트 외피와 모든 것이 사라지고 말 것이다. 그러나 원자 차원에서는 그전에 다른 일이 일어난다. 코발트 원자가 핵분열 반응과 핵융합 반응에서 나온 중성자를 흡수하는데, 이 과정을 솔팅salting이라 부른다.

솔팅이 일어나면 안정한 코발트-59가 불안정한 코발트-60으로 변하고, 이렇게 변한 코발트-60은 재처럼 떠다닌다.

다른 원소 중에도 감마선을 방출하는 것이 많지만, 코발트는 특별한 점이 있다. 보통 원자폭탄은 폭발하더라도 지하 대피소에서 한동안 기다렸다 나오면 된다. 그 낙진은 감마선을 금방 거의 다 방출하기 때문에 시간이 어느 정도 지나면 안전하다. 1945년에 원자폭탄이 투하된 히로시마와 나가사키도 며칠이 지난 뒤에는 아주 안전한 것은 아니지만 그럭저럭 살아갈 만한 곳으로 변했다. 다른 원소들이 여분의 중성자를 흡수하는 것은 알코올 중독자가 술집에서 술을 한 잔 더 들이켜는 것과 비슷하다. 언젠가 몸이 아프겠지만, 아주 오랫동안은 그런 일이 일어나지 않을 것이다. 그래서 방사능 수준은 처음의 폭발 이후에는 다시 그 수준으로 높이 올라가진 않는다.

코발트 폭탄은 양 극단 사이에서 악마처럼 자리 잡고 있는데, 이것은 아주 희귀하게도 중용이 최악의 결과를 낳는 사례라고 할 수 있다. 코발트-60 원자는 초소형 지뢰처럼 땅 속으로 스며든다. 코발트-60은 단기간에 충분히 많은 방사능을 방출하기 때문에 그 부근에서 벗어나는 게 안전하지만, 5년이 지난 뒤에도 전체 코발트 중 절반 이상이 감마선을 계속 뿜어낸다. 감마선 파편이 이렇게 오랫동안 계속해서 나오기 때문에 코발트 폭탄은 참고 기다린다고 해서 피할 수 있는 게 아니다. 땅이 안전한 상태로 돌아가려면 평생 동안 기다려야 할지도 모른다. 이 점은 코발트 폭탄을 전쟁 무기로 사용하기 어렵게 만드는데, 점령군도 땅을 점령하기 어렵기 때문이다. 그러나 초토화 작전을 생각하는 악당이라면 그런 것에 개의치 않을 것이다.

실라르드는 자신이 생각한 코발트 폭탄(최초의 '종말 장치')은 결코 만들어지지 않길 기대했고, 실제로 그것을 만들려고 시도한 나라는 없다

(알려진 바로는). 사실, 실라르드는 핵전쟁의 무모함을 보여주려고 코발트 폭탄 개념을 생각한 것이었지만, 많은 사람들이 그 개념을 널리 퍼뜨렸다. 예를 들면, 영화 〈닥터 스트레인지러브 Dr. Strangelove〉에서는 소련이 핵공격을 받는 즉시 전 세계를 방사능으로 오염시킬 수 있는 '종말 장치 Doomsday Device'를 보유한 것으로 나온다. 실라르드 이전에도 핵무기는 공포스러운 것이었으나, 반드시 종말론적인 것은 아니었다. 실라르드는 사람들이 자신의 온당한 제안을 들으면 정신을 차리고 핵무기를 포기할 것이라고 기대했다. 그러나 현실은 전혀 그렇지 않았다. 61번 원소의 정식 이름이 쉽게 잊히지 않는 '프로메튬'으로 정해지고 나서 얼마 지나지 않아 소련도 핵무기를 개발했다. 얼마 후 미국과 소련 정부는 '상호 확실 파괴 MAD, mutual assured destruction'라는 그다지 확실하지 못한 전략을 채택했다. 이것은 핵전쟁이 벌어지면 승패 여부에 상관없이 어느 쪽도 무사할 수 없다는 개념이다. 비록 그 기본 정신은 아주 바보스럽긴 하지만, 상호 확실 파괴 전략 개념은 핵무기를 전술 무기로 배치하지 못하도록 억지하는 효과를 발휘했다. 대신에 국제 긴장은 냉전으로 발전했다. 냉전은 우리 사회 깊숙이 스며들어 순수한 주기율표조차 그것에 오염되는 것을 피할 수 없었다.

주기율표의 확대와
냉전의 확산

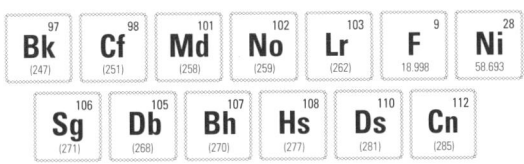

1950년, 〈뉴요커〉의 '내 고장 소식Talk of the Town'※ 난에 흥미로운 공고문이 실렸다.

> "오늘날 아주 놀라울 만큼 자주는 아니더라도 괄목할 만큼 자주 새로운 원자들이 나타나고 있는데, 버클리의 캘리포니아 대학University of California at Berkeley은 소속 과학자들이 97번 원소와 98번 원소를 발견한 뒤 이 원소들에 버클륨과 캘리포늄이란 이름을 붙였다. (…) 그렇지만 이 이름을 지은 사람들은 홍보에 대한 선견지명이 부족한 것처럼 보인다. (…) 캘리포니아 대학에서 연구에 몰두하고 있는 과학자들은 조만간 새로운 원소를 한두 가지 더 발견할 게 틀림없는데, 대학이 …… 원소들의 이름을 유니버시튬universitium(97번), 오퓸ofium(98번), 캘리포늄californium(99번), 버클륨berkelium(100번)이라고 붙였더라면 주기율표에 대학의 이름을 영원히 남길 수 있었을 텐데,

그 기회를 영영 날려버리고 말았다."

이에 대해 글렌 시보그Glenn Seaborg와 앨버트 기오르소Albert Ghiorso가 이끄는 버클리의 과학자들은 자신들이 지은 이름이 선제적 예방 조처를 염두에 둔 천재적인 것이라고 응수했다. 즉, "97번과 98번 원소를 '유니버시튬'과 '오퓸'이라고 이름 붙인 뒤에 뉴욕의 어느 과학자가 99번과 100번 원소를 발견하고서 '뉴윰newium'과 '요큠yorkium'이란 이름을 붙이는 불상사를 예방할 수 있는" 묘안이라는 주장이었다.

〈뉴요커〉의 편집자는 이에 대해 이렇게 응수했다. "우리는 이미 우리 회사 실험실에서 '뉴윰'과 '요큠'에 대한 연구를 하고 있다. 현재까지 우리는 이름만 지었을 뿐이다."

이 편지들은 버클리에서 과학자로 일하기에 아주 즐거웠던 시절에 주고받은 재치 있는 농담이었다. 이 과학자들은 수십억 년 전에 초신성이 모든 것을 시작하게 한 이후 우리 태양계에서 처음으로 새로운 원소들을 만들어내고 있었다. 그들은 초신성이 한 것보다 더 대단한 일을 하고 있었다. 자연에 존재하는 92종보다 더 많은 원소들을 만들어내고 있었으니까! 그렇지만 그들 중 어느 누구도 새로운 원소를 만들어내거나 심지어 이름을 짓는 일조차 잠시 후 얼마나 치열한 것으로 변할지 까마득히 몰랐다. 그것은 냉전의 새로운 전장이 되었다.

최고의 원소 사냥꾼

소문에 따르면 글렌 시보그는 명사록 『후즈 후Who's Who』에 실린 사람 중 가장 긴 설명이 달렸다고 한다. 버클리의 유명한 학장. 노벨상 수상 화학자. 팩텐Pac-10(미국 태평양 연안 10개 대학 스포츠 경기 연맹) 스포츠

리그 공동 창설자. 케네디, 존슨, 닉슨, 카터, 레이건, 부시(조지 H. W.) 대통령 밑에서 원자력과 핵무기 경쟁 부문 자문 위원 역임. 맨해튼 계획에 팀장으로 참여. 기타 등등. 그렇지만 그에게 이러한 영광의 길로 나아가게 해준 최초의 과학 업적은 순전히 행운 덕분이다.

1940년, 시보그의 동료이자 친구인 에드윈 맥밀런Edwin McMillan이 오랜 숙원이던 최초의 초우라늄 원소를 만드는 업적을 세웠다. 그는 그 원소를 천왕성Uranus에서 우라늄 이름을 딴 것처럼, 다음 행성인 해왕성Neptune의 이름을 따 넵투늄neptunium이라 이름 붙였다. 맥밀런은 그것에 그치지 않고 93번 원소가 매우 불안정하여 전자 하나를 방출하면서 94번 원소로 붕괴할지도 모른다고 생각했다. 그래서 그 다음 번 원소의 증거를 열심히 찾았는데, 그러면서 젊은 시보그(스웨덴어를 쓰는 이민자 사회에서 자라난 28세의 미시간주 토박이)에게 연구 진전 상황을 계속 알려주었으며, 심지어 체육관에서 함께 샤워를 하면서 사용한 기술에 대해 토론을 나누기까지 했다.

그런데 1940년에는 새로운 원소를 찾는 것보다 더 시급한 일들이 벌어지고 있었다. 미국 정부는 제2차 세계 대전 동안 추축국에 맞선 저항 노력을 은밀하게 돕기로 결정하고 맥밀런을 포함해 과학계의 스타들을 레이더 같은 군사 연구에 차출하기 시작했다. 거기에 선발될 만큼 충분히 유명하지 않았던 시보그는 맥밀런이 쓰던 장비와 함께 버클리에 홀로 남게 되었다. 그는 맥밀런이 그 장비로 어떤 연구를 하려고 했는지도 훤히 알고 있었다. 명성을 얻는 기회가 될지도 모른다고 판단한 시보그는 한 동료와 함께 93번 원소 시료를 극소량 모았다. 넵투늄이 방사성 붕괴를 할 때까지 기다린 뒤, 과량의 넵투늄을 녹여 없애는 방법으로 방사성 시료를 거르는 작업을 계속한 끝에 마침내 극소량의 물질을 얻었다. 강력한 화학 물질로 전자를 하나씩 떼어내는 방법을 통해 그 원자의 전하가(+7)가 알려진 어떤 이온보다 크다는 사실을 밝혀냄으로써 그들은 남은 물질이 94번 원소가 틀림없다는 것을 증명했다. 94번 원소는 처음부터 아주 특별해보였다. 과학자들은 그 이름을 지을 때 이 원소가 합성할 수 있는 마지막 원소일 거라는 믿음에서, 태양계 끝에 있던 행성(지금은 왜소 행성으로 지위가 강등되었지만)인 명왕성Pluto의 이름을 따 플루노튬plutonium이라 이름 붙였다.

갑자기 스타가 된 시보그는 1942년에 시카고로 소환을 받아 맨해튼 계획의 한 부서에서 일하게 되었다. 시보그는 학생들과 함께 앨 기오르소라는 기술자 겸 조수도 한 명 데리고 갔다. 기오르소는 성격이 시보그와는 정반대였다. 사진들을 보면 시보그는 실험실에서조차 항상 정장 차림인 반면, 기오르소는 정장 차림이 영 어색해 보이며, 카디건에 윗단추를 하나쯤 푼 셔츠 차림이 잘 어울린다. 기오르소는 두꺼운 검은색 테의 안경을 썼고, 머리에는 포마드를 잔뜩 발랐으며, 코와 턱이 뾰족하게 튀어나와 닉슨과 비슷한 인상을 풍겼다. 그리고 시보그와는 달리 체제에 거부감을 느꼈다.(닉슨과 비교한 것에 대해서도 큰 불쾌감을 느꼈을 것이다.) 다소 유치하게 보일지 모르지만, 그는 더 이상 학교를 다니길 원치 않아 학사 이상의 학위를 따지 않았다. 그렇지만 자부심이 넘치는 그는 버클리에서 따분하게 방사능 탐지기나 만지는 일에서 벗어나고 싶은 마음에 시보그를 따라 시카고로 갔다. 그렇지만 그곳에 도착하자마자 시보그는 그를 즉각 현장 업무에 투입했는데, 하는 일은 이전과 똑같이 방사능 탐지기를 만지는 것이었다.

그래도 두 사람은 죽이 잘 맞았다. 전쟁이 끝나고 나서 버클리로 돌아온 두 사람은 무거운 원소들을 〈뉴요커〉의 표현대로 "아주 놀라울 정도는 아니더라도 괄목할 만큼 자주" 만들어내기 시작했다. 일부 저술가들은 새로운 원소를 발견한 화학자를 큰 동물을 사냥하는 사람에 비유했는데, 그들이 기이한 종을 사냥할 때마다 화학을 사랑하는 대중은 크게 흥분했다. 만약 그 과장된 비유가 옳다고 한다면, 주기율표의 어니스트 헤밍웨이와 시어도어 루스벨트라 부를 만한 최고의 사냥꾼은 기오르소와 시보그였다. 두 사람은 역사상 어느 누구보다도 많은 원소를 발견했으며, 주기율표의 영역을 약 6분의 1이나 확장했기 때문이다.

두 사람의 협력 연구는 1946년부터 시작되었다. 그 무렵에 시보그와 기오르소는 물론이고 다른 사람들도 플루토늄에 방사성 입자를 충돌시키는 실험을 시작했다. 이번에는 총탄으로 중성자 대신에 알파 입자(양성자 2개와 중성자 2개로 이루어진)를 사용했다. 알파 입자는 양전하를 띠기 때문에, 반대 전하를 가진 기계적 '미끼'를 코앞에 갖다 대는 방법을 사용하면 중성자보다 훨씬 빠른 속도로 쉽게 가속시킬 수 있었다. 게다가 알파 입자를 플루토늄에 충돌시켰을 때, 버클리 연구팀은 한 번에 새로운 원소를 2개나 얻었다. 96번 원소(플루토늄 원자핵에 알파 입자의 양성자 2개가 추가된)가 금방 양성자 1개를 내놓으면서 95번 원소로 붕괴했기 때문이다.

95번 원소와 96번 원소를 발견한 시보그와 기오르소 팀은 그 이름을 붙일 권리를 얻었다.(그렇지만 발견자에게 이름을 지을 권리를 주는 이 비공식적 관행은 얼마 뒤에 혼란을 낳게 된다.) 그들은 두 원소를 아메리카와 마리 퀴리의 이름을 따 각각 아메리슘americium과 퀴륨curium이라고 이름 붙였다.

시보그는 평소의 딱딱한 태도에서 벗어나 두 원소의 발견을 과학 학술지가 아니라 어린이 라디오 프로그램인 〈퀴즈 키즈Quiz Kids〉에서 발표했다. 조숙한 어린이가 시보그에게 최근에 새로운 원소를 발견한 게 있느냐고 묻자, 시보그는 그렇다고 대답하면서 집에서 라디오를 듣고 있는 어린이들에게 선생님한테 낡은 주기율표를 버리도록 알려주라고 말했다. 시보그는 훗날 자서전에서 이렇게 회상했다. "나중에 어린이들에게서 받은 편지로 판단할 때, 선생님들은 내 말을 의심했던 것으로 보인다."

버클리 연구팀은 알파 입자 충돌 실험을 계속하면서 1949년에 버클륨과 캘리포늄을 발견했다. 그들은 그 이름에 자부심을 느끼고 공로를 인정받길 기대하면서 축하차 버클리 시장의 집무실을 방문했다. 시청 직원들은 그 이야기를 듣고 하품을 했다. 시장도 그 밑의 직원들도 주기율표가 뭐가 그렇게 대단한지 전혀 알지 못했다. 기오르소는 시장과 직원들의 무식함에 화가 났다. 시장의 냉대를 받기 전에 그는 97번 원소를 버클륨이라 부르고 원소 기호를 Bm으로 하자고 주장했는데, 버클륨은 쉽게 발견되지 않아 과학자들을 애먹인 '스팅커stinker' 같은 존재였기 때문이다. (Bm은 bowel movement, 즉 '배변'이란 뜻으로도 쓰이는데, stinker는 악취를 풍기는 존재라는 뜻도 있고, 잘 풀리지 않는 난제란 뜻도 있다. ― 옮긴이) 그렇지만 냉대를 받고 나서는 어린이들이 용변을 볼 때마다 주기율표에서 버클리의 이름을 딴 원소가 'Bm'이라는 걸 떠올리고 킬킬거리길 원했는지도 모른다. (그렇지만 그의 의견은 받아들여지지 않고, 버클륨의 원소 기호는 Bk가 되었다.)

버클리 연구팀은 시장의 홀대에도 굴하지 않고 주기율표에 새로운 칸을 계속 만들어갔고, 주기율표를 계속 수정함으로써 학교에 공급하는 주기율표 제작자들을 기쁘게 했다. 버클리 연구팀은 1952년에 태평양에서 실시된 수소폭탄 실험 뒤에 방사능을 띤 먼지 속에서 99번 원소 아인슈타이늄과 100번 원소인 페르뮴을 발견했다. 그렇지만 그들이 실험으로 만들어낸 원소는 101번 원소가 마지막이었다.

원소는 양성자 수가 늘어나 커질수록 안정성이 약해지기 때문에 과학자들은 알파 입자를 발사할 표적으로 충분히 큰 시료를 만드는 데 어려움을 겪었다. 아인슈타이늄(99번 원소)을 발판으로 삼아 101번 원소를 만드는 실험을 하려면 아인슈타이늄 시료를 충분히 확보해야 하는데, 그러려면 플루토늄에 알파 입자를 발사하는 일을 3년 동안이나 계속해야 했다. 그렇지만 이마저도 진정한 루브 골드버그 장치Rube Goldberg Machine(풍자만화로 유명한 루브 골드버그가 만화에서 '최소의 결과를 얻기 위해 최대의 노력을 기울이는 조직이나 인간'을 풍자하기 위해 온갖 장치를 선보인 데서 유래한 말. 이 장치는 단순한 작업을 될 수 있으면 어렵고 복잡하게 만드는 게 목적이다. 지금은 쓸데없이 복잡하기만 하고 성과는 비효율적인 제도나 규제를 가리키는 용어로 자리 잡았다. ― 옮긴이) 중 1단계에 불과하다. 101번 원소를 만들려고 매번 시도할 때마다 과학자들은 보이지 않을 정도로 적은 양의 아인슈타이늄을 금박에 묻힌 다음, 거기다가 알파 입자를 발사했다. 알파 입자의 폭격을 받은 격자 구조의 금은 녹여 없애야 했는데, 거기서 나오는 방사능이 새로운 원소를 탐지하는 데 방해가 되었기 때문이다. 새로운 원소를 찾기 위해 이전에 한 실험들에서는 이 단계에서 시료를 시험관에 쏟아부어 그것이 무엇과 반응하는지 살펴보았다. 주기율표의 어떤 원소와 화학적으로 비슷한지 알기 위해서였다. 그러나 101번 원소의 경우에는 만들어진 원자의 수 자체가 극히 적어 그런 실험은 엄두도 낼 수 없었다. 그래서 각 원자가 분해한 뒤에 남은 것을 살펴보는 '사후 확인' 작업에 의존할 수밖에 없었다. 그것은 폭발한 뒤에 남은 파편을 가지고 자동차를 다시 조립하려는 것과 비슷하다.

이런 법의학적 분석은 물론 할 수는 있었다. 다만, 알파 입자 충돌 실험은 오직 한 실험실에서만 할 수 있었고, 새로운 원소 탐지 작업은 수 km 떨어진 다른 실험실에서만 할 수 있다는 게 문제였다. 그래서 매번 충돌 실험을 할 때마다 금박이 녹는 동안 기오르소는 실험실 밖에서 폴크스바겐에 시동을 걸고 기다렸다가 시료를 받아 다른 실험실을 향해 달려갔다. 연구팀은 이 일을 한밤중에 했는데, 만약 교통 체증 때문에 길이 막히기라도 하면 시료가 기오르소의 무릎 위에서 붕괴하여 모든 노력이 허사로 돌아가기 때문이었다. 두 번째 실험실 건물에 도착한 기오르소는 계단을 뛰어올라갔고, 시료는 또 한 번 신속한 정제 과정을 거친 뒤에 기오르소가 만든 최신 탐지기에 들어갔다. 기오르소는 이 탐지기에 큰 자부심을 느꼈는데, 세상에서 가장 정교한 중원소 실험실의 핵심 장비였기 때문이다.

연구팀은 이러한 작업을 계속 반복했는데, 1955년 2월 어느 날 밤 마침내 노력이 결실을 맺었다. 기오르소는 성공을 기대하며 방사능 탐지기를 그 건물의 화재경보기에 연결시켰는데, 마침내 101번 원자가 붕괴하면서 방사능이 나오자 화재경보기가 요란하게 울렸다. 그날 밤, 화재경보기는 열여섯 번이나 더 울렸고, 그때마다 그곳에 모인 연구팀은 환호를 올렸다. 새벽녘에 연구원들은 몸은 피곤해도 행복에 젖어 각자 집으로 돌아갔다. 그런데 기오르소는 방사능 탐지기와 화재경보기의 연결을 푸는 것을 잊어버리고 돌아갔다. 그 바람에 다음 날 아침 건물에 거주하던 사람들은 한바탕 난리를 피웠다. 101번 원소 원자 하나가 뒤늦게 붕괴하여 화재경보기를 한 번 더 울렸기 때문이다.*

버클리 연구팀은 이미 자신들의 도시와 주와 국가 이름을 원소에 썼기 때문에, 101번 원소의 이름은 드미트리 멘델레예프를 기려 멘델레븀mendelevium으로 정하자고 제안했다. 이것은 과학적으로는 아무 문제가 없었지만, 냉전 기간에 러시아 과학자의 명예를 높여주는 것은 외교적으로는 아주 과감한 행위였으며, 일반 대중의 지지도 높지 않았다.(적어도 미국 안에서는 그랬다. 흐루쇼프 서기장은 그 결정에 아주 기뻐했다고 한다.) 그러나 시보그와 기오르소와 그 밖의 사람들은 과학은 쩨쩨한 정치를 초월한다는 걸 보여주길 원했다. 그리고 냉전 기간이라고 해서 본질이 달라질 건 없다고 생각했다. 그들은 넓은 도량을 보여줄 여유가 충분히 있었다. 시보그는 얼마 후 워싱턴으로 가 원자력위원회 위원장과 케네디 대통령의 과학 자문 위원으로 일했고, 버클리 연구팀은 기오르소의 지휘하에 연구를 계속했다. 버클리 연구팀은 사실상 전 세계의 나머지 핵물리학 연구팀을 지도하는 역할을 했다. 다른 연구팀들은 자신들이 한 실험 결과를 확인하기 위해 버클리에 문의했다. 다른 연구팀이 버클리보다 앞서 새로운 원소를 발견했다고 주장한 적이 한 번 있었다. 스웨덴의 한 연구팀이 버클리보다 앞서 102번 원소를 발견했다고 주장하자, 버클리는 신속하게 그 주장을 부정했다. 그리고 버클리 연구팀은 1960년대 초에 102번 원소 노벨륨(다이너마이트의 발명자이자 노벨상을 창설한 알프레드 노벨Alfred Nobel의 이름을 딴)과 103번 원소 로렌슘(버클리 방사선 연구소를 세운 어니스트 로렌스Erenst Lawrence의 이름을 딴)을 발견했다고 발표했다.

그런데 1964년에 제2의 스푸트니크 호 충격이라고 부를 만한 사건이 일어났다.

스탈린과 소련의 과학

일부 러시아인 사이에는 자신들이 사는 땅에 대한 창조 신화가 전해 내려온다. 그 이야기에 따르면, 태초에 신이 모든 광물을 팔에 안고서 땅 위를 걸어다니면서 골고루 뿌렸다고 한다. 처음에는 일이 계획대로 잘 풀렸다. 탄탈은 여기에, 우라늄은 저기에…… 하는 식으로 뿌려나갔다. 그런데 시베리아에 도착하자 손가락이 얼어붙어서 모든 광물을 그만 땅에 떨어뜨리고 말았다. 동상에 걸린 손으로 그것을 집어 올릴 수도 없어 신은 내키지 않았지만 광물들을 그곳에 남겨두고 왔다고 한다. 러시아인은 자국 영토에 광물 자원이 풍부한 이유는 이 때문이라고 자랑스레 이야기한다.

그토록 풍부한 광물 자원을 보유하고 있는데도 불구하고, 주기율표의 원소 중 러시아에서 발견된 원소는 별로 쓸모도 없는 루테늄과 사마륨 두 종뿐이었다. 스웨덴과 독일, 프랑스에서 수십 종의 원소가 발견된 것과 비교하면 실로 보잘것없는 기록이었다. 멘델레예프 이후에 배출된 위대한 과학자 명단 역시 빈약하기 짝이 없었다(유럽과 비교한다면). 제정 러시아가 천재 과학자를 제대로 키워내지 못한 이유는 차르 중심의 전제 정치 체제, 농업 중심 경제, 부실한 교육, 혹독한 날씨 등 여러 가지가 있다. 심지어 달력과 같은 기본적인 기술마저 제대로 확립되지 않은 상태로 남아 있었다. 1900년이 지나고 나서도 한참 동안 러시아 인은 율리우스 카이사르의 점성술사들이 만든 달력을 사용했는데, 유럽에서 사용하던 그레고리력과 비교해 날짜가 몇 주일이나 차이가 났다. 1917년에 블라디미르 레닌Vladimir Lenin이 이끈 볼셰비키가 권력을 잡은 '10월 혁명'이 사실은 11월에 일어났다고 하는 것은 바로 이러한 달력의 차이 때문이다.

볼셰비키 혁명이 성공한 이유 중 하나는 레닌이 후진적인 러시아를 바꾸어놓겠다고 약속했기 때문인데, 소련 정치국은 새로운 노동자 천국에서 평등한 만민 가운데 과학자를 최고로 대우해야 한다고 주장했다. 이 주장은 처음에는 잘 지켜져 레닌 치하의 과학자들은 국가의 간섭을 거의 받지 않고 연구했으며, 국가의 적극적인 지원 아래 세계적인 과학자도 몇 명 나타났다. 과학자들의 사기를 북돋우는 것 외에 많은 연구비 지원도 강력한 선전 수단이 되었다. 소련 밖의 과학자들은 소련의 평범한 동료 과학자들이 국가의 지원을 많이 받는 것을 보고 강력한 정부가 들어서야 자신들의 중요성이 인정받을 것이라고 기대했다.(그러한 희망은 믿음으로 변했다.) 심지어 1950년대 초에 매카시 선풍이 휘몰아친 미국에서도 과학자들은 과학 발전을 위한 물질적 지원을 아끼지 않은 소련 진영을 종종 부러운 눈으로 바라보았다.

실제로 극우파인 존 버치 협회 같은 단체들은 소련의 과학이 미국보다 많이 앞서 있을지도 모른다고 생각했다. 존 버치 협회는 충치를 예방하기 위해 수돗물에 불소(플루오르)를 첨가하는 방안에 격렬하게 반대했다. 요오드(아이오딘) 첨가 소금을 제외한다면, 불소 첨가 수돗물이야말로 지금까지 실시된 것 중 가장 값싸고 효과적인 공중 보건 정책이다. 그 수돗물을 마신 사람들 중 대다수는 역사상 처음으로 온전한 치아를 지닌 채 죽을 것이다. 그러나 존 버치 협회는 불소 첨가가 미국인의 정신을 통제하기 위한 성 교육 및 그 밖의 '공산주의자의 더러운 음모'와 관계가 있다고 보았으며, 현지 상수도 관리 직원과 보건 교사들을 크렘린과 직접 연결하는 거울의 집 같은 게 있다고 생각했다. 대다수 과학자는 과학에 반대하면서 공포를 조장하는 존 버치 협회를 경악과 우려의 시선으로 바라보았고, 그것에 비하면 과학에 우호적인 태도를 표방하는 소련은 아주 좋게 보였다.

그러나 번지르르한 피부 밑에서 종양이 퍼지고 있었다. 1929년부터 소련을 철권 통치한 이오시프 스탈린Iosif Stalin은 과학에 대해 기묘한 생각을 갖고 있었다. 그는 과학을 '부르주아' 과학과 '프롤레타리아' 과학으로 나누었고(터무니없이, 임의적으로, 그리고 악의적으로), 전자에 속한 사람들을 처벌했다. 그래서 소련의 농업 연구 계획은 수십 년 동안 프롤레타리아 농부인 '맨발의 과학자' 트로핌 리센코Trofim Lysenko가 좌지우지했다. 스탈린이 리센코를 특별히 좋아한 이유는 리센코가 농작물을 비롯해 모든 생물이 부모의 형질과 유전자를 물려받는다는 반동적인 개념을 비판했기 때문이다. 철저한 마르크스주의자인 리센코는 정말로 중요한 것은 적절한 사회 환경이며(심지어 식물에게도), 소련의 환경이 자본주의 돼지의 환경보다 월등하다는 사실이 입증될 것이라고 주장했다. 그는 기회가 닿는 대로 유전자를 기반으로 한 생물학을 '불법'으로 규정하고, 이에 반대하는 자들을 체포하거나 처형했다. 그러나 리센코의 가설과 정책은 농산물 증산에 실패했고, 집단 농장에서 일하면서 리센코의 지시를 따른 농부 수백만 명이 굶어죽었다. 그러한 기아 사태가 발생했을 때, 영국의 한 유명한 유전학자는 리센코를 "유전학과 식물 생리학의 초보적인 원리도 모르는" 사람이라면서 "리센코와 이야기하는 것은 구구단도 모르는 사람한테 어려운 미적분을 설명하려고 하는 것과 같다"라고 말했다.

게다가 스탈린은 과학자를 체포하고 강제 노동 수용소로 보내는 것에 일말의 가책도 느끼지 않았다. 그는 많은 과학자를 시베리아의 노릴스크 외곽에 위치한 악명 높은 수용소로 보냈다. 그곳은 겨울이면 온도가 -60°C까지 내려가는 날도 흔했다. 노릴스크는 니켈 광산으로 유명했지만, 디젤유 증기에서 나는 황 냄새가 늘 진동했고, 이곳에서 과학자들은 비소, 납, 카드뮴을 비롯해 유독한 금속을 추출하느라 노예처럼 일했다. 오염 물질이 하늘을 시커멓게 물들였는데, 추출하는 중금속의 종류에 따라 분홍색 또는 파란색 눈이 내렸다. 그리고 모든 종류의 금속을 다 추출할 때에는 검은색 눈이 내렸다.(검은색 눈은 지금도 가끔 내린다.) 그렇지만 무엇보다 오싹한 것은 유독한 니켈 제련소에서 50km 이내에는 지금까지 나무가 단 한 그루도 자란 적이 없다는 이야기*가 아닐까 싶다. 러시아인의 으스스한 유머 감각에 어울리는 이야기가 하나 있는데, 노릴스크의 부랑자들은 잔돈을 구걸하는 대신에 빗물이 고인 컵을 모은다고 한다. 물이 증발하고 나면 컵에 남은 금속 부스러기를 팔아 돈을 챙기려고 그런다는 것이다. 어쨌든 거의 한 세대에 이르도록 소련 과학은 산업을 위해 니켈과 그 밖의 금속을 추출하느라 낭비되었다.

극단적인 현실주의자였던 스탈린은 양자역학이나 상대성 이론처럼 직관에 반하고 구름 잡는 이야기처럼 들리는 과학 분야를 믿지 않았다. 1949년까지도 그는 그런 이론들을 포기하지 않음으로써 공산주의 이념에 동조하지 않는 부르주아 물리학자들을 제거하려고 생각했다. 한 용감한 보좌관이 그렇게 하면 소련의 핵무기 개발 계획에 큰 지장이 있을 것이라는 충고를 하고 나서야 스탈린은 한발 물러섰다. 게다가 스탈린은 다른 과학 분야의 과학자들과는 달리 물리학자를 숙청하려는 생각은 별로 없었다. 물리학은 스탈린이 총애하던 무기 개발과 겹치는 부분이 있었고, 또 마르크스주의가 총애한 인간 본성에 관한 문제들에 대해 불가지론적 입장을 표명했기 때문에, 스탈린 치하의 물리학자들은 생물학자와 심리학자, 경제학자 등이 당한 혹독한 탄압을 피할 수 있었다. 스탈린은 자비롭게 말했다. "[물리학자는] 손대지 말고 그냥 놔두어라. 나중에 언제든지 총살할 수 있으니까."

그런데 스탈린이 물리학을 봐준 데에는 또 다른 이유가 있다. 스탈린은 누구에게나 무조건적 충성을 요구했는데, 소련의 핵무기 계획은 충성스러운 핵과학자 게오르기 플료로프Georgy Flyorov가 주도적으로 추진했다. 가장 유명한 사진을 보면 플료로프는 보드빌 쇼에 출연한 사람처럼 보인다. 체격은 약간 비만이고, 이마에서 꼭대기까지 시원한 대머리에 짙은 눈썹이 나 있으며, 볼품없는 줄무늬 넥타이 차림에 뽐내는 듯이 선웃음을 짓고 있다.

하지만 이 '아저씨 게오르기'의 표정에는 예리함이 감추어져 있다. 1942년, 플료로프는 독일과 미국 과학자들이 핵분열 연구에서 상당한 진전을 이루었는데도 과학 학술지들에 관련 주제에 관한 논문이 실리지 않는다는 사실을 눈치 챘다. 플료로프는 핵분열 연구가 국가 기밀 사항이 된 것으로 추측했는데, 그것이 의미하는 것은 하나밖에 없었다. 아인슈타인이 루스벨트 대통령에게 보낸 유명한 편지를 연상케 하는 편지에서 플료로프는 스탈린에게 자신이 의심한 바를 이야기하면서 경종을 울렸다. 스탈린은 깜짝 놀라 물리학자를 수십 명씩 강제로 끌고 와 원자폭탄 개발을 시작하게 했다. 그렇지만 스탈린은 플료로프만큼은 그냥 놔두었고, 그의 충성심을 결코 잊지 않았다.

스탈린이 얼마나 악랄한 사람이었는지 잘 알려진 지금은 플료로프를 리센코와 닮은꼴이라고 비난하기 쉽다. 만약 플료로프가 침묵만 지켰더라면 스탈린은 1945년 8월까지 핵무기에 대해 전혀 알지 못했을 것이다. 플료로프의 사례는 러시아에서 과학적 통찰력이 부족했던 이유를 또 한 가지 상기시키는데, 그것은 바로 과학에서는 금기나 다름없는 아첨 문화 탓이다.(멘델레예프가 살던 시대인 1878년에 한 러시아 지질학자는 62번 원소인 사마륨을 포함한 광물 이름을 상사인 사마르스키 대령의 이름을 따서 지었다. 그렇게 해서 그냥 역사 속에서 사라지고 말았을 그 관리의 이름이 주기율표에 남게 되었는데, 그것은 원소 이름 가운데 가장 자격이 없는 것이기도 하다.)

그러나 플료로프의 사례는 좀 애매하다. 그는 많은 동료의 삶이 낭비되는 것을 목격했다. 과학원의 엘리트 과학자들을 숙청한 잊을 수 없는 한 사건에서는 650명의 과학자가 체포되었고, 그중 많은 사람이 '진보에 반대하는' 반역죄를 범했다는 이유로 총살당했다. 1942년에 29세였던 플료로프는 과학적 야망이 컸고, 그것을 실현할 재능도 있었다. 조국에 갇혀 살아가야 했던 그는 정치를 이용해야만 성공할 수 있다는 사실을 잘 알고 있었다. 그리고 스탈린에게 보낸 편지가 마법을 발휘했다. 스탈린과 그 후계자들은 1949년에 소련이 독자적으로 핵폭탄을 개발하자 매우 기뻐하여 플료로프 동지에게 개인 연구소를 선물로 지어

주었다. 그것은 모스크바에서 130km 외곽에 위치한 두브나 시에 세운 독립적인 연구 시설로, 국가의 간섭을 일절 받지 않았다. 스탈린에게 동조하는 결정을 내린 것은 비록 도덕적으로 비난받을 행동이긴 하지만, 그 당시 야심만만한 젊은이로서 다른 방법이 없었던 플료로프의 입장도 이해가 간다.

플료로프는 두브나에서 영리하게도 '칠판 과학'에 중점을 두었다. 즉, 보통 사람들에게 설명하기에는 너무 어렵고, 속 좁은 이념주의자들의 신경을 곤두서게 할 가능성도 없는, 유명하면서도 난해한 주제만 다룬 것이다. 그리고 1960년대가 되자 버클리 연구팀의 활약 덕분에 새로운 원소를 찾는 작업은 수백 년 동안 이어져오던 전통(고생스럽게 암석을 파헤치고 일일이 광물을 분석하던 수작업)에서 벗어나, 컴퓨터로 작동되는 방사능 탐지기가 그려내는 인쇄물에만 '존재하는' 원소를 찾는 작업으로 변했다. 중원소에 알파 입자를 충돌시키는 것조차 이제 실용적이지 못한 작업으로 변했다. 중원소는 더 이상 새로운 원소를 만드는 데 적절한 표적이 아니었기 때문이다.

대신에 과학자들은 주기율표를 더 깊이 탐구하면서 가벼운 원소들을 융합하는 방법을 택했다. 표면적으로는 이것은 간단한 산수처럼 보인다. 102번 원소를 만들고 싶다면, 이론적으로는 마그네슘(12번)과 토륨(90번)을 융합하거나, 바나듐(23번)과 금(79번)을 융합하면 가능할 것 같다. 그렇지만 이렇게 융합한 결과물이 그대로 유지되는 경우는 극히 드물기 때문에, 과학자들은 어떤 쌍의 원소를 융합하는 게 돈과 노력을 투자할 만한 가치가 있는지 계산하느라 많은 노력을 기울였다. 플료로프와 그 동료들도 열심히 연구했고, 버클리 연구팀의 기술을 모방했다. 소련이 1950년대 후반에 물리학 후진국이라는 오명을 떨쳐낸 데에는 플료로프의 공이 크다. 시보그와 기오르소가 이끈 버클리 연구팀은 101번,

102번, 103번 원소를 먼저 만들어 소련보다 앞서갔다. 그러나 스푸트니크 호를 발사한 지 7년 뒤인 1964년, 두브나 연구팀은 104번 원소를 최초로 만들었다고 발표했다.

러시아와 독일의 추격

버클리 연구팀은 충격과 함께 분노마저 느꼈다. 자존심을 구긴 버클리 연구팀은 두브나 연구팀이 내놓은 결과를 꼼꼼히 분석하고는, 너무 성급하고 불완전한 결과라고 일축했다. 그러는 한편으로 104번 원소를 만드는 데 착수했는데, 기오르소가 이끄는 연구팀이 시보그의 조언을 받아가며 노력한 끝에 마침내 1969년에 104번 원소를 만드는 데 성공했다. 그러나 그 무렵에 두브나 연구팀은 이미 105번 원소를 만들었다고 발표했다. 버클리 연구팀은 또다시 소련을 따라잡으려고 애쓰는 한편으로 소련 과학자들이 데이터를 잘못 해석한 것이라고 주장했다. 두 팀은 1974년에 몇 개월 간격으로 나란히 106번 원소를 만들었는데, 그 무렵엔 멘델레븀으로 대표되는 국제적 협력 정신은 증발해버리고 없었다.

두 팀은 각자 자신의 주장을 확실한 것으로 만들기 위해 '자신'의 원소에 이름을 따로 붙이기 시작했다. 그 명단은 소개하기에 따분한 것이지만, 두브나 연구팀이 버클륨을 흉내 내 105번 원소에 두브늄(더브늄)이란 이름을 붙인 것은 흥미롭다. 이에 대해 버클리 연구팀은 105번 원소의 이름을 오토 한의 이름을 따서 붙였고, 106번 원소는 기오르소가 강하게 주장하여 글렌 시보그의 이름을 따서 시보귬이라고 불렀다. 살아 있는 인물의 이름을 붙인 것은 '불법'은 아니지만 드문 일이며, 눈에 몹시 거슬리는 미국식으로 간주되었다. 전 세계적으로 과학 학술지에 서로 경쟁하는 원소 이름들이 나타나기 시작했고, 주기율표 제작자들은 이 혼란을 어떻게 정리해야 할지 알 수가 없었다.

이 분쟁은 1990년대까지 계속 이어졌는데, 그때 서독의 한 연구팀이 원소들을 놓고 서로 자기 것이라고 다투던 미국과 소련을 추월해 새로운 원소를 만듦으로써 혼란을 더 부추겼다. 결국 화학자들의 국제 학술 기관인 IUPAC International Union of Pure and Applied Chemistry(국제 순수 및 응용 화학 연합)가 중재에 나섰다.

IUPAC는 각 연구실에 9명의 과학자를 몇 주일씩 파견하여 비방과 정당한 비판을 가려내고, 기본 자료를 조사하게 했다. 그 9명은 또 심사 위원회에서 그들끼리 따로 몇 주일 동안 만나 의견을 나누었다. 그리고 냉전의 적대 당사자들끼리 서로 손을 잡고 각 원소에 대한 영예를 함께 나누어 가져야 한다는 결정을 내렸다. 이러한 솔로몬식 해법은 어느 쪽도 만족시키지 못했다. 한 원소에는 오직 하나의 이름만 붙을 수밖에 없는데, 주기율표의 칸에 그 이름이 올라가는 것은 대단한 영예였기 때문이다.

결국 1995년에 9인의 현인은 104번부터 109번까지 공식적인 원소 이름을 임시로 발표했다. 이 타협안에 두브나와 다름슈타트(서독 연구팀의 본거지)는 만족을 표시했으나, 버클리 연구팀은 시보귬이 106번 원소에서 탈락하자 발작적 반응을 보였다. 그들은 기자 회견을 열어 기본적으로 "너희들이 뭐라고 하건, 미국에서는 그것을 사용할 거야!"라는 뜻의 성명을 발표했다. 전 세계 화학자들이 거기에 논문을 싣길 간절히 원하는 명성 높은 학술지의 발간 주체인 미국 화학계도 버클리 연구팀을 지지했다. 이러한 미국의 강경한 태도는 외교적 분위기를 반전시켰고, 결국 9명의 현인도 굴복했다. 그래서 1996년에 최종 명단이 나왔을 때에는 시보귬이 106번 원소로 당당히 실렸다. 그 밖에 러더포듐 rutherfordium(104번), 두브늄 dubnium(105번), 보륨 borhium(107번), 하슘

hassium(108번), 마이트너륨meitnerium(109번)도 공식 이름으로 정해졌다. 버클리 연구팀은 승리를 거둔 뒤에 홍보 효과를 위해 연로한 시보그를 거대한 주기율표 옆에 세우고, 쭈글쭈글한 손가락으로 시보귬 근처를 가리키는 포즈를 취하게 한 뒤 사진을 찍었다. 그의 만족스러운 미소에서는 32년 전에 소련 과학자들이 104번 원소를 만들면서 시작되어 냉전 기간이 끝난 뒤까지 계속된 치열한 경쟁과 논쟁의 흔적을 전혀 찾아볼 수 없다. 시보그는 그러고 나서 3년 뒤에 세상을 떠났다.

그러나 이런 이야기가 말끔하게 끝나는 경우는 드물다. 1990년대에 버클리의 화학 연구는 무기력한 모습을 보였고, 러시아와 독일 과학자들에게 추월당했다. 1994년부터 1996년까지 겨우 2년 사이에 독일 과학자들은 110번 원소 다름슈타튬darmstadtium, Ds과 111번 원소 뢴트게늄Rg을 만드는 데 성공했다. 다름슈타튬은 연구소가 있던 도시 이름 다름슈타트에서 딴 것이고, 뢴트게늄은 위대한 독일 과학자 빌헬름 뢴트겐Wilhelm Röntgen의 이름을 딴 것이다. 그리고 2009년 6월에는 112번 원소 코페르니슘copernicium, Cn을 주기율표에 추가했다.* 독일 과학자들이 거둔 성공에 비춰보면, 왜 버클리 연구팀이 과거의 영광을 인정받으려고 그토록 완강하게 집착했는지 충분히 이해가 간다. 장래에 그런 영광을 재현할 전망이 어두웠기 때문이다. 그러나 버클리는 구석으로 밀려날 수는 없다며 과거의 영광을 재현하기 위해, 독일에서 110번 원소와 112번 원소를 발견하는 데 중요한 역할을 한 빅토르 니노프Victor Ninov라는 불가리아인 젊은이를 1996년에 고용했다. 니노프는 반은퇴한 기오르소까지 연구에 끌어들였고(기오르소는 "니노프는 젊은 앨 기오르소만큼 훌륭하다"라고 말하곤 했다), 버클리 연구팀에는 다시 활기가 넘쳤다.

니노프 연구팀은 화려한 재기를 보여주기 위해 1999년에 논란이 되는 실험을 감행했다. 그것은 크립톤(36번)을 납(82번)에 충돌시키면

소련 및 서독 과학자들과 수십 년 동안 논쟁을 벌인 글렌 시보그가 만족스러운 표정으로 자신의 이름이 붙은 106번 원소 시보귬을 가리키고 있다. 살아 있는 사람의 이름을 붙인 원소는 시보귬이 유일하다. (사진 제공 : 로렌스 버클리 국립 연구소)

118번 원소가 만들어진다고 계산한 폴란드 이론물리학자의 제안에 따른 실험이었다. 많은 사람들은 그 계산을 터무니없는 것이라고 일축했지만, 독일에서 했던 것처럼 미국을 정복하겠다는 야심에 불타던 니노프는 그 실험을 강행했다. 이제 원소를 만들어내는 실험은 그냥 모험삼아 한번 해보는 일이 아니라, 많은 세월과 막대한 자금이 투입되는 일이었다. 그러나 크립톤 실험은 기적적으로 성공을 거두었다. 과학자들은 "니노프는 하느님과 직접 대화를 나누나 봐"라고 농담했다. 무엇보다도 118번 원소는 생겨나자마자 즉각 알파 입자를 방출하며 붕괴하여 116번 원소가 되었는데, 116번 원소 역시 이전에 발견된 적이 없었다. 단 한 번의 실험으로 버클리 연구팀은 두 원소를 만들어낸 것이다! 버클리 캠퍼스에는 앨 기오르소를 기려 118번 원소의 이름을 기오르슘 ghiorsium으로 지을 것이라는 소문까지 퍼졌다.

러시아와 독일 연구팀은 똑같은 결과가 나오는지 그 실험을 반복했다. 그러나 118번 원소는 발견되지 않았으며, 그냥 크립톤과 납만 남았다. 이 결과는 러시아와 독일 과학자들이 심술을 부린 것일지도 몰랐기 때문에, 버클리 연구팀 중 일부 사람들이 직접 그 실험을 다시 해보았다. 몇 달에 걸친 확인 작업에도 불구하고 실험에서는 아무것도 발견되지 않았다. 그러자 버클리 대학 당국이 의심을 품고 개입했다. 118번 원소에 관한 원본 데이터 파일을 살펴본 조사관들은 놀라운 사실을 발견했다. 그런 데이터 자체가 없었던 것이다! 118번 원소의 존재를 뒷받침하는 증거는 전혀 없었고, 다만 최근에 한 데이터 분석 자료만 있었는데, 혼란스러운 1과 0의 숫자들에서 갑자기 '성공'이 튀어나온 것으로 돼있었다. 모든 정황과 증거로 판단할 때, 빅토르 니노프(중요한 방사능 탐지기들과 그것을 작동하는 컴퓨터 소프트웨어를 제어한)가 데이터 파일에 고의로 긍정적인 값을 집어넣어 그것이 진짜 실험 결과인 것처럼 위장한 게 분명했다. 그것은 주기율표를 확장하기 위해 사용해온 최첨단 방법에 숨어 있는 예상치 못한 위험이었다. 원소가 오직 컴퓨터 데이터로만 존재한다면, 한 사람이 컴퓨터를 조작함으로써 온 세상을 속일 수 있는 것이다.

버클리 연구팀은 비통한 마음을 금치 못하며 118번 원소를 발견했다는 주장을 철회했다. 니노프는 해고되었고, 버클리 연구팀은 예산이 대폭 삭감돼 연구 활동이 크게 위축되었다. 지금까지도 니노프는 자신이 데이터를 조작했다는 혐의를 부인하고 있다. 그렇지만 그가 이전에 일했던 독일 연구실도 옛날의 데이터 파일을 재확인하고는, 그가 발견한 것 중 일부(전부는 아니지만)를 철회했다. 무엇보다 나쁜 것은 미국 과학자들이 중원소에 대한 연구를 하려면 두브나를 방문해야만 하게 된 것이다. 그리고 그곳에서 2006년, 국제 연구팀이 캘리포늄 표적에 1000경 개의 칼슘 원자를 충돌시킨 뒤에 118번 원소 원자 3개를 만들어냈다고 발표했다. 118번 원소의 발견에 대한 주장은 논란이 되고 있지만, 만약 이 주장이 받아들여진다면(그러지 않을 것이라고 생각할 이유는 전혀 없다) 주기율표에 '기오르슘'이란 이름이 올라갈 기회는 영영 사라지고 말 것이다. 그 발견이 러시아의 연구실에서 일어났기 때문에 이름을 지을 권리는 러시아 과학자들에게 우선권이 있는데, 그들은 '플료륨flyorium'이란 이름에 더 매력을 느낀다고 한다.(118번 원소의 이름은 결국 오가네손Oganesson으로 정해졌다. 러시아 핵물리학자 유리 오가네시안Yuri Oganessian의 이름을 딴 것이다. 한편, 114번 원소의 이름은 플레로븀으로 정해졌다. 이 이름은 러시아의 플레로프 핵반응 연구소에서 딴 것인데, 이 연구소 이름은 플료로프를 가리키는 것이기도 하다.—옮긴이)

3장
주기율표를 둘러싼 혼란: 복잡성의 출현

물리학에서
생물학으로

글렌 시보그와 앨 기오르소는 미지의 원소 사냥 작업을 정교함이란 측면에서 새로운 차원으로 올려놓았지만, 주기율표에 새로운 칸을 만들어 낸 과학자는 그들뿐만이 아니었다. 실제로 〈타임〉이 1960년에 '올해의 인물'로 미국 과학자 15명을 선정했을 때 포함된 사람 중 하나는 시보그나 기오르소가 아니라 그보다 앞선 시대에 최고의 원소 사냥꾼으로 활약한 에밀리오 세그레였다. 그는 시보그가 아직 대학원에 다니고 있을 때 전체 주기율표의 원소들 중에서 가장 잡기 힘들던 원소를 낚아채는 업적을 세웠다.

그 기사를 실은 〈타임〉은 시대를 앞서 가는 느낌을 주기 위해 표지를 작은 빨간색 원자핵이 진동하는 그림으로 장식했다. 그리고 그 주위에는 전자 대신에 15명의 얼굴 사진을 배치했는데, 모두 한결같이 진지하고 거드름 피우는 표정을 짓고 있었다. 졸업 기념 앨범에서 선생님들의 사진이 실린 페이지를 보고 낄낄거린 적이 있는 사람이라면 친숙하게 느껴질 그런 표정으로 말이다. 그 사람들 중에는 유전학자, 천문학자, 레이저 선구자, 암 연구자뿐만 아니라 시기심 많은 트랜지스터 개발자이자 미래의 우생학자 윌리엄 쇼클리William Shockley도 포함돼 있었다. (이 호에서도 쇼클리는 충동을 억제하지 못하고 인종에 관한 자신의 이론을 설파했다.) 학급 사진 같은 느낌에도 불구하고 실린 인물들은 아주 쟁쟁한 과학자들이었고, 〈타임〉은 미국 과학이 갑자기 세계를 지배하게 된 현실을 자축하기 위해 그에 어울리는 인물들을 선정했다. 노벨상 시상이 시작되고 나서 1940년까지 40년 동안 미국 과학자가 노벨상을 받은 횟수는 15회였지만, 그다음 20년 동안에는 42회나 되었다.*

에밀리오 세그레와 라이너스 폴링

세그레(세그레 역시 이탈리아에서 이민한 유대인인데, 이것은 제2차 세계 대전 때 미국으로 망명해온 사람들이 미국 과학을 갑자기 세계 무대에서 앞서 가게 하는 데 큰 역할을 했다는 것을 말해준다)는 그 당시 나이가 55세로, 15명의 과학자 중 연장자에 속했다. 그의 사진은 전체 구도 중 좌상쪽에, 그러니까 중앙에서 약간 아래쪽에 배치된 라이너스 폴링Linus Pauling(59세)의 왼쪽 위에 자리 잡았다. 두 사람은 주기율표의 화학을 변화시키는 데 큰 역할을 했고, 서로 친한 친구는 아니었지만 공통 관심사에 대해 대화를 나누고 편지를 주고받았다. 세그레는 방사성 원소인 베릴륨을 사용하는 실험에 대해 폴링에게 조언을 구하는 편지를 보낸 적이 있다. 훗날 폴링은 세그레가 공동 발견한 87번 원소(프랑슘)의 임시 이름을 물은 적도 있다. (프랑슘은 프랑스의 마르게리트 페레Marguerite Perey가 발견했고, 세그레가 공동 발견한 원소는 85번 원소인 아스타틴이었다.—옮긴이) 마침 『브리태니커 백과사전』의 주기율표 항목에 관한 글을 쓰고 있던 참이라 그것을 언급하고 싶었던 것이다.

　　게다가 두 사람은 같은 대학에서 동료로 일할 뻔했다. 1922년, 폴링은 자신이 자란 오리건주 밖에서 화학 연구를 할 수 있는 곳을 물색하다가 버클리의 캘리포니아 대학에 근무하던 길버트 루이스(노벨상을 계속 놓친 불운의 화학자)에게 그곳 대학원에 들어갈 수 있겠느냐고 물었다. 그런데 기묘하게도 루이스가 답장을 하지 않는 바람에 폴링은 칼텍 대학원에 진학했고, 1981년까지 그곳에서 스타 학생과 교수로 이름을 날리며 지냈다. 나중에 가서야 버클리는 폴링의 편지가 중간에 사라졌다는 사실을 알았다. 만약 루이스가 그 편지를 보았더라면, 틀림없이 폴링에게 대학원 입학 자격을 주었을 것이고, 우수한 대학원생을 교수진으로 확보하려고 했던 루이스의 방침을 감안한다면 폴링은 버클리에서 종신 교수로 지냈을 것이다.

　　그리고 나중에 세그레도 그곳에서 폴링과 만났을 것이다. 1938년에 무솔리니가 히틀러에게 복종하면서 이탈리아에서 유대인 교수를 모두 추방하자, 세그레도 해외로 망명할 수밖에 없었다. 설상가상으로 세그레는 버클리에서 굴욕적으로 일자리를 얻었다. 이탈리아에서 해고될 무렵에 세그레는 버클리의 방사선 연구소에서 안식년을 보내고 있었다. 갑자기 갈 곳을 잃고 불안해진 세그레는 방사선 연구소장에게 상근직을 달라고 간청했다. 연구소장은 좋다고 했지만, 아주 낮은 급료를 제시했다. 세그레가 달리 갈 데가 없다고 판단한 그는 300달러의 월급을 약 60%나 깎아 116달러만 받고 일하라고 강요했다. 세그레는 울며 겨자 먹기로 그 제의를 수락하고, 앞으로 가족을 어떻게 부양할지 걱정하면서 이탈리아에 있던 가족을 미국으로 불렀다.

　　세그레는 굴욕을 잘 이겨냈고, 그다음 수십 년 동안 폴링과 함께 각자의 분야에서 전설이 되었다. 두 사람은 오늘날 일반인에게는 잘 알려지지 않은 위대한 과학자로 남아 있다. 그런데 두 사람은 잘 알려지지 않은 공통점이 한 가지 있는데(〈타임〉도 그 점은 지적하지 않았다), 그것은 둘 다 과학사에서 아주 큰 실수를 두 가지 저질렀다는 사실이다.

오늘날 과학에서 일어나는 실수는 반드시 나쁜 결과로 이어지진 않는다. 경화 고무, 테플론, 페니실린은 모두 실수 덕분에 발명되었다. 카밀로 골지Camillo Golgi는 뇌 조직에 실수로 오스뮴을 쏟은 뒤에 뉴런의 세부 구조를 볼 수 있는 방법인 오스뮴 염색법을 발견했다. 16세기의 학자이자 초기 화학자인 파라셀수스Paracelsus가 수은과 소금과 황이 우주의 기본 원자라고 한 것처럼 완전히 틀린 주장도 금을 만드느라 쓸데없는 노력을 기울이던 연금술사들의 관심을 실질적인 화학 분석으로 돌리는 데 기여했다. 우연한 실수와 명백한 잘못도 과학을 발전시키는 데 나름대로 기여했다.

폴링과 세그레가 저지른 잘못은 그런 종류의 실수가 아니었다. 그들이 저지른 잘못은 알고도 모르는 척하고 관리자에게 알리지 않은 종류의 실수였다. 그들을 위해 굳이 변명을 한다면, 두 사람 다 엄청나게 복잡한 연구에 몰두하고 있었다. 그 연구는 비록 개개 원자의 화학에 기초하긴 했지만, 그 화학을 뛰어넘어 원자들의 계가 어떻게 행동하는지 설명하려는 것이었다. 그렇지만 두 사람은 자신들이 그 발전에 크게 기여한 주기율표를 조금만 더 신중하게 살펴보았더라면 그런 실수를 충분히 피할 수 있었다.

원소 세계의 네시, 43번 원소

실수 이야기가 나왔으니 하는 말인데, 43번 원소만큼 '최초로' 발견했다는 주장이 많이 나온 원소도 없다. 43번 원소는 원소 세계의 네시 같은 존재였다.

1828년, 한 독일 화학자가 '폴리늄'과 '플루라늄'이란 새 원소를 발견했다고 발표하면서 그중 하나가 43번 원소로 보인다고 주장했다. 그렇지만 둘 다 불순물이 섞인 이리듐으로 밝혀졌다. 1846년에는 또 다른 독일인이 '일메늄'을 발견했다고 주장했지만, 사실은 니오브(나이오븀, 41번)였다. 그 이듬해에 또 어떤 사람이 '펠로퓸'을 발견했다고 발표했지만, 그것 역시 니오브였다. 1869년에 43번 원소를 뒤쫓는 사도들에게 반가운 소식이 날아왔다. 그것은 멘델레예프가 주기율표를 만들면서 42번부터 44번까지의 칸을 빈칸으로 남겨두었다는 소식이었다. 멘델레예프의 주기율표 연구 자체는 좋은 과학이었으나, 나쁜 과학을 조장하는 악영향을 미쳤다. 왜냐하면 그렇지 않아도 뭔가를 간절히 찾고 있던 사람들에게 그곳에 중요한 것이 숨어 있을지도 모른다는 기대를 품게 했기 때문이다. 실제로 8년 뒤에 멘델레예프의 동료 러시아인이 43번 원소보다 50%나 더 무거운데도 불구하고 '데이븀'이란 원소를 발견했다고 주장하면서 43번 칸에 집어넣었는데, 그것은 나중에 세 가지 원소의 혼합물로 드러났다. 20세기로 넘어가기 전에 마지막으로 1896년에 '루슘'이 발견되었지만, 이것 역시 이트륨으로 밝혀졌다.

새로운 세기에는 더욱 잔혹한 역사가 이어졌다. 1909년, 일본의 오가와 마사타카小川正孝가 '니포늄(일본어로 '일본'을 뜻하는 닛폰에서 딴 이름)'을 발견했다. 이전에 발견했다고 주장한 43번 원소 세 가지는 오염된 시료이거나 이미 발견된 미량 원소로 밝혀졌다. 오가와는 실제로 새로운 원소를 발견했지만, 자신이 주장한 원소는 아니었다. 43번 원소를 먼저 발견하는 영예에 집착한 나머지 주기율표에 남아 있던 다른 빈칸들을 쳐다보지 않은 것이다. 그의 결과를 아무도 확인해주지 않자, 오가와는 창피함을 느끼고 주장을 철회했다. 2004년에 가서야 같은 일본인 과학자가 오가와의 연구 데이터를 재검토한 결과, 오가와가 그 당시 발견되지 않고 남아 있던 레늄(75번 원소)을 분리하고서도 그 사실을 몰랐던 것으로 드러났다. 저세상에서 오가와는 자신이 정말로 뭔가 중요한 것을 발견했다는 사실을 뒤늦게 알고서 기뻐할까, 아니면 애석한 실수를 통탄할까?

75번 원소는 1925년에 독일의 오토 베르크Otto Berg와 부부 과학자인 발터 노닥Walter Noddack과 이다 노닥Ida Noddack이 발견했다. 그들은 라인 강의 이름을 따 그 원소의 이름을 레늄rhenium이라고 지었다. 이와 동시에 그들은 43번 원소도 발견했다고 발표하면서 프로이센의 한 지역 이름을 따 그 이름을 '마수륨masurium'이라고 지었다. 다른 과학자들은 10여 년 전에 유럽을 파탄으로 몰고 간 민족주의의 악몽이 떠올라 애국적 색채를 물씬 풍기는 독일식 이름이 별로 탐탁지 않았다.(라인 강과 마수리아는 둘 다 제1차 세계 대전 때 독일군이 승리한 장소였다.) 그래서 유럽 대륙 전체에서 독일 과학자들의 주장을 부정하려는 음모가 생겨났다. 레늄의 연구 데이터는 누가 봐도 완전무결한 것으로 보였으므로, 그 대신에 조금 더 의심스러운 '마수륨'에 초점을 맞추었다. 오늘날 일부 학자들의 의견에 따르면, 세 독일 화학자는 43번 원소를 발견했을 수도 있지만, 그들의 논문에는 분리한 '마수륨'의 양을 수만 배나 과대평가한 것과 같은 부주의한 실수가 포함돼 있었다. 그래서 그렇지 않아도 43번 원소에 대한 주장을 의심하고 있던 과학자들은 그 결과를 인정할 수 없다고 선언했다.

1937년에 가서야 두 이탈리아 과학자가 43번 원소를 분리하는 데 성공했다. 에밀리오 세그레와 카를로 페리에르Carlo Perrier는 핵물리학 분야의 새로운 연구를 이용해 이 일을 해냈다. 그때까지 화학자들의 온갖 노력에도 불구하고 43번 원소는 좀체 발견되지 않아, 사람들은 지각에 있는 모든 43번 원소 원자가 방사성 붕괴를 통해 이미 수백만 년 전에

42번 원소인 몰리브덴으로 변해버린 게 아닐까 하고 생각했다. 그래서 이탈리아 과학자들은 겨우 몇 g의 시료를 얻으려고 수 톤의 광석을 정제하고 추출하는 대신에(베르크와 노닥 부부가 한 것처럼), 사정을 잘 모르는 미국인 동료에게 그것을 약간 만들게 했다.

몇 년 전에 어니스트 로렌스(베르크와 노닥 부부가 43번 원소를 발견했다는 주장을 착각이라고 말한 적이 있는)라는 미국인은 방사성 원소를 대량으로 만들기 위해 사이클로트론이라는 원자핵 파괴 장치를 만들었다. 로렌스는 새로운 원소를 만드는 것보다 기존 원소의 동위원소를 만드는 데 더 관심이 있었지만, 1937년에 미국을 여행하던 중에 로렌스의 연구소를 방문한 세그레는 사이클로트론에 몰리브덴 파편을 사용한다는 (그럴 때면 내부에 있는 가이거 계수기가 요란하게 울렸다) 이야기를 들었다. 세그레는 로렌스에게 실험에 쓰고 난 뒤 버리는 몰리브덴 시료를 좀 달라고 부탁했다. 몇 주일 뒤 로렌스는 세그레의 요청대로 쓰고 남은 몰리브덴 띠 일부를 봉투에 넣어 이탈리아로 보냈다. 세그레의 직감이 옳았다. 세그레와 페리에르는 그 띠 위에서 43번 원소를 미량 발견했다. 이렇게 해서 그들은 주기율표에서 많은 화학자의 노력을 좌절시키며 남아 있던 빈칸을 채웠다.

당연한 일이지만, 독일 화학자들은 '마수륨'이라는 이름을 포기하지 않았다. 심지어 발터 노닥은 이탈리아로 세그레를 찾아가 언쟁을 벌이기까지 했다. 그것도 스바스티카 문양이 잔뜩 들어가 위협적으로 보이는 군복 비슷한 복장으로 그 난리를 피웠다. 쉽게 흥분하는 성격인 세그레에게 그런 태도가 좋게 보일 리 없었다. 게다가 세그레는 또 다른 문제로 정치적 압력을 받고 있었다. 세그레가 근무하던 팔레르모 대학 당국은 새로 발견한 원소를 팔레르모를 뜻하는 라틴어 이름을 따 '파노르뮴panormium'으로 지으라고 은근히 압력을 가하고 있었다. 세그레와 페리에르는 '마수륨'을 둘러싸고 민족적 격론이 일어날 걸 염려해 대신에 그리스어로 '인공적'이란 뜻의 '테크네튬technetium'을 선택했다. 좀 무미건조한 이름이긴 하지만, 테크네튬은 최초의 인공 원소였기 때문에 아주 적절한 이름이었다. 그렇지만 이름을 그렇게 짓는 바람에 세그레는 대학 당국과 관계자들에게 좋은 인상을 주지 못했고, 1938년에 해외로 나가 버클리의 로렌스 연구소에서 안식년을 보내려고 계획을 세웠다.

세그레가 자신의 몰리브덴 시료를 이용한 것에 로렌스가 불만을 품었다는 증거는 없지만, 그해에 세그레의 봉급을 깎은 사람이 바로 로렌스였다. 실제로 로렌스는 무심결에 세그레의 기분 따위는 아랑곳하지 않고 한 달에 184달러를 절약해 장비에 쓸 수 있게 되어 다행이라는 말을 내뱉었다. 이것은 로렌스가 연구 기금을 확보하거나 연구를 이끌어가는 능력은 탁월했지만 인간관계는 서툴렀다는 것을 보여주는 또 하나의 사례이다. 로렌스는 우수한 과학자를 자주 영입했지만, 독단적인 방식 때문에 떠나가는 사람도 그만큼 많았다. 심지어 그의 지지자인 글렌 시보그조차 세계적으로 유명하고 많은 사람이 부러워하는 로렌스의 방사선 연구소가(유럽의 연구소가 아니라) 그 당시 과학계에서 가장 중요한 발견인 인공 방사능과 핵분열 반응을 먼저 발견했어야 한다고 말했다. 시보그는 그 두 가지를 다 놓친 것은 "불명예스러운 실패"라고 탄식했다.

그렇지만 그 점에 대해서 세그레는 로렌스를 동정했는지도 모른다. 세그레는 전설적인 이탈리아 물리학자인 엔리코 페르미가 1934년에 우라늄 시료에 중성자를 충돌시켜 93번 원소와 그 밖의 초우라늄 원소를 '발견'했다고 세상에 보고했을(그것은 틀린 것으로 판명되었지만) 때 그의 수석 조수였다. 페르미는 오랫동안 과학계에서 머리가 가장 빨리 돌아가는 사람으로 정평이 나 있었지만, 이번에는 성급한 판단 때문에 오류를 범하고 말았다. 사실은 페르미는 초우라늄 원소보다 훨씬 중요한 발견을 놓치는 우를 범했다. 그는 다른 사람보다 몇 년 앞서 인공적으로 우라늄 핵분열 반응을 일으키는 데 성공하고서도 그 사실을 알아채지 못했다. 1939년에 독일의 두 과학자가 페르미가 발표한 결과가 틀렸다고 발표하자, 페르미의 연구실은 발칵 뒤집혔다. 페르미는 이미 그 업적 때문에 노벨상까지 받은 터였다. 특히 세그레가 큰 가책을 느꼈다. 새로 발견된 원소를 분석하고 확인하는 일을 그의 팀이 맡았기 때문이다. 설상가상으로 그 순간 1934년에 핵분열의 가능성을 언급한 논문을 읽었던 게 떠올랐다. 그때 그는 그것을 근거가 없는 허황된 생각이라며 무시했는데, 하필이면 그 논문은 이다 노닥이 쓴 것이었다.*

훗날 유명한 과학사학자(게다가 유명한 야생 버섯 채집가까지) 된 세그레는 두 권의 책에서 핵분열에 관한 실수를 언급했는데, 두 번 다 똑같이 간결하게 기록했다. "이다 노닥이 특별히 우리에게 주의를 당부했는데도 불구하고 핵분열은 우리를 비켜갔다. 이다 노닥은 그 가능성을 분명히 지적한 논문을 우리에게 보내주었다. (…) 우리가 거기에 주의를 기울이지 않은 이유는 불분명하다."* (세그레가 재미있는 역사적 뒷이야기로, 핵분열 반응의 발견에 가장 가까이 다가갔던 두 사람인 이다 노닥과 이렌 졸리오-퀴리, 그리고 결국 그것을 발견한 리제 마이트너가 모두 여성이라는 사실을 지적했더라면 좋았을 것이다.)

불행하게도 세그레는 실패한 초우라늄 원소 발견의 교훈을 가슴에 너무 깊이 새겼고, 그 바람에 나중에 또 가슴을 치는 실수를 저질렀다. 1940년경에 과학자들은 우라늄 바로 앞과 뒤에 있는 원소들이 모두 전이 금속이라고 가정했다. 그들의 단순한 계산에 따르면 90번 원소는 4족에, 그리고 자연에 존재하지 않는 첫 번째 원소인 93번 원소는 7족인 테크네튬 아래에 위치했다. 그러나 오늘날의 주기율표가 보여주듯이, 우라늄 근처에 있는 원소들은 전이 금속이 아니다. 이 원소들은 란탄족

최고의 원소 사냥꾼으로 활약한 에밀리오 세그레. 세그레는 좀체 발견되지 않던 43번 원소 테크네튬을 발견했다.

이 대부분인 희토류 원소들 밑에 따로 모여 있다. 그리고 화학 반응에서도 테크네튬과는 다르게 희토류 원소처럼 행동한다. 지금 와서 보면, 그 당시 화학자들이 이런 사실에 주의를 기울이지 않았던 이유는 아주 단순하다. 그들은 주기율표를 중요하게 여기긴 했지만, 원소들의 주기성을 충분히 진지하게 생각하지 않았다. 희토류 원소는 특이한 예외라고 여겼고, 기묘하고 분리가 힘들 정도로 서로 잘 섞이는 화학적 성질은 다른 원소에서는 볼 수 없을 것이라고 보았다. 그러나 같은 성질을 나타내는 원소들이 아직 남아 있었다. 우라늄과 그 부근 원소들은 희토류 원소와 마찬가지로 전자들을 f 전자 껍질에 깊이 파묻는다. 그래서 희토류 원소와 마찬가지로 주기율표 본체에서 따로 떨어져나와 있고, 화학 반응에서도 비슷한 행동을 보인다. 지금 시점에서 보면 아주 간단하다. 핵분열 반응이 발견되고 나서 1년 후, 세그레와 같은 건물에서 연구하던 동료가 93번 원소를 발견하는 데 한 번 더 도전하기로 하고 사이클로트론에서 우라늄에 방사선을 쬐었다. 새로운 원소가 테크네튬과 비슷한 성질을 나타낼 것이라고 믿었던(위에서 말한 것과 같은 이유로) 그는 세그레에게 도움을 요청했다. 세그레가 테크네튬을 발견했고, 그 화학적 성질을 어느 누구보다도 잘 알았기 때문이다. 새로운 원소를 찾는 일이라면 물불 가리지 않던 세그레는 그 시료를 시험해보았다. 머리 회전이 빠른 스승 페르미와 마찬가지로, 세그레도 그 원소들이 테크네튬의 무거운 사촌이 아니라 희토류 원소처럼 행동한다고 발표했다. 세그레는 그저 평범한 핵분열 반응이 더 일어났을 뿐이라고 선언하고는, "실패로 끝난 초우라늄 원소 찾기"라는 우울한 제목의 논문을 급히 발표했다.

그러나 세그레가 손을 털고 떠난 자리에 동료 과학자인 에드윈 맥밀런Edwin McMillan이 의심을 품은 채 머물러 있었다. 모든 원소는 각자 독특한 방사성 지문이 있는데, 세그레의 '희토류 원소'는 다른 희토류 원소와 지문이 전혀 달랐다. 이것은 이해할 수 없는 일이었다. 신중한 추론 끝에 맥밀런은 시료가 희토류 원소와 같은 행동을 보이는 것은 희토류 원소와 화학적으로 사촌 관계이며, 주기율표 본체에서 벗어나 있기 때문이라는 사실을 깨달았다. 그래서 그는 세그레를 배제한 채 한 동료와 함께 방사선 조사 실험과 화학 실험을 다시 하여 천연 상태로 존재하지 않는 원소 중 첫 번째 원소인 넵투늄(93번)을 발견했다. 페르미 밑에서 일할 때 세그레는 핵분열의 산물을 초우라늄 원소로 오인하는 실수를 저질렀다. 글렌 시보그는 이렇게 회고했다 "세그레는 그런 경험을 하고서도 교훈을 얻지 못한 것으로 보이는데, 화학 실험을 신중하게 수행해야 할 필요성을 간과하는 실수를 또 한 번 저질렀다." 세그레는 이번에는 초우라늄 원소인 넵투늄을 핵분열의 산물로 오인하는, 먼젓번과는 정반대되는 실수를 저질렀다.

세그레는 과학자로서 스스로에게 분노와 회의를 느꼈을 게 분명하지만, 과학사가로서는 그 뒤에 일어난 일을 제대로 평가했다. 맥밀런은 이 연구로 1951년에 노벨 화학상을 수상했다. 그러나 스웨덴 왕립과학원은 페르미에게 초우라늄 원소를 발견한 공로로 이미 노벨상을 준 적이 있었다. 그래서 그런 실수를 인정하는 대신에 "초우라늄 원소의 화학"을 연구한 업적만 인정하면서 맥밀런에게 상을 주었다. 맥밀런은 신중하고 실수를 범하지 않는 연구 자세를 통해 진리에 이르렀는데, 그것은 결코 하찮은 게 아니었다.

라이너스 폴링의 천재성과 실수

세그레가 자부심이 강한 과학자였다고는 해도, 라이너스 폴링Linus Pauling에 비하면 아무것도 아니었다. 1925년에 박사 학위를 딴 뒤에 폴링은 그 당시 과학계의 중심지이던 독일에서 1년 반 동안 특별 연구원으로 일했다. (오늘날 전 세계 과학자들이 영어로 소통하는 것처럼 그 당시에는 독일어로 말하는 것이 유행이었다.) 그러나 20대의 폴링이 유럽에서 배운 양자역학은 곧 미국의 화학이 독일의 화학을 추월하게 하고, 폴링 자신을 〈타임〉 표지에 실리게 하는 데 큰 도움을 주었다.

간단히 말해서, 폴링은 양자역학이 원자들 사이의 화학 결합(결합의 세기, 결합의 길이, 결합각을 비롯해 거의 모든 것)을 어떻게 지배하는지 알아냈다. 폴링은 화학계의 레오나르도 다빈치였다. 그는 다빈치가 노트에 사람을 그리면서 한 것처럼 원자 결합의 해부학적 세부 내용을 처음으로 자세히 알아냈다. 화학은 기본적으로 서로 결합하거나 결합을 끊는 원자들을 연구하는 것이기 때문에, 폴링은 잠에 빠져 있던 이 분야를 거의 혼자 힘으로 현대화한 셈이다. 그래서 그는 화학의 역사를 통틀어 최고의 찬사를 받을 자격이 충분히 있는데, 한 동료는 폴링이 "화학을 단순히 외우는 것이 아니라 '이해'할 수 있는 학문"임을 증명했다는 찬사를 바쳤다.

이 업적을 세운 뒤에도 폴링은 계속해서 기초 화학을 연구했다. 그리고 곧 눈송이가 왜 육각형 모양인지 알아냈는데, 그 비밀은 얼음 결정이 육각형 구조라는 데 있었다. 그와 동시에 폴링은 단순한 물리화학을 넘어서는 영역으로 나아가고 싶어 몸이 근질거렸다. 예를 들면, 그가 추진한 연구 계획 중 하나는 겸상 적혈구 빈혈증이 어떻게 사람을 죽게 만드는지 밝혀내는 것이었는데, 적혈구 세포 속의 변형된 헤모글로빈 구조가 산소를 제대로 붙들지 못하기 때문이었다. 헤모글로빈에 대한 이 연구는 질병의 원인을 분자의 기능 부전*에서 찾아낸 최초의 사례로 꼽히며, 의학을 대하는 의사들의 사고방식을 바꾸어놓았다. 그리고 나서 폴링은 1948년에 독감으로 몸져누운 상태에서도 단백질이 어떻게 '알파 나선'이라 부르는 기다란 원통 모양을 만들 수 있는지 밝힘으로써 분자생물학에 혁명을 일으키기로 마음먹었다. 단백질의 기능은 대체로 단백질의 형태에 좌우되는데, 폴링은 단백질을 이루는 개개 부분들이 자신의 적절한 형태가 어떤 것인지 어떻게 '아는지' 처음으로 알아냈다.

이 모든 사례에서 폴링이 진짜로 관심을 가졌던 것은 말도 못 하는 아주 작은 원자들이 자기 조직 과정을 통해 큰 구조로 변해갈 때 어떻게 새로운 성질이 기적처럼 나타나는가 하는 문제였다. 여기서 정말로 흥미로운 사실은 각 부분만 보아서는 전체에 대해 아무런 힌트도 못 얻는 경우가 많다는 것이다. 직접 보지 않고는 개개 탄소와 산소, 질소 원자가 어떻게 결합해 아미노산처럼 유용한 구조를 만드는지 그 과정을 짐작조차 할 수 없는 것과 마찬가지로, 어떻게 몇몇 아미노산이 합쳐져 생명체를 이루고 살아가게 하는 그 모든 단백질을 만들어내는지 상상하기 어렵다. 이 원자 생태계 연구는 복잡성 면에서 볼 때 새로운 원소를 만드는 것보다 한 단계 더 높은 것이었다. 그러나 이러한 복잡성의 증가는 오해와 실수를 낳을 위험을 크게 높였다. 폴링이 알파 나선으로 손쉽게 거둔 성공은 역설적 결과를 낳았다. 만약 또 다른 나선 분자인 DNA 연구에서 실수를 하지만 않았더라면, 폴링은 틀림없이 역사상 다섯 손가락 안에 드는 위대한 과학자로 이름을 남겼을 것이다.

DNA는 이미 1869년에 스위스 생물학자 프리드리히 미셔Friedrich Miescher가 발견했지만, 대다수 과학자와 마찬가지로 폴링 역시 1952년까지는 DNA에 별로 관심을 보이지 않았다. 미셔는 고름이 배인 붕대(현지 병원이 기꺼이 그에게 내준)에 끈적끈적한 회색 물질이 남을 때까지 알코올과 돼지 위액을 쏟아부은 끝에 DNA를 발견했다. 그것을 시험한 미셔는 즉각 자화자찬식으로 데옥시리보핵산은 생물학에서 아주 중요한 물질로 밝혀질 것이라고 선언했다. 그러나 불행하게도 화학 분석 결과, 그

단독으로 노벨상을 두 차례나 받은 라이너스 폴링. 폴링은 양자역학이 원자들 사이의 화학적 결합을 어떻게 지배하는지 알아내는 등 화학의 현대화에 크게 기여했다.

물질 속에 인이 다량 함유돼 있는 것으로 드러났다. 그 당시 생화학 분야에서는 오로지 단백질에만 관심을 보였는데, 단백질에는 인이 전혀 포함돼 있지 않으므로 DNA는 분자 세계의 충수*처럼 일종의 퇴화 물질로 간주되었다.

1952년에 바이러스를 대상으로 한 극적인 실험이 그러한 편견을 바꾸어놓았다. 바이러스는 다른 세포에 무임승차하여 피를 빠는 모기와는 반대로 세포 속에 악당 유전 정보를 주입한다. 그러나 그 유전 정보가 바이러스의 DNA에 들어 있는지 단백질에 들어 있는지는 아무도 몰랐다. 그래서 두 유전학자는 방사성 동위원소 추적자를 사용해 바이러스에서 인이 풍부한 DNA의 인과, 황이 풍부한 단백질의 황을 추적해보았다. 이 방법으로 바이러스가 침투한 세포들을 조사한 결과, 방사성 인이 세포에 주입되어 전달된 반면 황이 포함된 단백질은 그렇지 않은 것으로 드러났다. 따라서 유전 정보의 전달자는 단백질이 될 수 없고, DNA가 범인으로 밝혀졌다.*

그런데 DNA의 정체는 도대체 무엇일까? 과학자들은 그것에 대해 아는 게 거의 없었다. DNA는 기다란 가닥의 형태로 존재했고, 각각의 가닥은 인산과 당으로 된 뼈대로 이루어져 있었다. 그리고 마치 가시에 달린 혹처럼 그 뼈대에서 삐죽 돋아나온 핵산도 있었다. 그렇지만 그러한 가닥의 모양과 그것들이 서로 어떻게 연결돼 있는지는 수수께끼, 그것도 아주 중요한 수수께끼였다. 폴링이 헤모글로빈과 알파 나선으로 보여준 것처럼, 모양은 분자의 작용 방식과 밀접한 관계가 있다. 그래서 곧 DNA의 모양을 알아내는 것은 분자생물학 분야에서 아주 중요한 과제가 되었다.

폴링은 많은 사람들과 마찬가지로 그 답을 알아낼 사람이 자신뿐이라고 생각했다. 그것은 오만해서 그런 게 아니었다. 최소한 단지 오만

해서 그런 것만은 아니었다. 폴링은 그때까지 어느 누구에게도 뒤져본 적이 없었다. 그래서 1952년에 폴링은 캘리포니아주에서 자기 책상 앞에 앉아 연필과 계산자, 개략적인 간접 데이터를 가지고 DNA의 정체를 밝히는 작업에 착수했다. 처음에는 부피가 상당히 큰 핵산이 각 가닥의 바깥쪽에 자리 잡고 있다고 판단했는데, 그것은 틀린 생각이었다. 다른 방법으로는 DNA 분자의 구조를 제대로 들어맞게 할 수가 없었다. 그래서 인산과 당의 뼈대를 분자 중심 쪽으로 회전시켰다. 또한 잘못된 데이터를 바탕으로 DNA가 3중 나선 구조라고 추정했다. 잘못된 데이터는 죽어서 말라붙은 DNA에서 얻었기 때문인데, 죽은 DNA는 살아 있는 축축한 DNA와는 말리는 방식이 다르다. 그래서 그 DNA 분자는 실제보다 더 많이 꼬여 있는 것처럼 보여 폴링은 그 구조를 3중 나선으로 파악했던 것이다. 종이 위에서 볼 때에는 이 모든 것이 무척 그럴듯해 보였다.

순풍에 돛 단 듯이 만사가 잘 풀려가자, 폴링은 한 대학원생에게 자신이 계산한 결과를 한번 검토해보라고 했다. 검토에 착수한 그 대학원생은 자신이 어디서 틀렸고 폴링이 어디서 맞는지 알아내느라 애를 먹었다. 결국 그는 폴링에게 근본적인 이유 때문에 인산 분자가 제대로 들어맞지 않는 것처럼 보인다고 보고했다. 화학 수업 시간에는 원자가 전기적으로 중성이라는 사실을 강조하지만, 현장에서 연구하는 전문 화학자는 원소를 그렇게 보지 않는다. 자연계, 특히 생물계에서는 많은 원소가 전하를 띤 이온 상태로만 존재한다. 폴링이 그 발견에 도움을 준 법칙에 따르면 DNA 안에 있는 인 원자들은 음전하를 띠기 때문에 서로 밀어낸다. 그래서 세 가닥의 인산은 서로 간의 반발력 때문에 DNA의 중심에 함께 들어갈 수 없다.

대학원생에게서 이 설명을 들은 폴링은 그답게 정중하게 그것을 무시했다. 경청도 하지 않을 거라면 애초에 뭐하러 대학원생에게 검토를 부탁했는지 의문이 들지만, 폴링이 대학원생의 의견을 묵살한 이유는 분명하다. 그는 과학적 발견의 우선권을 주장하고 싶었던 것이다. 즉, DNA에 관해 발표되는 개념은 모두 다 자신이 먼저 발견한 개념의 아류로 취급받길 원했다. 그래서 평소의 세심한 태도와는 달리 DNA 분자의 해부학적 세부 구조가 자신이 생각한 바대로 밝혀질 것이라고 가정하고서 1953년 초에 세 가닥의 인으로 이루어진 나선 구조 모형을 서둘러 발표했다.

한편 대서양 건너편의 영국 케임브리지 대학에서는 미숙한 대학원생인 제임스 왓슨과 프랜시스 크릭*이 곧 발표될 예정인 폴링의 논문 원고를 입수해 살펴보고 있었다. 폴링의 아들인 피터 폴링이 두 대학원생과 같은 연구실에서 일하고 있었기 때문에, 특별히 그 논문을 보여주는 호의를 베푼 것이다. 두 대학원생 역시 훌륭한 연구 업적을 세우기 위해 DNA의 수수께끼를 풀려고 노력하고 있었다. 폴링의 논문을 본 그들은 깜짝 놀랐다. 1년 전에 그들도 그것과 똑같은 모형을 만든 적이 있었기 때문이다. 그렇지만 다른 동료가 3중 나선 구조가 터무니없는 개념이라고 지적하자 창피를 느껴 쓰레기통으로 집어넣었던 모형이었다.

그렇지만 그 창피를 안겨준 동료인 로절린드 프랭클린Rosalind Franklin은 무심코 한 가지 비밀을 알려주었다. 프랭클린은 분자의 모양을 알아내는 X선 결정학을 연구하고 있었다. 그해에 프랭클린은 두 사람보다 앞서 오징어 정자에서 추출한 젖은 DNA를 조사하여 DNA가 이중 나선 구조라는 계산을 얻어냈다고 했다. 폴링은 이전에 독일에서 결정학을 연구한 적이 있기 때문에, 프랭클린의 훌륭한 데이터만 보았더라면 DNA의 수수께끼를 즉각 풀었을 것이다.(그가 마른 DNA에서 얻은 데이터 역시 X선 결정학으로 얻은 것이었다.) 그러나 자타가 공인하는 진보주의자였던 폴링은 미국 국방부 내의 매카시주의자들이 그의 여권을 정지시키는 바람에 1952년에 영국에서 열린 중요한 회의에 참석하지 못했다. 그 회의에 참석만 했더라면 프랭클린이 한 연구 이야기를 들었을지도 모른다. 그렇지만 왓슨과 크릭은 프랭클린과는 달리 절대로 경쟁자와 데이터를 함께 나누려고 하지 않았다. 대신에 그들은 자존심을 버리고 프랭클린의 개념을 훔쳐와 다시 연구를 시작했다. 그런데 얼마 지나지 않아 왓슨과 크릭은 자신들이 앞서 저질렀던 실수를 폴링이 그대로 반복한 것을 본 것이다.

믿을 수 없는 현실에 접한 그들은 지도 교수인 윌리엄 브래그William Bragg에게 달려갔다. 브래그는 수십 년 전에 노벨상을 받았지만, 그 무렵에 (한 역사학자의 표현에 따르면) "신랄하고 유명세를 추구하는" 경쟁 상대인 폴링에게 중요한 발견(알파 나선의 모양과 같은)의 영예를 빼앗겨 분통해하고 있었다. 브래그는 왓슨과 크릭이 3중 나선 모형 때문에 창피를 당한 뒤에 DNA 연구를 못 하게 했다. 그런데 두 사람이 폴링이 저지른 어처구니없는 실수를 보여주면서 비밀리에 DNA 연구를 계속해왔다고 말하자, 브래그는 폴링을 이길 기회가 왔다고 생각했다. 그래서 두 사람에게 당장 DNA 연구를 재개하라고 말했다.

맨 먼저 크릭은 폴링에게 편지를 보내 인산으로 이루어진 중심 부분이 어떻게 그런 형태를 유지할 수 있느냐고 조심스럽게 물었다. 폴링 자신이 발표한 이론들을 고려한다면 그런 일은 불가능했기 때문이다. 폴링은 이 때문에 쓸데없는 계산을 하느라 많은 시간을 보냈다. 아들인 피터 폴링이 두 대학원생이 바짝 추격해오고 있다고 경고했는데도, 폴링은 자신의 3중 나선 모형이 입증될 것이라고 고집을 부렸다. 폴링이 완고하긴 해도 결코 어리석은 사람은 아니어서 곧 자신의 잘못을 알아채리란 걸 잘 알고 있던 왓슨과 크릭은 묘안을 찾느라 머리를 굴렸다.

그들은 직접 실험을 한 적이 없었다. 단지 다른 사람이 한 실험 데이터를 가지고 잘 해석했을 뿐이다. 그러다가 결국 1953년에 다른 과학자에게서 자신들이 원하던 바로 그 단서를 얻는 데 성공했다.

그 과학자는 그들에게 DNA에 들어 있는 네 가지 염기(아데닌, 사이토신, 티민, 구아닌. 흔히 줄여서 간단히 A, C, T, G로 표기한다)가 둘씩 짝을 지어 항상 같은 비율로 존재한다고 알려주었다. 다시 말해서, 어떤 DNA 시료의 구성 성분 중 36%가 A라면, T 역시 36%가 존재한다는 뜻이다. 이것은 예외 없이 항상 그랬다. C와 G의 비율 역시 이런 관계가 항상 성립했다. 이 사실로부터 왓슨과 크릭은 A와 T, 그리고 C와 G가 DNA 안에서 짝을 이루고 있다고 추정했다.(흥미롭게도, 그 과학자는 몇 년 전에 호화 유람선에서 폴링을 만나 같은 이야기를 한 적이 있었다. 그러나 폴링은 시끄러운 동료 과학자가 휴가를 방해한다고 생각하여 그의 말을 무시했다.) 게다가 무엇보다 기적적인 것은 두 쌍의 염기가 마치 퍼즐 조각처럼 서로 딱 들어맞는다는 사실이었다. 이것으로 인산이 안쪽으로 접혀 들어가야 한다는 폴링의 주장은 설 자리를 잃었다. 폴링이 자신의 모형에 계속 매달려 있는 동안 왓슨과 크릭은 그 모형을 뒤집어 음 이온인 인산 이온들이 서로 닿지 않도록 했다. 그 결과 비틀어진 사닥다리 모양의 구조를 얻었는데, 이것이 바로 그 유명한 이중 나선 구조이다. 모든 것을 천재적으로 꼼꼼히 점검한 뒤에, 그리고 폴링이 실수를 깨닫고 되돌아오기 전에* 두 사람은 1953년 4월 25일자 〈네이처〉에 이 모형을 발표했다.

3중 나선과 뒤집힌 인산 모형 때문에 공개적으로 창피를 당한 폴링은 어떤 반응을 보였을까? 게다가 생물학 분야에서 세기적인 발견에 대해 경쟁자인 브래그의 연구실에 졌으니 얼마나 분했을까? 그러나 폴링은 믿기 힘들 정도의 고결한 태도를 보여주었다. 비슷한 상황에 처했을 때 누구나 그럴 수 있었으면 하고 간절히 바랄 만한 태도를 보여준 것이다. 폴링은 자신의 실수와 패배를 순순히 인정하고, 심지어 1953년 후반에 자신이 주최한 과학자 회의에 왓슨과 크릭을 초대함으로써 그들의 지위를 높여주었다. 이러한 태도는 폴링이 정말로 위대한 사람임을 말해준다. 일찌감치 이중 나선 모형을 지지하고 나선 것은 그것을 증명해준다.

    1953년 이후에도 폴링과 세그레는 계속 승승장구했다. 1955년, 세그레는 또 다른 버클리 과학자인 오언 체임벌린Owen Chamberlain과 함께 반양성자를 발견했다. 반양성자는 정상적인 양성자의 거울상 입자이다. 반양성자는 양성자와는 반대로 음전하를 띠고, 시간을 거슬러 거꾸로 나아가는 것처럼 보인다. 무엇보다 섬뜩한 사실은, 반양성자가 여러분이나 나를 비롯해 '진짜' 물질을 만나면 양성자와 상쇄되는 반응을 통해 함께 사라진다는 것이다. 1928년에 반물질이 존재한다는 예측이 처음 나온 이후 얼마 지나지 않아 1932년에 반물질의 한 종류인 반전자가 비교적 쉽게 발견되었다. 그렇지만 많은 노력에도 불구하고, 반양성자는 입자물리학 세계의 테크네튬처럼 쉽게 발견되지 않았다. 오랫동안 잘못된 시도와 의심스러운 주장을 하던 세그레가 마침내 그것을 찾아낸 것은 그가 얼마나 집요한지 말해준다. 이 덕분에 세그레는 이전의 실수를 용서받고 4년 뒤에 노벨 물리학상을 수상했다.* 세그레는 에드윈 맥밀런의 흰색 조끼를 빌려 입고 시상식에 참석했다.

    폴링은 DNA의 수수께끼를 푸는 경쟁에서 패한 상처를 달래주는 상을 받았다. 1954년에 뒤늦게 연구 업적을 인정받아 노벨 화학상을 수상한 것이다. 그러고 나서 폴링은 늘 그랬듯이 다시 새로운 분야에 도전했다. 고질적인 감기로 고생하던 폴링은 스스로에게 비타민을 과량 투여하면서 실험을 했다. 정확한 이유가 무엇이건 어쨌든 비타민은 그에게 큰 효과가 있었고, 그러자 폴링은 흥분하여 비타민의 효용을 다른 사람들에게도 널리 홍보하기 시작했다. 노벨상 수상자라는 타이틀은 그의 주장에 무게를 실어주어 대중 사이에 비타민 C가 감기 치료 효과가 있다는 과학적으로 의심스러운 개념을 포함해 비타민의 효능에 대한 신화가 널리 퍼지게 되었다. 또한, 맨해튼 계획에 참여하는 것을 거부한 폴링은 반핵 운동의 세계적 지도자가 되어 각종 시위에 참여했고, 『전쟁은 이제 그만 *No More War!*』이라는 책도 썼다. 그리고 1962년도 노벨 평화상까지 탔다. 단독으로 노벨상을 두 번 받은 사람은 지금까지 그가 유일하다. 그렇지만 그해에 스톡홀름에서 열린 노벨상 시상식에서는 노벨 의학 생리학상 수상자인 제임스 왓슨과 프랜시스 크릭과 자리를 함께 했다.(이것은 저자의 착각인 듯하다. 노벨 평화상 시상식은 노르웨이 오슬로에서 열리고, 나머지 부문은 스웨덴 스톡홀름에서 열린다. 시상식이 각각 다른 나라에서 열리는 것은 노벨상이 처음 제정될 무렵에는 노르웨이와 스웨덴이 한 나라로 통합돼 있었기 때문이다. 게다가 노벨 평화상은 1962년에 수상자를 선정하지 않았다가 1963년에 뒤늦게 폴링을 수상자로 정했다. 그래서 폴링이 오슬로에 간 것은 1963년이다.—옮긴이)

독성 원소들의 복도 : "아야, 아야"

폴링은 생물학 법칙이 화학 법칙보다 훨씬 미묘하다는 교훈을 아주 어렵게 배웠다. 아미노산을 화학적으로 아무리 학대하더라도 아미노산 분자 자체는 그 형태를 그대로 유지한다. 그러나 살아 있는 생물의 연약하고 복잡한 단백질은 열이나 산 혹은 최악의 경우 악당 원소에게 심하게 시달림을 받으면 와르르 무너지고 만다. 악당 원소들은 살아 있는 세포의 많은 취약점을 이용하는데, 때로는 생명을 유지하는 데 도움을 주는 미네랄이나 미량 원소처럼 위장하기도 한다. 이 원소들이 온갖 기발한 방법으로 생명을 갉아먹는 이야기는 주기율표의 어두운 서브플롯 subplot(극이나 소설 따위에서의 부차적 플롯. 그 자체로 하나의 완전한 이야기를 가지면서 중심 플롯과 병행하거나 엇갈리며 흥미를 더해주어 작품의 전체 효과를 끌어올리는 역할을 한다.―옮긴이)을 제공한다.

악명 높은 카드뮴

독성 원소들의 복도에서 가장 가벼운 원소는 카드뮴이다. 카드뮴은 일본 중부 지방에 있는 오래된 광산에서 악명을 떨쳤다. 710년부터 기후 현 가미오카에 있는 광산들에서 귀금속이 채굴되기 시작했다. 그후 수백 년 동안 가미오카 광산들에서는 금, 납, 은, 구리가 산출되었고, 많은 쇼군과 경제계 거물이 그 땅을 탐냈다. 그렇지만 광부들이 카드뮴을 가공 처리하기 시작한 것은 최초로 광맥을 캐낸 지 1200년이 지난 뒤부터였다. 얼마 지나지 않아 가미오카 광산은 카드뮴으로 악명을 떨쳤고, 카드뮴 때문에 생긴 병은 '아야 아야'라는 뜻의 '이타이이타이병'으로 불리게 되었다.

  1904~1905년의 러일 전쟁과 10년 뒤에 일어난 제1차 세계 대전으로 일본은 장갑과 비행기, 탄약에 쓸 아연을 비롯해 금속 수요가 크게 늘어났다. 주기율표에서 카드뮴은 아연 바로 밑에 있으며, 두 금속은 지각 속에서 서로 구분하기 어렵게 섞여 있다. 가미오카에서 채굴한 아연 광석을 정제할 때에는 그것을 커피처럼 볶은 뒤 산에 넣어 카드뮴을 제거했다. 그 당시의 환경 규제 관행에 따라 처리하고 남은 카드뮴 찌꺼기는 그냥 하천으로 흘려보내거나 땅에 버렸는데, 거기서 새어나온 오염 물질이 지하수면으로 스며들었다.

  오늘날에는 카드뮴을 그렇게 그냥 버린다는 것은 상상도 못할 일이다. 카드뮴은 전지나 컴퓨터 부품의 부식을 방지하는 코팅 재료로 아주 중요하게 쓰인다. 또한 오래전부터 염료나 무두질 공정, 땜납의 재료로도 사용돼왔다. 20세기에 들어와서는 심지어 음료수 컵을 반짝이게 도금하는 재료로 한때 큰 인기를 끌었다. 그렇지만 오늘날 카드뮴을 함부로 버리지 않는 주 이유는 의학적으로 무서운 부작용을 초래하기 때문이다. 오늘날 제조업체들은 컵을 도금하는 재료에 카드뮴을 쓰지 않는데, 레모네이드 같은 산성 과일 주스가 용기 벽에서 카드뮴을 녹여내는 바람에 해마다 수백 명이 병에 걸렸기 때문이다. 그리고 2001년 9·11 테러 이후에 그라운드 제로에서 작업하던 구조 요원들 사이에 호흡기 질환이 번지자, 일부 의사들은 의심이 가는 여러 물질 중에서도 특히 카드뮴을 의심했다. 세계무역센터 건물이 무너질 때 수만 대 이상의 전자 장비가 기화했기 때문이다. 그 의심은 빗나갔지만, 이 사례는 의료 관계자들이 48번 원소를 얼마나 위험한 물질로 인식하고 있는지 잘 보여준다.

의사들이 그런 결론을 내린 것은 약 100년 전에 가미오카 광산 부근에서 일어난 사건 때문에 생긴 일종의 반사 작용이라고 할 수 있다. 이미 1912년에 현지 의사들은 쌀농사를 짓는 농부들이 끔찍한 신종 질병으로 고통 받는다는 사실을 발견했다. 농부들은 관절과 뼈의 심한 통증을 견디지 못해 몸을 구부린 채 병원을 찾아왔다. 특히 50명 중 49명이 여성일 정도로 여성 환자가 많았다. 신장이 나빠진 경우도 많았으며, 뼈가 약해져 웬만한 일에도 그 하중을 견디지 못하고 부러지기 일쑤였다. 한 의사는 여자아이의 맥박을 재다가 손목을 부러뜨렸다. 이 수수께끼의 질병은 일본에서 군국주의가 휩쓸던 1930년대와 1940년대에 폭발적으로 증가했다. 아연 수요가 늘어나면서 광석과 찌꺼기가 광산에서 쏟아져 내려갔고, 기후 현은 실제로 전투가 벌어진 장소에서 아주 멀리 떨어져 있었는데도 제2차 세계 대전 동안에 가미오카 광산 주변 지역만큼 큰 피해를 입은 곳은 없었다. 그 질병이 마을에서 마을로 계속 퍼져가자, 환자들이 뱉어내는 신음 소리를 따 그 질병을 '이타이이타이병'이라 부르게 되었다.

전쟁이 끝나고 나서 1946년에야 현지 의사인 하기노 노보루萩野昇

가 이타이이타이병을 연구하기 시작했다. 처음에 그는 영양 결핍을 의심했다. 그렇지만 이 가설을 뒷받침할 근거를 찾지 못하자, 농부들의 원시적인 쌀농사와는 대조적으로 서구식 첨단 채굴 방식을 사용하는 광산으로 초점을 돌렸다. 하기노는 공중 보건 전문가의 도움을 받아 이타이이타이병의 발병 장소를 표시한 역학 조사 지도를 작성했다. 또 진즈 강(광산들을 지나가면서 논에 관개용수를 공급하던)이 지나가면서 광산의 폐기물을 옮기는 장소들을 표시한 수리학 지도도 작성했다. 두 지도를 겹치자 거의 일치했다. 현지에서 나는 농작물을 검사한 하기노는 쌀에 카드뮴이 축적되었다는 사실을 발견했다.

많은 노력 끝에 마침내 카드뮴의 병리적 작용이 밝혀졌다. 아연은 우리 몸에 필수적인 미네랄 성분인데, 땅 속에 카드뮴이 아연과 분리하기 어렵게 섞여 있는 것과 마찬가지로, 우리 몸에서도 카드뮴은 아연을 대체하는 작용을 한다. 카드뮴은 또한 황과 칼슘을 체내에서 빠져나가게 하는데, 환자의 뼈가 약해지는 것은 이 때문이다. 불행하게도 카드뮴은 생물학적 기능이 뛰어나지 않은 원소라서 자신이 쫓아낸 다른 원소들의 생물학적 역할을 대신 수행하지 못한다. 더 불행한 사실은 일단 몸 속으로 들어온 카드뮴은 밖으로 나가지 않는다는 점이다. 하기노 노보루가 처음에 의심한 영양 결핍도 증상을 악화시키는 데 한몫을 했다. 현지 주민의 주식은 쌀인데, 쌀은 필수 영양소가 몇 가지 부족하다. 그래서 농부들의 체내에는 일부 필수 미네랄이 고갈되었다. 카드뮴은 그런 미네랄을 모방하기 때문에, 미네랄이 절실히 필요했던 농부들의 세포들은 카드뮴을 훨씬 많이 빨아들여 신체 기관에 카드뮴이 높은 농도로 축적되었다.

하기노는 1961년에 연구 결과를 공개했다. 충분히 예상되는 일이었지만, 법적 책임이 있는 광산 운영 회사인 미츠이三# 금속광업은 모든 잘못을 부인했다.(미츠이는 그런 잘못을 저지른 회사를 인수했을 뿐이었다.) 부끄럽게도 미츠이는 하기노의 연구 결과를 부정하는 홍보 활동까지 펼쳤다. 이타이이타이병을 조사하기 위해 현지에 의학 위원회가 조직되자, 미츠이는 그 위원회에 그 병에 관한 세계적 전문가인 하기노가 포함되지 않도록 손을 썼다. 그러자 하기노는 우회 전술을 써서 나가사키에서 새로 발견된 이타이이타이병 발병 사례를 연구했다. 이 사례는 자신의 주장이 옳음을 재확인해주었다. 하기노의 주장에 반대하는 사람들로 조직된 위원회도 결국 양심을 저버리지 못하고 카드뮴이 질병의 원인일지도 모른다고 인정했다. 미적지근한 이런 결정에 대해 항의가 터져나오자, 중앙 정부의 보건 위원회는 하기노가 내놓은 압도적인 증거를 바탕으로 이타이이타이병의 원인은 카드뮴이 분명하다는 결정을 내렸다. 1972년부터 미츠이는 178명의 생존자에게 보상금을 지불하기 시작했는데, 모두 합쳐서 1년에 230억 엔 이상이 지불되었다. 13년이 지나고 나서도 48번 원소에 대한 공포가 일본인의 뇌리에 얼마나 깊이 박혀 있었던지, 영화 고질라 시리즈 중 〈돌아온 고질라〉를 보면 고질라를 죽이려는 일본 군대가 카드뮴 탄두 미사일을 준비한다. 고질라를 탄생시킨 것은 수소폭탄이었다. 따라서 카드뮴으로 핵무기가 낳은 괴물을 물리친다는 이야기는 일본인 사이에서 이 원소에 대한 이미지가 얼마나 끔찍한 것이었는지 보여준다.

    그런데 20세기에 일본에서 독성 물질 때문에 발생한 질병은 이타이이타이병뿐만이 아니다. 그것 말고도 일본 주민은 세 차례나 대량 산업 오염의 피해자가 되었는데(두 번은 수은 때문에, 한 번은 이산화황과 이산화질소 때문에), 이 네 가지 사례를 일본의 4대 공해병이라 부른다. 거기다가 1945년에 미국이 히로시마와 나가사키에 각각 우라늄 폭탄과 플루토늄 폭탄을 투하하는 바람에 수십만 명이 방사선에 피폭되는 피해까지 입었다. 원자폭탄과 4대 공해병 중 나머지 세 가지가 일어나기 전에 가미오카 근처에서는 오랫동안 조용하게 카드뮴 학살이 일어나고 있었다. 다만, 현지 주민에게는 결코 '조용한' 것이 아니었다. "이타이이타이"라는 신음 소리가 그치지 않았으니까.

치명적인 독성 원소들

더 섬뜩한 사실은 카드뮴이 주기율표에서 가장 독성이 강한 원소가 아니라는 점이다. 카드뮴은 신경 독소인 수은 위에 자리 잡고 있다. 그리고 수은 오른쪽에는 주기율표에서 가장 흉악한 범죄자들인 탈륨, 납, 폴로늄이 늘어서 있다. 이들이야말로 독성 원소들의 복도에서 핵심 세력이라 부를 만하다.

이들 독성 원소가 나란히 늘어서 있는 것은 우연의 일치라고 할 수도 있지만, 동남쪽 구석에 이렇게 독성 원소들이 모여 있는 데에는 나름의 화학적, 물리적 이유가 있다. 한 가지 이유는 역설적이지만 이들 중금속 원소가 모두 휘발성이 없다는 데 있다. 만약 순수한 나트륨이나 칼륨을 삼킨다면, 그것은 우리 몸의 세포와 닿자마자 폭발하고 말 것이다. 나트륨과 칼륨은 물과 닿으면 격렬하게 반응하기 때문이다. 그렇지만 나트륨이나 칼륨은 반응성이 아주 강하기 때문에 자연에서는 순수한 (그래서 위험한) 형태로 존재하지 않는다. 독성 원소들의 복도를 차지하고 있는 원소들은 이보다 훨씬 미묘하게 행동하며, 인체 내부로 깊숙이 침투한 뒤에 본색을 드러낸다. 게다가 이 원소들은 많은 중금속 원소처럼 상황에 따라 각각 다른 개수의 전자를 내놓을 수 있다. 예를 들면, 칼륨은 항상 +1가인 K^+로 반응하는 반면, 탈륨은 +1가인 Tl^+로도 반응하고, +3가인 Tl^{+3}으로도 반응한다. 그래서 탈륨은 많은 원소를 모방하여 많은 생화학적 적소에 침투할 수 있다.

81번 원소인 탈륨이 주기율표에서 가장 치명적인 원소로 간주되는 이유는 이 때문이다. 동물 세포는 칼륨을 흡수하는 특별한 이온 통로가 있는데, 탈륨도 바로 그 통로를 이용해(종종 피부의 삼투 작용을 통해) 침투한다. 일단 세포 속으로 침투한 탈륨은 칼륨의 가면을 벗어던지고 단백질 내부의 주요 아미노산 결합을 끊으면서 단백질의 정교한 구조를 해체해 단백질이 제 기능을 하지 못하게 한다. 그리고 탈륨은 카드뮴과 달리 뼈나 신장에 들러붙어 머무는 게 아니라, 몽골 기병처럼 이리저리 돌아다닌다. 그래서 원자 하나가 광범위한 피해를 초래할 수 있다.

이런 이유 때문에 탈륨은 음식물을 독으로 장식하면서 심미적 즐거움을 느끼는 독살자가 애용하는 독으로 알려져 왔다. 1960년대에 그레이엄 프레더릭 영Graham Frederick Young이라는 악명 높은 영국인 청년은 연쇄 살인범에 관한 이야기를 읽고 나서 찻잔과 냄비에 탈륨을 뿌려 자기 가족을 대상으로 실험하기 시작했다. 그는 얼마 후 정신병원으로 보내졌지만, 나중에 설명할 수 없는 이유로 풀려났다. 그후, 그는 자기가 만난 상사들을 비롯해 70여 명을 더 중독시켰다. 사망자가 단 3명뿐이었던 이유는 희생자의 고통을 연장시키기 위해 치사량보다 적은 양을 썼기 때문이다.

역사를 살펴보면 탈륨에 중독된 사람은 영의 희생자 말고도 많다. 탈륨은 첩자, 고아, 많은 재산을 가진 고모할머니를 죽이는 데 사용된 살벌한 역사*가 있다. 그렇지만 어두운 역사를 다시 들추기보다는 81번 원소를 독으로 사용하려던 시도가 코미디로 끝난 사건을 살펴보는 게 나을 것 같다. 미국이 쿠바를 목구멍에 걸린 가시처럼 여기던 시절, CIA는 피델 카스트로Fidel Castro의 양말에 탈륨이 섞인 탤컴 파우더를 뿌리는 계획을 세웠다. 그 계획을 추진한 요원들은 그 독 때문에 카스트로의 유명한 수염뿐만 아니라 머리털까지 몽땅 빠지는 모습을 상상하며 킥킥거렸을 것이다. 그러면 카스트로를 죽이기 전에 공산주의자 동지들 앞에서 거세를 당한 그의 모습을 보여주는 것과 같은 효과가 있을 테니까. 그렇지만 이 계획이 왜 실행에 옮겨지지 않았는지 그 이유를 설명해주는 기록은 없다.

탈륨과 카드뮴, 그리고 그 밖의 관련 원소들이 독으로 쓰기에 효과가 뛰어난 이유 중 하나는 거의 영원히 남기 때문이다. 이것은 그저 카드뮴처럼 체내에 축적되는 성질을 말하는 게 아니다. 이 원소들은 산소처럼 구에 가까운 안정한 원자핵을 이루어 절대로 방사성 붕괴를 하지 않는 경향이 있다. 그래서 지금도 지각에 이들 원소가 상당량 남아 있다. 예를 들면, 아주 안정한 원소 중 가장 무거운 납은 마법수인 82번 칸에 위치한다. 그리고 거의 안정한 원소 중 가장 무거운 비스무트는 바로 그 옆의 83번 칸에 있다.

비스무트는 독성 원소들의 복도에서 놀라운 역할을 하기 때문에 좀더 자세히 살펴볼 필요가 있다. 우선 비스무트에 관한 기본 정보부터 알아보자. 분홍색을 약간 띤 흰색 금속인 비스무트는 파란색 불꽃을 내며 타지만, 노란색 연기를 내뿜는다. 그리고 카드뮴과 납처럼 페인트와 염료에 널리 쓰이며, '용의 알 dragon's egg'이라 부르는 폭죽에 들어가는 연단(사산화삼납) 대신에 종종 사용된다. 주기율표의 원소들을 결합해 만들 수 있는 거의 무한한 종류의 화학 물질 중에서 얼었을 때 부피가 팽창하는 물질은 극소수인데, 비스무트도 그중 하나이다. 얼음도 그런 물질이기 때문에, 우리는 이것이 얼마나 기묘한 성질인지 제대로 모르는 경우가 많다. 호수 표면이 얼어도 그 밑의 물속에서는 물고기가 헤엄치며 돌아다닌다. 이론적으로 비스무트 호수도 이것과 똑같은 성질을 나타낼 것이다. 보통은 액체가 고체로 변하면 밀도가 더 높아지므로, 주기율표

호퍼 결정의 이 어지러운 테크니컬의 소용돌이 모양은 비스무트 원소가 식으면서 계단 모양의 결정이 만들어질 때 생긴다. 이 결정의 폭은 어른 손바닥의 폭과 비슷하다. (Ken Keraiff, Crystals Unlimited)

에서 이런 성질을 나타내는 원소는 비스무트가 거의 유일하다. 게다가 비스무트 얼음은 아주 멋질 것이다. 비스무트는 비비 꼬여 우아한 무지개색 계단 모양으로 배열된 호퍼 결정이라는 암석을 만들기 때문에 광물학자와 원소 연구자가 책상 장식물로 올려놓길 좋아한다. 막 얼어붙은 비스무트는 에스허르M. C. Escher(흔히 에셔라는 이름으로 알려진 화가)가 테크니컬러로 그린 작품이 현실에 나타난 것처럼 보인다.

비스무트는 방사성 물질의 내부 구조를 조사하는 데에도 도움을 주었다. 과학자들은 시간이 끝날 때까지도 일부 원소들이 계속 남아 있을지 계산을 해보았으나, 상충되는 계산 결과들이 나오자 그것을 해결하지 못하고 수십 년 동안 고민했다. 그래서 2003년에 프랑스 물리학자들은 순수한 비스무트를 정교한 차폐 장치로 둘러싸서 외부의 간섭을 완전히 차단하고 감지기를 설치하여 반감기를 측정했다. 반감기는 처음에 있던 시료가 붕괴하여 그 양이 절반으로 줄어드는 데 걸리는 시간을 말한다. 반감기는 방사성 원소의 중요한 성질이다. 만약 방사성 원소 X가 100kg에서 50kg으로 줄어드는 데 3.14159년이 걸렸다면, X의 반감기는 3.14159년이다. 그리고 나서 다시 3.14159년이 지난다면, X의 양은 25kg으로 줄어들 것이다. 핵물리학 이론에 따르면, 비스무트는 반감기가 2000경 년으로 우주의 나이보다 훨씬 긴 것으로 예측되었다.(우주의 나이에다 다시 우주의 나이를 곱하면 대충 이것과 비슷한 수치가 나오는데, 그만큼의 시간이 흐른 뒤에도 특정 비스무트 원자가 붕괴해 사라질 확률이 50 대 50이라는 이야기이다.) 프랑스 과학자들의 실험은 〈고도를 기다리며〉와 비슷한 것이 되었다. 프랑스 과학자들은 비스무트 원자를 충분히 많이 모은 뒤, 붕괴가 일어나는 것을 보려고 끈기 있게 기다렸다. 이 실험 결과는 비스무트가 안정한 원소 중 가장 무거운 원소가 아니라, 그저 원소들 중에서 맨 마지막으로 사라질 정도로 충분히 오랫동안 살아남을 뿐이라는 것을 보여주었다.

　　(이와 비슷하게 무한한 끈기가 필요한 실험이 현재 일본에서 진행되고 있다. 이것은 '모든' 물질이 궁극적으로 분해되는지 분해되지 않는지 알아내려는 실험이다. 일부 과학자들은 모든 원소의 기본 요소인 양성자는 극히 안정하여 반감기가 최소한 1000억×1조×1조 년이나 될 것이라고 계산했다. 이에 굴하지 않고 수백 명의 과학자는 광산 수갱의 깊은 지하에 수조를 설치하고 거기에 아주 순수한 물을 지극히 고요하게 정지한 상태로 담아놓고, 양성자가 붕괴하는 순간을 포착하기 위해 그 주위를 아주 예민한 감지기로 둘러쌌다. 조만간 그런 사건을 목격할 가능성은 극히 희박하지만, 그래도 이것은 가미오카 광산을 이전보다 훨씬 유익하게 이용하는 방법이다.)

　　그렇지만 이제 비스무트의 진실을 이야기할 때가 되었다. 비스무트는 엄밀하게는 방사성 원소이며, 주기율표에서 차지하고 있는 위치는 83번 원소가 우리에게 위험하다는 것을 시사한다. 비스무트는 비소와 안티몬(안티모니)과 같은 세로줄에 있으며, 최악의 중금속 독성 원소들 사이에 자리 잡고 있다. 그렇지만 비스무트는 실제로는 순한 편이다. 심지어 의약품으로도 쓰인다. 의사들은 궤양을 가라앉히는 데 비스무트를 처방하며 설사, 구토, 소화불량의 구급약으로 쓰이는 펩토–비스몰Pepto-Bismol에서 '비스'는 바로 비스무트를 나타낸다.(카드뮴이 섞인 레모네이드를 마시고 설사를 할 때, 그 해독제로 주로 쓰인 게 비스무트였다.) 전체적으로 볼 때 비스무트는 주기율표에서 그 위치가 가장 잘못 정해진 원소로 보인다. 물론 주기율표에 수학적 일관성을 부여하려는 화학자와 물리학자에게는 이 말이 유감스럽게 들릴 것이다. 비스무트는 주기율표에 예측을 벗어나는 이야기가 풍부하게 숨어 있다는 것을 보여주는 또 하나의 증거이다.

　　사실, 비스무트는 변덕스러운 괴짜 원소라는 딱지를 붙이기보다는 일종의 '귀금속'으로 볼 수 있다. 평화로운 비활성 기체가 주기율표에서 난폭한 두 집단 사이를 가르고 있는 것처럼, 평화로운 비스무트는 독성 원소들의 복도에서, 위에서 다룬 구토와 심한 통증을 일으키는 전통적인 독성 원소와 아래에서 다룰 방사성 독성 원소 사이를 가르고 있다.

비스무트 바로 다음에는 원자력 시대의 최고 독성 원소로 꼽을 수 있는 폴로늄이 있다. KGB 요원으로 활동하다가 영국으로 망명한 알렉산더 리트비넨코Alexander Litvinenko(러시아어 이름은 알렉산드르 리트비넨코)가 2006년 11월에 런던의 스시 식당에서 차를 마시고 폴로늄에 중독돼 사망한 사건이 보여주듯이 폴로늄 역시 탈륨과 마찬가지로 머리털을 빠지게 한다. 폴로늄 다음에는(극도로 희귀한 원소인 아스타틴은 그냥 건너뛰기로 하고) 라돈이 있다. 비활성 기체인 라돈은 색과 냄새가 없고, 어떤 원소와도 반응하지 않는다. 그렇지만 무거운 원소인 라돈은 공기를 밀어내면서 가라앉아 폐 속으로 들어가며, 치명적인 방사성 입자를 방출해 결국 폐암을 유발한다. 이것은 독성 원소들의 복도가 우리의 건강에 치명적인 해를 끼치는 또 한 가지 방법이다.

방사성 원소들의 독성

사실, 주기율표에서 아래쪽 영역은 방사능이 지배한다. 방사능은 꼭대기 부근의 원소들에 적용되는 옥텟 규칙과 같은 역할을 한다. 무거운 원소들이 지닌 유용한 성질은 대부분 어떻게 그리고 얼마나 빨리 방사성 원소로 변하느냐에 달려 있다. 그레이엄 프레더릭 영처럼 위험한 원소에 집착한 한 미국인 젊은이의 이야기가 이것을 잘 보여준다. 데이비드 한David Hahn은 반사회적 인물은 아니었다. 그의 파멸적인 청소년기는 사람들을 돕고자 하는 욕구에서 비롯되었다. 디트로이트에 살던 16세의 이

소년은 세계 에너지 위기를 해결하는 동시에 석유에 과도하게 의존하는 상황을 타개하려는 마음에서 1990년대 중반에 이글 스카우트(미국의 최우수 보이 스카우트)에 보고서로 제출할 비밀 연구를 위해 어머니 집 뒤뜰에 있던 창고에 원자로를 만들었다.*

데이비드는 처음에는 『화학 실험 골든 북 *The Golden Book of Chemical Experiments*』에 영향을 받아 소박하게 실험을 시작했다. 데이비드가 화학에 너무 흠뻑 빠지자, 여자친구의 어머니는 자기 집 파티에서 데이비드가 손님들에게 이야기를 하지 못하게 막았다. 손님들이 먹고 있는 음식에 포함된 화학 물질에 대해 입맛이 싹 달아나는 이야기를 내뱉곤 했기 때문이다.

그런데 데이비드는 이론적인 것에만 관심이 있었던 게 아니었다. 사춘기 이전의 많은 화학자와 마찬가지로 데이비드도 과학 상자 실험 수준을 벗어나 위험한 화학 물질을 가지고 실험을 하기 시작해 침실 벽과 카펫을 엉망으로 만들어놓았다. 그러자 어머니는 데이비드를 지하실로 추방했다가 그다음에는 뒤뜰의 창고로 추방했다. 데이비드는 그곳이 아주 마음에 들었다. 그렇지만 많은 초보 과학자와는 달리 데이비드는 화학 실험에 그다지 재주가 없었던 것 같다. 한번은 보이 스카우트 모임 직전에 실험을 하던 가짜 무두질용 약품이 확 솟아오르면서 얼굴을 뒤덮는 바람에 피부가 온통 주황색으로 물든 적도 있었다. 그리고 화학에 무지한 사람만이 할 수 있는 짓을 저지르기도 했는데, 순수한 칼륨이 들어 있는 용기를 나사돌리개로 쾅쾅 찧다가(아주 무모한 짓!) 폭발 사고를 일으켰다. 안과 의사는 몇 달이 지난 뒤에도 그의 눈에서 플라스틱 파편을 계속 빼내야 했다.

그 뒤에도 사고는 계속 이어졌는데, 데이비드는 자기 합리화를 위해 원자로처럼 점점 더 복잡한 계획을 추진했다. 우선 여기저기서 핵물리학에 관해 얕은 지식을 긁어모았다. 그 지식은 학교에서 배운 것이 아니라(그는 학교 수업에 무관심했으며 성적도 좋지 않았다), 편지로 주문해서 얻은 원자력 옹호 소책자와, 있지도 않은 학생들을 위해 실험을 설계하려 한다는 '한 교수'의 거짓말을 곧이곧대로 믿은 정부 관계자들과의 서신 왕래를 통해 얻은 것이었다.

어쨌든 데이비드는 원자력의 세 가지 주요 과정인 핵융합, 핵분열, 방사성 붕괴에 대해 충분히 알게 되었다. 수소 핵융합 반응은 별을 빛나게 하는 에너지원이자 가장 강력하고 효율적인 과정이지만, 지구에서는 핵폭탄 말고는 전혀 활용되지 않고 있다. 핵융합 반응을 일으키는 데 필요한 온도와 압력 조건을 만드는 게 쉽지 않기 때문이다. 데이비드는 대신에 우라늄 핵분열 반응과 핵분열의 부산물인 중성자의 방사능에 초점을 맞추었다. 우라늄처럼 무거운 원소는 작은 원자핵 안에 많은 양성자를 붙들고 있기가 힘들다. 같은 양전하를 가진 양성자끼리는 서로 밀어내는 힘이 작용하기 때문인데, 그래서 원자핵에 들어 있는 많은 중성자가 그 완충 작용을 한다. 무거운 원자가 대충 비슷한 크기의 가벼운 두 원자로 쪼개지면, 가벼운 원자는 완충 작용을 하는 중성자가 덜 필요하므로 여분의 중성자를 방출한다. 이 중성자가 근처에 있던 무거운 원자에 흡수되면, 그 원자는 불안정해지면서 핵분열 반응을 일으켜 더 많은 중성자를 방출한다. 이런 과정이 연속적으로 일어나면 연쇄 반응에 불이 붙게 된다. 폭탄의 경우라면 연쇄 반응이 계속 일어나게 내버려두어도 된다. 그렇지만 원자로라면 폭발적인 반응을 막으면서 연쇄 반응이 오랫동안 지속되도록 하기 위해 핵분열 과정을 제어할 필요가 있다. 데이비드의 앞길을 가로막은 공학적 장애물은 우라늄 원자가 분열하면서 중성자를 방출한 뒤에 생겨난 가벼운 원자들이 안정한 상태에 도달하는 바람에 연쇄 반응이 계속 일어나지 않는다는 점이었다. 그래서 재래식 원자로는 결국 연료가 바닥나면 서서히 연쇄 반응을 멈춘다.

이 사실을 깨달은 데이비드는 방사성 원소들의 적절한 배합을 통해 스스로 연료를 만드는 원자로인 '증식로'를 만들기로 결정했다(처음에 목표로 삼았던 보이 스카우트의 원자력 연구 공로 배지를 훌쩍 뛰어넘어). 이 증식로의 최초 동력원은 핵분열을 쉽게 일으키는 우라늄-233을 사용한다.(우라늄-233은 우라늄 원자핵에 양성자가 92개, 중성자가 141개 들어 있다는 뜻이다. 중성자 수가 양성자 수보다 훨씬 많다는 것을 알 수 있다.) 우라늄-233 연료 주위를 우라늄보다 약간 가벼운 90번 원소 토륨-232로 둘러싼다. 우라늄-233이 핵분열을 일으키면 토륨이 중성자를 1개 흡수하여 토륨-233으로 변한다. 토륨-233은 불안정하여 베타 붕괴가 일어나면서 전자 1개를 방출한다. 그런데 원자 전체의 전하가 균형을 맞춰야 하므로, 음전하를 띤 전자 1개를 방출하는 것과 동시에 중성자 1개가 양전하를 띤 양성자로 변한다. 양성자 수가 1개 늘어났으므로 토륨은 91번 원소인 프로탁티늄-233으로 변한다. 프로탁티늄-233 역시 불안정하여 전자 1개를 방출하면서 베타 붕괴가 일어나 처음에 반응을 시작한 물질인 우라늄-233으로 변한다. 이처럼 방사성 원소들을 적절히 배합하기만 한다면, 마술처럼 핵분열 연료를 더 얻을 수 있다.

데이비드는 주말에만 이 실험을 할 수 있었는데, 부모가 이혼하는 바람에 어머니와 함께 살 수 있는 시간이 제한되었기 때문이다. 데이비드는 안전을 위해 치과 의사용 납 가운을 착용했고, 창고에서 몇 시간을 보낸 뒤에는 착용했던 옷과 신발을 모두 버렸다.(나중에 어머니와 의붓아버지는 데이비드가 멀쩡한 옷을 버리는 걸 보고 이상하게 생각했다고 말했다. 그렇지만 자신들보다 똑똑한 데이비드가 어련히 알아서 하는 일이겠지 하고 생각했다고 한다.)

데이비드가 실행에 옮긴 계획 중에서 가장 쉬운 것은 토륨-232를 구하는 것이었다. 토륨 화합물은 녹는점이 매우 높고, 가열하면 아주 밝은 빛을 낸다. 일반 가정용 전구에 쓰기에는 위험하지만 산업 현장, 그중에서도 특히 광산에서는 토륨 램프를 많이 쓴다. 토륨 램프는 금속 필라멘트 대신에 맨틀이라 부르는 소형 철사망을 쓴다. 데이비드는 도매업자에게서 아무 질문도 받지 않고 교체용 맨틀 부품을 수백 개 구입할 수 있었다. 그런 뒤 토치램프로 지속적인 열을 가해 맨틀을 녹여 토륨회灰로 만들었는데, 여기서는 한결 향상된 화학 실험 기술을 보여주었다. 철사 절단기로 전지를 열어 얻은 1000달러어치의 리튬으로 그 토륨회를 처리했다. 반응성이 높은 리튬과 토륨회를 분젠 버너 위에서 가열하여 토륨을 정제함으로써 증식로 노심에 둘러쌀 토륨 재킷을 얻었다.

불행히도(혹은 다행히도) 데이비드가 아무리 방사화학을 열심히 공부했다 하더라도, 물리학 지식은 부족했다. 우선은 우라늄-235를 구해야 했다. 우라늄-233은 자연에 존재하지 않으므로, 토륨에 중성자를 충돌시켜 토륨을 우라늄-233으로 만들어야 하는데, 그러려면 핵분열 연료인 우라늄-235가 있어야 했다. 그래서 폰티액의 계기반 위에 가이거 계수기(방사능을 감지하면 찰칵찰칵 소리를 내는 장비)를 얹고는 미시간주의 시골 지역을 이리저리 돌아다녔다. 숲 속에서 우라늄 광맥을 발견하길 기대했던 것 같다. 그렇지만 천연에 존재하는 우라늄은 대부분 방사능이 아주 약한 우라늄-238이고, 우라늄-235는 1% 미만만 섞여 있다. (핵연료로 쓰이는 우라늄-235를 화학적 성질이 동일한 우라늄-238을 분리하여 농축하는 과정은 맨해튼 계획에서도 핵심 과정이었다.) 결국 데이비드는 체코 공화국의 한 공급업자로부터 우라늄광을 일부 구입했지만, 그것은 보통의 비농축 우라늄이었다. 결국 이 방법을 포기한 데이비드는 토륨에 중성자를 발사해 토륨을 우라늄-233으로 변화시킬 '중성자 총'을 만들었는데, 그것도 제대로 작동하지 않았다.

훗날 일부 선정적인 매체들은 데이비드가 원자로를 만드는 데 거의 성공했다는 이야기를 실었지만, 사실 데이비드는 그 근처에도 가지 못했다. 전설적인 핵과학자인 기오르소는 데이비드가 처음에 가지고 시작한 핵분열 물질의 양이 필요한 것에 비하면 100경분의 1도 안 된다고 평가했다. 어쨌든 데이비드는 그 과정에서 위험한 물질을 많이 만졌고, 노출 정도에 따라 수명이 많이 줄어들 수 있었다. 그렇지만 그것은 아무것도 아니다. 방사능에 중독될 수 있는 방법은 그 밖에도 아주 많다. 반대로, 최선의 조건에서도 방사성 원소들을 가지고 유용한 것을 얻어낼 수 있는 방법은 아주 적다.

그런데 경찰은 데이비드의 계획을 알아내고도 별다른 조처를 취하지 않았다. 어느 날 밤늦은 시간에 주차된 자동차를 기웃거리는 데이비드를 발견한 경찰은 그를 타이어를 훔치려는 불량 청소년쯤으로 여겼다. 그들은 데이비드를 붙잡아 신문을 한 뒤에 그의 폰티액을 수색했다. 데이비드는 친절하게도 그렇지만 어리석게도 그 차에 방사성 물질이 가득 실려 있다고 경고했다. 경찰은 차에서 이상한 가루가 든 병들을 발견하고는 데이비드를 경찰서로 끌고 가 신문했다. 데이비드는 창고에 있는 '위험한' 장비들에 대해 이야기할 정도로 어리석진 않았다. 하기야 그 것들은 이미 대부분 해체된 뒤이긴 했다. 자신의 실험이 너무 잘 진전되어 큰 구덩이가 생길까 봐 염려해서였다. 연방 기관들이 데이비드에 대한 관할권이 누구에게 있느냐를 놓고 실랑이를 벌이면서(불법적인 방법으로 원자력을 이용해 세계를 구하려고 시도한 사람은 이전에 아무도 없었으므로) 이 사건은 몇 개월을 질질 끌었다. 그 사이에 데이비드의 어머니는 자기 집이 범죄 장소로 지목받을 것을 우려해 어느 날 밤 창고 실험실로 들어가 그 안에 있던 것을 거의 다 갖다 버렸다. 몇 개월 뒤, 마침내 방사능복을 입은 요원들이 이웃의 뒤뜰을 지나 창고를 수색했다. 그때까지 남아 있던 깡통과 도구에서는 정상 수치보다 수천 배나 강한 방사능이 검출되었다.

데이비드가 악의를 품었던 것은 아니므로(그리고 아직 9·11 테러가 일어나기 전이었으므로) 실질적인 처벌을 받지는 않았다. 그렇지만 그는 자신의 장래를 놓고 부모와 설전을 벌였으며, 고등학교를 졸업한 뒤에 핵잠수함에서 근무하고 싶은 충동에 사로잡혀 해군에 지원했다. 데이비드의 이력을 알고 있다 해도 해군으로서는 그를 거부할 명분이 없었을 것이다. 그렇지만 데이비드는 원자로를 관리하는 일 대신에 취사 업무나 갑판 청소 일을 하면서 시간을 보내야 했다. 불행하게도 데이비드는 정식으로 통제와 감독을 받는 환경에서 과학 연구를 할 기회를 한 번도 얻지 못했다. 만약 그런 환경에서 일했더라면 그의 열정과 잠재 능력이 꽃을 피웠을지 누가 알겠는가?

방사능 보이 스카우트 이야기는 슬픈 결말로 끝났다. 데이비드는 군대를 제대한 뒤, 교외 지역에 위치한 고향으로 돌아가 특별한 목적 없이 빈둥거리며 지냈다. 그렇게 몇 년 동안 조용히 지내다가 2007년에 자신의 아파트 건물에 있던 연기 탐지기를 건드린 혐의로(사실은 훔치려고 한 혐의로) 경찰에 체포되었다. 데이비드의 전력을 감안할 때 이것은 중요한 의미가 있는 행동이었다. 연기 탐지기는 방사성 원소인 아메리슘(Am, 95번)을 이용해 작동하기 때문이다. 아메리슘은 알파 입자를 지속적으로 방출하는데, 알파 입자의 이온화 작용 때문에 연기 탐지기 내부에 약한 전류가 흐르게 된다. 연기는 알파 입자를 흡수하므로 전류의 흐름에 교란을 일으키고, 그러면 화재 경보가 울린다. 데이비드는 알파 입자가 일부 원소의 원자핵에서 중성자를 떨어져 나오게 하는 성질을 이용해 아메리슘으로 조잡한 중성자 총을 만들려고 했다. 사실, 그는 보이 스카우트 시절에 하계 캠프에서 연기 탐지기를 훔치려다 쫓겨난 적도 있었다.

2007년에 그의 사진이 언론에 공개되었는데, 귀엽고 통통한 얼굴에 마치 덕지덕지 난 여드름을 벅벅 긁은 것 같은 붉은색 상처가 여기저기 나 있었다. 그러나 31세의 남자에게 여드름이 많이 나는 경우는 드물다. 그는 청소년기에 그랬던 것처럼 다시 핵실험을 하면서 지낸 게 분명했다. 화학은 또 한 번 데이비드 한을 우롱했다. 그는 주기율표에 속임수가 난무한다는 사실을 깨닫지 못했다. 이것은 주기율표 아랫부분에 있는 무거운 원소들은 비록 독성 원소들의 복도에 있는 원소들처럼 전통적 방식의 독성이 있는 건 아니지만, 교묘한 방식으로 생명을 갉아먹는다는 사실을 상기시켜준 사례이다.

기적의 의약품을 낳은 원소들

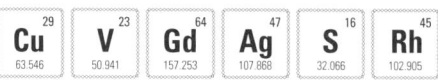

주기율표는 변덕스러우며, 많은 원소는 독성 원소들의 복도에 있는 명백한 악당 원소들보다 훨씬 복잡하다. 그 속내를 알 수 없는 원소들은 체내에서 일어나는 일들을 이상하게 만드는데 때로는 나쁜 결과를, 때로는 좋은 결과를 초래한다. 어떤 상황에서는 독이 되는 원소가 다른 상황에서는 생명을 구하는 약이 되기도 하고, 예상치 못한 방식으로 대사가 되는 원소는 새로운 진단 도구가 되기도 한다. 원소와 약물의 상호작용은 심지어 아무 의식도 없는 화학 원소들의 혼합물에서 생명 자체가 어떻게 나타났는가 하는 수수께끼를 밝히는 데 빛을 던져준다.

일부 원소가 약품으로 명성을 떨친 역사는 놀라울 정도로 먼 옛날로 거슬러 올라간다. 로마 시대의 고위 관리들은 하급자들보다 건강한 삶을 누렸을 것이다. 왜냐하면, 음식물을 담는 그릇으로 은 식기를 사용했기 때문이다. 미국 서부 개척 시기에 변경 지역에서는 경화를 쓸 일이 별로 없었지만, 개척민은 대부분 은화를 하나 이상 꼭 준비했다. 대형

포장마차를 타고 황야를 여행할 때 우유 단지 속에 은화를 넣어두었는데, 은화를 안전하게 숨기려고 그런 것이 아니라 우유가 변하는 것을 막기 위해서였다. 유명한 귀족 천문학자 튀코 브라헤Tycho Brahe는 1564년에 어두침침한 연회장에서 술에 취해 검으로 결투를 벌이다가 콧등이 잘려나간 뒤, 은으로 만든 코를 달고 다녔다고 한다. 은은 인기를 끈 사치품이었을 뿐만 아니라 세균 감염을 막아주었다. 유일한 단점은 눈에 띄게 드러나는 그 금속성 빛깔 때문에 늘 파운데이션을 갖고 다니면서 문질러 발라야 한다는 점이었다.

호기심 많은 고고학자들이 훗날 브라헤의 시체를 파내 확인했더니 두개골 앞쪽이 초록색 껍질로 덮여 있었다. 이것은 브라헤가 은이 아니라 더 값싸고 가벼운 구리 코*를 달고 다녔다는 것을 의미한다.(혹은 만나는 사람에 따라 귀고리를 바꾸는 것처럼 코를 바꿔 달았을 가능성도 있다.) 구리이건 은이건 둘 다 코를 대체하는 물질로 적절하다. 두 금속의 효과는 오랫동안 민간요법에 불과하다고 과소평가되었으나, 현대 과학은 두 원소의 살균 효과를 확인했다. 은은 일상적으로 사용하기에 너무 비싸지만, 오늘날 공중 안전을 위해 건물에 구리 수도관이나 배관을 사용하는 일이 흔하다. 공중 보건 분야에서 구리의 중요성은 1976년에 미국 독립 200주년이 막 지났을 무렵 필라델피아의 한 호텔에서 전염병이 발생했을 때 다시 확인되었다. 그해 7월, 건물 에어컨 시설의 습기 찬 관을 통해 그때까지 알려진 적이 없는 세균이 기어들어와 증식한 뒤 통풍구를 통해 찬 공기와 함께 침실들로 퍼져갔다. 호텔에 머물던 수백 명이 며칠 사이에 '독감'에 걸렸고, 34명이 사망했다. 그 주에 미국재향군인회가 그 호텔의 컨벤션 센터를 빌려 사용했는데, 비록 모든 희생자가 미국재향군인회 소속은 아니었지만, 그 병은 재향군인병이라 알려지게 되었다.

이 사건에 대한 반응으로 공기와 물을 더 깨끗하게 공급해야 하는

법이 제정되었는데, 기반 시설을 개선하는 데에는 구리가 가장 간단하고 값싼 방법으로 드러났다. 세균이나 균류, 조류는 구리로 만들어진 물체 위로 지나가면 도중에 구리 원자를 흡수하게 되는데, 구리는 그러한 미생물의 대사 작용을 혼란시킨다.(그렇지만 인체 세포는 아무런 영향을 받지 않는다.) 그 결과, 몇 시간 안에 미생물은 질식해 죽게 된다. 미량 동작용微量動作用, oligodynamic action(미량의 중금속 같은 물질의 이온 작용이 생물의 발육을 방해하거나 죽이는 현상) 또는 미량 살균 작용이라 부르는 이 효과 때문에 금속은 나무나 플라스틱보다 살균력이 더 뛰어나다. 공공시설의 문 손잡이를 황동으로 만들거나 난간을 금속으로 만드는 것은 이 때문이다. 많은 사람의 손을 거치는 동전이 대부분 구리를 약 90% 포함하고 있거나 구리로 도금돼 있는 이유도 이 때문이다.* 에어컨 시설의 관을 구리로 만들면, 그곳에 서식하는 미생물을 없애는 데 도움이 된다.

바나듐, 가돌리늄, 은

꿈틀거리는 작은 세포들에게 구리 못지않게 치명적인 원소는 바나듐(23번)이다. 바나듐은 남성에게 다소 신기한 부작용을 초래하는데, 지금까지 개발된 것 중 가장 효과가 탁월한 살정제殺精劑이다. 대부분의 살정제는 정자 세포를 둘러싸고 있는 지방질 막을 녹여 속의 내용물을 터져 나오게 한다. 불행하게도, 모든 세포는 지방질 막을 갖고 있기 때문에, 살정제가 종종 여성의 질 안벽에 염증을 일으켜 효모균 감염에 취약하게 만들 수 있다. 이것은 결코 웃어넘길 문제가 아니다. 그런데 바나듐은 그런 용해 작용을 전혀 일으키지 않으며, 단지 정자 꼬리에 붙어 있는 크랭크축만 망가뜨린다. 꼬리가 떨어져나가면, 정자는 노가 하나뿐인 보트처럼 제자리에서 빙글빙글 돌게 된다.*

바나듐이 살정제로 판매되지 않는 이유는 어떤 원소나 약품이 시험관에서 바람직한 효과를 나타내는 것과 그것으로 사람에게 쓸 수 있는 안전한 의약품을 만드는 것 사이에는 큰 간극이 있기 때문이다. 바나듐은 효능이 뛰어나지만 아직까지는 인체가 대사하기에는 좀 의심스러운 원소이다. 무엇보다도 바나듐은 알 수 없는 방법으로 혈당량을 높이거나 낮추는 효과가 있다. 바나듐을 많이 함유한 후지 산의 샘물로 만든 (어쨌든 일부 사이트는 그렇게 주장한다) 바나듐수가 약한 독성이 있는데도 온라인에서 당뇨병 치료제로 팔리는 이유는 이 때문이다.

그렇지만 효과적인 의약품으로 개발된 원소들도 있는데, 지금까지 아무 쓸모없는 원소로 여겨졌던 가돌리늄이 암 치료제로 개발된 것이 대표적인 사례이다. 가돌리늄의 효능은 쌍을 이루지 않은 전자가 많다는 데서 비롯된다. 전자들은 다른 원자와 결합을 맺으려고 열심히 노력하지만, 자신들이 위치한 원자 안에서는 서로 멀찌감치 떨어져 있으려고 한다. 전자가 각각의 전자 껍질에 존재하고, 전자 껍질은 다시 오비탈이라는 공간들로 나누어져 있다고 한 이야기를 상기하기 바란다. 각각의 오비탈에는 전자가 최대 2개까지만 들어갈 수 있다. 그런데 기묘하게도 전자들은 버스에서 승객이 자리에 앉는 것과 비슷한 방식으로 오비탈을 채워나간다. 각각의 전자는 2인용 좌석을 한 자리씩만 계속 채워나가다가, 텅 빈 2인용 좌석이 더 이상 없을 때에만 합석을 한다.* 어쩔 수 없이 합석을 할 때에도 유난히 까다롭게 군다. 전자는 반드시 자신과 반대 스핀을 가진 전자 옆자리에만 가서 앉는다. 스핀은 전자의 자기장과 관련이 있는 성질이다. 전자와 스핀과 자석을 연결 짓는 것은 이상해 보일지 모르지만, 회전하는 모든 대전 입자(전기를 띠고 있는 입자)는 작은 지구처럼 자기장을 띤다. 전자가 반대 스핀을 가진 전하와 짝을 이루면, 두 전자의 자기장은 상쇄되어 없어진다.

희토류 원소들의 줄에서 가운데에 자리 잡고 있는 가돌리늄은 원소 중에서 오비탈을 홀로 채우고 있는 전자의 수가 가장 많다. 쌍을 이루지 않은 전자가 이렇게 많기 때문에 가돌리늄은 어떤 원소보다 강한 자성을 띠는데, 이것은 자기공명영상MRI에 활용하기에 아주 좋은 성질이다. MRI 장비는 강한 자석으로 신체 조직을 약간 자화시켰다가 자석의 힘을 차단하는 방식으로 작동한다. 자기장이 사라지면 조직이 이완하면서 무작위로 재배열되어 자기장에 반응하지 않게 된다. 가돌리늄처럼 자성이 강한 부분은 이완하는 데 시간이 더 오래 걸리는데, MRI 장비는 바로 그 차이를 포착해 상을 얻는다. 따라서 종양 표적에 들러붙는 물질에 가돌리늄을 붙여두면, MRI 장비로 종양을 더 쉽게 찾아낼 수 있다. 가돌리늄은 기본적으로 종양과 정상 세포 사이의 차이를 두드러지게 하며, MRI 장비의 종류에 따라 종양은 회색 조직 바다에 떠 있는 하얀 섬이나 하얀 하늘에 떠 있는 검은색 구름으로 나타난다.

가돌리늄의 활약은 종양 진단에 그치지 않는다. 강한 방사선을 쏘아 종양을 죽이는 데에도 도움을 준다. 가돌리늄은 쌍을 이루지 않은 전자가 많아 중성자를 많이 흡수할 수 있는 반면, 정상적인 인체 조직 세포는 중성자를 잘 흡수하지 않는다. 중성자를 흡수한 가돌리늄은 방사성 원자로 변하고, 핵분열이 일어날 때 주변에 있는 조직을 파괴한다. 정상적인 상황이라면 인체 내부에서 나노 핵폭탄이 폭발하는 것은 좋지 않지만, 의사는 종양이 가돌리늄을 흡수하도록 유도하여 종양을 파괴할 수 있다. 덤으로 가돌리늄은 DNA를 복구하는 단백질의 활동을 억제하여 종양 세포가 망가진 염색체를 복구하지 못하게 한다. 암 치료를 받아본 사람이라면 누구나 증언하겠지만, 가돌리늄 집중 공격 요법은 암 세포를 죽일 때 주변의 다른 세포들까지 모조리 파괴하는 화학 요법이나 정상적인 방사선 요법보다 훨씬 낫다. 다른 요법들은 폭탄을 던지는 것과 비슷한 반면, 가돌리늄은 언젠가 종양학자들에게 직접 수술을 하지 않고도 수술 효과를 얻게 해줄 것이다.*

그렇다고 해서 64번 원소가 기적의 약이란 말은 아니다. 원자들은 몸속에서 이리저리 잘 돌아다니며, 우리 몸이 일상적으로 사용하지 않는 여느 원소와 마찬가지로 가돌리늄 역시 부작용이 있다. 체내에서 가돌리늄을 빨리 배출하지 못하는 일부 환자에게는 신장 문제를 일으킬 수 있으며, 마치 초기 단계의 사후경직처럼 근육을 뻣뻣하게 만들고, 피부를 가죽처럼 딱딱하게 만들며, 호흡 곤란을 일으킨다는 사례도 보고되었다. 얼핏 볼 때 인터넷에는 가돌리늄(대개 MRI 촬영을 위해 투여한) 때문에 건강을 해쳤다고 열심히 주장하는 사람이 많이 있는 것 같다.

사실, 인터넷은 불확실한 약용 원소에 대한 일반적인 주장을 찾아보기에 아주 흥미로운 장소이다. 독성 금속이 아닌 원소는(심지어 가끔은 독성 원소까지 포함해) 거의 다 일부 대체 의학 사이트에서 건강 보조제로 선전하고 판매하는 것을 볼 수 있다.* 인터넷에서는 어떤 원소에 노출되었다는 이유로 누군가를 고소하는 신체 상해 전문 법률 회사들도 흔히 볼 수 있는데, 사실상 거의 모든 원소가 이에 해당한다. 지금까지는 자칭 건강 전문가들이 변호사들보다 자신의 메시지를 훨씬 더 널리 전파하는 것처럼 보이며, 원소를 이용한 대체 의학(예컨대 약용 드롭스에 아연을 섞는다든가 하는)은 갈수록 점점 더 큰 인기를 얻고 있다. 특히 민간요법에 뿌리를 둔 것일수록 더욱 그렇다. 지난 100년 동안 사람들은 점차 민간요법을 버리고 처방 약에 의존하게 되었지만, 서양 의학에 대한 자신감이 떨어지면서 일부 사람들은 다시 은과 같은 '약물'을 스스로 처방하게 되었다.*

은은 구리와 마찬가지로 살균 효과가 있기 때문에, 은을 사용하는 것은 얼핏 생각하면 과학적 근거가 충분히 있는 것처럼 보인다. 그렇지만

은은 구리와 다른 점이 있는데, 섭취할 경우 피부를 파란색으로 변하게 한다. 그것도 항구적으로. 이것은 얼핏 생각하는 것보다 심각한 증상이다. 은 때문에 변한 피부색을 '파랗다'라고 부르는 것은 너무 단순한 표현이다. 이 이야기를 듣는 사람들은 그저 피부색이 밝은 파란색으로 변한 사람을 떠올릴 것이다. 그러나 실제로는 섬뜩한 회색 좀비와 파란색 스머프를 합쳐놓은 것처럼 보인다.

은피증銀皮症이라고도 부르는 이 은 중독 증상은 치명적인 것은 아니며, 신체 내부에 아무 손상도 입히지 않는다. 20세기 초에 한 남자는 매독을 치료하려고 질산은을 과량 투여했다가(효과는 없었다) 서커스의 기형 인간 쇼에 '블루 맨'으로 출연하면서 살아갔다. 오늘날에도 몬태나 주 출신의 생존주의자이자 지나친 자유론자로 불굴의 의지를 자랑하는 스탠 존스Stan Jones는 피부색이 놀라울 정도로 파란데도 불구하고 2002년과 2006년에 각각 미 상원 의원 선거에 출마했다. 존스는 자신을 다룬 언론만큼이나 스스로를 재미있게 여겼다. 거리에서 자신을 손가락으로 가리키며 이야기하는 어린이와 어른에게 뭐라고 말하느냐는 질문에 그는 덤덤한 표정으로 이렇게 대답했다. "할로윈 의상을 시험하고 있다고 말하죠."

존스는 어떻게 하다가 은피증에 걸렸느냐는 질문에도 유쾌하게 대답했다. 음모론에 빠져 살던 그는 1995년에 다가오는 Y2K 컴퓨터 재앙 때문에 감박감에 사로잡혔는데, 특히 항생제 부족 사태가 닥칠까 봐 불안했다. 그래서 자신의 면역계를 거기에 대비하도록 만들기로 결심하고는, 물이 담긴 통에 9볼트 전지를 연결한 은 철사를 담가 중금속 밀주를 만들었다. 이 방법은 은을 찬양하는 전도자도 권하지 않는 것인데, 그렇게 강한 전류를 흐르게 하면 은 이온이 물에 너무 많이 녹아들기 때문이다. 어쨌든 존스는 이렇게 만든 은 밀주를 2000년 1월에 Y2K 소동이 무사히 지나갈 때까지 꼬박 4년 반 동안 열심히 마셨다.

그런 법석이 결국 아무 쓸데없는 노력으로 돌아가고, 잇따라 출마한 상원 의원 선거 유세 기간에 사람들의 손가락질을 받고도 존스는 전혀 후회하는 기색이 없다. 그는 원소를 바탕으로 한 대체 요법이 심각한 해를 초래하거나 사람들에게 헛된 망상을 심어줄 때에만 개입하는 식품의약국에 각성을 촉구하기 위해 출마한 것은 분명 아니었다. 2002년 선거에서 패배하고 나서 1년 뒤, 존스는 전국적인 잡지에 실린 이야기에서 이렇게 말했다. "[은을] 과량 복용한 것은 내 잘못이지만, 지금도 나는 은이 세상에서 가장 좋은 항생제라고 믿는다. 만약 미국에 생물학적 공격이 감행되거나 내가 어떤 종류의 질병에 걸린다면, 나는 즉각 다시 은을 복용할 것이다. 피부색이 자주색으로 변하는 것보다는 생존이 훨씬 더 중요하다."

최초의 항균제

스탠 존스의 믿음에도 불구하고, 오늘날의 훌륭한 의약품은 대부분 단독 원소보다는 복잡한 화합물을 원료로 하여 만든다. 그렇지만 현대 의약품의 역사에서 예상치 못했던 원소가 아주 큰 역할을 한 사례가 일부 있다. 그런 역사에는 다소 덜 알려진 게르하르트 도마크Gerhard Domagk 같은 영웅적인 과학자들이 등장하지만, 그 출발점은 루이 파스퇴르Louis Pasteur와 그가 생체 분자에서 발견한 손 방향성(카이랄성)에서 비롯되었다.

여러분은 오른손잡이일 확률이 높지만, 사실은 그렇지 않다. 여러분의 몸을 이루는 분자들은 왼손잡이이기 때문이다. 무슨 소리냐 하면, 우리 몸의 모든 단백질에 들어 있는 아미노산은 좌회전성(어떤 물질이 직선 편광을 받으면 그 편광면을 왼쪽으로 돌게 하는 성질)을 갖고 있다. 모든 생명체의 몸을 이루는 단백질은 사실상 죄다 좌회전성이다. 만약 우주생물학자가 유성이나 목성의 위성에서 미생물을 발견한다면, 아마도 맨 먼저 그 단백질의 손 방향성부터 조사할 것이다. 만약 그 단백질의 손 방향성이 좌회전성이라면 그 미생물은 지구에서 옮겨간 것일 가능성이 높다. 그렇지 않고 우회전성이라면 그것은 외계 생명체가 분명하다.

파스퇴르가 손 방향성을 발견하는 데에는 생물의 아주 미소한 부분을 연구하면서 화학자의 경력을 시작한 게 도움을 주었다. 26세 때인 1849년, 파스퇴르는 한 포도주 양조장으로부터 포도주 제조 과정에서 생기는 무해한 부산물인 주석산을 조사해달라는 부탁을 받았다. 포도씨와 죽은 효모균이 분해되어 생긴 주석산은 포도주가 담긴 나무통에 결정 찌꺼기가 되어 쌓인다. 효모균이 만들어낸 주석산에는 흥미로운 성질이 한 가지 있다. 주석산을 물에 녹여 수직 방향의 편광을 비추면, 편광면이 수직 방향에서 시계 방향(오른쪽)으로 돈다. 그것은 다이얼을 돌리는 것과 비슷하다. 그런데 공업적으로 만든 인공 주석산은 그런 성질이 전혀 나타나지 않는다. 수직 방향의 편광에는 아무 변화가 없다. 파스퇴르는 그 이유를 알아내려고 노력했다.

그는 이 현상이 두 주석산의 화학적 성질과는 아무 관계가 없다는 결론을 얻었다. 두 물질은 화학 반응에서 정확하게 똑같이 행동했고, 원소의 조성도 정확하게 똑같았다. 확대경으로 결정을 유심히 살피던 파스퇴르는 한 가지 차이점을 알아냈다. 효모균으로 만든 주석산 결정은 모두 한쪽 방향으로 비틀어져 있었다. 마치 잘린 왼손 손목들을 모아놓은 것 같았다. 이에 반해 인공 주석산은 왼손 손목들과 오른손 손목들이 함께 있는 것처럼 좌회전성과 우회전성 결정이 섞여 있었다. 호기심을 느낀 파스퇴르는 소금 알갱이 크기의 결정을 핀셋으로 집어 일일이 좌회전성 결정과 우회전성 결정으로 분리하는 작업에 착수했다. 상상할 수 없을 정도로 지루한 작업 끝에 이렇게 분리한 두 종류의 결정을 각각 물에 녹여 편광 실험을 해보았다. 예상대로 효모균이 만들어낸 결정은 편광면을 시계 방향으로 회전시켰고, 그것의 거울상인 결정은 반시계 방향으로 회전시켰으며, 회전 각도는 둘이 똑같았다.

파스퇴르는 이 결과를 지도 교수인 장 바티스트 비오 Jean Baptiste Biot 에게 알렸다. 비오는 일부 물질이 분자 구조 때문에 편광면을 회전시키는 성질이 있다는 사실을 발견한 사람이었다. 비오는 그 실험 결과를 직접 보여달라고 요구했는데, 그 실험의 우아함에 감동한 나머지 눈물을 흘릴 뻔했다. 요컨대, 파스퇴르는 똑같은 원자들로 이루어져 있지만 그 입체적 구조가 서로 거울상인 두 종류의 분자가 주석산에 있음을 밝혀낸 것이다. 나중에 파스퇴르는 이 개념을 확장해 생명은 좌회전성과 우회전성의 분자 중 한 종류만 편애한다는 사실을 밝혀냈다.*

훗날 파스퇴르는 이 연구를 할 때 운이 따랐다고 인정했다. 주석산은 다른 분자들과는 달리 손 방향성을 관찰하기가 쉽다. 게다가 손 방향성과 편광면 회전 사이에 어떤 관계가 있을 것이라고 예상한 사람은 아무도 없었지만, 파스퇴르에게는 광학적 회전 실험을 인도해준 비오가 있었다. 그리고 정말로 기막힌 우연의 일치로 날씨까지 거들어주었다. 인공 주석산을 준비할 때 파스퇴르는 그 용액을 창문턱에 올려놓고 식혔다. 주석산은 26°C 아래에서만 좌회전성과 우회전성 결정으로 분리된다. 만약 그 계절에 기온이 조금만 더 따뜻했다면, 파스퇴르는 손 방향성을 발견할 수 없었을 것이다. 그렇지만 파스퇴르는 자신이 거둔 성공에서 행운이 차지하는 부분은 일부에 불과하다는 사실을 잘 알고 있었다. 그는 평소에 "기회는 준비된 사람에게만 찾아온다"라고 입버릇처럼 말했다.

파스퇴르는 '행운'이 평생 동안 자신을 따라다니게 할 만큼 뛰어난 실력을 갖추고 있었다. 비록 그가 최초로 한 것은 아니지만, 육즙을 멸균 플라스크에 넣고 한 실험을 통해 공기 중에는 생기를 불어넣는 요소가 없다는 사실도 결정적으로 입증했다. 즉, 무생물 물질에서 생명을 탄생시키는 생기를 얻을 수 없음을 증명했다. 수수께끼로 남긴 했지만, 생명은 주기율표에 있는 원소들로부터 만들어지는 게 분명하다고 보았다. 파스퇴르는 또한 우유를 가열해 세균을 죽이는 저온 살균법도 개발했다. 무엇보다 유명한 것은 광견병 백신으로 아이의 목숨을 구한 사건이다. 이 일로 그는 국가적 영웅이 되었고, 그 명성으로 얻게 된 막강한 영향력을 이용해 파리에 그의 이름을 딴 유명한 연구소까지 세우게 했다. 그는 거기서 질병의 원인에 관한 자신의 혁명적 이론인 미생물 병원체설을 더 깊이 연구했다.

  1930년대에 집념과 복수심에 불탄 일부 과학자들이 최초의 실험실 합성 약품이 체내에서 작용하는 원리를 밝혀낸 곳이 파스퇴르 연구소였던 것은 우연만이 아니었다. 이 연구는 그 약품을 만들어낸 당대의 위대한 미생물학자 게르하르트 도마크를 곤경으로 몰아넣었다.

  1935년 12월 초, 독일 뷔페르탈에 있는 도마크의 집에서 딸 힐데가르트가 손에 바늘을 쥔 채 계단을 걷다가 넘어지고 말았다. 그 바람에 바늘이 바늘귀 쪽부터 손을 뚫고 들어가 안에서 부러졌다. 의사가 바늘 파편을 꺼냈지만, 며칠 뒤 힐데가르트는 고열로 신음하면서 기력이 약해졌고, 팔 전체가 연쇄상구균에 심하게 감염되었다. 딸의 상태가 점점 악화되자 도마크도 큰 고통에 빠졌다. 그 당시에는 그런 세균 감염으로 죽는 경우가 비일비재했다. 일단 세균이 증식을 시작하면, 그 기세를 꺾을 수 있는 약이 없었기 때문이다.

  치료약, 아니 정확하게는 치료 가능성이 있는 약이 하나 있긴 했다. 그것은 도마크가 자기 연구실에서 비밀리에 시험해온 빨간색 공업용 염료였다. 1932년 12월 20일, 도마크는 한 무리의 생쥐에게 치사량의 10배에 해당하는 연쇄상구균을 주사하고, 또 다른 무리에게도 똑같이 했다. 그리고 90분 뒤, 두 번째 무리에게 공업용 염료인 프론토질을 주사했다. 그 당시 무명의 화학자였던 도마크는 크리스마스 이브에 연구실로 돌아와 실험 결과를 보았다. 두 번째 무리에 속한 생쥐는 모두 살아 있었고, 첫 번째 무리에 속한 생쥐는 모두 죽어 있었다.

힐데가르트를 밤새워 간호하던 도마크의 머릿속에 떠오른 생각은 그것뿐만이 아니었다. 특이하게도 황 원자를 포함한 고리 유기 화합물 분자인 프론토질은 예상할 수 없는 성질을 갖고 있었다. 그 당시 독일 과학자들은 엉뚱하게도 염료가 세균의 핵심 기관의 색깔을 다르게 바꿈으로써 세균을 죽인다고 믿었다. 그러나 생쥐 체내에서는 미생물에게 치명적 효과를 미친 프론토질이 시험관에 든 세균에게는 아무 효과가 없었다. 세균들은 빨간색 용액 속에서 행복하게 잘 돌아다니기만 했다. 그 이유는 아무도 알지 못했는데, 바로 이 때문에 유럽의 많은 의사들은 독일인의 '화학 요법'을 공격하면서 세균 감염을 치료하는 데에는 화학 요법보다 수술이 더 낫다고 여겼다. 심지어 도마크조차 자신이 개발한 약의 효과를 완전히 믿을 수 없었다. 1932년의 생쥐 실험 이후 힐데가르트가 사고를 당할 때까지 그 사이에 사람을 대상으로 한 임상 시험이 성공적으로 진행되었지만, 가끔 심각한 부작용이 일어났다(사람의 피부색이 바닷가재처럼 새빨갛게 변화하는 것은 말할 것도 없고). 임상 시험에 참여한 일부 환자의 죽음은 다수의 행복을 위해 얼마든지 감수할 수 있었지만, 자기 딸의 목숨이 달린 것이라면 이야기가 달랐다.

딜레마에 빠진 도마크는 50년 전에 파스퇴르가 처했던 것과 비슷한 상황에 놓였다. 50년 전, 한 여인이 미친 개에게 심하게 물려 잘 걷지도 못하는 아들을 데리고 파스퇴르를 찾아왔다. 파스퇴르는 동물에게만

최초의 항균제를 발견한 게르하르트 도마크. 도마크는 프론토질이 세균 감염 치료에 효과적이라는 사실을 알아냈지만, 프론토질의 작용 원리는 밝혀내지 못했다. 프론토질의 작용 원리는 후에 프랑스 과학자들이 밝혀냈다.

임상 시험을 한 광견병 백신을 소년에게 사용했고, 소년은 극적으로 살아남았다.* 파스퇴르는 정식 의사가 아니었으므로 실패할 경우 형사 처벌을 받을 게 뻔했지만, 그런 위험을 무릅쓰고 치료를 강행했다. 도마크가 만약 실패한다면, 가족을 죽였다는 멍에까지 평생 안고 가야 할 것이다. 그렇지만 딸의 상태가 점점 나빠지는 것을 지켜보는 도마크의 마음속에는 크리스마스 이브에 보았던 생쥐들이 자꾸 떠올랐다. 의사가 힐데가르트의 팔을 절단해야 한다고 선언하자, 마침내 도마크는 신중한 태도를 포기했다. 연구 절차와 규정을 위반하면서까지 연구실에서 시험용 약을 훔쳐내 딸에게 주사했다.

처음에는 힐데가르트의 상태가 더 악화되었다. 2주일 동안 열이 치솟았다 떨어지기를 반복했다. 그러다가 도마크가 생쥐 실험을 한 지 정확하게 3년째 되는 날, 갑자기 힐데가르트가 안정을 되찾았다. 그리고 평생 동안 양 팔을 온전히 유지한 채 살아갔다.

도마크는 그 결과에 무척 기뻤지만, 임상 시험 결과에 영향을 줄까 봐 자신이 은밀하게 실시한 실험을 동료들에게 말하지 않았다. 그러나 동료들은 힐데가르트에 관한 이야기를 듣지 않아도 도마크가 최초의 진정한 항균제인 블록버스터 약을 발견했다는 사실을 알아챘다. 이 약이 얼마나 획기적인 것인지는 아무리 강조해도 지나치지 않다. 도마크가 살던 세상은 많은 측면에서 현대적이었다. 사람들은 열차를 이용해 빠른 대륙 횡단 여행을 즐겼고, 전신을 통해 국제적 커뮤니케이션도 빠른 속도로 일어나고 있었다. 그렇지만 평범한 감염에도 목숨을 잃을 가능성이 매우 높았다. 그런데 프론토질이 등장하면서 역사를 통해 수많은 인명을 앗아간 전염병을 정복할 수 있는 가능성이 보였고, 잘하면 박멸도 할 수 있을 것 같았다. 유일하게 남은 문제는 프론토질의 작용 방식을 알아내는 것이었다.

작가적 거리(작가의 입장에서 글 속의 인물이나 사건에 주관적으로 개입하지 않고 냉정하게 거리를 두는 것.—옮긴이)를 유지하려면, 다음 설명을 하기 전에 사과가 필요할 것 같다. 옥텟 규칙의 유용성을 설명하고 난 뒤에 여러분에게 예외가 있다고 말하기는 참 싫지만, 프론토질은 바로 그 규칙을 어기기 때문에 약으로서 성공할 수 있었다. 황은 전자를 강렬하게 원하는 원자들에 둘러싸여 있을 때, 맨 바깥쪽 전자 껍질에 있는 전자 6개 전부를 다른 원자와 공유함으로써 최대 8개가 들어갈 수 있는 전자 껍질에 12개가 들어간다. 프론토질의 경우, 황은 탄소 원자들로 이루어진 벤젠 고리와 전자 1개를 공유하고, 짧은 질소 사슬과 1개를 공유하고, 탐욕스러운 산소 원자 2개와 각각 2개를 공유한다. 그러니까 6개의 결합에 모두 12개의 전자가 참여한 셈이다. 이런 일을 해낼 수 있는 원소는 황 외에는 하나도 없다. 황은 주기율표에서 세 번째 가로줄에 있기 때문에 전자를 8개보다 더 많이 받아들이고, 그것들을 모조리 안에 포함할 만큼 크다. 그렇지만 겨우 세 번째 가로줄에 있는 황은 충분히 크진 않아 그 모든 것을 3차원 공간 안에 간신히 배치할 수 있다.

세균학이 전공인 도마크는 이러한 화학 지식을 전혀 몰랐기 때문에 결국 자신이 얻은 결과를 아는 한도 안에서 발표하고, 프론토질의 작용 원리를 알아내는 일은 나머지 과학자들에게 맡기기로 했다. 그렇지만 고려해야 할 복잡한 문제가 있었다. 도마크가 일하던 화학 회사인 IGF(훗날 프리츠 하버의 치클론 B를 제조한 회사)는 이미 프론토질을 염료로 제조해 판매하고 있었는데, 1932년 크리스마스 직후에 프론토질에 대한 특허 범위를 의약품에까지 확대했다. 임상 시험을 통해 사람에게도 효과가 있다는 증거가 나오자 IGF는 지적 재산권을 확보하려고 치열하게 매달렸다. 도마크가 연구 결과를 발표하려고 하자, 회사는 의약품에 대한 특허가 나올 때까지 발표를 미루라고 강요했다. 이 때문에 도마크와

IGF는 그 시간에도 수많은 사람들이 죽어가고 있는 상황을 외면한 채 자기 잇속만 챙겼다는 비난을 받게 되었다. 그리고 IGF는 다른 회사들이 프론토질에 대한 정보를 입수하지 못하게 하려고 도마크에게 독일어로만 발행되는 잘 알려지지 않은 정기 간행물에 연구 결과를 발표하게 했다.

이렇게 치밀한 사전 준비와 장밋빛 전망에도 불구하고, 시장에 출시된 프론토질은 실패하고 말았다. 다른 나라 의사들은 계속 비판적인 주장을 제기했고, 많은 사람들은 효능 자체를 아예 믿으려 하지 않았다. 그렇게 프론토질과 그 분자 구조 속의 외로운 황 원자는 별 관심을 끌지 못했는데, 1936년에 심한 패혈성 인두염에 걸린 프랭클린 델러노 루스벨트Franklin Delano Roosevelt 대통령의 목숨을 구하면서 〈뉴욕 타임스〉의 헤드라인을 장식하게 되었다. 그 일이 있고 나서 갑자기 도마크는 IGF에 엄청난 돈을 벌어다줄 연금술사로 떠올랐고, 프론토질의 작용 원리 따위는 모르더라도 전혀 문제될 게 없어 보였다. IGF의 매출액이 1936년에 5배로 뛰어오르고, 1937년에는 거기서 다시 5배가 뛰어올랐으니, 그걸 가지고 시비를 걸 사람이 누가 있었겠는가?

한편, 프랑스 파스퇴르 연구소의 과학자들은 도마크가 이름 없는 정기 간행물에 발표한 논문을 자세히 분석했다. 지적 재산권에 대한 반항 심리(그들은 특허가 기초 연구를 방해한다며 싫어했다)와 반게르만 감정(그들은 독일인을 미워했다)에 사로잡힌 프랑스 과학자들은 즉시 IGF의 특허를 무력화하는 데 착수했다.(원한도 천재성의 동기가 될 수 있다는 사실을 과소평가하지 마라!)

프론토질은 세균에 대해서는 선전한 것처럼 효과가 좋았지만, 파스퇴르 연구소의 과학자들은 프론토질이 체내에 흡수되어 작용하는 과정을 추적하면서 이상한 점을 발견했다. 첫째, 세균과 싸우는 것은 프론토질이 아니라, 그 파생 물질인 술폰아미드였다. 술폰아미드는 포유류의 세포가 프론토질을 둘로 쪼갤 때 생성되었다. 이 사실은 프론토질이 시험관에 든 세균에게는 아무 효과가 없는 이유를 설명해주었다. 시험관 안에는 프론토질을 쪼개 생물학적으로 '활성화시키는' 포유류의 세포가 없기 때문이다. 둘째, 중심에 황 원자가 있고 거기에 6개의 팔이 붙어 있는 술폰아미드는 모든 세포가 DNA를 복제하고 증식할 때 필요한 영양 물질인 엽산의 생산을 방해한다. 포유류는 엽산을 음식물에서 얻기 때문에, 술폰아미드는 포유류의 세포 활동에는 별 영향을 미치지 않는다. 그렇지만 세균은 스스로 엽산을 만들어야 하는데, 그러지 못하면 유사 분열을 하지 못해 증식할 수 없다. 프랑스 과학자들은 도마크가 발견한 것이 세균을 죽이는 물질이 아니라 세균의 증식을 억제하는 물질임을 증명한 것이다!

　프론토질의 분해에 관한 이 연구는 실로 놀라운 소식이었는데, 단지 의학적으로만 놀라운 소식이 아니었다. 프론토질에서 약효를 나타내는 성분인 술폰아미드는 이미 오래전에 발명된 물질이었다. 그것은 1909년에 IGF*가 특허를 얻었지만, 그것을 염료로만 시험했기 때문에 그다지 많이 쓰이지 않고 있었다. 그리고 1930년대 중반에 그 특허마저 만료되었다. 파스퇴르 연구소의 과학자들은 회심의 미소를 감추지 않고 연구 결과를 발표함으로써 전 세계의 모든 사람에게 프론토질 특허를 피해갈 수 있는 방법을 제공했다. 물론 도마크와 IGF는 술폰아미드가 아니라 프론토질이 핵심 성분이라고 항변했다. 그러나 불리한 증거가 계속 쌓이자, 마침내 그 주장을 철회하지 않을 수 없었다. 경쟁업체들이 뛰어들어 다른 '술파제'를 합성하자, IGF는 제품 생산에 투자한 수백만 달러뿐 아니라 향후에 기대되던 수억 달러의 수익도 날리게 되었다.

　도마크는 큰 좌절을 겪었지만 동료 과학자들은 그가 이룬 업적을 충분히 평가해주었고, 도마크는 크리스마스의 생쥐 실험을 한 지 7년 뒤인 1939년에 노벨 의학 생리학상으로 보상을 받았다. 그러나 노벨상은 도마크의 삶을 오히려 힘들게 했다. 히틀러는 1935년에 나치에 반대하는 평화주의자 언론인에게 노벨 평화상이 수여된 데 앙심을 품고 노벨 위원회를 미워하여 독일인이 노벨상을 수상하는 것을 사실상 불법으로 규정했다. 그래서 게슈타포는 도마크를 그 '죄'를 저지른 혐의로 체포하여 심하게 괴롭혔다. 제2차 세계 대전이 일어나자, 도마크는 자신의 약이 괴저(혈액 공급이 되지 않거나 세균 때문에 비교적 큰 덩어리의 조직이 죽는 현상)로 고생하는 병사들을 구할 수 있다고 나치를 설득함으로써(물론 나치는 처음에는 믿으려 하지 않았지만) 어느 정도 지위와 명예를 회복했다. 그러나 그 무렵에는 연합국도 술파제를 생산하고 있었다. 또, 도마크가 개발한 약이 독일을 쳐부수려는 신념에 불타고 있던 윈스턴 처칠의 목숨을 구한 것도 국내에서 그의 인기를 높이는 데에는 전혀 도움이 되지 않았다.

그런데 도마크가 딸의 목숨을 구해주리라고 기대했던 약이 사람들 사이에 위험하게 유행함으로써 훨씬 나쁜 결과를 낳았다. 사람들은 코가 막히거나 목이 아플 때마다 술폰아미드를 찾았는데, 얼마 지나지 않아 그것을 일종의 만병통치약으로 여기게 되었다. 그러나 돈을 쉽게 벌려 한 미국의 세일즈맨이 대중의 이 열기에 편승해 부동액을 섞은 술파제를 팔고 다님으로써 사람들의 기대에 찬물을 끼얹었다. 이 때문에 몇 주일 사이에 수백 명이 사망했는데, 이 사건은 만병통치약이라는 선전에 쉽게 넘어가는 사람들의 심리가 낳은 비극이었다.

손 방향성과 생명의 관계

항생제는 파스퇴르가 세균 연구에서 발견한 것 중 최고의 업적이다. 그러나 모든 질병이 세균 때문에 생기는 것은 아니다. 화학 물질 때문에 생기는 것도 있고, 호르몬 이상 때문에 생기는 것도 있다. 현대 의학은 파스퇴르가 발견한 손 방향성 개념을 받아들인 후에야 두 번째 집단의 질병에 제대로 대처할 수 있게 되었다. 행운과 준비된 사람에 대한 이야기를 하고 나서 얼마 후 파스퇴르는 그만큼 의미심장하진 않지만 깊은 경외감을 불러일으키는 발언을 했다. 그것은 정말로 신비로운 수수께끼, 즉 생명을 살아가게 하는 것이 무엇이냐 하는 문제에 관한 것이었다. 생명은 깊숙한 단계에서 손 방향성에 대한 편견이 있다는 사실을 알아낸 뒤, 파스퇴르는 손 방향성은 유일하게 "현재 단계에서 죽은 물질의 화학과 산 물질의 화학 사이를 명확하게 그을 수 있는 경계선"이라고 주장했다.* 생명의 정의는 무엇인가 하고 궁금하게 여긴 적이 있다면, 이것이 바로 그 화학적 답이다.

파스퇴르의 이 금언은 1세기 동안 생화학을 이끄는 지침이 되었으며, 그동안에 의사들은 질병을 이해하는 데 큰 진전을 이루었다. 그와 동시에 이 직관은 정말로 중요한 질병을 치료하려면 손 방향성을 지닌 호르몬이나 생화학 물질이 필요하다는 것을 의미했다. 그리고 과학자들은 파스퇴르의 금언이 통찰력이 뛰어나고 유용하면서도 자신들의 무지를 강조하고 있다는 사실을 깨달았다. 다시 말해서, 파스퇴르는 과학자들이 실험실에서 할 수 있는 '죽은' 화학과 생명을 유지하는 살아 있는 세포 화학 사이의 간극을 지적하면서, 그와 동시에 그것을 건너는 것이 결코 만만치 않음을 지적한 것이다.

그렇다고 해서 사람들이 시도 자체를 포기한 것은 아니다. 일부 과학자는 에센스와 동물 호르몬을 증류하여 카이랄 화학 물질을 얻었지만, 그것은 너무 소모적인 과정이었다.(1920년대에 시카고의 두 화학자는 최초로 순수한 테스토스테론 수십 g을 얻느라고 도살장에서 구한 소 고환 수천 kg을 푹 삶아 정제해야 했다.) 생각할 수 있는 또 다른 방법은 파스퇴르의 구분을 싹 무시하고, 좌회전성과 우회전성 생화학 물질을 모두 만드는 것이다. 이것은 상당히 쉬운 방법인데, 카이랄 분자들을 만들어내는 화학 반응에서는 통계적으로 좌회전성과 우회전성 분자가 생길 확률이 같기 때문이다. 이 방법의 문제점은 거울상 분자들이 체내에서 서로 다른 성질을 나타낸다는 데 있다. 레몬과 오렌지의 강렬한 냄새는 똑같은 분자들에서 나오지만, 하나는 좌회전성(송진과 비슷한 향을 풍김)이고 하나는 우회전성(레몬과 오렌지 향을 풍김)이다. 심지어 손 방향성이 다른 분자는 좌회전성인 생물 분자에 해를 끼칠 수도 있다. 1950년대에 독일의 한 제약회사는 임신한 여성의 입덧에 효과가 있는 탈리도마이드를 판매하기 시작했는데, 과학자들이 손 방향성이 다른 두 종류의 분자를 분리하지 못하는 바람에 몸에 해를 끼치지 않고 약효를 나타내는 분자에 손 방향성이 다른 분자가 섞이고 말았다. 이 약의 부작용으로 기형아들이 태어나기 시작했는데, 특히 팔이나 다리가 없이 태어나거나 손과 발이 지느러미발처럼 들러붙은 채 태어나는 아이가 많았다. 탈리도마이드는 20세기에 일어난 의약품 사고 중 가장 악명 높은 사건으로 기록되었다.*

    탈리도마이드 부작용 사고가 일어나자, 카이랄 약품의 전망은 그 어느 때보다 어두워졌다. 그러나 사람들이 탈리도마이드 부작용으로 태어난 기형아에 대해 분노하고 있을 때, 세인트루이스의 윌리엄 놀스William Knowles라는 화학자가 농산물을 주로 다루는 세계적인 생명공학 기업인 몬산토의 개인 실험실에서 전혀 기대하지 않았던 원소인 로듐을 가지고 연구하고 있었다. 놀스는 '죽은' 물질로 '산' 물질에 활기를 불어넣을 수 있음을 입증해 조용히 파스퇴르를 뛰어넘었다.

놀스는 납작한 2차원 분자를 팽창시켜 3차원 구조로 만들고 싶었다. 그 3차원 분자 중 좌회전성을 가진 것은 파킨슨병 같은 뇌질환에 탁월한 효과가 있음이 입증되었기 때문이다. 문제는 분자가 적절한 손 방향성을 가지게 하는 것이었다. 2차원 물체에는 손 방향성이라는 개념 자체가 없다는 사실에 유의하라. 마분지를 오려 오른손 모양을 만들었다 해도, 그것을 뒤집기만 하면 왼손으로 변하기 때문이다. 손 방향성은 Z축이 있을 때에만 나타난다. 그렇지만 화학 반응에 참여하는 무생물 화학 물질은 좌회전성 분자를 만들어야 할지 우회전성 분자를 만들어야 할지 아무 개념이 없다.* 그래서 두 가지가 다 만들어진다. 특별한 방법을 쓰지 않는 한.

놀스가 생각해낸 방법은 로듐 촉매를 쓰는 것이었다. 촉매는 화학 반응 속도를 일상적인 인간 세상의 경험으로는 상상할 수 없을 만큼 증가시킨다. 어떤 촉매는 반응 속도를 수백만 배나 수십억 배, 혹은 심지어 수조 배나 증가시킨다. 로듐도 촉매 효과가 뛰어난데, 놀스는 로듐 원자 하나가 자신의 2차원 분자를 아주 많이 팽창시킨다는 사실을 발견했다. 그래서 이미 손 방향성을 가지고 있는 카이랄 화합물의 중심에 로듐을 첨가하는 방법으로 카이랄 촉매를 만들었다.

여기서 로듐 원자를 가진 카이랄 촉매와 표적 물질인 2차원 분자가 모두 덩치가 크고 넓게 퍼져 있다는 사실이 중요하다. 그래서 두 물질이 반응을 하려고 접근하는 것은 뚱뚱한 동물 두 마리가 교미를 하려고 다가가는 것과 비슷하다. 그 결과, 카이랄 화합물은 자신의 로듐 원자를 오직 한 위치에서만 2차원 분자에 찔러넣을 수 있다. 그리고 2차원 분자는 팔다리와 뚱뚱한 살 때문에 그 위치에서 오직 한쪽 차원으로만 뻗어가면서 3차원 분자로 변할 수 있다.

로듐의 촉매 능력을 최대한 활용하고 교미시의 이러한 움직임 제약을 이용함으로써 놀스는 힘든 일(카이랄 로듐 촉매를 만드는 일)을 조금만 하면서도 원하는 손 방향성을 가진 분자를 많이 얻을 수 있었다.

그 해는 1968년이었는데, 현대적인 의약품 합성은 바로 그때부터 시작되었다. 이 공로를 인정받아 놀스는 2001년에 노벨 화학상을 받았다.

그건 그렇고, 놀스가 로듐으로 만들어낸 약품은 레보-디히드록시페닐알라닌(새로운 화학 물질 표기법에 따르면 레보-다이하이드록시페닐알라닌)으로, 줄여서 L-도파라고 부른다. 이것은 올리버 색스Oliver Sacks가 쓴 책『깨어남Awakening』에 나오면서 유명해진 화합물이다. 이 책은 1920년대에 기면성 뇌염에 걸린 뒤에 심한 파킨슨병을 앓은 80명의 환자에게 L-도파가 어떤 영향을 미쳤는지 자세히 기술하고 있다. 80명 모두 정신병원에 수용되었고, 많은 사람은 40년 동안 신경학적 안개 속에 갇혀 살았으며, 일부는 계속 긴장증(정신 분열증의 일종) 상태에서 헤어나지 못했다. 색스는 그들을 이렇게 묘사했다. "유령처럼 현실적 존재감이 없고, 좀비처럼 수동적이며…… 사화산처럼…… 정력, 기력, 주도성, 동기, 식욕, 감정, 욕망을 완전히 상실한 상태였다."

1967년, 한 의사가 뇌에서 분비되는 화학 물질인 도파민의 전구 물질(일련의 생화학 반응에서 A에서 B로, B에서 C로 변화할 때, C라는 물질에서 본 A나 B라는 물질. 전구체라고도 한다.―옮긴이)인 L-도파를 사용해 파킨슨병 환자를 치료하는 데 큰 성공을 거두었다.(도마크의 프론토질처럼 L-도파도 체내에서 생물학적으로 활성화되는 게 분명했다.) 그러나 이 분자의 우회전성 형태와 좌회전성 형태를 분리하기가 무척 어려워 이 약품의 가격은 kg당 1만 달러까지 치솟았다. 그런데 기적적으로 "1968년 말경에 L-도파의 가격이 크게 떨어지기 시작했다"라고 색스는 지적했다

(그 이유는 몰랐지만). 놀스가 L-도파 생산에 돌파구를 연 덕분에 색스는 얼마 지나지 않아 뉴욕에서 긴장증 환자들을 치료할 수 있게 되었고, "1969년 봄에는 누구도 예상하거나 상상하지 못한 방식으로…… 이 '사화산들'이 되살아나 분화했다."

화산 비유는 아주 적절한데, 그 약의 효과가 조용히 나타나는 게 아니기 때문이다. 일부 환자는 생각이 꼬리를 물고 계속 이어지는 현상과 함께 과잉 운동 반응을 보였고, 어떤 사람들은 환각을 일으키거나 동물처럼 물건을 갉아대기도 했다. 그렇지만 사람들에게 잊힌 채 살아가던 이들은 거의 모두 이전의 죽은 듯한 상태보다는 L-도파가 주는 활기찬 삶을 더 좋아했다. 색스는 가족과 병원 근무자들은 그들을 '사실상 죽은 사람'으로 간주했고, 심지어 일부 환자는 스스로도 그렇게 여겼다는 점을 지적했다. 놀스가 만들어낸 화학 약품 중 오직 좌회전성을 가진 것만 그들을 되살렸다. 적절한 손 방향성을 가진 화학 물질에만 생명을 불어넣는 성질이 있다는 파스퇴르의 직관이 옳았다는 것이 또 한 번 입증되었다.

원소들의 속임수

로듐처럼 잘 알려지지 않은 회색 금속이 L-도파 같은 놀라운 약품을 만드는 데 쓰이리라곤 아무도 상상하지 못했다. 그러나 화학이 본격적으로 시작된 지 수백 년이 지난 지금도 원소들은 계속해서 우리를 깜짝깜짝 놀라게 한다. 원소는 무의식적으로 그리고 자동적으로 일어나는 우리의 호흡에 장애를 초래할 수 있으며, 의식적인 감각에 혼동을 일으킬 수 있다. 심지어 요오드의 경우 가장 높은 차원의 인간 능력마저 속일 수 있다. 물론 화학자는 녹는점이나 지각 속에 존재하는 양을 포함해 원소들에 관한 많은 특징을 알아냈으며, 화학자의 코란이라고 할 수 있는 무게 4kg, 2804쪽짜리『화학과 물리학 안내서 *Handbook of Chemistry and Physics*』에는 모든 원소의 물리적 성질이 여러분이 원하는 것보다 훨씬 많은 소수점 아래 자리까지 실려 있다. 원소들은 원자 차원에서는 충분히 예측 가능하게 행동한다. 그러나 혼돈스러운 생물학을 만났을 때 원소들은 우리를 무한한 혼란 속으로 몰아넣는다. 일상에서 마주치는 평범한 원소조차 자연스러운 장소가 아닌 곳에서 만나면 놀라운 행동을 보일 때가 있다.

소리 없이 질식시키는 질소

1981년 3월 19일, 케이프커내버럴에 있는 NASA 본부에서 기술자 5명이 시뮬레이션 우주선의 제어 장치 점검을 마치고, 엔진 위에 있는 좁은 방으로 들어갔다. 모의 이륙 실험을 완벽하게 끝내고 33시간에 걸친 '하루'가 막 끝난 참이었다. 이제 4월에 최초의 임무에 나설 예정인 우주 왕복선 컬럼비아 호는 발사 준비가 끝났고, NASA는 성공을 자신했다. 힘든 하루 일과를 끝낸 기술자들은 몸은 피곤하지만 상쾌한 기분으로 통상적인 시스템 체크를 위해 그 방으로 들어갔다. 그런데 몇 초 뒤, 기묘할 정도로 평화롭게 그들은 모두 의식을 잃은 채 쓰러지고 말았다.

1967년에 아폴로 1호의 우주 비행사 3명이 훈련 중에 화재가 나는 바람에 사망한 이후로 NASA는 그때까지 지상에서나 우주에서나 인명 사고가 일어난 적이 없었다. 그 당시 NASA는 우주선 중량을 줄이는 데 신경을 쓰느라 우주선 내에 채우는 공기로 보통 공기 대신에 순수한 산소를 사용했다.(보통 공기는 질소가 80% 포함돼 있으므로 80%의 중량이 낭비된다고 생각했기 때문이다.) 불행하게도 1966년에 NASA가 작성한 기술 보고서에서 지적한 것처럼, "순수한 산소 속에서는 [불이] 더 빨리 그리고 더 뜨겁게 타오른다. 대기 중의 질소가 열을 일부 흡수하거나 다른 방법으로 방해하지 않아서 그렇다." 산소 분자(O_2)는 열을 흡수하자마자 산소 원자들로 분해하면서 근처 원자들로부터 전자를 빼앗아오는데, 이것은 불을 더 뜨겁게 타오르게 만든다. 산소를 도발하는 데에는 많은 자극이 필요 없다. 일부 공학자는 우주 비행사의 우주복에 붙어 있는 벨크로에서 발생하는 정전기가 순수하고 반응성이 큰 산소 속에서 불을 일으키지 않을까 염려했다. 그럼에도 불구하고 그 보고서는 이렇게 결론 내렸다. "가연성을 억제하는 방법으로 비활성 기체를 고려했지만…… 비활성 물질의 첨가는 불필요할 뿐만 아니라 일을 엄청나게 복잡하게 만든다."

이 결론은 대기압이 존재하지 않아 약간의 내부 기체만으로 우주선이 안쪽으로 무너지는 것을 충분히 막을 수 있는 우주에서는 옳을 수 있다. 지구의 무거운 공기가 짓누르는 지상에서 훈련할 때, NASA의 기술자들은 벽이 무너지는 것을 막기 위해 시뮬레이터 안에 산소를 훨씬 많이 집어넣어야 했다. 순수한 산소 속에서는 작은 불이라도 걷잡을 수 없이 확 타오르기 때문에 그만큼 위험도 더 커진다. 1967년의 훈련 때에도 설명할 수 없는 스파크가 일면서 모듈이 화염에 휩싸이는 바람에 안에 있던 세 우주 비행사가 목숨을 잃었다.

재난은 잠재해 있던 문제를 확실하게 해결해주는 효과가 있는데, NASA는 일이 복잡해지건 말건 그후부터 모든 우주 왕복선과 시뮬레이터에 비활성 기체가 필요하다고 결정 내렸다. 1981년에 컬럼비아 호가 임무에 나설 준비를 하던 무렵, 그들은 스파크가 일 가능성이 있는 모든 격실에 비활성 기체인 질소(N_2)를 가득 채워 넣었다. 전자 장비와 모터도 질소 속에서는 잘 돌아갔고, 혹시 스파크가 발생하더라도 질소 속에서 금방 꺼지고 말 것이다. 비활성 기체가 가득 찬 격실로 들어가는 기술자들은 가스 마스크를 쓰고 들어가거나, 질소를 펌프로 뽑아내고 호흡할 수 있는 공기가 들어올 때까지 기다리기만 하면 되었는데, 3월 19일에는 그런 조처들이 제대로 실행에 옮겨지지 않았다. 누군가 안전 신호를 너무 일찍 보냈고, 격실 안으로 들어간 기술자들은 마치 발레를 하는 것처럼 동시에 쓰러지고 말았다. 질소는 뉴런과 심장 세포가 신선한 산소를 흡수하는 걸 방해했을 뿐만 아니라, 비상시에 대비해 세포에 저장돼 있던 소량의 산소마저 밀어냄으로써 기술자들의 죽음을 앞당겼다. 구조대원들이 부랴부랴 5명을 모두 끌어냈지만, 3명만 소생시킬 수 있었다. 존 비외른스타드John Bjornstad는 현장에서 사망했고, 포리스트 콜Forest Cole은 혼수 상태에 빠졌다가 4월 1일에 사망했다.

사실, 이런 사고는 NASA에서만 일어난 게 아니다. 지난 수십 년 동안 질소는 갱 속의 광부들과 지하의 입자 가속기에서 일하는 사람들도 질식시켰다.* 그들은 마치 공포 영화와 같은 상황에 놓인다. 맨 처음 들어간 사람이 아무 이유도 없이 픽 쓰러진다. 두 번째 사람 그리고 때로는 세 번째 사람이 무슨 일인가 하여 달려가지만, 그들 역시 금방 쓰러지고 만다. 여기서 무엇보다 섬뜩한 것은 어느 누구도 발버둥치는 일 없이 조용히 죽어간다는 사실이다. 산소 부족에도 불구하고 어느 누구도 공포에 사로잡히는 경험조차 하지 못한다. 물속에서 허우적댄 경험이 있는 사람이라면 이 사실이 믿어지지 않을 것이다. 그런 상황에서는 살려면 숨을 쉬어야 한다는 본능 때문에 필사적으로 허우적대며 수면 위로 올라온다. 그러나 우리의 심장과 폐와 뇌는 산소를 감지하는 측정계가 없다. 이 기관들은 오직 두 가지만 판단할 뿐이다. 우리가 기체(어떤 기체라도)를 들이마시고 있는가 하는 것과 혹시 이산화탄소를 들이마시고 있는 건 아닌가 하는 것이다. 이산화탄소는 혈액 속에서 녹아 탄산을 만든다. 그래서 우리가 숨을 쉴 때마다 이산화탄소를 내보내 탄산의 생성을 막는 한, 뇌는 안전하다고 느낀다. 그것은 진화가 만들어낸 안전 장치이다. 우리에게 정말로 필요한 것은 산소이므로 산소 농도를 감시하고 측정하는 게 더 적절할 것 같지만, 세포로서는 탄산 농도가 0에 가까운지 아닌지 확인하는 게 훨씬 쉽고 또 대개는 그것만으로 충분하기 때문에 최소한의 노력을 기울이는 길을 선택한다.

질소는 그러한 시스템의 작동을 방해한다. 질소는 냄새도 색깔도 없으며, 혈관 속에서 산을 만들지도 않는다. 우리는 질소를 쉽게 들이마시고 내보내는데, 폐도 아무런 이상을 느끼지 않으며, 질소는 우리의 어떤 심리적 인계철선도 건드리지 않고 자유롭게 드나든다. 질소는 체내의 보안 시스템을 무사통과해 돌아다니면서 우리를 "자비롭게 죽인다." (질소와 같은 족에 있는 원소들을 옛날에는 '닉토겐족pnictogens'이라 불렀는데, 그 이름이 '질식' 또는 '목을 조름'이란 뜻의 그리스어 단어에서 유래했다는 게 재미있다.) NASA의 그 기술자들(22년 뒤 텍사스주 상공에서 공중 폭발하는 운명을 맞이하게 될 컬럼비아 호에서 발생한 최초의 희생자들)은 질소 안개 속에서 머리가 몽롱해지고 몸이 처지는 것을 느꼈을 것이다. 그러나 33시간 동안 계속 일한 뒤에는 누구라도 그런 느낌이 들 수 있으며, 아무 이상도 못 느끼고 질소를 들이마실 수 있기 때문에, 의식을 잃고 질소가 뇌의 작동을 멈추기 전까지 더 이상 정신적으로 다른 걸 느끼지 못했다.

세포에 최면을 거는 원소

우리 몸의 면역계는 미생물과 그 밖의 생물체와 싸워야 하기 때문에 생물학적으로 호흡계보다 훨씬 더 복잡하다. 그렇다고 해서 속임수에 대응하는 데 반드시 더 뛰어난 것은 아니다. 주기율표의 일부 원소는 면역계의 반응을 잠재우면서 우리 몸을 속인다.

1952년, 스웨덴 의사 페르-잉바르 브로네마르크Per-Ingvar Brånemark는 골수가 혈액 세포를 어떻게 만들어내는지 연구하고 있었다. 비위가 튼튼했던 브로네마르크는 그것을 직접 보고 싶어 토끼 넓적다리에 구멍을 뚫고 그 위에 달걀 껍데기 두께의 티탄(타이타늄) '창'을 씌웠다. 그 창은 강한 빛이 통과할 정도로 투명했다. 관찰을 만족스럽게 마친 브로네마르크는 값비싼 티탄 창을 다른 실험에 사용하기 위해 떼어내려고 했다. 그런데 당황스럽게도 그것은 꼼짝도 하지 않았다. 결국 그는 티탄 창을 포기했지만(계속 달고 다닌 토끼도 불행했을 것이다), 그 뒤에도 같은 일이 일어났다.(티탄은 항상 넓적다리 위에 바이스처럼 들러붙어 꼼짝도 하지 않았다.) 브로네마르크는 그 이유를 더 자세히 조사하기로 했다. 그가 관찰한 결과는 정체 상태에 머물러 있던 보철술 분야에 혁명을 가져왔다.

먼 옛날부터 의사들은 팔다리를 잃은 사람에게 나무로 만든 의족이나 의수를 달아주었다. 산업 혁명 때부터 금속 보철물이 널리 쓰이기 시작했고, 제1차 세계 대전 때 얼굴을 심하게 다친 병사들 중에는 부착식 주석 얼굴을 얻은 사람도 있었다. 그 가면을 쓰면 다른 사람들의 시선을 끌지 않고 군중 사이로 걸어다닐 수 있었다. 금속이나 나무가 신체의 일부가 되면 아주 이상적이지만, 그것은 아무도 해내지 못했다. 금이나 아연, 마그네슘, 크롬(크로뮴)으로 코팅한 돼지 방광 등 그 어떤 것에도 면역계는 거부 반응을 보였다. 혈액을 전문적으로 연구한 브로네마르크는 그 이유를 잘 알고 있었다. 외부에서 이물질이 들어오면 혈액 세포들이 이물질 주위에 모여든다. 그리고 섬유성 물질인 콜라겐이 굳으면서 마치 구속복처럼 이물질을 둘러싼다. 이 과정(상처 부위를 틀어막아 피가 새어나가는 것을 막는)은 예컨대 사냥 사고로 총에 맞았을 때에는 아주 유용하다. 그러나 세포는 해로운 이물질과 유익한 이물질을 구분할 만큼 똑똑하지 않다. 그래서 이식을 하고 나서 몇 달이 지나면, 새로운 이식 기관이나 부위가 콜라겐으로 둘러싸여 떨어져나가게 된다.

우리 몸에서 대사가 되는 철 같은 금속에도 이와 같은 일이 일어났기 때문에, 그리고 우리 몸에는 티탄이 극소량도 전혀 필요하지 않기 때문에, 티탄은 면역계가 거부 반응을 보이지 않는 물질 후보에 끼이지도

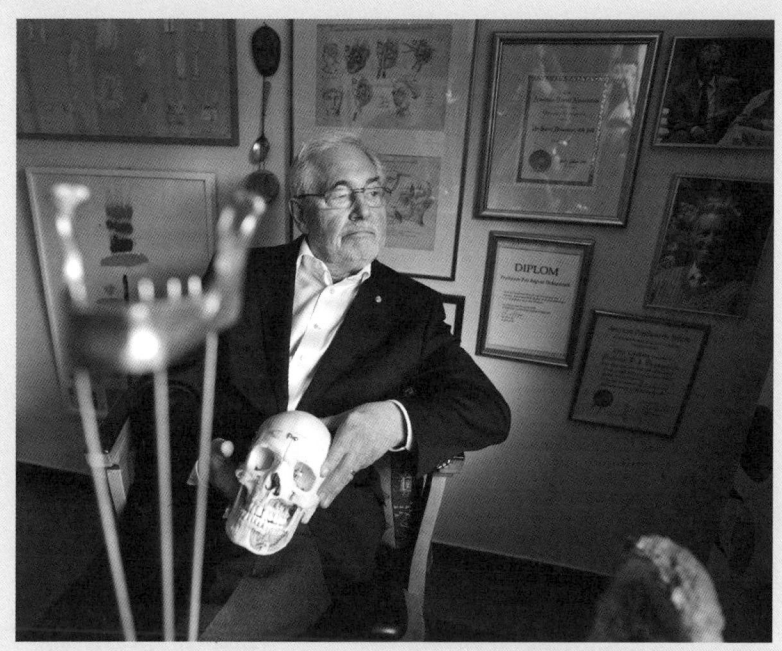

보철술 분야에 혁명을 불러일으킨 스웨덴 의사 페르-잉바르 브로네마르크.
브로네마르크는 우리 몸의 면역계가 티탄에 거부 반응을 나타내지 않는다는
사실을 알아냈다.

못했다. 그런데 브로네마르크는 티탄이 혈액 세포에 최면을 건다는 사실을 발견했다. 그래서 면역계의 반응을 무력화하고, 심지어 조골 세포(뼈를 만드는 세포)에 대한 지휘권을 행사하여 마치 22번 원소와 실제 뼈 사이에 아무 차이가 없는 것처럼 자신에게 달라붙게 했다. 티탄은 우리 몸을 속임으로써 우리 몸과 완전한 일체가 될 수 있다. 1952년 이래 티탄은 의치, 나사식 손가락, 인공 관절 등에 표준 재료로 쓰여왔다. 1990년대 초에 우리 어머니가 이식받은 인공 고관절 역시 티탄으로 만든 것이었다.

어머니는 젊은 나이에 고관절의 연골이 다 닳아버리는 바람에 뼈와 뼈가 서로 맞닿아 삐걱거렸다. 그래서 35세 때 인공 고관절 이식을 받았다. 즉, 넙다리뼈를 잘라낸 곳에 철도 침목을 박듯이 끝에 공이 달린 티탄 못을 박고, 골반에는 공이 들어갈 고관절와를 끼워 넣었다. 몇 달 뒤, 어머니는 몇 년 만에 처음으로 아무 고통 없이 걸어다닐 수 있었고, 나는 기쁜 마음으로 어머니가 보 잭슨Bo Jackson(야구와 미식축구를 병행한 대표적인 선수— 옮긴이)이 받은 것과 똑같은 수술을 받았다고 이야기했다.

그러나 불행하게도 첫 번째 인공 고관절은 9년 만에 수명이 다했다. 어머니가 유치원생들 사이에서 몸을 아끼지 않고 열심히 일한 게 하나의 원인이었다. 통증과 염증이 다시 시작되었고, 다른 외과 의사 팀이 다시 수술을 했다. 인공 고관절 안에 있던 플라스틱 부품이 벗겨져 나온 게 원인이었는데, 면역계는 충실하게 본분을 다해 플라스틱 조각과 그 주변 조직을 공격해 콜라겐으로 둘러싸고 있었다. 골반에 박힌 티탄 고관절와는 전혀 이상이 없었지만, 새로운 티탄 부품과 맞는 것으로 교체하기 위해 떼어내야 했다. 메이오 클리닉Mayo Clinic(미국 미네소타주 로체스터에 있는 세계 최대급 병원— 옮긴이)의 외과 의사들은 어머니가 그 병원에서 인공 고관절 이식을 두 번 받은 사람 중 가장 젊은 환자라는 사실을 기념하여 첫 번째 고관절와를 선물했다. 어머니는 지금도 그것을 마닐라지 봉투에 넣어 집에 보관하고 있다. 그것은 반으로 자른 테니스공만 한 크기인데, 10년이 지난 지금도 어두운 회색 티탄 표면에 하얀 뼈로 이루어진 산호 조각들이 단단히 들러붙어 있다.

미각을 속이는 원소

우리의 신체와 마음을 이어주는 다리에 해당하는 감각계(촉각, 미각, 후각)는 무의식적으로 작용하는 면역계보다 훨씬 더 발전했다. 그렇지만 생물계에서 새로운 단계의 복잡성은 예상치 못한 새로운 취약점을 낳는다는 사실을 이제 여러분도 잘 알고 있을 것이다. 그리고 티탄의 영웅적인 속임수는 아주 드문 예외에 속한다. 우리는 감각에 의존해 주변 세상에 대한 정보를 얻고 위험에 대비한다. 그러나 우리의 감각이 얼마나 쉽게 속는지 알고 나면 창피하고 심지어는 두렵기까지 할 것이다.

입 속에 있는 조기 경보 수용기는 숟가락에 담긴 뜨거운 수프가 혀를 태우기 전에 그것을 내려놓게 한다. 그런데 기묘하게도 살사salsa(아주 매운 멕시코 소스)의 재료인 고추에 들어 있는 캡사이신이라는 화학 성분도 똑같은 수용기를 자극한다. 박하가 입 안을 시원하게 하는 이유는 박하에 들어 있는 멘톨이 차가움을 느끼는 수용기를 자극하여 마치 북극의 바람이라도 부는 것처럼 몸을 떨리게 하기 때문이다. 만약 여러분의 몸에 텔루르(텔루륨)를 아주 조금만 묻힌다면 몇 주일 동안 몸에서 얼얼한 마늘 냄새가 떠나지 않을 것이고, 여러분이 방에서 나간 지 몇 시간이 지난 뒤에도 사람들은 여러분이 그곳에 있었음을 눈치 챌 것이다. 더욱 기묘한 것은 설탕 맛이 나는 4번 원소 베릴륨이다. 사람이 살아가려면 어떤 영양소보다도 당류가 필요하다. 수십만 년 동안 야생에서 당류를 얻으려고 애쓰면서 진화했으니 이제 우리는 당류 판별을 위해 매우 정교한 장치가 발전했을 것이라고 생각하기 쉽다. 그러나 그 구조가 작은 원자로만 이루어져 있어 고리 화합물인 당류 분자하고는 전혀 닮은 데가 없고, 물에도 녹지 않는 창백한 색깔의 베릴륨 금속도 맛봉오리를 설탕과 똑같이 자극한다.

극히 적은 양으로도 단맛을 내는 베릴륨은 그 양이 늘어날수록 독성이 아주 빨리 증가한다는 사실*만 아니라면, 베릴륨의 위장술은 그냥 흥미로운 이야기로만 들릴 수도 있다. 일부 연구에 따르면, 전체 인구 중 약 10%는 급성 베릴륨 질환에 아주 과민한 반응을 보인다고 한다. 이것은 주기율표의 땅콩 알레르기라 부를 만하다. 나머지 사람들도 베릴륨 가루에 노출되면 폐에 손상을 입어 미세한 실리카 입자 흡입이 원인이 되어 발생하는 폐렴에 걸릴 수 있다. 위대한 과학자 엔리코 페르미가 바로 그런 일을 겪었다. 젊은 시절에 자신감이 넘쳤던 페르미는 방사성 우라늄을 다루는 실험에 베릴륨 가루를 사용했다. 그런 실험에는 베릴륨이 적격이었는데, 방사성 물질과 섞으면 방출되는 입자의 속도를 늦추는 효과가 있었기 때문이다. 또 방출된 입자를 쓸모없이 그냥 공기 중으로 퍼져나가게 하는 대신에 우라늄 격자 속으로 되돌려보내 충돌시킴으로써 더 많은 입자의 방출을 촉진한다. 나중에 페르미는 이탈리아에서 미국으로 건너간 뒤에 핵분열 반응 실험을 더 과감하게 추진했고, 시카고 대학의 스쿼시 코트에서 최초의 핵분열 연쇄 반응을 시도해 성공했다.(다행히도 그는 반응을 다루는 데 능숙해 그것을 도중에 중단시켰다.) 그러나 페르미는 비록 원자력을 능숙하게 길들이긴 했지만, 베릴륨이 자신의 건강을 해친다는 사실을 전혀 몰랐다. 젊은 시절에 자신도 모르게 베릴륨 가루를 너무 많이 흡입한 페르미는 53세 때 폐렴에 걸려 폐가

갈기갈기 찢어졌고 산소 탱크에 의지해 살아가야 했다.

우리가 베릴륨에 속아 넘어가는 이유 중 일부는 미각의 기묘한 작용 방식에 있다. 다섯 종류의 맛봉오리 중 일부는 믿을 만한 것으로 알려져 있다. 쓴맛을 느끼는 맛봉오리는 음식물, 특히 식물에 독성 질소 화합물(사과 씨에 들어 있는 시안화물처럼)이 들어 있지 않은지 가려내는 데 중요한 역할을 한다. 제5의 맛이라 부르는 우마미旨味(우리나라에서는 아직 이 단어의 정확한 번역어가 없다. 일본어 우마미를 그냥 쓰기도 하고, 그 한자를 음독해 지미라고도 한다. '감칠맛'이란 단어를 쓰기도 하지만, 우리말에 원래 있는 감칠맛이란 단어는 전혀 다른 뜻이니 혼동을 초래할 우려가 있다. — 옮긴이)를 감지하는 맛봉오리는 글루탐산에 민감한 반응을 보인다. 조미료의 주성분인 MSG(글루탐산나트륨)에서 G가 바로 글루탐산을 가리킨다. 아미노산의 일종인 글루탐산은 단백질을 만드는 걸 돕기 때문에 이 맛봉오리들은 우리가 지금 단백질이 풍부한 음식물을 먹고 있다는 걸 알려준다. 그러나 단맛과 신맛을 느끼는 맛봉오리는 속아 넘어가기 쉽다. 이 맛봉오리들은 베릴륨에 쉽게 속듯이, 일부 장과류에 들어 있는 특별한 단백질에도 잘 속아 넘어간다. 미라쿨린miraculin이라는 이 단백질은 음식물의 불쾌한 신맛을 없애주기 때문에, 함께 먹으면 사과 식초는 사과 주스 맛이 나고, 핫소스인 타바스코 소스는 마리나라(토마토, 양파, 마늘, 향신료로 만든 이탈리아 소스 — 옮긴이) 맛이 난다. 미라쿨린은 신맛을 느끼는 맛봉오리를 침묵하게 하고, 단맛을 느끼는 맛봉오리와 결합해 산에서 나오는 수소 이온(H^+)에 민감한 반응을 나타냄으로써 이런 효과를 나타낸다. 우연히 염산이나 황산을 들이마신 사람들이 아주 신 레몬 조각을 억지로 먹은 것처럼 치아가 얼얼했다는 이야기를 하는 것도 이와 비슷한 이유 때문이다. 그러나 길버트 루이스가 입증한 것처럼, 산은 전자 및 전하를 띤 그 밖의 입자와 잘 결합한다. 분자 차원에서 볼 때

'신맛'은 단순히 맛봉오리가 열리면서 수소 이온이 밀려들어올 때 우리가 느끼는 맛이다. 우리의 혀는 대전 입자들의 흐름인 전류를 신맛과 혼동한다. 이탈리아의 백작이자 과학자인 알레산드로 볼타Alessandro Volta(전압의 단위인 '볼트volt'라는 명칭은 이 사람의 이름을 딴 것이다)는 1800년경에 재미있는 실험을 통해 이것을 보여주었다. 많은 사람들을 한 줄로 늘어세운 뒤, 각자에게 손가락으로 옆에 있는 사람의 혀를 붙잡게 했다. 그리고 맨 끝에 있는 두 사람은 전지에 연결된 선을 만지게 했다. 그러자 그와 동시에 늘어선 사람들은 옆 사람의 손가락에서 신맛을 느꼈다.

짠맛을 느끼는 맛봉오리 또한 전하의 흐름에 영향을 받긴 하지만, 특정 원소가 지닌 전하에만 반응한다. 나트륨은 가장 강한 짠맛 반응을 이끌어내는데, 나트륨의 화학적 사촌이라 할 수 있는 칼륨도 거기에 편승하여 짠맛을 낸다. 두 원소는 자연에서 모두 전하를 띤 이온 상태로 존재하며, 혀가 감지하는 것은 대개 나트륨이나 칼륨 자체가 아니라 그 전하이다. 우리에게 이런 맛을 느끼는 감각이 발달한 것은 칼륨 이온과 나트륨 이온이 신경 세포가 신호를 보내고 근육이 수축하는 것을 돕기 때문이다. 만약 이들 이온이 제공하는 전하가 없다면, 우리는 문자 그대로 뇌와 심장이 멈추고 말 것이다. 우리의 혀는 그 밖에도 약간 짠맛이 나는 마그네슘과 칼슘*을 비롯해 생리학적으로 중요한 이온들의 맛을 감지한다.

물론 맛은 아주 복잡하기 때문에 짠맛은 앞에서 이야기한 것처럼 말끔하게 정의할 수가 없다. 우리는 생리학적으로 쓸모없지만 나트륨과 칼륨을 모방하는 이온들(예컨대 리튬 이온이나 암모늄 이온)에서도 짠맛을 느낀다. 그리고 나트륨과 칼륨이 어떤 원소와 결합하느냐에 따라 단맛이나 신맛이 날 수도 있다. 때로는 염화칼륨처럼 같은 분자인데도 농도가 낮을 때에는 쓴맛이 나다가 농도가 높아지면 짠맛이 나는 경우도 있다.

칼륨은 혀의 감각을 마비시킬 수도 있다. 당살초 Gymnema sylvestre 잎에 들어 있는 화학 물질인 김네마산칼륨을 씹으면, 신맛을 단맛으로 바꾸는 기적의 단백질인 미라쿨린의 효과를 상쇄시킨다. 실제로 김네마산칼륨을 씹은 뒤에는 포도당이나 자당, 과당이 혀와 심장에 주는 마약과 같은 상쾌한 기분이 사라진다고 보고되었다. 혀 위에 설탕을 잔뜩 올려놓아도 마치 그만큼의 모래를 올려놓은 것처럼 느껴진다.*

이 모든 이야기는 맛은 원소의 정체를 파악하는 데 아주 나쁜 길잡이라는 것을 시사한다. 칼륨이 왜 우리의 미각을 속이는지는 수수께끼이지만, 뇌의 쾌감 중추를 지나치게 자극하는 것은 영양분을 섭취하는 데 좋은 전략일지 모른다. 베릴륨의 경우에는 프랑스 혁명 이후에 파리의 한 화학자가 그것을 분리하기 전까지는 순수한 베릴륨을 맛본 사람이 인류 중에 아무도 없었기 때문인지도 모른다. 즉, 우리는 그것을 거부하는 맛 감각이 진화할 시간이 없었다. 우리는 어디까지나 진화의 산물이니까(최소한 부분적으로는). 그리고 우리의 뇌가 실험실에서 화학적 정보를 분석하거나 화학 실험을 설계하는 데에는 아무리 뛰어나다 하더라도, 우리의 감각은 텔루르에서 마늘 맛을 느끼고, 베릴륨에서 가루 설탕 맛을 느낀다.

맛은 원초적 즐거움 중 하나이고, 우리는 그 복잡성에서 경이로움을 느낀다. 맛의 주요 성분인 냄새는 감각 중 유일하게 우리의 논리적 신경 처리 과정을 건너뛰어 뇌의 감정 중추로 직접 연결된다. 그리고 촉각과 후각이 결합하여 작용하는 맛은 홀로 작용하는 어떤 감각보다도 감각의 보고 속으로 훨씬 더 깊이 파고든다. 우리가 키스를 할 때 혀를 사용하는 것도 다 나름의 이유가 있다. 다만, 주기율표의 특정 원소와 관련이 있는 물질을 맛볼 때에는 혀를 믿지 않는 게 좋다.

요오드의 속임수

살아 있는 몸은 브라질에서 나비 한 마리의 날갯짓이 카오스적 결과를 빚어내는 것처럼 아주 복잡하기 때문에, 혈액이나 간 또는 췌장 속으로 임의의 원소를 집어넣을 때 어떤 일이 벌어질지는 아무도 알 수 없다. 마음이나 뇌도 그 영향에서 자유롭지 않다. 인간의 가장 뛰어난 고등 기능(논리, 지혜, 판단)도 요오드 같은 원소에 쉽게 속아 넘어갈 수 있다.

이것은 놀라운 일이 아닐 수도 있는데, 요오드는 그 화학 구조 자체에 속임수를 내포하고 있기 때문이다. 같은 주기에 속한 원소들은 왼쪽에서 오른쪽으로 갈수록 무거워지는데, 멘델레예프가 1860년대에 선언한 것처럼 주기율표의 주기성을 좌우하는 것은 원자량 증가이며, 그것은 물질의 보편적 법칙이다. 자연의 보편적 법칙에는 예외가 있어서는 안 되지만, 멘델레예프는 주기율표의 오른쪽 아래 구석에 불가해한 예외가 있다는 사실을 알고 있었다. 텔루르와 요오드를 화학적 성질이 비슷한 원소들 아래에 배치하려면 텔루르(52번)를 요오드(53번) 왼쪽에 두어야 했다. 그러나 텔루르는 요오드보다 더 무겁다. 멘델레예프는 측정 장비가 잘못되었거나 측정을 잘못한 게 분명하다고 화학자들에게 호통을 쳤지만, 텔루르는 측정할 때마다 요오드보다 더 무겁게 나왔다. 그것은 움직이지 않는 사실이었다.

오늘날에는 주기율표에서 나타나는 이러한 위치 역전은 무해한 화학적 책략처럼 보인다. 과학자들은 92종의 천연 원소 가운데 그러한 위치 역전이 일어난 사례가 네 쌍이나 있다는 사실을 알고 있다. 아르곤과 칼륨, 코발트와 니켈, 요오드와 텔루르, 토륨과 프로탁티늄이 바로 그런 사례이다. 그리고 아주 무거운 인공 원소 중에도 그런 사례가 몇 쌍 있다. 그러나 멘델레예프 시대에서 100년이 지난 후, 요오드는 훨씬 더 크고 교묘한 속임수에 휘말렸다. 그 속임수는 마치 스리카드 몬테three-card monte(퀸을 포함한 카드 3장을 보여준 뒤, 교묘한 솜씨로 뒤섞어 엎어놓고는 퀸을 맞히게 하는 도박 — 옮긴이) 사기꾼이 마피아의 살인 음모에 얽힌 것처럼 복잡한 사건이었다. 평화의 성자인 마하트마 간디Mahatma Gandhi가 요오드를 아주 싫어했다는 소문이 오늘날까지도 10억이 넘는 인도 국민 사이에 널리 퍼져 있다. 간디는 핵폭탄 때문에 우라늄과 플루토늄도 싫어했을 테지만, 간디의 전설을 사유화하고 싶어하는 간디의 사도들에 따르면 간디는 53번 원소를 특별히 싫어했다고 한다.

 1930년, 간디는 영국 정부가 부과한 소금세에 항의하기 위해 인도 국민을 이끌고 단디까지 그 유명한 소금 행진에 나섰다. 소금은 인도처럼 가난한 나라에서 주민이 자기 힘으로 생산할 수 있는 몇 안 되는 생산품 중 하나였다. 바닷물을 모아 증발시킨 뒤 말라붙은 소금을 그냥 자루에 담아 거리에서 팔기만 하면 되었다. 영국 정부가 생산된 모든 소금에 8.2퍼센트의 세금을 부과한 것은 탐욕스럽기 그지없는 짓으로, 베두인족에게 모래를 파간다고 혹은 이누이트족에게 얼음을 잘라간다고 세금을 매기는 것과 다름없었다. 이에 대한 항의의 표시로 간디는 3월 12일에 78명의 추종자를 데리고 380km에 이르는 행진에 나섰다. 도중에 지나가는 마을마다 점점 더 많은 사람들이 합류하여 4월 6일에 목적지인 단디에 도착했을 때에는 행렬의 길이가 3km에 이르렀다. 간디는 주위에 모인 군중과 함께 집회를 열었고, 집회가 절정에 이르렀을 때 염분을 듬뿍 함유한 진흙을 한 움큼 집어 올리면서 "저는 이 소금으로 [대영] 제국의 기반을 뒤흔들 것입니다!"라고 외쳤다. 이것은 미국 독립 전쟁을 촉발한 보스턴 차 사건에 견줄 만한 사건이었다. 간디는 사람들에게 세금이 붙지 않은 소금을 불법적으로 만들라고 촉구했다. 그래서 17년 뒤에 인도가 독립할 무렵에는 소위 보통 소금(주민이 그냥 바닷물로 만든 소금)

은 인도에서 보편적인 소금이 되었다.

그런데 문제가 한 가지 있었는데, 보통 소금에는 건강에 아주 중요한 성분인 요오드가 거의 들어 있지 않았다. 20세기 초에 서구 국가들은 식품에 요오드를 첨가하는 것이 선천성 결함이나 정신 지체를 예방하기 위해 정부가 취할 수 있는 대책 중에서 가장 값싸고 효과적인 방법이라고 생각했다. 그래서 1922년에 스위스를 시작으로 많은 국가들이 소금에 요오드를 첨가하도록 법으로 정했는데, 소금은 요오드를 공급하기에 값싸고 쉬운 식품이었기 때문이다. 인도 의사들도 요오드가 부족한 인도의 토양과 엄청나게 높은 출산율을 감안할 때, 소금에 요오드를 첨가하면 수백만 명의 어린이가 선천성 결함을 갖고 태어나는 걸 막을 수 있다고 생각했다.

그러나 간디의 소금 행진이 일어나고 나서 수십 년이 지난 뒤에도 소금 생산은 국민의, 국민에 의한, 국민을 위한 산업으로 남아 있었고, 서양이 인도에 강요한 요오드 첨가 소금은 식민주의의 잔재라는 인식이 널리 퍼져 있었다. 건강상의 이점이 널리 알려지고 인도가 근대화되자, 1950년대부터 1990년대 사이에 주 정부들이 요오드를 첨가하지 않은 소금 생산을 금지하는 조처를 시행했지만, 불만과 반대의 목소리가 없지는 않았다. 1998년에 인도 연방 정부가 3개 주에 보통 소금의 생산을 금지하라고 강요했을 때 큰 저항에 부닥쳤다. 가족끼리 소금을 만들던 영세 자영업자들이 요오드를 첨가하는 데 드는 비용을 감당할 수 없다며 반대하고 나선 것이다. 민족주의자들과 간디주의자들은 서양 과학의 침략에 분노했다. 건강을 지나치게 염려하는 사람들 중에도 아무 근거 없이 요오드 첨가 소금이 암과 당뇨병, 결핵, 그리고 엉뚱하게도 짜증을 널리 확산시킬 것이라고 믿는 사람이 많았다. 반대자들의 저항 운동이 거세지자, 2년 뒤에 인도 총리는 연방 정부 차원에서 보통 소금을 금지하는 조치를 철회했다(국제연합과 인도의 의사들이 어이없는 반응을 보이는 가운데). 이것은 엄밀하게는 단 3개 주에서만 보통 소금의 생산 및 판매를 합법화하는 조처였지만, 사실상 전국적으로 승인을 한 것으로 해석되었다. 요오드 첨가 소금의 소비가 전국적으로 13%나 급감했다. 그에 반비례해 선천성 결함은 증가했다.

다행히도 철회 조처는 2005년까지만 지속되었고, 새 총리가 보통 소금을 다시 금지했다. 그러나 그것만으로는 인도의 요오드 문제가 완전히 해결되지 않았다. 간디의 이름을 내건 반대 운동은 여전히 사람들을 들끓게 만든다. 국제연합은 간디와 유대감이 덜한 세대에 요오드에 대한 사랑을 심어주기 위해 어린이에게 집에서 소금을 훔쳐 학교로 가져오게 했다. 그리고 학교에서 선생님과 함께 요오드 결핍을 알아보는 화학 실험을 하게 했다. 그러나 그것은 이길 수 없는 싸움이었다. 인도의 모든 국민이 섭취할 만큼 요오드 첨가 소금을 충분히 만드는 데에는 1년에 1인당 20원 정도의 비용밖에 들지 않지만, 소금을 운송하는 데 많은 비용이 들며, 아직도 국민 중 절반(약 5억 명)은 요오드 첨가 소금을 일상적으로 섭취하지 못하고 있다. 이것은 단순히 선천성 결함을 넘어서서 아주 암울한 결과를 초래한다. 요오드 결핍은 목의 갑상선이 흉측하게 부어오르는 갑상선종의 원인이 될 수 있다. 요오드 결핍이 지속되면 갑상선이 쭈그러들기 시작한다. 갑상선은 뇌에 분비되는 호르몬을 비롯해 여러 호르몬의 생산과 분비를 조절하기 때문에, 갑상선이 없으면 신체 기능이 제대로 돌아가지 않는다. 정신적 기능이 급격하게 떨어지고, 심지어 정신 지체에 이른다.

20세기의 유명한 평화주의자이기도 한 영국 철학자 버트런드 러셀Bertrand Russell은 요오드에 관한 이러한 의학적 사실을 이용해 불멸의 영혼이 존재한다는 주장을 반박했다. "생각하는 데 쓰는 에너지는 화학적 기원이 있는 것처럼 보인다……. 예를 들어 요오드 결핍은 똑똑한 사람을 바보로 만든다. 정신적 현상은 물질적 구조에 속박돼 있는 것 같다." 다시 말해서, 러셀은 요오드에 관한 사실을 알고 나서 이성과 감정과 기억이 뇌 속에 있는 물질적 조건에 의존한다는 사실을 깨달았다. 그는 '영혼'을 육체에서 분리할 수 없다고 보았고, 인간의 모든 영광과 많은 고뇌의 원천인 풍요로운 정신적 삶은 처음부터 끝까지 화학이라고 결론 내렸다. 우리는 처음부터 끝까지 주기율표의 산물인 셈이다.

4장

인간의 성격을 지닌 원소들

정치적 원소들

사람의 마음과 뇌는 알려진 것 중에서 가장 복잡한 구조를 갖고 있다. 마음과 뇌는 우리에게 강렬하고 복잡하고 때로는 모순적인 욕망에 사로잡히게 한다. 심지어는 주기율표처럼 엄격하고 과학적으로 순수한 것에도 그러한 욕망이 반영돼 있다. 하기야 주기율표를 만든 존재가 바로 오류를 범하기 쉬운 사람이니까. 그뿐만 아니라, 주기율표는 정신적인 것과 물질적인 것이 만나는 곳이기도 하다. 즉, 우주를 알고자 하는 우리의 갈망(인간의 가장 고상한 기능)과 세상을 이루는 물질(우리의 결함과 한계를 만들어내는 재료)의 상호작용이 일어나는 곳이다. 주기율표에는 경제학, 심리학, 예술, 정치(간디의 유산과 요오드 첨가 소금이 입증하듯이) 등 모든 인간 분야에서 일어난 우리의 좌절과 실패도 반영돼 있다. 주기율표에는 원소들에 관한 과학사뿐만 아니라 사회사까지 담겨 있다.

마리 퀴리가 발견한 방사성 원소

그 역사를 살펴보기에 가장 좋은 장소는 유럽인데, 간디 시대의 인도처럼 제국주의 열강의 탐욕에 희생당한 나라에서 이야기를 시작하기로 하자. 폴란드는 값싼 무대 장치처럼 "바퀴가 달린 나라"라고 불렸는데, 세계 무대로 통하는 출구와 입구가 사방으로 나 있기 때문이다. 폴란드를 둘러싼 제국들(러시아, 오스트리아, 헝가리, 프로이센, 독일)은 아무도 방어하지 않는 이 편평한 땅에서 오랫동안 전쟁을 벌여왔고, 번갈아가며 '신의 놀이터'(폴란드의 역사를 다룬 노먼 데이비스Norman Davies의 소설 제목)를 정치적으로 분할했다. 지난 500년 사이의 어느 해를 선택해 그 당시의 지도를 무작위로 선택한다면, 그 지도에 폴스카(폴란드)라는 나라 이름이 누락돼 있을 확률이 아주 높다.

역사상 가장 유명한 폴란드인으로 꼽히는 마리아 스퀴도프스카가 멘델레예프가 주기율표를 완성하던 무렵인 1867년에 바르샤바에서 태어났을 때에도 폴란드라는 나라는 없었다. 4년 전에 독립을 위한 폴란드인의 봉기가 실패로 돌아가고 나서 폴란드는 러시아에 병합되었다. 차르가 통치하던 러시아는 여성 교육에 대해 후진적 견해를 갖고 있어 폴란드에서는 여성이 대학에 입학할 수 없었다. 마리아는 청소년 시절부터 과학에 뛰어난 재능을 보였고, 정치 단체에 가입하여 독립 운동을 벌였다. 엉뚱한 사람들을 상대로 반대 시위를 자주 한 뒤에, 마리아는 폴란드의 또 다른 문화 중심지인 크라쿠프(이 도시는 그 당시 오스트리아 영토였다)로 가는 게 좋겠다고 판단했다. 그렇지만 그곳에서도 원하던 과학 교육을 마음껏 받을 수 없었다. 그래서 결국에는 멀리 떨어진 프랑스 파리로 가 소르본 대학에 들어갔다. 이름도 프랑스식으로 마리로 바꾸었다. 원래 계획은 박사 학위를 딴 뒤에 고국으로 돌아가는 것이었으나, 피에르 퀴리Pierre Curie와 사랑에 빠지는 바람에 프랑스에 계속 머물게 되었다.

1890년대에 마리와 피에르는 과학사 전체를 통틀어 가장 생산적인 것으로 평가받는 협력 연구를 시작했다. 그 당시 방사능은 아주 새로운 연구 분야였는데, 마리가 천연 원소 중 가장 무거운 우라늄을 가지고 한 연구는 초기의 방사능 연구에 중요한 통찰력을 제공했다. 우라늄 화학은 물리학과는 완전히 별개였다. 순수한 우라늄 원자 하나하나는 광물 속에 섞인 우라늄 원자와 똑같은 양의 방사선을 방출하는데, 우라늄 원자와 그 주위를 둘러싼 원자들 사이의 전자 결합(화학)은 그 원자핵이 언제 방사성으로 변하는지(물리학)에 아무런 영향을 미치지 않기 때문이다. 과학자들은 더 이상 수많은 화학 물질을 조사하면서 각 물질의 방사능을 측정할(예컨대 각 물질의 녹는점을 측정하듯이) 필요가 없었다. 주기율표에 있는 90여 종의 원소만 조사하면 되었다. 이것은 연구 노력을 크게 줄여주었고, 시선을 혼란시키는 거미줄을 깨끗이 걷어내고 건축물을 떠받치는 목제 들보를 드러내 보여주었다. 퀴리 부부는 이 발견으로 1903년에 노벨 물리학상을 공동 수상했다.

이 시기에 마리는 파리 생활이 만족스러웠고, 1897년에는 딸 이렌을 낳았다. 그렇지만 자신이 폴란드인이라는 사실을 잊은 적이 없었다. 사실, 마리는 20세기에 그 수가 크게 불어난 종(난민 과학자 집단)에 속한 사람 중 대표적인 인물이었다. 다른 인간 활동 분야와 마찬가지로 과학에도 험담, 시기, 술수 같은 정치적 행위가 난무한다. 이런 것들을 무시하고 과학의 정치학을 제대로 논하기는 불가능하다. 그런데 20세기는 제국의 정치적 영향력이 과학을 어떻게 왜곡하는지 가장 좋은(그리고 가장 섬뜩한) 역사적 사례를 제공한다. 역사상 가장 위대한 두 여성 과학자의 경력이 정치 때문에 큰 타격을 입었고, 주기율표를 새로 만들고자 하는 순수한 과학적 노력마저 화학자와 물리학자 사이에 큰 균열을 가져왔다.

마리 퀴리와 피에르 퀴리는 우라늄 연구를 통해 플로늄과 라듐을 발견했다. 이들은 1903년에 노벨 물리학상을 받았다.

연구실에서 연구에만 처박힌 채 세상의 나머지 문제들은 바깥세상이 알아서 깨끗하게 정리하길(마치 자신들이 방정식을 정리하듯이) 기대하는 과학자들이 있지만, 정치는 이들이 얼마나 어리석은지 증명했다.

노벨상을 받은 지 얼마 지나지 않아 마리는 또 한 가지 중요한 발견을 했다. 우라늄을 정제하던 도중에 기묘하게도 남은 '폐기물'에서 우라늄보다 300배나 강한 방사능이 나오는 것을 발견했다. 폐기물에 미지의 원소가 들어 있을지도 모른다고 생각한 퀴리 부부는 시체를 해부하는 데 쓰던 창고를 빌려 우라늄광인 피치블렌드를 큰 솥에 넣고 "몸만큼이나 큰 쇠막대"로 저으면서 끓여 졸이는 작업을 시작했다. 연구에 필요한 단 몇 g의 시료를 얻기 위해 피치블렌드를 수천 kg이나 끓여야 하는 이 엄청나게 지겨운 작업은 몇 년이나 걸렸으나, 마침내 그 노력의 결과로 새로운 원소 두 가지를 발견했다. 이 두 원소는 이전에 알려진 어떤 원소보다도 방사능이 강했기 때문에, 마리는 그 공로로 1911년에 노벨 화학상을 받았다.

똑같은 종류의 연구인데도 물리학상과 화학상이라는 서로 다른 분야에서 상을 받은 것이 이상해 보일지 모르지만, 그 당시만 해도 원자과학의 여러 분야는 오늘날처럼 뚜렷하게 구분돼 있지 않았다. 초기의 노벨 화학상과 노벨 물리학상 수상자 중에는 주기율표와 관련이 있는 연구로 상을 받은 사람이 많은데, 아직도 과학자들이 주기율표를 계속 만들어가고 있었기 때문이다.(글렌 시보그 연구팀이 96번 원소를 만들고 나서 마리를 기려 퀴륨이라는 이름을 붙일 무렵에 가서야 비로소 그 연구는 화학 분야로 분명히 확립되었다.) 그렇지만 그 초기 시대에도 노벨상을 두 번 이상 받은 사람은 마리 퀴리 외에는 아무도 나오지 않았다.

새로운 원소를 발견한 퀴리 부부는 그 원소에 이름을 붙일 권리가 있었다. 이 기묘한 방사성 금속이 불러일으킨 흥분에 휩싸여(발견자 중

한 사람이 여성인 것도 일부 이유였겠지만) 마리는 그들이 분리한 첫 번째 원소를 그 당시 존재하지 않던 조국의 이름을 따 폴로늄(폴란드의 라틴어명 폴로니아로부터)이라 이름 붙였다. 이전에 정치적 대의를 위해 이름이 정해진 원소는 없었지만, 마리는 자신의 과감한 선택이 세계적 관심을 끌어 폴란드의 독립 투쟁에 활기를 불어넣을 것이라고 생각했다. 그러나 실상은 전혀 그렇지 않았다. 대중은 눈을 끔벅이고 하품을 했고, 그 대신에 마리의 개인적 삶 중에서 선정적인 부분에 더 큰 관심을 보였다.

먼저, 불행하게도 1906년에 피에르가 마차에 치여 죽었다.*(그가 두 번째 노벨상을 공동 수상하지 못한 이유는 이 때문이다. 노벨상은 살아 있는 사람에게만 수여한다.) 그리고 몇 년 뒤, 드레퓌스 사건(프랑스 육군이 증거를 조작해 드레퓌스Dreyfus라는 유대인 장교가 스파이 활동을 했다며 반역 혐의로 기소한 사건 — 옮긴이)으로 아직 온 나라가 시끄럽던 시절, 프랑스 과학 아카데미는 마리가 여성이라는 이유(이것은 사실이었다)와 유대인으로 의심된다는 이유(이것은 사실이 아니었다)로 가입을 거부했다. 얼마 뒤, 마리는 동료 과학자인 폴 랑주뱅Paul Langevin과 함께 브뤼셀에서 열린 과학 회의에 참석했는데, 두 사람은 사실 연인 사이였다. 두 사람이 함께 여행을 떠난 것에 발끈한 랑주뱅 부인은 폴과 마리의 연애 편지를 저급한 신문사에 보내버렸고, 그 신문사는 그중에서 사람들의 호기심을 가장 자극하는 부분을 골라 공개했다. 모욕을 당한 랑주뱅은 마리의 명예를 지켜주기 위해 권총 결투까지 벌였지만, 실제로 총에 맞은 사람은 아무도 없었다. 유일한 부상자는 아내한테 의자로 얻어맞고 뻗은 랑주뱅뿐이었다.

마리와 랑주뱅의 스캔들은 1911년에 일어났는데, 이 때문에 스웨덴 왕립과학원은 정치적 후유증을 우려하여 마리의 두 번째 노벨상 수상자 내정을 철회하는 문제를 놓고 논쟁을 벌였다. 결국엔 과학적 양심에 따라 철회하지 않기로 결정했지만, 마리에게 시상식에 참석하지 말라고 요청했다. 그러나 마리는 보라는 듯이 시상식에 참석했다.(마리는 관습을 조롱하는 버릇이 있었다. 한번은 유명한 남자 과학자의 집을 방문했을 때, 어둠 속에서 빛을 내는 방사성 금속이 든 병을 보여주려고 그 과학자와 함께 한 남자를 어두운 벽장으로 데리고 들어갔다. 눈이 어둠에 적응했을 무렵 큰 노크 소리가 그들을 방해했다. 마리의 팜 파탈 기질에 관한 소문을 듣고 불안해하던 아내들 중 하나가 그들이 벽장 속에 오래 있는 것을 의심했던 것이다.)

제1차 세계 대전은 마리에게 불안정한 개인적 삶*에서 벗어나 잠시 한숨을 돌릴 기회를 주었다. 그리고 전쟁의 결과로 유럽 제국들이 해체되면서 폴란드는 수백 년 만에 처음으로 독립을 맛보았다. 그러나 자신이 발견한 첫 번째 원소의 이름을 폴란드에서 딴 것은 폴란드의 독립에 아무런 기여도 하지 못했다. 사실 그것은 성급한 결정이었던 것으로 드러났다. 폴로늄은 금속으로서는 아무 쓸모가 없다. 너무나도 빨리 붕괴해버려 폴란드 자체를 조롱하는 은유처럼 보일 수도 있다. 그리고 라틴어가 점점 쓰이지 않게 됨에 따라 폴로늄이란 이름은 폴로니아가 아니라 〈햄릿〉에서 비틀거리고 약간 모자라는 인물로 등장하는 폴로니어스Polonius를 연상시켰다. 이에 반해 두 번째 원소인 라듐은 반투명한 초록빛 광채를 냈으며, 곧 전 세계 소비자들이 즐겨 찾는 제품으로 만들어져 팔려나갔다. 심지어 사람들은 안벽에 라듐을 입힌 병(레비게이터라는 이름으로 팔린)에 넣은 물을 건강에 좋은 강장제라며 마셨다.(한 경쟁 회사는 라듐과 토륨을 녹인 물을 병에 담아 레이디소Radithor라는 제품으로 팔았다.*) 전체적으로 볼 때 라듐은 자신의 형제를 압도했고, 마리가 폴로늄에 기대했던 센세이션을 불러일으켰다. 게다가 폴로늄은 흡연으로 인한 폐암하고도 연관이 있는 것으로 밝혀졌는데, 담배 식물은 폴로늄을 과도할 정도로 잘 흡수하여 그 잎에 농축시키기 때문이다. 일단 불을 붙여 들이

마신 담배 연기는 방사능으로 폐 조직을 손상시킨다. 전 세계의 모든 나라 가운데 오직 러시아(폴란드를 가장 자주 점령한 나라)만이 폴로늄을 계속 만들고 있다. 전 KGB 요원인 리트비넨코가 폴로늄이 섞인 차를 마시고 나서 머리털과 심지어 눈썹까지 모두 빠져 백혈병 환자 같은 모습으로 비디오에 나타나자, 이전에 그를 고용한 크렘린 관계자들이 용의자로 떠오른 것은 이 때문이다.

역사적으로 리트비넨코의 극적인 죽음과 비슷한 급성 폴로늄 중독 사례는 단 한 건밖에 없는데, 호리호리하고 슬픈 눈을 가진 마리의 딸 이렌 졸리오-퀴리Irène Joliot-Curie가 바로 그 주인공이다. 이렌은 남편인 프레데리크 졸리오-퀴리Frédéric Joliot-Curie와 함께 마리의 연구를 이어 계속했는데, 얼마 후 어머니를 능가하는 업적을 세웠다. 이렌은 방사성 원소를 찾는 데 그치지 않고, 아원자 입자를 충돌시키는 방법으로 보통 원소를 인공 방사성 원소로 변화시키는 방법을 발견했다. 이 연구로 두 사람은 1935년에 노벨 화학상을 수상했다. 불행하게도 이렌은 원자 충돌 실험에 주로 폴로늄을 사용했다. 폴란드가 나치 독일의 지배에서 벗어나 소련의 위성국이 된 지 얼마 지나지 않은 1946년의 어느 날, 이렌의 실험실에서 폴로늄 캡슐이 폭발하는 사고가 일어났고, 이렌은 마리가 사랑했던 그 원소를 흡입했다. 리트비넨코처럼 대중에 공개되는 수치는 면했지만, 이렌은 22년 전에 어머니가 그랬던 것처럼 1956년에 백혈병으로 눈을 감았다.

'추적자' 원소

손쓸 방법도 없이 닥친 이렌 졸리오-퀴리의 죽음은 어떻게 보면 아이러니처럼 보인다. 자신이 만든 값싼 인공 방사성 물질이 훗날 의학 분야에

한때 크게 유행했던 도자기 병인 레비게이터는 안벽에 방사성 라듐을 발라놓았다. 여기에 물을 채우고 하룻밤 동안 놓아두면 물이 방사능을 띠게 된다. 제품 안내서는 이 라듐수를 매일 여섯 잔 이상 마시라고 권장한다.

서 중요한 도구로 사용되었기 때문이다. 입으로 방사성 '추적자'를 소량 삼키면, X선이 뼈를 보여주듯이 내부 기관과 연한 조직을 환히 볼 수 있다. 오늘날 전 세계의 거의 모든 병원에서는 방사성 추적자를 사용하고 있고, 방사선의학이라는 분야는 순전히 그것만 전문으로 취급한다. 그런데 놀랍게도 방사성 추적자는 한 대학원생이 보여준 마술 같은 묘기에서 시작되었다. 이렌의 친구였던 그 대학원생은 하숙집 주인에게 복수하기 위해 방사성 추적자를 발명했다.

마리 퀴리가 방사능 연구로 두 번째 노벨상을 받기 직전인 1910년, 헝가리 출신의 죄르지 헤베시György Hevesy라는 젊은이가 방사능을 연구하기 위해 영국에 도착했다. 맨체스터 대학의 연구실 책임자인 어니스트 러더퍼드는 헤베시에게 납덩어리 속에서 방사성 원자와 비방사성 원자를 가려내라는 엄청나게 어려운 일을 맡겼다. 사실, 그것은 엄청나게 어려운 일이 아니라 아예 불가능한 일이었다. 러더퍼드는 라듐-D라는 이름으로 알려진 방사성 원자가 독특한 물질이라고 생각했다. 그러나 사실은 라듐-D의 실체는 방사성 납이어서 화학적 방법으로는 보통 납과 분리하기가 불가능했다. 이 사실을 몰랐던 헤베시는 납과 라듐-D를 분리하려고 2년 동안 낑낑대다가 결국 포기하고 말았다.

대머리에다가 볼살이 축 처지고 코밑수염을 기른 헝가리 귀족 헤베시는 하숙집에서도 좌절을 맛보았다. 고국에서 멀리 떠나온 헤베시는 하숙집에서 제공하는 영국 음식보다는 맛있는 헝가리 음식이 무척 그리웠다. 그런데 하숙집에서 나오는 음식 패턴을 유심히 관찰하던 그는 월요일에 낸 햄버거를 목요일의 쇠고기 칠리에 다시 사용하는 학교 식당과 같은 일이 일어나는 게 아닌가 하는 의심이 들었다. 즉, 여주인이 매일 내놓는 '신선한' 고기가 이전에 먹다 남은 음식을 사용해 만든 것 같았다. 여주인이 그렇지 않다고 잡아떼자, 헤베시는 직접 증거를 찾기로 했다.

그 무렵에 그는 연구실에서 기적적인 방법을 찾아냈다. 라듐-D는 여전히 분리하지 못했지만, 그것을 자신의 목적에 이용하는 방법을 생각해냈다. 납을 극소량 녹인 용액을 생물의 몸속에 집어넣고 그 원소의 경로를 추적하는 방법이었다. 생물은 방사성 납이나 비방사성 납이나 모두 똑같이 처리하기 때문에, 라듐-D는 체내에서 움직이면서 자신이 있는 위치를 방사능 신호로 보내줄 것이다. 만약 이 방법이 통한다면, 혈관과 내부 장기 속에 있는 분자들을 아주 선명하게 추적할 수 있을 것 같았다.

그것을 살아 있는 생물에게 시도하기 전에 살아 있지 않은 생물 조직에 먼저 시험해보기로 했는데, 물론 이 실험에는 숨은 동기가 따로 있었다. 어느 날 저녁 식사 시간에 고기를 자기 그릇에 잔뜩 담아 먹다가, 여주인이 보지 않는 틈을 타 고기 위에 방사성 납을 뿌렸다. 여주인은 언제나처럼 먹다 남은 음식을 그러모아 치웠다. 이튿날, 헤베시는 연구실 동료인 한스 가이거Hans Geiger에게서 최신 방사능 탐지기를 빌려 가지고 왔다. 그리고 그날 저녁에 나온 굴라시Goulash(쇠고기, 양파, 고추, 파프리카 등으로 만든 매운 수프. 흔히 굴라시로 알려져 있지만, 헝가리 전통 음식인 이 음식의 원래 이름은 헝가리어로 구야시 Gulyás이다.—옮긴이) 위에 방사능 탐지기를 갖다대자 가이거 계수기가 찰칵찰칵 하고 요란한 소리를 내기 시작했다. 헤베시는 이 증거를 들이대며 여주인을 몰아세웠다. 그렇지만 낭만적인 과학자였던 헤베시는 분명히 심한 과장과 함께 방사능의 비밀을 설명했을 것이다. 최신 법의학 도구에 꼼짝없이 범행이 탄로난 여주인은 감탄한 나머지 전혀 화를 내지 않았다. 그렇지만 그 뒤에 여주인이 먹다 남은 음식을 재활용하는 버릇을 고쳤는지는 역사적 기록이 없어 알 수 없다.

원소 추적자를 발견한 후에 헤베시의 경력은 활짝 꽃을 피웠고,

화학과 물리학 양쪽에 걸친 연구를 계속했다. 그렇지만 두 분야는 점점 틈이 벌어지고 있었고, 대다수 과학자는 어느 한쪽 편을 들었다. 화학자들은 원자들 사이의 결합에 관심을 쏟은 반면, 물리학자들은 원자 내부의 구성 입자에 관심을 보였고, 또 양자역학이라는 새 분야도 파고들었다. 헤베시는 1920년에 영국을 떠나 코펜하겐으로 건너가 양자물리학의 대가인 닐스 보어 밑에서 연구했다. 코펜하겐에서 보어와 헤베시는 화학과 물리학 사이에 벌어지기 시작한 균열을 의도치 않게 크게 벌림으로써 정치적 분열로 비화하게 만들었다.

1922년 당시 주기율표에서 72번 원소 자리는 빈칸으로 남아 있었다. 화학자들은 57번(란탄)부터 71번(루테튬) 사이의 원소들은 모두 희토류의 DNA를 갖고 있다고 믿었다. 그렇지만 72번 원소의 정체는 모호했다. 그것을 분리하기 힘든 희토류 원소들의 맨 끝에 집어넣어야 할지 (만약 그렇다면 원소 사냥꾼들은 최근에 발견된 희토류 시료를 더 자세히 훑어볼 필요가 있었다) 아니면 임시로 그것을 독립적인 세로줄 기둥이 있는 전이 금속으로 분류해야 할지 갈피를 잡지 못하고 있었다.

전해오는 이야기에 따르면, 보어가 혼자 연구실에 있다가 72번 원소는 루테튬과 비슷한 희토류 원소가 아니라는 사실을 거의 유클리드의 기하학처럼 증명했다고 한다. 화학에서 전자들의 역할이 아직 명확하게 알려지지 않았던 시절이라는 사실을 기억할 필요가 있다. 그래서 보어는 양자역학이라는 기묘한 수학을 바탕으로 그것을 증명했을 것이다. 양자역학에 따르면, 각 원소의 내부 전자 껍질에는 정해진 수의 전자들만 들어갈 수 있다. 루테튬의 경우, f 전자 껍질을 비롯해 모든 전자 껍질에는 들어갈 수 있는 전자가 가득 채워져 있다. 그래서 보어는 그다음 번 원소는 전자를 새롭게 배치할 수밖에 없어 전이 금속처럼 행동할 것이라고 추론했다. 보어는 헤베시와 물리학자 더크 코스터Dirk Coster에게 지르코늄(주기율표에서 72번 원소 바로 위에 위치해 화학적으로 72번 원소와 비슷한 성질을 지닌) 시료를 자세히 조사하게 했다. 헤베시와 코스터는 첫 번째 시도에서 72번 원소를 발견했는데, 아마도 주기율표 역사를 통틀어 가장 손쉽게 새로운 원소를 발견한 사례일 것이다. 그들은 그 원소의 이름을 코펜하겐을 뜻하는 라틴어 하프니아Hafnia에서 따 하프늄hafnium이라고 지었다.

그 무렵엔 많은 물리학자가 양자역학을 받아들였지만, 화학자들은 괴상하고 직관에 반하는 그 이론을 쉽게 받아들일 수 없었다. 우스꽝스럽게 전자를 일일이 세는 방법은 진짜 화학하고는 아무 관계가 없는 것처럼 보였다. 그렇지만 보어가 실험실에 전혀 발을 들여놓지 않고도 하프늄에 대한 정보를 정확하게 예측하자, 화학자들도 울며 겨자 먹기로 그것을 받아들이지 않을 수 없었다. 헤베시와 코스터가 그 발견을 이룬 것은 때마침 보어가 1922년 노벨 물리학상을 수상하러 스톡홀름에 갔을 때였다. 그들은 보어에게 전보로 그 사실을 알렸고, 보어는 연설에서 그 발견을 알렸다. 이 사건 덕분에 원자의 구조를 화학보다 더 깊이 파고드는 양자역학은 계속 진화하는 과학처럼 보이게 되었다. 과장된 소문이 퍼져나가기 시작했고, 이전에 멘델레예프가 그랬던 것처럼 보어의 동료들도 곧 보어(그러지 않아도 이미 과학적 신비주의에 기울어져 있던)가 예언 능력을 지닌 것처럼 간주하기 시작했다.

어쨌든 전해오는 이야기는 이렇지만, 진실은 조금 다르다. 보어 이전에 이미 1895년에 세 과학자가 72번 원소는 지르코늄 같은 전이 원소와 관련이 있다고 지적한 논문을 썼는데, 그중 한 사람은 보어에게 직접적인 영향을 끼친 화학자였다. 이들은 시대를 앞선 천재가 아니었으며, 양자물리학이라곤 전혀 모르는 평범한 화학자였다. 보어는 주기율표에서 하프늄의 위치*를 알아낼 때 이들의 주장을 훔쳐온 것으로 보이며,

정치적 원소들 271

그것을 예측한 덜 낭만적이지만 충분히 경쟁력이 있는 화학적 논증을 나름대로 합리화하려고 양자역학 계산을 사용했을 것이다.

대부분의 전설이 그렇듯이 중요한 것은 진실보다는 결과이다. 즉, 사람들이 그 이야기에 어떤 반응을 보였느냐 하는 것이 중요하다. 그리고 그 전설이 널리 퍼져나감에 따라 사람들은 보어가 양자역학만으로 하프늄을 발견했다는 이야기를 기꺼이 믿으려고 했다. 물리학은 늘 자연의 기계들을 작은 부품들로 단순하게 환원하는 방법으로 성공을 거둬 왔는데, 보어는 많은 과학자를 위해 모호하고 낡은 화학을 아주 기묘하고 특별한 물리학 분야로 환원시켰다. 과학철학자들도 이 이야기를 바탕으로 이제 멘델레예프의 화학은 죽고 보어의 물리학이 지배하게 되었다고 선언했다. 처음에 과학적 논쟁으로 시작되었던 것이 영토와 경계에 관한 정치적 논쟁으로 비화하고 만 것이다. 그렇지만 원래 과학이란 바로 그런 것이고, 삶도 바로 그런 것이다.

이 전설은 또한 논란의 중심에 있던 헤베시도 영웅으로 만들었다. 동료 과학자들은 이미 하프늄을 발견한 공로로 헤베시를 1924년도 노벨상 수상 후보로 추천했다. 그렇지만 프랑스의 화학자이자 딜레탕트 화가도 하프늄을 먼저 발견했다고 주장해 논란이 벌어지고 있었다. 조르주 위르뱅(희토류 원소들이 섞인 혼합물의 분석을 부탁해 헨리 모즐리를 궁지로 몰아넣으려다 실패한 바로 그 인물)은 1907년에 루테튬을 발견했다. 그리고 시간이 많이 흐른 뒤, 위르뱅은 자신의 시료에 하프늄이 섞여 있는 걸 발견했다고 주장했다. 대부분의 과학자는 위르뱅의 연구가 신빙성이 없다고 보았는데, 불행하게도 유럽은 얼마 전에 있었던 불쾌한 사건들 때문에 1924년 당시에 아직도 분열돼 있었다. 그래서 하프늄의 발견을 둘러싼 우선권 논쟁은 민족주의적 색채마저 띠게 되었다.(프랑스 사람들은 보어와 헤베시를 독일인으로 간주했다. 사실은 각각 덴마크인과 헝가리인이었는데도 말이다. 프랑스의 한 정기 간행물은 그 이야기에서 마치 훈족의 왕 아틸라가 그 원소를 발견하기라도 한 것처럼 "훈족의 냄새"가 난다고 조롱했다. 훈족은 독일군이나 독일인을 경멸적으로 부르는 말이기도 했다.) 화학자들도 화학과 물리학 양 분야에 다리를 걸치고 있던 헤베시를 신뢰하지 않았다. 정치적 논쟁 외에 이러한 이유 때문에 노벨 위원회는 헤베시에게 노벨상을 수여하지 않았다. 결국 이 때문에 1924년도 노벨 화학상은 수상자가 없이 넘어갔다.

이에 헤베시는 좌절을 느꼈지만, 굴하지 않고 코펜하겐을 떠나 독일로 가서 화학적 추적자에 관한 중요한 실험을 계속했다. 심지어 여가 시간에 '무거운' 물인 중수를 마시고* 매일 소변의 무게를 재는 실험에 자원하여(여주인의 고기 재활용 사건과 마찬가지로 헤베시는 정식 실험 절차에 엄격하게 얽매이지 않았다) 인체가 평균적인 물 분자를 얼마나 빨리 순환시키는지(9일) 알아내는 연구도 도왔다. 한편, 이렌 졸리오-퀴리 같은 화학자들은 계속해서 헤베시를 노벨상 수상 후보로 추천했지만 노벨상은 번번이 헤베시를 비켜갔고, 그런 해가 계속 이어지자 헤베시는 약간 실의에 빠졌다. 그렇지만 길버트 루이스와는 달리 헤베시에 대한 동정심이 퍼졌으며, 상을 받지 못했다는 이유 때문에 오히려 국제 과학계에서 그의 명성은 더 높아졌다.

그러나 유대인 혈통을 물려받은 헤베시는 노벨상을 받지 못한 것보다 훨씬 큰 문제에 직면하게 되었다. 그는 1930년대에 나치 독일을 떠나 코펜하겐으로 돌아갔는데, 1940년 8월에 나치 돌격대가 찾아와 보어의 연구소 문을 두드릴 때까지 거기서 머물렀다. 필요한 순간에 헤베시는 용기를 발휘했다. 1930년대에 독일인 2명과 유대인 1명, 그리고 유대인을 동정하는 사람 1명이 노벨상을 수상하면서 받은 금메달을 보어에게 맡겨놓았는데, 독일에서 나치 독일이 그것을 강탈해갈까 봐 염려해서였다. 그런데 히틀러는 금을 다른 나라로 내보내는 것을 국가적 범죄로 규정했기 때문에, 덴마크에서 그 메달들이 발각되면 여러 사람이 처형을 당할 수 있었다. 헤베시는 메달을 어디에 묻어두자고 제안했지만, 보어는 오히려 그 편이 발각되기 쉬울 것이라고 생각했다. 훗날 헤베시는 이렇게 회고했다. "침략군이 코펜하겐 거리를 행진할 때 나는 [막스 폰] 라우에Max von Laue와 제임스 프랑크James Franck의 메달을 녹이느라 바빴다." 금을 녹이는 데에는 왕수王水(진한 염산과 진한 질산을 3대 1 정도의 비율로 혼합한 액체)를 사용했다. 왕수는 금 같은 '왕족의 금속'을 녹일 수 있기 때문에 연금술사들이 큰 관심을 보인 용액이었다. 그렇지만 그 작업은 결코 쉬운 일이 아니었다고 헤베시는 회상했다. 보어의 연구소를 덮친 나치는 약탈할 물건이나 불법 행위의 증거를 찾으려고 건물을 샅샅이 뒤졌지만, 주황색 왕수가 담긴 비커는 건드리지 않았다. 헤베시는 1943년에 스톡홀름으로 피신했다가, V-E 데이Victory in Europe Day(제2차 세계 대전 유럽 전승 기념일인 1945년 5월 8일 — 옮긴이) 이후에 버려진 연구소로 돌아왔다. 그 때 선반 위에는 그 비커가 그대로 남아 있었다. 그는 용액에서 금을 도로 회수했고, 나중에 스웨덴 왕립과학원은 프랑크와 라우에를 위해 메달을 다시 만들어주었다. 그동안의 시련에 대해 헤베시가 유일하게 불만스럽게 생각한 것은 코펜하겐을 떠나는 바람에 연구를 하지 못하고 허송세월을 보냈다는 사실이었다.

이런 시련과 모험 속에서도 헤베시는 이렌 졸리오-퀴리를 비롯해 동료 과학자들과 협력 관계를 계속 유지했다. 헤베시는 이렌이 저지른 엄청난 실수를 우연히 목격하기도 했다. 그 실수 때문에 이렌은 20세기의 위대한 과학적 발견 한 가지를 놓치고 말았다. 그 영예는 오스트리아 출신의 유대인 여성에게 돌아갔는데, 그녀 역시 헤베시처럼 나치의 탄압을 피해 독일을 떠났다. 불행하게도 리제 마이트너Lise Meitner가 벌인

정치적 싸움(세속적인 것과 과학적인 것 둘 다)의 결말은 헤베시보다 더 나빴다.

오토 한과 마이트너의 핵분열 연구

마이트너는 91번 원소가 발견되기 직전에 자기보다 약간 어린 오토 한Otto Hahn과 함께 독일에서 연구를 시작했다. 91번 원소를 발견한 폴란드 화학자 카시미에시 파얀스Kazimierz Fajans(나중에 미국으로 망명했기 때문에 영어식 이름인 카시미르 파얀스Kasimir Fajans로 더 많이 알려짐)는 1913년에 그 원소의 원자들 중 수명이 아주 짧은 것만 발견하고서 그 이름을 '브레븀brevium'이라 지었다. 그런데 마이트너와 한이 1917년에 91번 원소의 원자들은 실제로 대부분 수명이 수십만 년이나 된다는 사실을 알아내자 브레븀이라는 이름이 아주 어색해 보였다. 그래서 그들은 그 원소의 이름을 '악티늄의 부모'란 뜻으로 '프로탁티늄protactinium'이라 지었다. 프로탁티늄은 방사성 붕괴 과정을 거쳐 결국 악티늄이 되기 때문이었다.

당연히 파얀스는 '브레븀'이란 이름을 폐기하는 것에 불만을 품었다. 그는 상류 계층에서는 품위 있는 인물로 존경을 받았지만, 같은 시대에 살았던 사람은 그를 자기 전문 분야의 문제에서는 호전적이고 융통성이 없는 인물이었다고 평했다. 실제로 노벨 위원회는 공석으로 남아 있던 1924년도 노벨 화학상 수상자로 방사능에 대한 연구 업적을 높이 사 파얀스를 선정했다가 공식 발표가 나기도 전에 스웨덴의 한 신문에 파얀스의 사진과 "K. 파얀스, 노벨상 수상자로 선정"이라는 제목의 기사가 실리자, 그의 오만함에 대한 벌로 수상을 취소했다는 이야기가 전설처럼 내려온다. 파얀스는 위원회에서 영향력이 있는 한 위원이 자신에게 반감을 품은 나머지 개인적인 이유로 자신의 선정을 막았다고 줄곧 주장했다.* (공식적으로는 스웨덴 왕립과학원은 그해의 노벨 화학상 수상자를 공석으로 남겨두기로 했으며, 상금은 스웨덴의 높은 세금 때문에 고갈되고 있던 노벨상 기금을 보충하는 데 쓰기로 했다고 발표했다. 그러나 스웨덴 왕립과학원은 사회적 비난이 터져나온 뒤에야 이런 변명을 내놓았다. 처음에는 여러 부문에 수상자가 없을 것이라고 발표하면서 "적절한 자격을 갖춘 후보가 없기 때문"이라는 이유를 내세웠다. 스웨덴 왕립과학원은 "관련 정보는 영원히 비밀로 해야 한다고 생각한다"라고 말하기 때문에 우리는 진실을 결코 알 수 없을지도 모른다.)

어쨌든 '브레뷤'은 사라지고 '프로탁티늄'이 공식 이름으로 굳어졌으며,* 오늘날 마이트너와 한은 가끔 91번 원소의 공동 발견자로 인정받는다. 그렇지만 새로운 이름을 낳은 그 연구에는 더 흥미로운 이야기가 숨어 있다. 수명이 긴 프로탁티늄을 다룬 논문은 한에 대한 마이트너의 특별한 헌신을 보여준다. 그들의 관계는 성적인 것과는 거리가 멀었다. 마이트너는 평생 결혼하지 않았고, 연인을 사귀었다는 증거도 전혀 없다. 그렇지만 최소한 학문적으로 마이트너는 한에게 푹 빠져 있었다. 그것은 한이 마이트너의 가치를 인정하고, 독일 당국이 여성인 마이트너에게 제대로 된 연구실을 주길 거부했을 때, 개조한 목공소에서 그녀와 함께 연구하는 쪽을 선택했기 때문인지도 모른다. 목공소에 고립된 채 연구를 하던 그들은 서로 즐겁게 일하는 관계로 빠져들었다. 한은 방사성 시료에 들어 있는 원소의 종류를 알아내는 화학 쪽 일을 맡았고, 마이트너는 한이 그런 결과를 어떻게 얻게 되었는지 생각해내는 물리학 쪽 일을 맡았다. 그런데 논문으로 발표된 프로탁티늄 실험에 관한 연구는 평소와 달리 전부 다 마이트너가 한 것이었는데, 한은 제1차 세계 대전 동안 독일군의 화학전 연구에 몰두했기 때문이다. 그럼에도 불구하고 마이트너는 그 논문에 한도 공동 저자로 올려주었다.

전쟁이 끝난 뒤에 두 사람은 다시 공동 연구를 시작했다. 양차 대전 사이의 수십 년간은 독일에서 과학자로 일하기에는 흥미진진한 기간이었지만, 정치적으로는 매우 위험한 시기였다. 억센 턱에 코밑수염을 길러 전형적인 독일인처럼 생긴 한은 1932년에 나치가 권력을 잡은 뒤에도 두려워할 게 별로 없었다. 그러나 1933년에 히틀러가 독일에서 유대인 과학자를 모조리 추방하자(이로써 최초의 대규모 과학자 망명 사태가 발생했다), 한은 이에 항의해 교수직을 사임했다(그런 뒤에도 세미나에는 참석했지만). 마이트너는 오스트리아의 신교도로 자라긴 했지만, 조부모에게서 유대인 피를 물려받았다. 아마도 마침내 정식으로 자신의 연구실을 얻게 된 것도 중요한 이유였겠지만, 원래 성격이 그랬던 마이트너는 위험을 과소평가하고는 핵물리학 분야의 획기적인 발견들에 관한 연구에 몰두했다.

그중 하나는 1934년에 엔리코 페르미가 우라늄 원자에 입자를 충돌시켜 최초의 초우라늄 원소를 만들었다고 발표한 사건이었다. 그것은 사실이 아니었지만, 사람들은 주기율표가 92번이 끝이 아니라는 사실에 큰 충격을 받았다. 핵물리학 분야에서 새로운 아이디어들이 불꽃놀이처럼 분출하자, 전 세계의 과학자들이 너도나도 미친 듯이 연구에 뛰어들었다.

같은 해에 이렌 졸리오-퀴리도 직접 원자핵 충돌 실험을 해보았다. 신중한 화학 분석 끝에 이렌은 새로운 초우라늄 원소들이 첫 번째 희토류 원소인 란탄과 불가사의할 정도로 유사한 성질을 가졌다고 발표했다. 이것은 누구도 예상치 못한 사실이었는데, 그 때문에 한은 그것을 믿으려 하지 않았다. 우라늄보다 더 무거운 원소들이 주기율표에서 우라늄 근처에도 가지 못하는 작은 금속 원소와 똑같이 행동할 리가 없었다. 그래서 한은 프레데리크 졸리오-퀴리에게 정중하게 란탄과의 유사성은 말도 안 되는 이야기라고 말하면서, 이렌의 실험을 다시 해서 초우라늄 원소들이 란탄과는 아주 다름을 보여주겠다고 선언했다.

1938년에 마이트너의 세계가 와르르 무너져내렸다. 히틀러는 오스트리아를 병합하고, 모든 오스트리아인을 자신의 아리아인 형제로 받아들였다. 다만, 유대인의 피가 조금이라도 섞인 사람은 예외였다. 마이트너는 몇 년 동안 죽은 듯 조용히 지냈지만, 어느 날 갑자기 나치의 대학살에 휘말릴 위험에 직면했다. 동료 화학자가 그녀를 신고하려고 하자, 마이트너는 간신히 옷가지와 10마르크만 갖고 달아났다. 피난처로 스웨덴을 선택했는데, 아이러니하게도 노벨 과학 연구소 중 한 군데에 일자리를 얻었다.

온갖 역경에도 불구하고 한은 마이트너에게 계속 충실했으며, 두 사람은 은밀한 사랑을 나누는 연인들처럼 편지를 주고받고 가끔 코펜하겐에서 만나기도 하면서 협력 관계를 지속했다. 1938년 후반의 어느 날 두 사람이 만났을 때, 한은 다소 충격을 받은 표정이었다. 이렌 졸리오-퀴리의 실험을 다시 해본 한은 이렌이 보고한 원소들을 발견했다. 그 원소들은 란탄(그리고 바로 옆에 있는 또 다른 원소인 바륨)처럼 행동했을 뿐 아니라, 알려진 모든 화학 분석 결과에 따르면 그것들은 란탄과 바륨이 틀림없었다. 한은 세계에서 가장 뛰어난 화학자로 간주되었지만, 훗날 그는 이 발견이 "이전의 모든 경험과 모순되는 것"이었다고 말했다. 그는 이렇게 당혹스러운 심정을 마이트너에게 털어놓았다.

마이트너는 전혀 당황하지 않았다. 초우라늄 원소를 연구한 위대한 과학자들 중에서 오직 냉정한 마이트너만이 그것들이 초우라늄 원소가 아니라는 걸 알았다. 그리고 새로운 연구 협력자가 된 자신의 조카 오토 프리슈Otto Frisch와 대화를 나눈 뒤에 페르미가 새로운 원소를 발견한 게 아니란 사실을 깨달은 사람도 그녀뿐이었다. 페르미가 발견한 것은 새로운 원소가 아니라 핵분열 반응이었다. 페르미는 우라늄을 더 작은 원소들로 쪼개는 데 성공했지만, 그 결과를 잘못 해석했다. 이렌이 발견했다는 에카란탄은 최초의 소규모 핵폭발에서 생긴 부산물인 보통 란탄이었다! 이렌이 그 무렵에 쓴 초기의 논문을 본 헤베시는 훗날 이렌이 상상할 수 없는 그 발견에 아주 가까이 다가갔다고 회상했다. 그러나 이렌은 "자신을 충분히 신뢰하지 않아" 정확한 해석을 믿지 못했다고 헤베시는 말했다. 마이트너는 자신을 믿었으며, 한에게 다른 사람들이 모두 틀렸다고 알려주었다.

자연히 한은 이 놀라운 결과를 논문으로 발표하려고 했지만, 마이트너와 협력 연구를 하면서 많은 도움을 받았다는 사실은 정치적으로 큰 장애가 되었다. 선택할 수 있는 방법을 놓고 논의한 끝에 마이트너는 중요한 논문의 저자로 한과 그의 조수 이름만 올리는 데 순순히 동의했다. 마이트너와 프리슈가 모든 것을 일목요연하게 설명할 수 있도록 이론적으로 도움을 준 사실은 나중에 별도의 학술지에 따로 발표되었다. 독일이 폴란드를 침공하면서 제2차 세계 대전이 시작된 것과 거의 동시에 발표된 이 논문들을 통해 핵분열 반응이 탄생했다.

이렇게 해서 노벨상 역사를 통틀어 가장 터무니없는 수상자 결정을 낳은 일련의 사건들이 시작되었다. 노벨 위원회는 맨해튼 계획이 진행되고 있는 줄은 꿈에도 모르고 1943년에 핵분열 반응을 발견한 사람에게 상을 수여하기로 결정했다. 문제는 누구를 수상자로 결정하느냐 하는 것이었는데, 오토 한으로 결정하는 게 마땅해 보였다. 그렇지만 스웨덴은 전쟁 때문에 고립돼 있던 처지라, 노벨 위원회가 결정을 내리는 데 중요한 과정인 과학자들과의 면담을 제대로 하지 못했고, 그 결과로 마이트너의 공헌에 대한 정보를 얻을 수 없었다. 그래서 위원회는 과학 학술지에 의존할 수밖에 없었는데, 그마저 몇 달 뒤에 도착하거나 아예 도착하지 않았고, 그 중 많은 것(특히 명성 높은 독일의 학술지들)은 마이트너의 이름을 아예 언급조차 하지 않았다. 화학과 물리학의 간극이 점점 벌어진 상황도 학제간 연구가 제대로 인정받는 데 불리하게 작용했다.

스웨덴 왕립과학원은 1940년부터 전쟁 때문에 시상을 보류했다가, 1944년에 가서야 일부 부문부터 시작해 시상을 재개했다. 먼저 1943년에 시상하지 않았던 화학상 수상자로 마침내 헤베시를 선정했다. 그것은 모든 망명 과학자에게 경의를 표하기 위한 정치적 제스처의 성격도 일부 있었다. 1945년에 노벨 위원회는 핵분열이라는 좀 골치 아픈 문제를 처리하기로 결정했다. 마이트너와 한 모두 노벨 위원회에 강력한 지지자가 있었지만, 한의 지지자는 뻔뻔스럽게도 마이트너가 지난 몇 년 동안 "아주 중요한" 연구를 전혀 하지 않았다는 사실을 지적했다. (히틀러를 피해 도망 다녔으니 당연히 그럴 수밖에 없었는데, 근처의 노벨과학연구소에서 일하고 있던 마이트너에게 왜 직접 물어보지 않았는지 의문이다. 물론 어떤 사람에게 자신이 노벨상을 받을 자격이 있는지 없는지 직접 물어보는 것은 모양새가 좋진 않지만.) 마이트너의 지지자는 공동 수상을 주장했는데, 시간만 충분히 있었더라면 그렇게 하는 쪽으로 정리가 되었을 것이다. 그러나 예기치 못하게 그 지지자가 죽는 바람에 추축국에 우호적이던 위원들의 발언권이 세졌고, 결국 1944년도 노벨 화학상은 한에게 돌아갔다.

부끄럽게도 한(그 당시 연합국은 한이 독일의 원자폭탄 개발 연구를 도울까 봐 의심하여 군 시설에 억류하고 있었다. 한은 나중에 풀려났다)은 수상자 선정 소식을 듣고도 마이트너의 공헌을 인정하는 발언을 전혀 하지 않았다. 그 결과, 그가 한때 상사에게 반항하면서 목공소에서 함께 일하길 선택할 정도로 존경했던 여성은 아무 보상도 받지 못했다. 일부 역사학자가 평했듯이 그녀는 "학문 분야 사이의 편견과 정치적 둔감, 무지,

핵분열 반응을 처음으로 발견한 리제 마이트너. 그 당시에 많은 과학자들이 엔리코 페르미가 새로운 초우라늄 원소를 발견했다고 생각한 것과 달리, 마이트너는 그 물질이 핵분열 반응의 부산물이라는 것을 알아챘다.

성급함"의 희생자였다.*

물론 위원회는 역사 기록에서 마이트너의 공헌이 분명히 밝혀진 1946년이나 그후에 잘못을 바로잡을 수도 있었다. 심지어 맨해튼 계획을 주도한 사람들도 마이트너의 공헌을 인정했다. 그러나 〈타임〉이 "노처녀처럼 짜증을 잘 낸다"라고 꼬집은 적도 있는 노벨 위원회는 실수를 인정하는 데 인색한 경향이 있었다. 마이트너는 평생 동안 여러 차례 후보자로 추천되었지만(특히 마땅히 받아야 할 노벨상을 받지 못한 고통을 어느 누구보다도 잘 아는 파얀스가 적극 추천했다), 결국 상을 받지 못하고 1968년에 세상을 떠났다.

그렇지만 다행히 역사에서는 종종 뒤늦게라도 잘못을 바로잡고 정의를 세우려는 노력이 일어난다. 1979년에 글렌 시보그와 앨 기오르소를 비롯해 여러 사람이 105번 초우라늄 원소의 이름을 처음에는 오토 한의 이름을 따 '하늄'이라고 지었다. 그렇지만 이름을 지을 권리를 놓고 분쟁이 벌어지자, 국제 위원회는 1997년에 하늄이란 이름을 폐지하고 두브늄으로 정했다. 원소 이름을 짓는 독특한 규칙 때문에*(기본적으로 각 이름은 기회가 한 번만 주어진다) 하늄이란 이름은 미래에도 새 원소의 이름이 될 가능성이 거의 없다. 한이 얻은 것은 노벨상뿐이다. 그리고 국제 위원회는 얼마 뒤 마이트너에게 노벨상보다 훨씬 큰 영예를 안겨주었다. 109번 원소의 이름은 앞으로도 영원히 마이트너륨으로 기억될 것이다.

돈으로 쓰이는 원소들

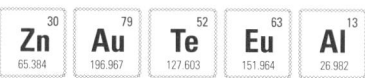

주기율표의 역사가 정치로 얼룩져 있다면, 주기율표의 원소들과 돈의 관계는 그보다 훨씬 더 오래되었으며 더 밀접하다. 많은 금속 원소의 이야기는 돈의 역사와 얽힌 이야기를 빼놓고는 제대로 할 수 없으며, 따라서 위조 화폐의 역사와도 복잡하게 얽혀 있다. 시대와 장소에 따라 소, 향신료, 돌고래 이빨, 소금, 카카오콩, 담배, 딱정벌레 다리, 튤립 등이 돈으로 사용되었는데, 이것들은 모두 위조하기가 쉽지 않았다. 반면에 금속은 위조하기가 쉽다. 특히 전이 금속 원소들은 전자 구조가 비슷해 화학적 성질과 밀도가 비슷하며, 서로 잘 섞이기 때문에 합금을 만들 때 다른 물질 대신에 쓸 수도 있다. 위조범들은 귀금속과 값싼 금속의 배합 비율을 달리하는 방법으로 수천 년 동안 사람들을 속여왔다.

미다스의 손

기원전 700년경에 미다스Midas라는 이름의 왕자가 오늘날의 터키에 있던 프리기아 왕국을 물려받았다. 다양한 전설(미다스라는 이름의 두 군주 이야기를 합친 것일 수도 있는)에 따르면, 그는 파란만장한 삶을 살았다. 시기심이 많은 음악의 신 아폴론은 미다스에게 자신과 당대 최고의 리라 연주자 중에서 누가 더 나은지 판정을 부탁했는데, 미다스가 자신의 손을 들어주지 않자 미다스의 귀를 당나귀 귀로 변하게 했다.(음악도 제대로 판단하지 못한다면 사람의 귀를 달 필요가 없다는 이유에서였다.) 미다스는 또 고대 세계에서 가장 훌륭한 장미 정원을 가지고 있었다고 한다. 과학적 측면에서는 미다스는 가끔 주석을 발견한 사람으로 일컬어지며(비록 주석이 그의 왕국에서 채굴되긴 했지만 이것은 사실이 아니다), 또 '검은 납(흑연)'과 '백연(염기성 탄산납이라고도 함. 납을 주성분으로 한 아름다운 백색 분말로, 옛날부터 안료로 사용되었다)'도 발견했다고 전한다. 물론 그의 손에 닿는 것마다 금으로 변했다는 전설이 아니라면 오늘날 그를 기억하는 사람은 거의 없을 것이다. 어느 날 밤, 미다스는 자신의 장미 정원에서 술에 취해 의식을 잃은 사티로스인 실레노스를 보살펴주었다. 실레노스가 그 보답으로 소원을 하나 들어주겠다고 하자, 미다스는 자기 손에 닿는 것은 모두 금으로 변하게 해달라고 부탁했다. 기적의 능력을 지니게 된 미다스의 기쁨은 오래가지 않았다. 사랑하는 딸을 안았더니 그대로 금으로 변했고, 음식도 손을 대자마자 금으로 변하는 바람에 하마터면 굶어죽을 뻔했다.

물론 실존한 미다스 왕에게 이런 일이 일어났을 리는 없다. 그렇지만 미다스가 그런 전설적인 명성을 얻은 데에는 그럴 만한 이유가 있다는 증거가 발견되었다. 이야기의 발단은 기원전 3000년경에 미다스 왕국

부근에서 시작된 청동기 시대로 거슬러 올라간다. 주석과 구리의 합금인 청동을 주조하는 기술은 당시로서는 첨단 기술에 속했다. 청동은 늘 비싼 편이었지만, 미다스가 통치하던 무렵에는 대다수 왕국에 그 기술이 보급돼 있었다. 프리기아의 무덤에서 흔히 미다스라고 부르는 왕의 뼈가 발견되었는데(나중에 정확한 신원은 그 아버지인 고르디아스Gordias로 밝혀졌다), 그 주위에는 청동 솥과 글자가 새겨진 아름다운 청동 그릇들이 널려 있었으며, 유골도 청동 허리띠를 두르고 있었다(그것 말고는 맨몸이나 다름없었지만). 그렇지만 '청동'이라고 이야기할 때에는 좀 신중할 필요가 있다. 청동은 수소 원자 2개와 산소 원자 1개의 결합으로 이루어진 물하고는 성격이 다르다. 혼합된 금속의 종류와 비율이 제각각 다른 여러 가지 합금을 모두 청동이라고 부르기 때문이다. 그래서 고대 세계에 만들어진 청동은 주석과 구리 그리고 기타 원소의 비율에 따라 색이 제각각 다르다.

프리기아 근처에 있던 금속 광상(매장층)은 광석에 아연이 많이 섞인 특징이 있었다. 아연과 주석 광석은 자연에서 서로 뒤섞여 있는 경우가 많으며, 한 금속 광상을 다른 것으로 오해하는 경우도 흔하다. 흥미로운 사실은 구리와 아연을 섞으면 청동 합금이 되는 게 아니라 황동 합금이 된다는 점이다. 그리고 최초로 황동을 주조한 장소로 알려진 곳은 한때 미다스가 통치했던 소아시아 지역에 있었다.

무슨 이야기를 하려고 하는지 감이 오는가? 청동 제품과 황동 제품을 찾아 서로 비교해보라. 청동은 광채가 나지만 구릿빛이 강하다. 그러니 청동을 다른 것으로 오인할 일은 없을 것이다. 황동의 광채는 더 매력적이고 미묘하고…… 그리고 금과 비슷하다. 그러니까 손만 닿으면 금으로 변했다는 미다스의 전설은, 그가 살았던 소아시아 지역의 땅에 우연히 아연이 풍부하게 포함돼 있었다는 사실에서 생겨났을 가능성이 있다.

2007년에 터키 앙카라 대학의 한 야금학 교수와 몇몇 역사학자는 이 가설을 검증하기 위해 미다스 시대의 원시적인 노를 만든 뒤, 거기다가 현지에서 나는 광석을 잔뜩 집어넣었다. 그것을 녹인 쇳물을 거푸집에 붓고 식도록 내버려두었다. 이상하게 들릴지 모르지만, 딱딱하게 굳은 그것은 믿을 수 없게도 금괴와 똑같아 보였다. 미다스 왕과 같은 시대에 살던 사람들이 아연이 잔뜩 섞인 미다스 왕의 그릇과 조각상과 허리띠를 진짜 금이라고 믿었는지는 알 수 없다. 그렇지만 미다스 왕의 전설을 만들어낸 사람들이 반드시 그들이란 법은 없다. 그보다는 훗날 소아시아의 그 지역을 식민지로 삼은 그리스의 여행자들이 자신들의 것보다 훨씬 더 밝고 아름다운 광채를 내는 프리기아의 '청동'에 홀딱 반하여 그 이야기를 만들었을 가능성이 높다. 그들이 고향으로 가져온 이야기는 수백 년의 세월이 흐르는 동안 점점 부풀려져 마침내 황금 광채를 내는 황동이 진짜 금으로 둔갑하고, 현지 군주가 휘두르던 세속적인 권력이 손만 닿으면 무엇이든 귀금속으로 변화시키는 초자연적 능력으로 둔갑했을 것이다. 그다음에는 천재성이 넘치는 오비디우스Ovidius의 손을 거쳐 『변신 이야기』에서 그럴듯한 기원을 가진 신화로 재탄생했다.

바보의 금

인류의 문화에서 미다스 신화보다 훨씬 더 뿌리 깊은 원형으로 자리 잡은 이야기는 사라진 황금 도시에 관한 전설이다. 즉, 머나먼 이국을 여행하던 사람들이 상상할 수 없을 정도로 부가 넘치는 황금의 나라인 엘도라도El Dorado를 우연히 발견했다는 전설 말이다. 현대에 와서 이 꿈은 종종 골드러시의 형태로 분출되었다. 역사에 관심이 많은 사람이라면 진짜 골드러시는 곰과 이, 갱 붕괴, 수많은 매춘과 도박 등이 난무한, 무섭고 더럽고 위험한 일이었다는 사실을 알 것이다. 골드러시에 뛰어든 사람이 큰돈을 벌어 가지고 돌아가는 일은 극히 드물었다. 그러나 상상력이 조금이라도 있는 사람이라면 거의 다 단조로운 삶과 모든 것을 내팽개치고 금맥을 찾는 일에 뛰어들었다. 흥미진진한 모험을 즐기고 싶은 욕망과 부에 대한 사랑은 사람의 본성 속에 뿌리 깊게 자리 잡고 있는 듯하다. 그래서 역사를 살펴보면 골드러시에 관한 기록이 무수히 많이 남아 있다.

그러나 자신의 보물을 쉽사리 내주려 하지 않는 자연은 아마추어 금맥 탐광자들을 방해하기 위해 '바보의 금'이라 불리는 황철석을 만들어냈다. 심술궂게도 황철석은 만화 속의 금이나 상상 속의 금처럼 진짜 금보다 더 금 같은 광채를 낸다. 그리고 일부 풋내기와 탐욕에 눈이 먼 사람들뿐만 아니라 많은 사람이 바보의 금을 찾아나서는 대열에 동참했다. 전 역사를 통틀어 가장 큰 규모의 골드러시는 1896년에 오스트레일리아 오지에 있는 황량한 변경 지역에서 일어났다. 황철석이 가짜 금이라면, 이 골드러시(결국 금에 눈이 뒤집힌 사람들이 곡괭이로 자기 집 굴뚝을 무너뜨리고 그 잔해를 뒤지는 사태로 이어진)는 역사상 최초로 '바보의 바보의 금' 때문에 일어난 스탬피드stampede(동물들이 한꺼번에 우르르 도망가듯이 일제히 일어나는 대중 행동)일 것이다.

패트릭 해넌Patrick Hannan을 포함한 세 아일랜드 인은 1893년에 오지를 여행하고 있었는데, 말 한 마리가 집에서 30km쯤 떨어진 곳에서 편자를 잃고 말았다. 이것은 아마도 역사상 가장 운 좋은 사고가 아니었을까 싶다. 며칠 만에 그들은 땅을 깊이 팔 필요 없이 그저 주변을 걸어다니는 것만으로 금덩어리를 약 4kg이나 채취했다. 정직했지만 어리석었던 세 사람은 그 지역에 대한 권리를 토지 담당 공무원에게 신청했고, 담당 공무원은 그 장소를 공식 문서에 표시했다. 1주일도 지나기 전에 수백 명의 탐광자가 한몫을 챙기려고 '해넌스파인드Hannan's Find'로 몰려왔다.

그 땅에서는 금을 캐기가 아주 쉬웠다. 처음 몇 달 동안 그 사막에서는 물보다 금이 더 풍부했다. 이렇게 말하면 정말로 노다지를 만난 것처럼 들리겠지만, 실상은 그렇지 않았다. 금을 물 대신 마실 수는 없었으니까. 그리고 사람들이 점점 더 많이 몰려들면서 생필품과 보급 물자 가격이 급등했고, 광부들 사이의 경쟁도 점점 치열해졌다. 금을 캐는 사람들이 늘어나자 어떤 사람들은 금을 캐는 것보다는 차라리 마을을 짓는 것이 더 수지가 맞겠다고 계산했다. 해넌스파인드에는 술집과 사창가가 속속 들어섰고, 집과 심지어 포장도로도 건설되었다. 거기에 필요한 벽돌과 시멘트, 모르타르를 충당하기 위해 건축업자는 채광하면서 나온 돌들을 썼다. 광부들은 그 돌들을 그냥 쌓아두었는데, 채굴을 계속하는 동안에는 버리는 것 외에 달리 쓸모가 없었다.

어쨌든 그들은 그렇게 생각했다. 금은 다른 금속과 잘 어울리지 않는 금속이다. 금은 다른 원소와 결합하지 않기 때문에 다른 광물이나 광석에 섞인 형태로 발견되지 않는다. 일부 기묘한 합금을 제외하고는 그 조각이나 덩어리는 대개 순수하다. 예외가 있다면 금과 유일하게 결합하는 원소인 텔루르인데, 텔루르는 1782년에 트란실바니아에서 처음으로 순수한 형태로 분리되었다. 텔루르는 금과 결합하여 크레너라이트, 펫자이트, 실바나이트, 캘러버라이트 등 다소 현란한 이름과 괴상한 화학식을 가진 광물을 만든다. 크레너라이트는 H_2O나 CO_2처럼 분자식이 정수로 떨어지는 게 아니라, $(Au_{0.8}, Ag_{0.2})Te_2$로 분자식에 소수가 포함돼 있다. 이들 텔루르 화합물은 색도 제각각 다른데, 그중에서 캘러버라이트는 노란색 광채를 낸다.

캘러버라이트는 사실 조금 색이 짙은 금보다도 황동이나 황철석과 같은 광채를 내지만, 하루 종일 밖에서 돌아다닌 사람이라면 금으로 착각하기 쉽다. 지저분하고 거친 18세 소년이 캘러버라이트 덩어리들을 지고 낑낑대며 해넌스파인드에 있는 감정인에게 가져갔는데, 가짜 금이라고 퇴짜를 맞는 장면을 상상해보라. 일부 텔루르 화합물(캘러버라이트가 아닌 다른 물질)은 아주 얼얼한 냄새를 풍긴다는 점도 기억해두라. 그것은 마늘 냄새보다 1000배쯤 강한 냄새로, 쉽게 없어지지 않는 걸로 악명이 높았다. 그러니 그런 걸 발견하면 냄새를 풍기지 않도록 땅 속에 파묻고는 진짜 금을 찾으러 가는 편이 나았다.

그렇지만 사람들은 계속 해넌스파인드로 몰려들었고, 음식과 물값은 내려갈 줄 몰랐다. 한번은 보급 물자를 둘러싼 긴장이 높아지다가 결국 폭동으로 번졌다. 사태가 걷잡을 수 없는 상태로 치달을 때, 파내자마자 버리던 노르스름한 텔루르 암석에 대한 소문이 떠돌기 시작했다. 힘겹게 땅만 파던 광부들은 캘러버라이트에 대해 잘 몰랐지만, 지질학자들은 오래전부터 그 성질을 잘 알고 있었다. 특히 캘러버라이트는 낮은 온도에서도 쉽게 분해되므로 금을 쉽게 분리해낼 수 있었다. 캘러버라이트는 1860년대에 콜로라도주에서 처음 발견되었다.* 역사학자들은 그곳에서 야영을 하던 사람들이 불을 피웠다가 불 주위에 쌓아놓은 암석이 녹으면서 금이 나오는 걸 보고 캘러버라이트를 발견했을 것이라고 추측한다. 어쨌든 얼마 지나지 않아 이런 소문이 널리 퍼지자, 다시 더 많은 사람들이 해넌스파인드로 몰려갔다.

1896년 5월 29일에 마침내 대혼란이 발생했다. 해넌스파인드를 건설하는 데 사용된 일부 캘러버라이트에는 1톤당 약 14kg의 금이 들어 있었는데, 광부들은 눈에 띄는 모든 것에서 금을 뽑아내려고 했다. 맨 먼저 쓰레기더미로 달려가 버린 암석들 사이에서 캘러버라이트를 찾았다. 그다음에는 마을로 표적을 옮겼다. 구덩이를 덮은 포장도로는 다 뜯겨서 구덩이가 도로 드러났고, 인도도 정에 쪼여 죄다 뜯겨나갔다. 새 집

을 짓기 위해 금과 텔루르가 섞인 벽돌로 굴뚝과 벽난로를 세웠던 광부
는 망설이지 않고 그것을 부쉈다.

얼마 후 캘굴리로 이름이 바뀐 해넌스파인드 주변 지역은 수십 년
동안 세계 최대의 금 생산지가 되었다. 그들은 그곳을 골든마일Golden Mile
이라고 불렀으며, 캘굴리는 땅에서 금을 추출하는 기술만큼은 그곳 기
술자들이 세계 제일이라고 자부했다. 조상들이 '바보의 바보의 골드러시'
를 겪은 뒤, 그 후손들은 돌을 함부로 버리지 말라는 교훈을 얻었을 것
이다.

화폐 위조

미다스의 아연과 캘굴리의 텔루르처럼 의도하지 않은 속임수가 일어난
사례는 돈의 역사에서 아주 드물다. 반면에 의도적인 위조 사례는 셀 수
없이 많다. 미다스 시대에서 약 100년이 지난 후, 소아시아의 리디아에
서 금과 은의 천연 합금인 호박금琥珀金으로 최초의 화폐인 동전이 만들
어졌다. 얼마 후 고대 세계에서 전설적인 부로 유명한 또 한 사람의 통치
자인 리디아의 크로이소스Kroisos 왕은 호박금을 금과 은으로 분리해 금
화와 은화를 만드는 방법을 생각해냈고, 그 과정에서 실질적인 화폐 제
도를 확립했다. 그로부터 몇 년 뒤인 기원전 540년, 그리스에 속한 사모
스 섬의 폴리크라테스Polykrates 왕은 납덩어리에 금을 입힌 것을 뇌물로
써서 스파르타의 적들을 매수하기 시작했다. 그 뒤로 위조범들은 악덕
술집 주인이 맥주통에 물을 섞는 것처럼 진짜 돈의 가치를 조금 더 늘리
려고 납, 구리, 주석, 철 같은 원소를 사용했다.

오늘날 화폐 위조는 사기 범죄로 취급되지만, 과거에는 왕국의 귀
금속 화폐가 그 나라의 경제적 건강과 직결되었기 때문에, 왕들은 화폐

위조를 반역죄로 다스렸다. 그러한 반역죄로 붙잡힌 사람은 최소한 교수형을 당했다. 화폐 위조는 기회 비용(가짜 돈을 만드느라 들인 그 많은 시간 동안 정직하게 일하면 더 많은 돈을 벌 수 있다는 간단한 경제 법칙)을 이해하지 못하는 사람들에게는 늘 유혹적으로 보였다. 그런 범죄자들의 의지를 꺾고 안전한 화폐를 설계하는 데에는 천재적인 사람들이 필요했다.

예를 들면, 아이작 뉴턴Isaac Newton은 미적분 이론과 만유인력의 법칙을 만들고 나서 17세기 말에 몇 년 동안 영국 조폐국장을 지냈다. 50대였던 뉴턴은 그저 두둑한 급료를 받는 공직을 원했지만, 자기 이름이 걸린 이상 그것을 명예직으로만 여기지 않았다. 런던의 우범 지역에서는 화폐 위조(특히 동전 가장자리를 깎아낸 부스러기를 녹여 새로운 동전을 만드는 방법)가 빈번하게 일어나고 있었다. 위대한 뉴턴은 위조범을 색출하는 과정에서 첩자, 하층민, 주정뱅이, 도둑과 같은 사람들과 만나며 얽히게 되었는데, 그것을 무척 즐겼다. 독실한 기독교인이었던 뉴턴은 구약 성경에 나오는 하느님과 같은 분노로 범죄자를 기소했고, 자비를 베풀어달라는 호소를 일축했다. 심지어 몇 년 동안 뉴턴을 사기죄로 고소하여 괴롭히기까지 하면서 요리조리 법망을 빠져나간 위폐범으로 악명 높았던 윌리엄 챌로너William Chaloner를 교수형에 처하고 대중 앞에서 그 배를 갈라 전시하기까지 했다.

뉴턴이 조폐국장으로 일하던 시절에는 화폐 위조는 동전 위조가 대부분이었으나, 그가 사임한 지 얼마 안 돼 세계 금융 시스템은 위조 지폐라는 새로운 위협에 직면하게 되었다. 중국을 정복한 몽골의 쿠빌라이 칸忽必烈은 13세기에 지폐를 도입했다. 이 혁신적인 제도는 먼저 아시아 지역에서 재빨리 확산되었지만(쿠빌라이 칸이 지폐 사용을 거부하는 사람을 모조리 처형한 것이 하나의 이유였다), 유럽에서는 간헐적으로 사용되었다. 그렇지만 1694년에 영국 은행이 지폐를 발행하기 시작할 무렵에는 지폐의 이점에 대한 공감대가 널리 확산돼 있었다. 동전의 재료로 쓰이는 광석이 비쌀 뿐만 아니라 동전으로는 큰 금액을 거래하기가 번거로웠으며, 동전을 바탕으로 한 부는 불균등하게 분포한 광물 자원에 크게 의존했기 때문이다. 게다가 지난 수백 년 동안 야금술에 대한 지식이 널리 퍼짐에 따라 지폐보다는 동전을 위조하기가 더 쉬웠다. (오늘날에는 상황이 역전되었다. 레이저 프린터만 있으면 누구나 그럴듯한 20달러짜리 위폐를 손쉽게 만들 수 있다. 반면에, 여러분이 아는 사람 중에 5달러짜리 동전을 그럴싸하게 주조할 수 있는 사람이 있는가?)

금속 동전의 화학적 성질(합금을 만들기 쉬운)은 한때 위폐범에게 이점이 되었지만, 지폐 시대에 들어서서는 유로퓸(63번 원소) 같은 금속의 독특한 화학적 성질이 각국 정부가 위폐범과 맞서 싸우는 데 큰 도움을 준다. 그러한 도움은 유로퓸의 화학적 성질, 특히 원자 내 전자들의 움직임에서 나온다. 지금까지 우리는 원자들 사이에서 전자들이 이동함으로써 일어나는 원자 결합에 대해서만 이야기했다. 그런데 전자들은 늘 원자핵 주위를 빙글빙글 돌고 있는데, 그 움직임을 태양 주위를 도는 행성과 비슷한 것으로 묘사하기도 했다. 그러나 행성 비유는 나름의 장점이 있긴 하지만, 문자 그대로 받아들이기에는 치명적인 결함이 있다. 이론적으로 지구가 태양 주위의 궤도를 돌 수 있는 길은 무수히 많다. 그러나 전자는 원자핵 주위의 궤도를 아무 데나 함부로 돌 수가 없다. 전자는 각각의 에너지 준위에 해당하는 전자 껍질 내에서만 움직일 수 있다. 그리고 예컨대 1번과 2번 혹은 2번과 3번에 해당하는 에너지 준위 사이에는 전자가 존재할 수 있는 에너지 준위가 전혀 없으므로, 전자가 돌 수 있는 궤도는 엄격하게 제한돼 있다. 전자는 '태양'에서 일정 거리의 궤도만 돌 수 있으며, 기묘한 각도를 이룬 길쭉한 모양의 경로 내에서만 궤도를 돌 수 있다. 게다가 행성과 달리 전자는 열이나 빛을 받아 들뜬 상태가 되면 낮은 에너지 준위에서 비어 있는 높은 에너지 준위로 도약할 수 있다. 물론 그 전자는 높은 에너지 준위에서 오래 머물 수 없으며, 얼마 후 원래의 전자 껍질로 추락한다. 그렇지만 이것은 단순히 왕복 운동에 불과한 것이 아닌데, 전자는 추락할 때 빛을 방출함으로써 에너지를 내놓기 때문이다.

이때 방출되는 빛의 색은 두 에너지 준위 사이의 간격에 따라 달라진다. 간격이 좁은 두 에너지 준위(예컨대 1번과 2번) 사이에서 추락이 일어나면 에너지가 낮은 불그스름한 색의 빛이 나오는 반면, 간격이 넓은 두 에너지 준위(예컨대 2번과 5번) 사이에서 추락이 일어나면 에너지가 높은 자주색 빛이 나온다. 전자가 도약할 수 있는 장소의 선택권은 정수 단위의 에너지 준위로 제한돼 있기 때문에, 방출되는 빛의 색이나 에너지 역시 제한돼 있다. 원자 속의 전자가 방출하는 빛은 전구에서 나오는 백색광과는 큰 차이가 있다. 전자는 특정 파장의 아주 순수한 빛을 방출한다. 각 원소의 전자 껍질들은 각각 다른 높이에 위치하기 때문에, 각 원소가 방출하는 빛은 그 원소에만 고유한 색들의 띠를 이룬다. 로베르트 분젠이 자신의 버너와 분광기로 관찰했던 띠 스펙트럼이 바로 그것이다. 나중에 전자가 정수 단위의 에너지 준위로만 이동할 수 있으며, 분수 단위의 에너지 준위에는 존재할 수 없다는 사실은 양자역학의 기본적인 통찰력이 되었다. 양자역학에 관해 여러분이 들은 괴상한 이야기는 모두 양자 차원의 이러한 불연속적 성질에서 직간접적으로 유래한 것이다.

유로퓸도 위에 설명한 방식으로 빛을 방출하지만, 그다지 잘 방출하진 않는다. 유로퓸과 그 형제 원소들인 란탄족은 들어오는 빛이나 열을 효율적으로 흡수하지 못한다.(이것은 화학자들이 오랫동안 란탄족 원소들을 확인하는 데 어려움을 겪은 이유 중 하나이다.) 그러나 빛은 원자 세계에서 국제적 통화에 해당하고, 많은 형태로 바뀔 수 있다. 특히 란탄족은 단순히 빛을 흡수했다가 다시 방출하는 방식 말고 다른 방식으로 빛을 방출할 수 있다. 그것은 형광이라고 부르는 것으로,* 자외선 광원이나 사이키델릭 포스터 등에서 흔히 볼 수 있다. 일반적으로 정상적인 빛의 방출은 전자 때문에 일어나지만, 형광에는 전체 분자가 관여한다. 전자는 같은 색의 빛을 흡수하고 방출하지만(노란색 빛을 흡수했으면 노란색 빛을 방출하는 식으로), 형광을 일으키는 분자는 높은 에너지의 빛(자외선)을 흡수했다가 낮은 에너지의 빛(가시광선)을 방출한다. 유로퓸은 자신을 포함한 분자의 종류에 따라 빨간색, 초록색, 파란색 빛을 방출할 수 있다.

　이렇게 능수능란한 유로퓸의 변신은 위폐범들에게는 큰 골칫덩어리이기 때문에, 유로퓸은 위조를 방지하는 도구로 쓰기에 아주 좋다. 실제로 유럽연합은 자신의 이름이 붙은 이 원소를 지폐를 인쇄하는 잉크 성분에 사용한다. 유럽연합 재무부 소속 화학자들은 그 잉크를 만들기 위해 형광 염료에 유로퓸 이온을 섞는데, 그러면 유로퓸 이온이 염료 분자의 한쪽 끝에 들러붙는다.(정확하게 어떤 염료를 사용하는지는 아무도 모른다. 유럽연합은 그 과정을 보는 걸 법으로 금지했기 때문이다. 법을 준수하는 화학자들은 단지 추측만 할 수 있을 뿐이다.) 이렇게 정체를 꼭꼭 숨겼지만, 화학자들은 유로퓸 염료가 두 부분으로 이루어져 있다는 사실을 안다. 하나는 분자의 대부분을 이루는 수용기, 즉 안테나 부분이다. 안테나는 들어오는 빛 에너지(유로퓸이 흡수할 수 없는)를 붙잡아 그것을 유로퓸이 흡수할 수 있는 진동 에너지로 바꾸어 그 에너지를 분자 끝부분으로 전달한다. 거기서 유로퓸의 전자들이 에너지를 받아 더 높은 에너지 준위로 도약한다. 그러나 전자들이 도약을 했다가 추락하면서 빛을 방출하기 직전에 들어온 에너지 중 일부가 도로 안테나 쪽으로 돌아간다. 고립된 유로퓸 원자에서는 이런 일이 절대로 일어나지 않지만, 여기서는 분자 중 덩치가 큰 부분이 에너지를 감쇠시키고 흩어지게 한다. 이러한 에너지 손실 때문에 전자가 추락할 때에는 에너지가 낮은 빛이 방출된다.

자, 그런데 이러한 전자 이동에서 나온 형광이 무슨 쓸모가 있을까? 형광 염료를 적절히 선택하면 유로퓸은 가시광선 아래에서는 그냥 단조로운 색으로 보인다. 그러면 위폐범은 완벽한 위폐를 만들었다고 속아 넘어간다. 그러나 유로화에 특별한 레이저를 비추면 보이지 않는 잉크가 자극을 받는다. 종이 자체는 검은색으로 변하지만, 유로퓸이 섞인 작은 섬유들은 다채로운 색깔의 별자리처럼 나타난다. 검은색의 유럽 지도 그림은 초록색으로 빛난다. 파스텔 색조의 별들 주위에는 노란색이나 빨간색 무리가 나타나고, 기념물이나 서명, 숨겨진 문장紋章은 진한 보라색으로 빛난다. 전문가는 이러한 특징들이 나타나지 않는 걸 확인하고서 그것이 위폐임을 알아챌 수 있다.

지폐 한 장에는 실제로는 두 장의 유로화가 들어 있다. 우리가 일상적으로 보는 첫 번째 유로화 바로 위에 두 번째 유로화가 감춰져 있는데, 이것은 숨겨져 있는 암호와 같다. 전문적인 훈련을 받지 않고서는 이 효과를 모방하는 것은 극히 어려우며, 유로퓸을 섞은 염료는 다른 보안 장치들과 함께 유로화를 지금까지 고안된 지폐 중 가장 정교한 것으로 만들었다. 물론 그렇다고 해서 유로화를 위조하려는 시도가 없었던 것은 아니다. 사람들이 현금을 좋아하는 한 그러한 시도는 영원히 사라지지 않을 것이다. 그렇지만 그러한 시도를 차단하기 위해 주기율표를 활용하는 노력 끝에 유로퓸은 가장 귀중한 금속 중 한 자리를 차지하게 되었다.

금보다 비쌌던 알루미늄

수많은 위조 시도에도 불구하고, 역사를 통해 많은 원소는 합법적인 통화로 사용되었다. 안티몬(안티모니) 같은 일부 원소는 실패작으로 끝났다. 어떤 원소는 아주 어려운 상황에서 돈으로 사용되었다. 제2차 세계 대전 당시 강제 수용소에 끌려가 화학 공장에서 일하던 이탈리아의 작가이자 화학자인 프리모 레비Primo Levi는 작은 세륨 막대를 훔치기 시작했다. 세륨은 세게 치면 불꽃이 일기 때문에 흡연자에게는 아주 이상적인 부싯돌이었다. 그래서 레비는 민간인 노동자를 상대로 세륨 막대를 빵과 수프와 맞바꾸는 거래를 했다. 레비는 아주 늦은 시기에 강제 수용소로 끌려왔고, 거기서 거의 굶어죽기 직전에 이르렀는데, 1944년 11월에 가서야 겨우 세륨을 식량과 교환하기 시작했다. 그는 그 교환으로 두 달치 식량을 얻었다고 평가했는데, 그것은 1945년 1월에 소련군이 강제 수용소를 해방시킬 때까지 버티기에 충분했다. 그가 홀로코스트를 겪은 경험을 바탕으로 쓴 대작 『주기율표 *The Periodic Table*』를 오늘날 우리가 읽을 수 있는 것도 다 그가 세륨에 대한 지식을 갖고 있었기 때문이다.

　원소를 돈으로 사용하자는 제안들 중에는 비실용적이고 아주 기묘한 것도 있었다. 원자핵 연구에 푹 빠져 있던 글렌 시보그는 플루토늄을 세계 금융의 새로운 금으로 삼자고 제안한 적이 있다. 플루토늄을 원자력에 아주 소중한 핵 원료라고 생각했기 때문이다. 한 SF 작가는 시보그의 제안을 익살스럽게 풍자해 다른 제안을 내놓았다. 그는 세계의 자본주의를 위해서는 방사성 폐기물이 더 나을 거라고 주장했는데, 그것으로 만든 동전은 분명히 훨씬 빨리 순환할 것이기 때문이라고 했다. 물론 경제 위기가 발생할 때마다 많은 사람들은 금 본위제 또는 은 본위제로 되돌아가야 한다고 말한다. 20세기 이전에는 거의 모든 나라가 지폐를 그것에 해당하는 금이나 은과 가치가 같다고 여겼고, 사람들은 지폐를 자유롭게 금이나 은과 교환할 수 있었다. 일부 문학 비평가들은 프랭크 바움L. Frank Baum이 1900년에 쓴 『오즈의 마법사』에서 도로시가 루비가 아닌 은 슬리퍼를 신고 황금색 벽돌 길을 걸어 현금과 같은 색의 초록색 도시로 여행한 것은 은 본위제가 금 본위제보다 상대적으로 더 낫다는 주장을 담은 비유라고 생각한다.

금속에 기초한 경제가 아무리 낡은 것처럼 보이더라도 이들의 주장은 일리가 있다. 금속은 유동성이 낮긴 하지만, 금속 시장은 가장 안정한 장기적 부의 원천 중 하나이다. 반드시 금이나 은이어야 할 필요는 없다. 실제로 우리가 살 수 있는 금속 원소 중에서 무게로 따져 가장 비싼 것은 로듐이다. (『기네스북』이 1979년에 비틀즈의 멤버였던 폴 매카트니Paul McCartney가 역사상 최다 앨범 판매 기록을 세운 음악가가 된 것을 축하하기 위해 로듐으로 만든 음반을 준 이유도 바로 이 때문이다. 100만 장 이상 팔린 음반을 뜻하는 플래티넘 음반으로는 부족하다고 보았기 때문이다.) 그렇지만 주기율표의 원소로 단기간에 가장 많은 돈을 번 사람은 미국 화학자 찰스 홀Charles Hall인데, 그는 알루미늄으로 그 많은 돈을 벌었다.

19세기에 많은 화학자들이 알루미늄 연구에 뛰어들었다. 1825년 무렵에 한 덴마크 화학자와 한 독일 화학자가 동시에 떫은맛이 나는 백반에서 알루미늄을 추출했다. 광물학자들은 이 금속의 광택을 보고 즉각 1온스에 수백 달러의 값이 나가는 귀금속으로 분류했다.

20년 뒤, 한 프랑스인이 알루미늄을 상업적으로 이용할 만큼 대규모로 추출하는 방법을 생각해냈다. 그렇지만 비용이 상당히 많이 들었기 때문에 알루미늄은 여전히 금보다도 비쌌다. 알루미늄은 지각에서 가장 풍부한 금속이지만(무게로 따질 때 약 8%를 차지해 금보다 수억 배나 더 풍부하다), 순수한 알루미늄광의 형태로 산출되지 않기 때문에 추출하는 데 많은 노력이 필요하다. 알루미늄은 항상 다른 원소와 결합한 상태로 산출되는데, 대개 산소와 결합한다. 순수한 시료는 기적의 물질처럼 간주되었다. 프랑스인은 한때 대관식용 보석류 곁에 알루미늄 막대를 전시했고, 나폴레옹 3세는 특별한 손님에게만 알루미늄 나이프와 포크를 내놓았다.(덜 중요한 손님에게는 금으로 된 나이프와 포크를 내놓았다.) 미국에서는 정부에서 일하던 공학자들이 1884년에 워싱턴 기념탑을 세울 때, 미국의 산업 기술을 과시하고자 꼭대기에 무게 2.7kg의 알루미늄 피라미드를 씌웠다. 한 역사학자는 그 피라미드에서 알루미늄을 1온스만 깎아내도 그것으로 그 작업에 투입된 모든 노동자의 일당을 줄 수 있었을 것이라고 평가한다.

알루미늄이 세계에서 가장 귀중한 금속으로 군림한 60년간은 영광의 시기였으나, 얼마 후 한 미국 화학자가 그 영광을 무너뜨렸다. 가볍고 강하고 매력적인 알루미늄의 성질은 제조업자들을 감질나게 했다. 게다가 지각에 풍부하게 매장돼 있어 알루미늄은 금속 생산에 혁명을 가져올 잠재력을 지니고 있었다. 많은 사람이 도전했지만, 산소를 효율적으로 떼어내는 방법을 아무도 찾지 못했다. 오하이오주의 오벌린 대학에서 화학 교수로 근무하던 프랭크 패닝 주잇Frank Fanning Jewett은 누구라도 이 원소를 정복하기만 하면 알루미늄 엘도라도가 눈앞에 펼쳐질 것이라는 이야기로 학생들을 흥분시키곤 했다. 학생들 가운데 순진하게 교수의 말을 액면 그대로 받아들인 사람이 있었다.

말년에 주잇 교수는 옛 동료들에게 이렇게 으스대곤 했다. "내가 한 발견 중 가장 위대한 것은 바로 한 사람을 발견한 것이었지." 그 사람이 바로 찰스 홀이다. 홀은 오벌린 대학에서 학부 과정 내내 주잇과 함께 알루미늄을 분리하는 연구에 매달렸다. 실패를 수없이 거듭했지만, 실패를 할 때마다 조금씩 진전이 있었다. 그러다가 1886년에 마침내 손으

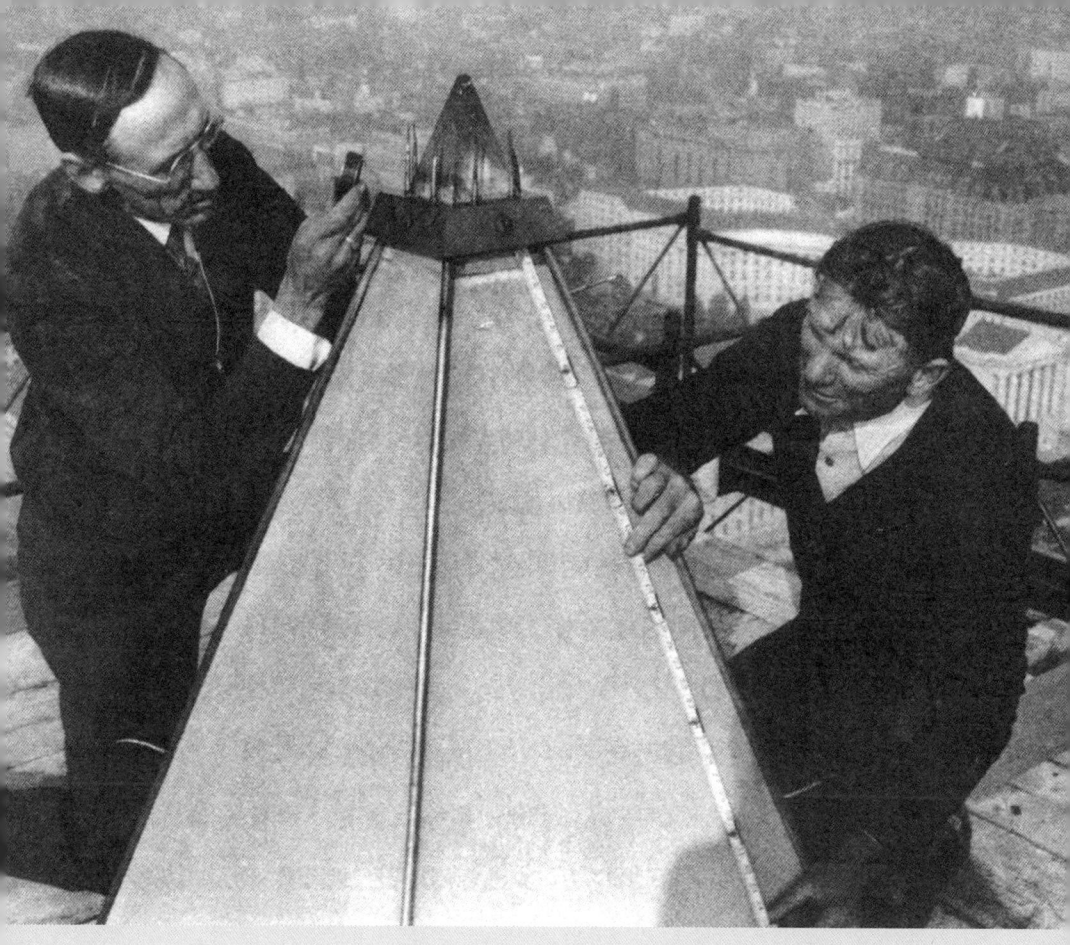

워싱턴 기념탑 꼭대기의 알루미늄 피라미드. 숙련된 공학자들이 워싱턴 기념탑 꼭대기에 씌운 알루미늄을 손질하고 있다. 미국 정부는 1884년에 이 기념탑 꼭대기를 알루미늄으로 씌웠는데, 그 당시 알루미늄이 세상에서 가장 비싼(그래서 가장 인상적인) 금속이었기 때문이다. (Bettmann/Corbis)

로 만든 전지(그 당시는 아직 전기가 공급되기 전이었다)로 알루미늄 화합물이 녹아 있는 액체에 전류를 흘렸다. 전류의 에너지는 화합물에서 순수한 금속을 해방시켰고, 그것은 용기 바닥에 미세한 은빛 덩어리가 되어 가라앉았다. 이 과정은 값싸고 손쉬웠으며, 실험실의 용기뿐만 아니라 아주 큰 용기에서도 그대로 쓸 수 있었다. 현자의 돌 이래 모든 화학자들이 그토록 찾아 헤매던 화학의 성배를 홀이 찾아낸 것이다. 그때, 그의 나이는 겨우 스물세 살이었다.

그렇지만 홀에게 당장 부귀영화가 찾아온 것은 아니었다. 프랑스에서도 폴 에루Paul Héroult라는 화학자가 비슷한 시기에 거의 같은 방법을 발견했다.(오늘날에는 알루미늄 시장을 붕괴시킨 그 발견의 공로를 두 사람에게 같이 돌리고 있다. 그래서 전기 분해를 이용해 알루미늄을 분리하는 이 방법을 홀-에루법이라고 부른다.) 1887년에는 한 오스트리아인이 다른 분리 방법을 발견하여 경쟁이 점점 치열해지자, 홀은 재빨리 훗날 알코아(미국 알루미늄 회사)가 될 회사를 피츠버그에 세웠다. 그것은 역사상 가장 성공적인 벤처 사업 중 하나였다.

알코아의 알루미늄 생산량은 기하급수적으로 늘어났다. 1888년 처음 몇 달 동안에는 하루에 약 22kg을 생산했는데, 20년 뒤에는 수요를 맞추기 위해 하루에 4만 kg을 생산해야 했다. 반면에 생산량이 치솟자 가격이 폭락했다. 홀이 태어나기 전에 어떤 사람이 획기적인 기술을 발견해 알루미늄 가격이 7년 사이에 파운드(약 450g)당 550달러에서 18달러로 떨어졌다. 50년 뒤, 홀의 회사는 그 가격을 파운드당 25센트(인플레이션 효과를 전혀 고려하지 않은 가격)로 곤두박질치게 했다. 그러한 급성장 기록은 미국 역사 전체를 통틀어 80년 뒤에 일어난 실리콘 반도체 혁명* 때 단 한 차례만 추월당했을 뿐이다. 그리고 훗날의 컴퓨터 귀족들처럼 홀도 막대한 부를 축적했다. 1914년에 사망할 당시 홀은 3000만 달러(현재 가치로는 약 6억 5000만 달러) 상당의 알코아 주식*을 보유하고 있었다. 그리고 홀 덕분에 알루미늄은 음료수 캔, 아마추어 야구 선수들의 배트, 비행기 등에 두루 쓰이는 지극히 평범한 금속이 되었다.(그리고 약간 시대착오적이지만 지금도 워싱턴 기념탑 꼭대기를 덮고 있다.) 알루미늄은 세상에서 가장 귀중한 금속이던 시절과 가장 많이 생산되는 금속이 된 시절 중 어느 쪽이 더 좋았을까? 그 답은 각자의 취향과 기질에 따라 다를 것이다.

그런데 나는 이 책에서 '알루미늄'이란 단어가 나올 때 미국식 영어 단어인 aluminum 대신에 국제적으로 널리 쓰이는 aluminium을 사용했다. 철자상의 이런 차이*는 알루미늄 생산량 급증에서 비롯되었다. 19세기 초에 화학자들이 13번 원소의 존재를 추측할 때, 그들은 두 가지 철자를 다 사용했으나 결국에는 i가 하나 더 추가된 철자로 굳어졌다. 그 철자는 그 무렵에 발견된 바륨barium, 마그네슘magnesium, 나트륨natrium (영어로는 sodium), 스트론튬strontium 등의 철자와도 일관성이 있었다. 찰스 홀도 전기 분해를 이용한 알루미늄 분리법에 대한 특허를 신청할 때 i가 포함된 단어를 사용했다. 그러나 반짝이는 자신의 금속을 선전할 때 홀은 철자에 세심한 주의를 기울이지 않았다. i를 생략한 것이 의도적이었는지 아니면 광고 문안을 작성하다 생긴 우연한 실수였는지를 놓고 논쟁이 벌어지고 있지만, 홀은 'aluminum'이란 철자를 보고는 훌륭한 신조어라고 생각했다. 그래서 그는 그 모음을 영구히 삭제했는데, 그와 함께 음절도 하나 줄임으로써 귀금속인 백금platinum과 어감이 비슷한 단어로 만들었다. 그가 생산한 새로운 금속은 금방 널리 유행하면서 경제적으로도 아주 중요해져 'aluminum'은 미국인의 마음속에 지울 수 없게 각인되었다. 항상 그랬듯이 미국에서는 돈이 최고이니까.

예술적인 원소들

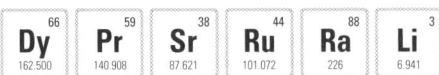

과학이 발전하면서 점점 복잡해짐에 따라 과학 연구 비용이 크게 늘어나자, 이제 어떤 과학 연구를 해야 할지 말아야 할지, 심지어 언제, 어떻게 해야 할지까지 돈, 특히 거대 자본이 좌우하게 되었다. 이미 1956년에 독일 출신의 영국 소설가 시빌 베드퍼드Sybille Bedford는 "마구간 뒤에 지은 작업실에서 우주의 법칙을 즐겁게 연구할 수 있었던 시대"로부터 많은 세대가 지났다고 썼다.*

물론 베드퍼드가 그리워한 시대인 18세기와 19세기에도 작은 작업실을 마련해 과학 연구를 할 여력이 있었던 사람은 극소수(대부분 토지를 소유한 부유층)였다. 새로운 원소를 발견하거나 그와 비슷한 연구를 진행한 사람들이 대개 상류층이었다는 사실은 결코 우연이 아니다. 다른 사람들은 미지의 암석이 어떤 물질로 이루어져 있는지 한가롭게 생각할 여유가 없었다.

주기율표에도 이러한 귀족적 취향의 흔적이 남아 있는데, 그것은 화학 지식이 전혀 없는 사람도 쉽게 느낄 수 있다. 과거에 유럽의 부유층은 고전 교육을 집중적으로 받았기 때문에 많은 원소 이름(세륨, 토륨, 프로메튬 등)은 고대 신화와 관련이 있다. 프라세오디뮴이나 몰리브덴, 디스프로슘처럼 좀 괴상해 보이는 이름들은 라틴어와 그리스어를 합쳐 만든 것이다. 디스프로슘dysprosium은 '접근하기 어려운'이라는 뜻의 그리스어 dysprositos에서 유래한 이름으로, 형제 원소들과 분리하기가 매우 어려웠기 때문에 그런 이름이 붙었다. 프라세오디뮴praseodymium은 비슷한 이유로 '초록색 쌍둥이'란 뜻을 지니고 있다.(나머지 반쪽 쌍둥이인 네오디뮴neodymium은 '새로운 쌍둥이'란 뜻이다.) 비활성 기체 원소들의 이름은 대부분 '기묘한' 또는 '반응성이 없는'이란 뜻을 지니고 있다. 자국 언어에 대한 자부심이 대단한 프랑스인조차 1880년대에 새로운 원소들을 발견했을 때 율리우스 카이사르Julius Caesar에게 아첨이라도 하듯이, '프랑스'나 '파리' 대신에 죽어가던 라틴어 단어인 '갈리아'와 '루테티아'를 따서 갈륨과 루테튬이라고 이름 붙였다.

오늘날의 관점에서 보면 이러한 일들(과학자가 과학보다는 고대 언어를 더 많이 공부했다는 사실)이 아주 이상해 보이겠지만, 수백 년 동안 과학은 전문 직업이라기보다 우표 수집처럼 아마추어들이 취미삼아 하던 일이었다.* 과학은 아직 엄밀한 수학을 기반으로 하지 않아 진입 장벽이 낮았고, 예컨대 요한 볼프강 폰 괴테Johann Wolfgang von Goethe 같은 영향력을 지닌 귀족이라면 자격이 있건 없건 과학적 토론에 당당하게 참여할 수 있었다.

괴테와 되베라이너

오늘날 괴테는 많은 비평가들에게 그 활동 범위와 작품이 주는 감동의 힘이 셰익스피어에 버금간다고 평가받는 작가이지만, 그는 작품 활동 외에도 정부와 거의 모든 분야의 정책 토론에 적극적으로 참여했다. 많은 사람들은 지금도 그를 독일인 중 가장 위대하고 가장 큰 업적을 남긴 인물로 평가한다. 그렇지만 솔직히 말해 내가 괴테에게서 느낀 첫인상은 사이비 기질이 있다는 것이었다.

대학 시절의 어느 해 여름, 나는 어느 물리학 교수 밑에서 일했다. 그분은 뛰어난 이야기꾼이었지만 늘 전선 케이블 같은 기본적인 물품이 부족해 애를 먹었다. 그래서 나는 종종 지하실에 있는 물리학과 물품 보급소로 달려가 필요한 것을 달라고 부탁해야 했다. 그 지하 감옥의 지배자는 독일어를 말하는 사람이었다. 『노트르담의 꼽추』에 나오는 콰지모도 같은 일을 하는 그는 수염도 깎지 않은 때가 많았고, 꼬불꼬불한 머리카락은 어깨까지 치렁치렁 내려왔다. 또, 억센 팔과 가슴 때문에 키만 170cm가 넘었다면 헐크처럼 보였을 것이다. 나는 문을 두드릴 때마다 가슴이 떨렸고, 그가 눈을 가늘게 뜨고 독일어 억양이 잔뜩 섞인 영어로 질문이라기보다 비웃는 투로 "꾜수님이 동축 께이블이 없다꼬?"라고 말하면 뭐라고 대꾸해야 할지 몰랐다.

다음 학기에 그가 다른 사람과 함께 가르친 과목을 들으며 그와의 관계가 좀 나아졌다. 그것은 실험실에서 배우는 과목이어서 실험 장비를 준비하는 데 많은 시간이 걸렸다. 휴식 시간에 나는 그와 문학에 관해 한두 번 대화를 나눈 적이 있다. 하루는 그가 괴테를 언급했는데, 나는 괴테가 누구인지 몰랐다. "그는 독일의 셰익스피어야. 거만한 독일인이라면 누구나 항상 그를 인용하지. 지겨워. 독일인들은 툭하면 이렇게 말하지. '뭐야? 자네, 괴테도 모른단 말인가?'"

그는 괴테의 작품을 독일어로 읽었는데 그저 평범한 수준이라고 여겼다. 타인의 강한 신념에 영향을 받기 쉬운 젊은 나이에 그러한 비판을 들었으니 당연히 나는 괴테가 과연 위대한 사상가인가 하고 의심을 품었다. 세월이 한참 흐른 뒤에야 나는 광범위한 독서를 통해 괴테의 문학적 재능을 높이 평가하게 되었다. 그렇지만 몇몇 분야에서는 괴테를 평범하다고 평가한 그 실험실장의 견해도 일리가 있다고 인정한다. 괴테는 세계를 변화시킬 만큼 대단한 작가인 것은 분명하지만, 철학과 과학에 관해 섣부른 언급을 자제하지 못하는 단점이 있었다. 그는 딜레탕트의 열정에 사로잡혀 그런 행동을 했는데, 그럴 만한 능력도 어느 정도 있긴 했다.

18세기 후반에 괴테는 뉴턴의 이론을 논박하기 위해 색이 어떻게 우리 눈에 보이는가 하는 의문에 나름의 가설을 만들었다. 다만, 과학뿐만 아니라 "색은 빛의 작용, 행위와 고통이다"라는 종잡을 수 없는 명제를 포함해 시에 많이 의존했다는 게 문제였다. 이 말은 실증주의자의 주장처럼 위압적으로 들리진 않지만, 사실상 아무 의미가 없다. 그는 또 소설 『친화력 Die Wahlverwandtschaften』에서 결혼이 화학 반응과 같은 방식으로 성립한다는 엉터리 개념을 한참 늘어놓았다. 즉, 만약 A와 B 쌍을 C와 D 쌍과 접촉하게 하면, 그들은 자연적으로 화학적 간통을 저질러 새로운 쌍이 만들어진다는 것이다(AB+CD → AD+BC). 그것도 암시나 은유의 형식으로 표현한 게 아니었다. 등장인물들이 실제로 자신들의 삶이 이 화학 반응식처럼 재배열되는 것을 놓고 토론을 벌인다. 이 소설의 다른 장점(특히 정열의 묘사)이 아무리 뛰어나다 하더라도, 과학을 다룬 이 부분만큼은 없는 편이 훨씬 나았을 것이다.

괴테의 대작인 『파우스트 Faust』에도 연금술에 관한 진부한 추측이 포함돼 있으며, 그보다 더 나쁜 것은 수성론자水成論者(모든 암석은 바다 밑에 가라앉아서 생겼다고 주장하는 사람)와 화성론자火成論者(암석 생성에 지구 내부의 열이 중요한 역할을 했으며, 모든 암석은 마그마가 굳어 생겼다고 주장하는 사람) 사이의 쓸데없는 대화이다. 괴테 같은 수성론자는 모든 암석은 광물이 바다 밑에 침전해 생겼다고 믿었는데, 그것은 틀린 생각이다. 화성론자는 암석이 대부분 화산과 지구 내부의 열 때문에 생겨났다고 믿었는데, 이것이 옳은 학설이다. 『파우스트』에서 사탄이 직접 설명하는 이 학설은 노골적으로 비꼬는 투로 묘사되었다. 언제나처럼 괴테는 결국에는 지는 쪽을 지지했는데, 심미적으로 그쪽이 더 마음에 들었기 때문이다. 『파우스트』는 『프랑켄슈타인』만큼 과학적 오만을 경고하는 이야기로 남아 있지만, 괴테는 1832년에 자신이 죽고 나서 얼마 안 돼 그가 주장한 과학과 철학이 근거를 잃었고, 이제 사람들은 그의 작품을 순전히 문학적 가치만으로 평가한다는 사실을 안다면 무척 속상할 것이다.

그럼에도 불구하고 괴테는 과학 전반에, 구체적으로는 주기율표에 영원히 그 자취를 남기는 기여를 한 가지 했다. 이는 괴테 자신이 직접 한 것이 아니라 후원을 통해서 이뤄졌다. 1809년, 나라의 여러 공직을 거친 괴테는 예나 대학에 공석이 생긴 화학 교수를 뽑는 책임을 맡게 되었다. 친구들에게서 여러 사람을 추천받은 괴테는 선견지명이 있었던지 자신과 이름이 같은 요한 볼프강 되베라이너Johann Wolfgang Döbereiner를 선택했다. 시골 출신인 되베라이너는 화학 학위도 없었고 경력도 볼품없었다. 그는 제약 산업, 섬유 산업, 농업, 양조 산업 등에서 실패를 거듭한 뒤에야 화학 연구를 하기 시작했다. 그렇지만 되베라이너는 산업 분야에서 일한 경험을 통해 괴테 같은 아마추어 부자는 결코 배울 수 없고 산업 혁명 시대에 높이 평가받은 실용적인 기술을 익혔다. 괴테는 이 젊은이에게 큰 흥미를 느껴 당대에 쟁점이 된 화학적 주제를 놓고 즐겁게 토론하면서 많은 시간을 보냈다. 그런 주제 중에는 붉은 양배추가 왜 은수저를 변색시키며, 퐁파두르 부인의 치약 성분이 무엇인가 하는 것도 있었다. 괴테는 광범위한 고전 교육을 받아 오늘날에도 종종 모든 것을 아는 마지막 사람으로 칭송받는데(약간 과장된 면이 있지만), 예술과 과학과 철학이 서로 겹치는 부분이 많던 그 시절에는 그것이 가능했다. 그는 또 여행을 많이 한 세계주의자이기도 했다. 되베라이너는 예나 대학 교수로 괴테에게 선택을 받을 때까지 독일 밖으로 나가본 적이 없었다. 그 당시에는 되베라이너 같은 촌뜨기 과학자보다는 괴테 같은 부유한 지성인이 전형적인 과학자로 인정받았다.

되베라이너의 가장 큰 업적이 희귀한 원소인 스트론튬에서 영감을 얻어 일어났다는 사실은 그의 출신 배경과 잘 어울린다. 스트론튬이란 이름은 그리스어도 아니고, 오비디우스의 신화에 등장하는 인물이나 물건에서 유래한 것도 아니다. 스트론튬은 주기율표 비슷한 것을 최초로 탄생시킨 불꽃이 되었다. 스트론튬은 1790년에 런던의 홍등가에 있던 한 병원 실험실(셰익스피어의 글로브 극장에서 멀지 않은)에서 두 의사가 발견했다. 그들은 연구하던 그 광물이 산출된 지역(스코틀랜드의 광산촌인 스트론티안)의 이름을 따서 원소 이름을 지었다. 되베라이너는 20년 뒤에 그것을 연구하기 시작했다. 되베라이너의 연구는 원소들의 무게를 정확하게 재는 방법에 초점을 맞춘 것이었는데, 새로운 원소인 스트론튬은 좋은 도전 과제였다. 괴테의 격려를 받은 그는 스트론튬의 성질을 조사하기 시작했다. 그런데 스트론튬의 무게를 점점 정밀하게 측정하자 뭔가 이상한 점이 눈에 띄었다. 그 무게는 정확하게 칼슘과 바륨의 중간에 해당했다. 게다가 화학 반응 때 나타나는 화학적 성질도 칼슘과 바륨과 비슷했다. 스트론튬은 두 원소를 섞어놓은 것 같았다.

큰 호기심을 느낀 되베라이너는 더 많은 원소들의 무게를 정확하게 재면서 또 다른 '세 쌍 원소_triad_'가 있는지 찾았다. 그러자 염소-브롬(브로민)-요오드(아이오딘), 황-셀렌(셀레늄)-텔루르(텔루륨)를 비롯해 여러 개를 찾을 수 있었다. 이들은 모두 중간에 있는 원소의 무게가 나머지 두 화학적 사촌의 중간에 위치했다. 이것이 우연일 리 없다고 확신한 되베라이너는 이 원소들을 오늘날 우리 눈에 주기율표의 세로줄 기둥으로 보이는 집단으로 묶기 시작했다. 실제로 50년 뒤에 최초의 주기율표를 만든 화학자들은 바로 이 되베라이너의 기둥들*을 출발점으로 삼았다.

되베라이너의 연구가 있고 나서 멘델레예프가 나타나기 전까지 주기율표가 전혀 만들어지지 않고 50년이란 세월이 훌쩍 지나간 것은 세 쌍 원소에 관한 연구가 엉뚱한 방향으로 흘러갔기 때문이다. 기독교와 연금술, 피타고라스의 믿음(수가 형이상학적 현실을 나타낸다는)에 영향을 받은 화학자들은 스트론튬과 그 이웃 원소들의 관계를 물질의 질서를 발견하고 조직하는 보편적인 방법으로 활용하는 대신에, 모든 곳에서 세 쌍 원소 관계 개념이 적용되는 사례를 찾으려 했고, 세 쌍 원소 관계의 수비학數秘學을 깊이 파고들었다. 그들은 세 쌍 원소 관계를 계산하기 위해 세 쌍 원소 관계를 계산하는 악순환에 빠져들었고, 근거가 매우 빈약한 것도 세 쌍 원소 관계가 있는 것은 모조리 신성한 것으로 여겼다. 그럼에도 불구하고, 되베라이너 덕분에 스트론튬은 더 크고 보편적인 원소들의 체계 속에서 최초로 정확하게 제자리를 찾은 원소가 되었다. 물론 애초에 그 개념에 대한 믿음이 없었거나 그 다음에 괴테의 후원이 없었더라면, 되베라이너는 이 모든 것을 결코 생각해내지 못했을 것이다.

그리고 나서 되베라이너는 1823년에 최초의 휴대용 라이터를 발명함으로써 자신을 발굴하고 후원해준 괴테의 선견지명을 더욱 돋보이게 했다. 이 라이터는 가연성 수소 기체를 잔뜩 흡수해 저장하는 백금의 성질을 이용한 것이었다. 조리와 난방을 전적으로 불에 의존하던 시대에 그 라이터는 경제적으로 정말로 큰 도움이 되었다. 되베라이너 램프라

불린 그 라이터 덕분에 되베라이너는 단번에 세계적으로 거의 괴테만큼이나 유명해졌다.

따라서 설사 괴테가 직접 한 과학 연구는 조잡하기 짝이 없는 것이었다 하더라도, 그의 작품은 과학이 숭고하다는 사실을 널리 확산시키는 데 도움을 주었으며, 그의 후원은 화학자들이 주기율표를 발견하는 길로 나아가게 했다. 그런 공로를 감안한다면 괴테는 과학사에서 최소한 명예직 한 자리쯤은 받을 자격이 충분하며, 그도 이에 만족할 것이다. 괴테의 말을 인용한다면, "과학의 역사는 과학 그 자체이다."

만년필 파커 51과 원소

괴테는 과학의 지적 아름다움을 높이 평가했고, 과학에서 아름다움을 높이 평가하는 사람들은 주기율표에서 발견하는 대칭성과 바흐의 음악처럼 변화가 섞인 반복에 환호하는 경향이 있다. 그렇지만 주기율표의 아름다움에는 추상적인 것만 있는 게 아니다. 주기율표의 원소들은 온갖 형태로 변장하여 예술에도 영감을 준다. 금과 은과 백금은 그 자체로도 아름다우며, 카드뮴이나 비스무트 같은 원소는 광물이나 유화에서 밝고 화려한 색깔의 안료로 나타난다. 원소는 디자인에서도 큰 역할을 하면서 일상의 사물들을 아름답게 만들어준다. 새로운 원소 합금은 종종 강도나 유연성을 높임으로써 디자인을 기능적인 것에서 경이로운 것으로 변화시킨다. 그리고 적절한 원소를 첨가하면 만년필처럼 평범한 물건의 디자인도 장엄함의 경지로 끌어올릴 수 있다.*

1920년대 후반에 헝가리(나중엔 미국으로 귀화함)의 전설적인 디자이너 라슬로 모홀리–나기 László Moholy-Nagy는 '강요된 퇴출'과 '인위적 퇴출'을 학문적으로 구분했다. 강요된 퇴출은 기술에서 일어나는 정상적인 과정으로, 역사책에서 흔히 볼 수 있다. 쟁기는 수확기에 밀려났고, 구식 소총은 기관총에 밀려났으며, 목선은 철선에 밀려났다. 이에 반해 인위적 퇴출은 점점 20세기를 지배하는 경향이 되었다고 모홀리-나기는 주장했다. 사람들은 소비재를 낡아서 버리는 것이 아니라, 이웃들이 더 멋지고 새로운 제품을 구입하기 때문에 버린다. 미술가이자 일종의 디자인 철학자인 모홀리-나기는 인위적 퇴출을 물질적이고 유치한 "도덕적 해체"라고 표현했다. 그리고 믿기 힘들겠지만, 평범한 만년필이 근사한 최신 첨단 제품을 원하는 인간의 탐욕스러운 욕구를 대표하는 사례로 보이던 시절이 있었다.

『반지의 제왕』에서 프로도가 반지를 손에서 놓지 못하는 것처럼 사람이 만년필을 애지중지하는 경향은 1923년에 한 남자 때문에 시작되었다. 28세이던 케네스 파커Kenneth Parker는 가업을 이끌던 이사들에게 새로운 디자인 제품인 고급 만년필 듀오폴드Duofold의 개발과 출시를 위해 회사 자금을 집중 투자하라고 설득했다.(그는 현명하게도 아버지이자 사장인 조지 파커가 자신의 제안에 거부권을 행사하지 못하도록 아프리카와 아시아로 긴 항해 여행을 떠날 때까지 기다렸다.) 10년 뒤 대공황이 한창이던 최악의 시기에 파커는 고급 제품인 버큐매틱Vacumatic을 내놓아 또 한 번 도박을 감행했다. 그리고 몇 년이 지난 뒤, 사장이 된 파커는 또 새로운 디자인을 내놓고 싶어 몸이 근질거렸다. 그는 모홀리-나기의 디자인 이론을 읽고 흡수했지만, 인위적 퇴출에 대한 도덕적 비난 때문에 주저하는 대신에 진정한 미국식 패션은 본질적으로 그런 속성을 지니고 있음을 간파했다. 즉, 거기서 많은 돈을 벌 기회를 본 것이다. 만약 사람들이 뭔가 더 좋은 걸 사고 싶어한다면, 설사 필요가 없더라도 그것을 살 것이다. 바로 이걸 겨냥하여 그는 1941년에 역사상 가장 훌륭한 만년필로 평가받는 파커 51을 내놓았다. 51이란 숫자는 파커 만년필 회사가 설립된 후

이 경이롭고 우아한 모델이 출시될 때까지 흐른 햇수를 나타냈다.

파커 51은 우아함 그 자체였다. 만년필 뚜껑은 금이나 크롬으로 도금되었고, 거기에 황금 깃털이 장식된 화살 모양 클립이 달려 있었다. 몸통은 통통하여 작은 엽궐련처럼 쥐고 싶은 충동이 들게 했으며, 블루 시더, 나소 그린, 코코아, 플럼, 레이지 레드 등 근사한 색으로 장식되었다. 인디아 블랙 색의 헤드는 수줍은 거북 머리 모양으로 생겼고, 끝으로 가면서 가늘어져 서예가용 스타일의 우아한 주둥이를 이루었다. 그리고 그 주둥이에서 말린 혓바닥처럼 생긴 금 펜촉 끝부분이 뻗어나왔다. 이 매끄러운 프레임 내부를 들여다보면, 새로 특허를 얻은 플라스틱인 루사이트로 만든 대롱과 새로 특허를 얻은 원통형 시스템이 새로 특허를 얻은 잉크를 흘려보낸다. 이 잉크는 종이 위에 떨어졌을 때 증발을 통해 마르는 게 아니고, 종이 섬유 속으로 침투하여 흡수를 통해 순식간에 말랐는데, 이런 잉크가 사용된 것은 필기구 역사상 처음이었다. 뚜껑이 만년필 몸통에 딸칵 하고 끼워지는 방식도 두 개의 특허를 얻었다. 파커의 기술자들은 필기구에 관한 한 불세출의 천재들이었다.

이 아름다운 제품에서 유일한 결점은 금으로 만든 펜촉이었다. 펜촉은 종이에 실제로 닿는 부분인데, 무른 금속인 금은 글씨를 쓸 때 심한 마찰을 받아 쉽게 변형된다. 처음에 파커는 펜촉을 이리듐과 오스뮴의 합금인 오스미리듐 고리로 둘러쌌다. 두 금속은 충분히 강했지만 희귀하고 비쌌으며, 수입을 통해 공급받는 절차도 문제였다. 갑자기 공급이 달리거나 가격이 급등하면 이 디자인은 살아남을 수 없었다. 그래서 파커는 대체 물질을 찾기 위해 예일 대학에서 야금학자를 고용했다. 그리고 1년 안에 루테늄 펜촉에 대한 특허를 얻었는데, 루테늄은 그때까지만 해도 고철과 다름없는 취급을 받던 원소였다. 그렇지만 마침내 나머지 디자인과 완벽하게 어울리는 펜촉이 완성되었으며, 1944년부터는 모든

만년필 애호가들은 흔히 파커 51을 역사상 최고의 만년필로 꼽으며, 또한 모든 분야를 통틀어 가장 멋진 디자인 중 하나로 꼽는다. 펜촉은 희귀하고 내구성이 강한 원소인 루테늄으로 만들어졌다. (Jim Mamoulides, www.PenHero.com)

파커 51에 루테늄 펜촉이 사용되기 시작했다.*

그런데 솔직히 말해서, 파커 51은 뛰어난 공학 기술이 적용된 제품이라곤 하지만, 기능은 다른 만년필과 별 차이가 없다. 그저 종이 위에 잉크를 흘러나오게 하는 것일 뿐이다. 그러나 디자인계의 예언자 모홀리-나기가 예언했듯이, 유행은 필요를 능가한다. 파커 만년필 회사는 광고를 통해 소비자에게 새로운 펜촉으로 필기구가 신성한 경지에 이르렀다고 설득했고, 그러자 사람들은 이전의 파커 모델들을 버리고 새로운 것을 찾았다. "온 세상 사람들이 가장 갖고 싶어하는 만년필"인 파커 51은 신분의 상징이 되었고, 상류층인 은행가, 주식 중개인, 정치인이 수표나 술집 계산서, 골프 게임 점수표 등에 서명할 때 꼭 쓰고 싶어하는 필기구가 되었다. 심지어 드와이트 아이젠하워Dwight D. Eisenhower나 더글러스 맥아더Douglas MacArthur 같은 장군도 1945년에 유럽과 태평양에서 전쟁을 끝내는 평화 협정에 서명할 때 파커 51을 사용했다. 그러한 홍보 효과에다 종전과 함께 전 세계를 휩쓴 낙관론의 분위기가 가세하면서 파커 51의 판매량은 1944년에 44만 개이던 것이 1947년에는 210만 개로 훌쩍 뛰었다. 그 당시 12달러 50센트이던 가격이 50달러로 올랐다는 사실과(오늘날의 가치로는 100달러에서 400달러로 오른 셈이다), 재충전 가능한 잉크 카트리지와 튼튼한 루테늄 펜촉 덕분에 오랫동안 만년필을 교체할 필요가 없다는 사실을 감안하면 이러한 판매량 신장은 더욱 놀랍다.

모홀리-나기도 비록 자신의 이론이 마케팅에 효율적으로 활용된 것에는 기분이 상했겠지만, 파커 51에는 감탄을 금치 못했다. 손에 잡히는 균형감, 우아한 형태, 부드럽게 흘러나오는 잉크에 그는 황홀함을 느꼈고, 그것을 완벽한 디자인이라고 언급한 적도 있다. 심지어 1944년부터 파커 만년필 회사의 자문 역할까지 맡았다. 이 때문에 한동안 모홀리

-나기가 직접 파커 51을 디자인했다는 소문이 나돌았다. 파커 만년필 회사는 1972년까지 파커 51의 다양한 모델을 계속 팔았고, 파커 51은 그다음으로 싼 경쟁 제품보다 두 배나 비쌌는데도 그때까지 만들어진 어떤 만년필보다 많이 팔려 약 4억 달러(오늘날의 가치로는 수십억 달러)에 이르는 매출을 기록했다.

그렇지만 파커 51이 사라지고 나서 얼마 지나지 않아 고급 만년필 시장은 위축되기 시작했다. 그 이유는 명백했다. 파커 51은 다른 만년필보다 월등하다는 장점으로 많이 팔렸지만, 만년필은 타자기 같은 기술에 점점 밀려나고 있었다. 그러한 자리바꿈 과정에서 일어난 재미있는 이야기가 있다. 이 이야기는 마크 트웨인Mark Twain과 함께 시작되어 주기율표로 다시 돌아간다.

마크 트웨인의 주기율표 원소

1874년에 타자기의 공개 설명회를 본 트웨인은 세계적인 경제 불황에도 불구하고 즉각 125달러(오늘날의 가치로는 약 2400달러)라는 거금을 지불하고 한 대를 샀다. 그리고 1주일도 지나기 전에 그것을 얼마나 처분하고 싶은지 그 심경을 토로한 편지를 그 타자기로 썼다.(그 타자기는 소문자를 치는 키가 없었으므로 모두 대문자로 썼다.) "이것은 너무나도 내 마음을 쥐어뜯는다." 그는 한탄했다. 트웨인의 진짜 불평과 심술궂은 구두쇠 성격을 구별하기 힘들 때가 종종 있기 때문에, 이것은 아마도 과장된 표현일 것이다. 그러나 그는 1875년에 타자기를 버리고 대신에 두 회사의 새로운 만년필을 추천했다. 값비싼 만년필에 대한 그의 애정은 식을 줄 몰랐다. 비록 "글씨가 제대로 써지게 하기 위해 엄청난 양의 욕이 필요할" 때조차도 그랬다. 그 만년필들은 파커 51이 아니었으니까.

그런데 타자기가 고급 만년필을 누르고 널리 보급된 데에는 어느 누구보다도 트웨인의 공이 컸다. 그는 1883년에 최초로 타자기로 친 원고인 『미시시피 강의 생활 Life on the Mississippi』을 출판사에 보냈다. (그 원고는 트웨인이 직접 타자한 것이 아니라 비서에게 구술한 것이었다.) 레밍턴 타자기 회사가 트웨인에게 자사의 타자기를 추천해달라고 부탁하자 (그전에 트웨인은 마지못해 타자기를 한 대 더 샀다), 트웨인은 퉁명스러운 편지로 거절했다. 그렇지만 레밍턴 타자기 회사는 생각을 바꾸어 그 편지를 그대로 홍보에 사용했다.* 미국에서 가장 인기 있는 사람인 트웨인이 타자기를 소유했다는 사실만으로도 자사 제품을 추천하기에 충분하다고 여긴 것이다.

자신이 사랑한 만년필에 욕을 퍼붓고 자신이 싫어한 타자기를 사용한 이 이야기는 트웨인의 모순적 성격을 잘 보여준다. 괴테와 문학적으로는 정반대 성격을 지닌 것으로 보이지만, 민중적이고 민주적인 트웨인은 기술에 대해서는 괴테의 양면 가치를 공유했다. 트웨인은 과학을 한다는 허세는 부리지 않았지만, 괴테와 마찬가지로 과학적 발견에 큰 매력을 느꼈다. 그와 동시에 두 사람 다 호모 사피엔스가 기술을 적절히 사용할 만큼 충분한 지혜를 가졌는지 의심했다. 괴테의 경우 그러한 의심을 『파우스트』에서 노골적으로 드러냈다. 한편, 트웨인은 오늘날 우리가 공상 과학 소설로 분류할 만한 작품을 썼다. 강에서 배를 타고 노는 젊은이를 다룬 소설과는 대조적으로 발명과 기술, 반이상향, 우주 여행과 시간 여행에 관한 단편 소설을 썼고, 심지어 「악마에게 팔리다 Sold to Satan」란 제목의 흥미로운 단편 소설에서는 주기율표의 위험까지 다루었다.

약 2000 단어 길이의 이 소설은 1904년경에 강철 회사들의 주가가 폭락한 가상 상황을 배경으로 삼고 있다. 주인공은 돈을 버는 데 지쳐 자신의 영혼을 악마 메피스토펠레스에게 팔기로 결정한다. 거래를 마무리

짓기 위해 그는 한밤중에 어두운 굴에서 악마를 만나 뜨거운 토디(브랜디나 위스키 따위에 뜨거운 물, 설탕, 향료를 넣은 음료 ― 옮긴이)를 마시면서 형편없이 떨어진 영혼 가격에 대해 이야기를 나눈다. 그런데 잠시 후, 대화의 주제가 엉뚱하게도 악마의 특이한 해부학적 특징으로 흘러간다. 악마의 몸은 순전히 라듐으로만 이루어졌다고 나온다.

트웨인이 이 이야기를 쓰기 6년 전에 마리 퀴리가 방사성 원소를 발견하여 과학계를 발칵 뒤집어놓았다. 그것은 정말로 획기적인 뉴스였는데, 트웨인은 「악마에게 팔리다」에 써먹은 그 흥미로운 이야기를 위해 과학적 사실을 자세히 조사한 게 분명하다. 라듐의 방사능은 주변의 공기를 이온화시켜 전기를 띠게 하므로, 악마는 초록빛 광채를 내뿜어 주인공을 놀라게 한다. 또 라듐은 방사능 때문에 가열되어 따뜻한 피를 가진 암석처럼 늘 주변 환경보다 뜨겁다. 라듐이 더 많이 모여 있을수록 이 열은 기하급수적으로 뜨거워진다. 그래서 트웨인의 작품에 등장한 키 183cm, 체중 약 400kg의 악마는 손가락 끝으로 담배에 불을 붙일 만큼 뜨겁다.(그렇지만 악마는 "볼테르를 위해 아껴두려고" 그 불을 금방 끈다. 그 말을 듣고 주인공은 악마에게 괴테를 위해 담배 50개비를 더 가져가라고 한다.)

나중에 이야기는 방사성 금속을 정제하는 과정을 약간 자세히 다룬다. 그것은 트웨인이 잘 아는 분야하고는 거리가 멀다. 그렇지만 훌륭한 공상 과학 소설처럼 이 작품도 선견지명이 있었다. 라듐의 몸을 가진 악마는 만나는 사람이 불에 타 죽지 않도록 역시 퀴리가 발견한 원소인 폴로늄으로 만든 보호 외투를 입는다. 과학적으로 이것은 엉터리이다. "젤라틴 막처럼 얇고 투명한" 폴로늄 껍질로는 임계 질량에 이른 라듐에서 나오는 열을 결코 차단할 수 없다. 그렇지만 이 점은 눈감아주기로 하자. 왜냐하면, 작품에서 폴로늄은 더 극적인 목적으로 쓰이기 때문이다. 악마는 외친다. "만약 내가 피부를 벗어던진다면 세상은 불덩어리와 연기가 되어 사라질 것이고, 사라진 달의 잔해가 회색 재가 되어 우주 공간을 통해 눈처럼 쏟아질 것이다!" 이렇게 위협할 수 있는 근거도 바로 폴로늄에 있었다.

그렇지만 트웨인은 그답게 악마가 절대적인 힘을 과시하는 것으로 이야기를 끝맺지 않았다. 내부에 갇힌 라듐의 열이 너무 강렬하여 악마는 "나는 활활 타고 있고, 속에서 큰 고통을 겪고 있다"라고 털어놓는다. 농담을 제외하고 본다면, 트웨인은 이미 1904년에 원자력의 가공할 위력에 두려움을 느꼈다는 걸 알 수 있다. 만약 그가 40년만 더 오래 살았다면, 사람들이 풍부한 원자력을 평화적으로 활용하는 대신에 핵미사일을 추구하는 걸 보고 고개를 절레절레 저었을 것이다(실망한 표정으로, 그렇지만 별로 놀랍지 않다는 표정으로). 괴테가 다룬 과학 이야기와는 달리 트웨인이 다룬 과학 이야기는 지금도 교훈적인 이야기로 읽을 수 있다.

광기의 시인과 리튬의 효과

트웨인은 주기율표의 아래쪽 영역을 살펴보면서 절망을 느꼈다. 그러나 예술가와 원소에 관한 이야기 중에서 시인 로버트 로웰Robert Lowell이 주기율표 꼭대기 부분에 있는 리튬을 가지고 벌인 모험만큼 슬프고 가혹하고 파우스트적인 것도 없는 것 같다.

로웰은 1930년대 초에 명문 사립 고등학교에 다녔는데, 친구들은 그를 셰익스피어의 「폭풍The Tempest」에서 울부짖는 반인반수의 노예 캘리밴Caliban의 이름을 따 '칼Cal'이라 불렀다. 다른 사람들은 그 별명이 칼리굴라Caligula에서 따온 것이라고 말한다. 어느 쪽이건 간에 그 이름은 고흐나 포처럼 미친 예술가(대부분의 사람은 접근할 수 없는 정신 영역에서 그 천재성이 나오고, 그것을 예술적 목적으로 이용한 예술가)를 대표하는 시인에게 딱 어울린다. 불행하게도 로웰은 시詩의 영역 밖에서는 자신의 광기를 억제하지 못해 현실 생활에서도 미친 듯한 행동을 자주 보였다. 한번은 자신이 성모 마리아라고 믿고서 친구 집을 찾아가 현관에서 열변을 토했다. 또 한번은 인디애나 주 블루밍턴에서 자신이 예수처럼 양 팔을 벌리면 도로를 질주하는 차들을 멈추게 할 수 있다고 믿었다. 강의 시간에는 말도 안 되는 소리를 주절거리거나 학생들의 시를 테니슨이나 밀턴의 고루한 문체로 고쳐 쓰면서 시간을 낭비했다. 19세 때에는 약혼자를 버리고 보스턴에서 테네시 주에 사는 한 시인의 집으로 차를 몰고 달렸다. 그 시인이 자신의 스승이 될 것이라 믿고서 벌인 행동이었다. 그리고 그 시인이 자신을 당연히 집에 재워줄 것이라고 생각했다. 시인은 정중하게 여관에는 빈 방이 없다고 설명하고는, 농담으로 만약 그래도 정 머물고 싶다면 잔디밭에서 야영을 하라고 말했다. 로웰은 고개를 끄덕이고는 밖으로 나갔는데, 곧장 시어스(정확하게는 시어스로벅 사Sears, Roebuck and Company. 미국과 라틴아메리카의 여러 나라에 소매점과 통신 판매망을 둔 세계 최대의 잡화 소매상 — 옮긴이)로 향했다. 그리고 거기서 소형 텐트를 사가지고 돌아와 잔디 위에 텐트를 치고 야영을 했다.

문학 애호가들은 이런 이야기를 좋아했고, 1950년대와 1960년대에 로웰은 미국에서 시인으로 이름을 날리며 많은 상을 탔으며, 그가 쓴 책은 수만 권이나 팔렸다. 사람들은 로웰의 기행을 신성한 시적 영감이 광기를 띤 형태로 분출된 것이라고 생각했다. 그러나 그 무렵에 새로운 분야로 자리를 잡은 약학심리학은 다른 설명을 제시한다. 로웰은 화학물질의 불균형으로 인한 조울증 환자일 뿐이라는 것이다. 일반 대중은 그에게서 야성적인 남자의 모습만 보고, 그를 무기력하게 만드는 우울한 기분은 보지 못했다. 그것은 그를 정신적으로 파괴했고, 재정적으로 파산 상태로 몰아갔다. 다행히도 1967년에 최초의 진정한 기분 안정제 리튬이 미국에 도입되었다. 절박한 처지에 놓였던 로웰(그는 정신병동에 갇혔고, 의사는 그의 허리띠와 구두끈을 압수했다)은 리튬을 투여 받는 데 동의했다.

흥미롭게도 리튬은 약으로서 효능이 있는데도 불구하고, 평상시에는 생물학적 기능이 전혀 없다. 리튬은 철이나 마그네슘 같은 필수 미네랄 성분도 아니며, 크롬 같은 미량 원소도 아니다. 사실 순수한 리튬은 반응성이 아주 큰 금속이다. 보풀이 많이 인 호주머니 속에서 열쇠나 동전이 휴대용 리튬 전지와 부딪치면서 전지에 단락을 일으키는 바람에 불이 난 사례가 보고되었다. 리튬(약으로는 염인 탄산리튬의 형태로 쓰이는)이 약으로 작용하는 방식은 우리가 흔히 생각하는 약과 다르다. 우리는 감염 증세가 최고조에 이르면 병원균을 몰아내기 위해 항생제를 복용한다. 그러나 조증이 최고조에 이르거나 울증이 바닥에 이르렀을 때 리튬을 복용하더라도 증상은 완화되지 않는다. 리튬은 단지 다음번에 그런 일이 일어나지 않도록 예방할 뿐이다. 과학자들은 이미 1886년에 리튬의 효능을 알았지만, 얼마 전까지만 해도 그 작용 원리를 전혀 이해하지 못했다.

리튬은 뇌에서 기분을 변화시키는 많은 화학 물질에 영향을 미치며, 그 효과는 복잡하다. 무엇보다 흥미로운 점은 리튬이 신체의 일주기 리듬, 즉 생체 시계를 재설정하는 것처럼 보인다는 사실이다. 정상적인 사람은 주변 환경, 그중에서도 특히 햇빛에 기분이 큰 영향을 받는데, 하루 일과가 끝나는 시점도 대개 햇빛에 좌우된다. 보통 사람들은 24시간을 주기로 하루를 살아간다. 그러나 양극성 기분 장애(조울증)가 있는 사람은 태양과는 아무 상관없는 일주기 리듬으로 살아가며, 지칠 줄 모르고 활동한다. 기분이 좋을 때면 뇌에 행복감을 주는 신경 전달 물질이 많이 분비되며, 햇빛이 부족해도 분비가 멈추지 않는다. 어떤 사람들은 그런 상태를 '병적 열정'이라고 부른다. 그런 사람들은 잠도 별로 자지 않으며, 성령이 자신을 예수 그리스도를 담는 그릇으로 선택했다고 믿은 20세기의 한 보스니아 남자만큼 자신감이 과도하게 넘친다. 그러다가 뇌에서 그러한 과부하가 사라지면 기분이 나락으로 떨어진다. 심한 조울증 환자의 경우, 울증이 몰려왔을 때에는 몇 주일이고 꼼짝 않고 누워 있기도 한다.

 리튬은 생체 시계를 제어하는 단백질을 조절한다. 생체 시계는 기묘하게도 뇌 깊숙한 곳의 특별한 뉴런들에 들어 있는 DNA가 작동시킨다. 매일 아침 이 DNA에 특별한 단백질이 들러붙었다가 일정한 시간이 지나면 분해되어 떨어져나간다. 그런데 햇빛이 이 단백질을 반복적으로 원래 상태로 되돌려놓기 때문에 단백질은 더 오래 들러붙어 있다가 어둠이 찾아온 뒤에야 완전히 떨어져나가는데, 이 시점에서 뇌는 DNA에서 단백질이 사라진 것을 '알아채고' 자극 물질 분비를 멈추는 것이 정상이다. 그런데 조울증 환자의 경우, 햇빛이 없는데도 단백질이 DNA에 단단히 들러붙은 채 남아 있기 때문에 이 과정이 제대로 진행되지 않는다. 뇌가 달리는 걸 그만 멈추어야 한다는 사실을 인식하지 못하게 되는 것이다. 리튬은 DNA에서 단백질이 떨어져나가게 도와줌으로써 그 사람을 진정시킨다. 낮 동안에는 햇빛의 힘이 리튬보다 강해 단백질을 계속 되돌려놓으며, 밤이 되어 햇빛이 사라진 뒤에야 리튬이 DNA의 해방을 돕는다는 사실이 중요하다. 따라서 리튬은 햇빛의 작용을 하는 게 아니라, '햇빛과 반대되는' 작용을 한다. 리튬은 신경학적으로 햇빛의 효과를 상쇄하고 그럼으로써 생체 시계를 24시간 주기로 되돌린다. 이런 작용을 통해 조증이 상승하거나 울증이 심해지는 것을 막는다.

 로웰은 리튬 처방에 즉각 반응을 보였다. 개인 생활은 점점 더 안정되었으며(그렇다고 아주 안정한 상태는 아니었지만), 한번은 스스로 완치되었다고 선언하기까지 했다. 새로 맞이한 안정적인 관점에서 그는 이전의 삶(싸움과 폭음, 이혼 등으로 점철된)이 얼마나 많은 사람들에게 파괴적인 영향을 미쳤는지 깨달았다. 로웰의 시들에는 솔직하고 감동적인 구절이 넘치지만, 그가 쓴 글 중에서 가장 심금을 울린 것은 의사들이 그에게 리튬을 처방한 뒤 편집자 로버트 지루Robert Giroux에게 보낸 불평의 메모였다.

거기서 그는 이렇게 말했다. "이보게 로버트, 내가 겪은 그 모든 고통, 그리고 내가 다른 사람에게 준 그 모든 고통이 내 뇌에 작은 염이 부족한 데서 비롯되었다는 사실은 생각만 해도 끔찍하네."

로웰은 리튬 덕분에 인생이 좀 나아졌다고 느꼈지만, 리튬이 그의 예술에 미친 효과는 논란의 대상이 되었다. 로웰과 마찬가지로 대다수 예술가는 조울증 주기 대신에 조용하고 단조로운 일주기 리듬으로 바뀌면 조증에 휘말리거나 울증 때문에 침울해지는 일이 없을 테니 더 생산적으로 작업할 수 있을 것이라고 생각한다. 그렇지만 '치료' 이후에 보통 사람이 전혀 들여다볼 수 없는 정신 영역에 접근하는 길이 차단되면 작품의 질이 떨어지지 않을까 하는 의문이 논란의 대상으로 남았다.

많은 예술가는 리튬을 복용하고 나서 활력을 잃거나 기분이 착 가라앉았다고 이야기한다. 로웰의 한 친구는 그가 동물원에 데려다놓은 동물처럼 보였다고 말했다. 그리고 그의 시에서도 1967년 이후에는 눈에 띄는 변화가 나타났는데, 문체가 거칠어졌을 뿐만 아니라 의도적으로 덜 세련된 표현을 쓰는 것을 볼 수 있다. 또한 격렬한 마음에서 시구를 창조해내는 대신에 개인적 서신에 쓰인 표현을 표절하기 시작하여 표절당한 사람을 분노케 했다. 그런 작품으로 로웰은 1974년에 퓰리처상을 받았지만, 그 작품의 운명은 그다지 좋지 못했다. 활기가 넘치던 젊은 시절의 작품에 비해 오늘날 그 작품은 거의 읽히지 않는다. 주기율표는 괴테와 트웨인을 비롯해 여러 사람에게 영감을 주긴 했지만, 로웰의 리튬은 건강을 준 대신에 예술을 위축시키고, 광기 어린 천재를 평범한 인간으로 만들었는지도 모른다.

광기의 원소

로버트 로웰은 미친 예술가를 대표하지만, 우리의 집단 문화 심리에는 또 하나의 심리적 일탈자가 있으니, 미친 과학자가 바로 그것이다. 주기율표에 미친 과학자들은 미친 예술가보다는 대중의 분노를 덜 사는 경향이 있으며, 또 일반적으로 그들의 개인적 삶 역시 그다지 악명이 높지 않다. 그들의 심리적 일탈은 좀더 미묘하고, 그들의 실수는 병적 과학*으로 알려진 특별한 종류의 광기를 전형적으로 보여준다. 그리고 그러한 병적 상태인 광기가 어떻게 똑같은 마음속에 탁월한 지성과 함께 나란히 존재할 수 있는지 참 흥미롭다.

강신술에 빠진 과학자

1832년에 런던에서 재단사의 아들로 태어난 윌리엄 크룩스William Crookes는 이 책에 등장하는 다른 과학자들과는 달리 대학에서 근무한 적이 없다.

열여섯 형제의 맏이로 태어난 크룩스는 나중에 동생 열 명을 아버지처럼 부양했는데, 다이아몬드에 관한 인기 있는 책을 한 권 쓰고, 과학계 소식을 흥미 위주로 전하는 잡지 〈케미컬 뉴스Chemical News〉를 편집하는 일을 하면서 대가족을 먹여 살렸다. 그러면서도 턱수염과 끝이 뾰족한 코밑수염을 기르고 안경을 쓴 크룩스는 셀렌(셀레늄)과 탈륨 같은 원소에 대해 세계적 수준의 과학 연구를 하여 불과 31세의 나이로 영국에서 가장 명망 높은 과학자 클럽인 왕립학회 회원으로 선출되었다. 그런데 10년 뒤, 그는 하마터면 왕립학회에서 쫓겨날 뻔했다.

그의 추락은 동생 필립이 바다에서 죽은* 1867년에 시작되었다. 가족이 아주 많았는데도 불구하고, 아니 어쩌면 오히려 그 때문인지도 모르지만, 윌리엄과 나머지 형제들은 슬픔을 이기지 못해 거의 미칠 지경에 이르렀다. 그런데 그 무렵 미국에서 수입된 강신술이 영국 전역에 널리 퍼지고 있었다. 매우 합리적인 탐정인 셜록 홈스Sherlock Holmes를 만들어낸 아서 코넌 도일Arthur Conan Doyle조차 강신술을 진짜라고 여길 정도였다. 그 시대의 산물인 크룩스 가족(대부분 과학 교육을 제대로 받지 못한 상인이었다)은 자신들의 마음을 달래고 불쌍하게 죽은 필립과 대화를 나누기 위해 단체로 강신술 회합에 나갔다.

왜 윌리엄 크룩스가 그날 밤에 가족을 따라갔는지는 확실치 않다. 고독해서 그랬을 수도 있고, 형제 중에 영매를 도와 무대 장치 담당자로 일하는 사람이 있었을 수도 있다. 아니면, 형제들이 더 이상 그곳에 가지 못하도록 막기 위해서였을지도 모른다. 실제로 크룩스는 일기에 그러한 영적 접촉을 사기성이 짙은 쇼라고 썼다. 그렇지만 영매가 손을 전혀 대지 않고도 아코디언을 연주하고, 위자보드Ouija board와 비슷한 방식으로 첨필로 널빤지 위에 '자동 메시지'를 쓰는 것을 보고는 의심을 품었던 크룩스도 솔깃하지 않을 수 없었다. 이렇게 방어막이 해제된 상태에

영국의 과학자 윌리엄 크룩스. 셀렌과 탈륨 같은 원소에 대해 세계적 수준의 연구를 보여줬지만 한때 강신술에 빠져 과학계로부터 강한 비판을 받았다. 나이가 들어서는 강신술 집단과 거리를 두고 다시 과학에 전념했다.

서 영매가 저승에서 필립이 말하는 메시지를 전하자, 크룩스는 소리를 지르기 시작했다. 그후 그는 더 많은 회합에 참여했으며, 심지어 촛불이 켜진 방에서 떠도는 영혼이 속삭이거나 살랑거리는 소리를 포착하려고 과학적 장비까지 발명했다. 그가 만든 복사계(아주 민감한 풍향계가 달린 텅 빈 유리구)가 실제로 필립을 포착했는지는 확실치 않다. 그렇지만 회합에서 가족들과 함께 손을 잡았을 때 느낀 것을 마냥 부정할 수만은 없었다. 그는 정기적으로 회합에 나갔다.

강신술에 대한 공감 때문에 크룩스는 왕립학회의 합리적인 동료들 사이에서 소수파(필시 구성원이 한 명뿐이었을)로 전락했다. 크룩스도 이 점을 염려하여 자신의 편견을 감추고 있다가 1870년에 강신술을 과학적으로 연구하기로 계획했다고 발표했다. 그 말을 듣고 왕립학회 회원들은 대부분 기뻐했는데, 크룩스가 자신이 발행하는 말썽 많은 과학 학술지에서 강신술의 허구를 낱낱이 밝힐 것이라고 기대했기 때문이다. 그렇지만 일은 그들의 기대와는 딴판으로 흘러갔다. 크룩스는 노래를 부르고 영혼을 불러내면서 3년을 보낸 뒤에 1874년에 「영적이라 부르는 현상에 대한 조사 보고서」를 자신이 소유한 〈계간 과학 저널 *Quarterly Journal of Science*〉에 발표했다. 그는 자신을 초자연적 세계의 마르코 폴로처럼 기묘한 대지를 여행하는 사람에 비유했다. 그러나 '공중 부양', '유령', '탁탁 치는 소리', '빛으로 이루어진 존재', '탁자와 의자가 지면에서 떠오르는 것' 등등 강신술사의 장난이나 속임수를 공격하는 대신에, 속임수나 집단 최면만으로는 자기가 본 모든 것을 설명할 수 없다고 (적어도 완전히는 설명할 수 없다고) 결론 내렸다. 그것은 무비판적 지지는 아니었지만, 크룩스는 진짜 초자연적 힘*의 '잔재'를 찾아야 한다고 주장했다.

비록 미적지근한 지지이긴 했지만, 그 주장을 한 당사자가 크룩스였기 때문에 강신술사들을 비롯해 온 영국 사람들이 깜짝 놀랐다. 강신술사들은 곧 그것이 무엇을 의미하는지 알아채고, 산꼭대기에서 크룩스에게 호산나를 외치기 시작했다. 지금도 유령을 찾아다니는 사람들은 아주 총명한 사람도 마음만 열려 있다면 강신술을 믿을 수 있다는 '증거'로 크룩스가 쓴 낡은 논문을 보여준다. 왕립학회의 동료들은 단순히 놀라는 데 그치지 않고 아연실색했다. 그들은 크룩스가 속임수에 눈이 멀고, 군중 심리에 휘말리고, 카리스마가 넘치는 강신술사에게 넘어갔다고 주장했다. 그리고 크룩스의 보고서에 적힌 의심스러운 자료를 공격했다. 크룩스는 영매의 방 내부 온도와 기압을 측정한 '자료'를 기록했는데, 그것은 궂은 날씨에는 영적 존재들이 나오지 않는다는 사실을 뒷받침하는 자료로 제시하는 것처럼 보였다. 심지어 이전의 친구들은 크룩스를 순진한 촌뜨기라거나 사기꾼과 한통속이라며 인신공격까지 하고 나섰다. 오늘날에도 강신술사들이 가끔 크룩스의 연구를 인용할 경우, 일부 과학자들은 135년 동안 뉴에이지를 표방한 쓰레기들이 활개를 치도록 원인을 제공한 그의 죄를 용서하지 않으려 한다. 심지어 크룩스가 원소 연구를 한 것을 들먹이며 그가 미쳤다고 주장하는 사람도 있다.

젊은 시절에 크룩스는 셀렌을 깊이 연구했다. 셀렌은 모든 동물에게 필수 미량 원소이긴 하지만(사람의 경우, 에이즈 환자의 혈액에서 셀렌이 고갈되면 죽음이 임박했다는 신호이다), 많이 섭취하면 독성이 있다. 축산업자들은 이 사실을 잘 안다. 감시를 소홀히 하면 가축이 초원에 자라는 로코초locoweed라는 콩과 식물을 뜯어먹는 경우가 있는데, 로코초는 흙 속에서 셀렌을 잘 흡수하는 성질이 있다. 로코초를 먹은 가축은 비틀거리다가 쓰러지며 열과 종기, 식욕 부진 등의 증상이 나타난다. 그렇지만 가축은 황홀한 행복감을 경험한다. 셀렌이 가축을 미치게 만들었다는 것을 확실하게 보여주는 징후는 가축이 그 무서운 부작용에도 불구하고 로코초에 중독되어 다른 것은 일절 먹으려고 하지 않는다는 점이다. 그것은 동물의 알코올 중독에 해당한다. 상상력이 풍부한 일부 역사학자는 커스터Custer 장군이 리틀빅혼 전투에서 패한 것도 전투 이전에 말들이 로코초를 많이 먹었기 때문이라고 주장한다. 이런 것을 감안할 때, 셀렌이란 이름이 그리스어로 '달'을 뜻하는 셀레네selene에서 유래한 것은 적절해 보인다. 이 단어는 라틴어로 '달'을 뜻하는 루나luna를 거쳐 '미치광이'이란 뜻의 루너틱lunatic, '정신 이상' 또는 '미친 짓'이란 뜻의 루너시lunacy라는 영어 단어를 낳았다.

셀렌의 독성을 고려한다면, 크룩스가 셀렌 때문에 미친 게 아닌가 하고 충분히 의심할 수 있다. 그렇지만 그러한 진단의 근거를 무너뜨리는 불편한 사실이 있다. 셀렌은 대개 1주일 안에 독성을 나타낸다. 그렇지만 크룩스는 셀렌 연구를 그만둔 지 한참 지난 중년 초기에 엉뚱한 짓을 하기 시작했다. 게다가 소가 비틀거리며 쓰러질 때마다 목축업자들은 34번 원소에 저주를 퍼부었지만, 수십 년이 지난 지금 많은 생화학자들은 소의 광기와 중독에는 로코초에 들어 있는 다른 물질도 셀렌 못지않게 큰 역할을 한다고 본다. 마지막 결정적 단서는 크룩스의 수염이 빠진 적이 없다는 사실이다. 수염이 빠지는 것은 셀렌 중독의 대표적인 증상이다.

주기율표에서 탈모 효과를 나타내는 또 다른 원소인 탈륨 때문에 크룩스가 미쳤다는 주장도 제기되었지만, 턱수염이 온전하게 남아 있었다는 것은 이 주장도 부정한다. 크룩스는 26세 때 탈륨을 발견했으며 (이것은 왕립학회 회원 선출을 보장해준 발견이었다), 약 10년 동안 실험실에서 그것을 가지고 연구를 계속했다. 그렇지만 수염이 빠질 만큼 탈륨을 많이 흡입하진 않은 게 분명하다. 게다가 탈륨(혹은 셀렌) 때문에 정신이 이상해졌다면 나이가 들어서도 그렇게 예리한 지성을 유지할 수 있었겠는가? 크룩스는 1874년 이후에 강신술 집단과 거리를 두고 다시 과학에 전념하면서 중요한 발견들을 했다. 동위원소의 존재를 주장한 사람이 바로 그였다. 또 중요한 과학 장비를 만들었고, 암석에도 헬륨이 들어 있다는 사실을 확인함으로써 지구에서 처음으로 헬륨을 발견했다. 1897년에 기사 작위를 받은 크룩스는 방사능 연구에 몰두하여 1900년에 프로탁티늄 원소를 발견했다(정작 자신은 그 사실을 알아채지 못했지만).

그러니 크룩스가 강신술에 빠져든 이유는 심리적인 것으로 설명하는 게 타당해 보인다. 동생의 죽음으로 큰 슬픔에 빠진 나머지 병적 과학이란 용어가 생기기도 전에 그것에 빠져든 것이다.

메갈로돈은 아직 살아 있을까?

병적 과학이 무엇인지 설명할 때에는 '병적'이란 단어를 오해하지 않도록 개념을 명확히 할 필요가 있는데, 그러려면 병적 과학은 무엇이 '아닌가'부터 설명하는 게 좋겠다. 병적 과학은 사기가 아니다. 병적 과학을 지지하는 사람들은 자신들이 옳다고 믿기 때문이다. 그것은 프로이트주의나 마르크스주의처럼 과학이란 이름을 내세우지만 엄격한 과학적 방법을 적용하지 않는 의사과학擬似科學도 아니다. 사람들이 위협이나 편향된 이데올로기 때문에 가짜 과학에 충성을 맹세하는 리센코주의처럼 정치화된 과학도 아니다. 마지막으로, 병적 과학은 일반적인 임상적 광기나 일탈된 믿음도 아니다. 그것은 특별한 종류의 광기로, 나름의 과학적 근거가 있는 착각이다. 병적 과학자들은 지엽적이고 믿기 힘든 어떤 현상에 무슨 이유로 푹 빠져 모든 과학 지식을 동원해 그것을 증명하려고 한다. 그렇지만 이 게임은 시작부터 잘못된 것인데, 이들의 과학은 단지 그것을 믿고자 하는 감정적 필요를 충족시키기 위해 쓰일 뿐이기 때문이다. 강신술 자체는 병적 과학이 아니지만, 크룩스의 손에서 조심스러운 '실험'과 과학적 손질을 거치면서 병적 과학으로 변했다.

그리고 병적 과학이 비주류 영역에서만 일어나는 것도 아니다. 자료와 증거가 드물고 해석하기 어려워 추측에 많이 의존하는 정통 분야에서도 일어난다. 예를 들어 공룡과 멸종 동물을 복원하는 일을 다루는 고생물학 분야에서도 병적 과학의 좋은 사례를 많이 볼 수 있다.

물론 우리는 멸종 동물에 대해 잘 모르는 경우가 많다. 골격 전체가 발견되는 일은 아주 드물며, 부드러운 조직이 화석으로 남은 경우는 거의 기대하기 어렵다. 멸종한 동물을 복원하는 사람들이 자주 하는 농담이 하나 있다. 만약 코끼리가 먼 옛날에 멸종했더라면, 오늘날 매머드 골격을 발굴한 사람은 털로 뒤덮인 후피동물(포유류 중 가죽이 두꺼운 동물을 통틀어 이르는 말. 코끼리, 무소, 하마, 말, 돼지 등이 있다.—옮긴이)이 아니라 엄니가 달린 거대한 햄스터를 상상할지도 모른다는 것이다. 우리는 줄무늬, 걸음걸이, 입술, 불룩한 배, 배꼽, 주둥이, 모래주머니, 4개로 나누어진 위, 혹을 비롯해 다른 멸종 동물들이 지닌 특징에 대해서도 아는 게 거의 없다. 눈썹이나 엉덩이, 발톱, 뺨, 혀, 젖꼭지 같은 것은 말할 것도 없다. 그럼에도 불구하고, 잘 훈련된 고생물학자는 화석으로 남은 뼈의 특징을 오늘날 살고 있는 동물의 뼈와 비교함으로써, 멸종 동물의 근육 조직, 몸 크기, 걸음걸이, 치아 구조, 심지어 짝짓기 습성까지 추측할 수 있다. 다만 추측이 너무 지나치지 않도록 조심해야 한다.

병적 과학은 그러한 조심성을 이용한다. 병적 과학을 신봉하는 사람은 기본적으로 증거의 모호성을 증거로 사용한다. 과학자들이 모든 것을 다 아는 것은 아니므로 자신의 가설이 옳을 가능성도 있다고 주장하면서. 망간(망가니즈)과 메갈로돈*에 관한 사례가 바로 그런 경우를 보여준다.

그 이야기는 1873년에 영국 해군 소속의 연구선 챌린저 호가 태평양 탐사를 위해 영국에서 출항하면서 시작된다. 승무원들은 길이 5km의 밧줄에 달린 거대한 물통을 바다 밑으로 내려 보내는 놀라울 정도로 저급한 기술을 사용해 해저 바닥을 준설했다. 환상적인 물고기와 갖가지 동물 외에 동그란 암석도 잔뜩 올라왔는데, 암석들은 화석화된 감자처럼 생긴 것도 있고, 두껍고 단단한 아이스크림 콘처럼 생긴 것도 있었다. 대부분 망간으로 이루어진 이 덩어리들은 조사한 모든 해저 바닥에서 올라왔다. 따라서 전 세계의 해저 바닥에는 셀 수 없이 많은 망간 단괴가 널려 있는 게 틀림없었다.

일단 이것만 해도 놀라운 일인데, 콘을 열었을 때 더 놀라운 일이 일어났다. 거대한 상어 이빨 주위에 망간이 들러붙어 있었던 것이다. 오늘날의 상어 이빨은 가장 큰 것이 6.5cm 정도 된다. 그런데 망간으로 덮인 상어 이빨은 길이가 13cm가 넘었다. 이런 이빨이라면 도끼처럼 뼈를 부술 수 있을 것이다. 고생물학자들은 공룡 화석을 분석하는 것과 같은 방법을 써서, 메갈로돈megalodon이라 이름 붙인 이 거대 상어가 길이 15m, 몸무게 약 50톤에 이르며, 시속 약 80km로 헤엄쳤을 것이라고 추정했다.(겨우 그 이빨만 가지고 이렇게 추정했다니 놀랍지 않은가!) 그리고 250개의 이빨이 늘어선 아가리를 1메가톤급의 힘으로 꽉 닫을 수 있었고, 열대의 얕은 바다에서 주로 원시적인 고래들을 잡아먹으며 살았다고 했다. 메갈로돈은 먹이들이 더 춥고 더 깊은 바다 쪽으로 영구히 이동해가는 환경 변화가 일어나는 바람에 왕성한 대사와 게걸스러운 식욕을 충족시키지 못해 멸종한 것으로 추정되었다.

여기까지는 과학적으로 큰 문제가 없다. 병적 과학은 바로 망간 때문에 시작되었다.* 해저에 상어 이빨이 널려 있는 것은 알려진 생물 물질 중에서 상어 이빨이 가장 단단한 편에 속하고, 상어 시체 중 깊은 해저에서 큰 수압을 견뎌내고 유일하게 남을 수 있는 부분이기 때문이다(대부분의 상어는 골격이 연골로 이루어져 있다). 바다에 녹아 있는 많은 금속 중에서 하필이면 왜 망간이 상어 이빨에 들러붙었는지 그 이유는 확실치 않지만, 과학자들은 망간이 이빨에 얼마나 빨리 들러붙는지는 대충 알고 있다. 그것은 1000년에 0.5~1.5mm쯤 쌓인다. 이걸 바탕으로 계산하면 해저 바닥에서 수집한 상어 이빨들은 대부분 최소한 150만 년 전에 생긴 것임을 알 수 있고, 메갈로돈도 아마 그때쯤 멸종했을 것이다.

그러나 일부 메갈로돈 이빨은 기묘하게도 약 1만 1000년치에 해당하는 얇은 망간으로 덮여 있다. 일부 사람들이 모순처럼 보이는 바로 이 사실을 물고늘어졌다. 진화의 역사에서 이것은 아주 짧은 시간이다. 그리고 과학자들이 1만 년 전, 아니 8000년 전, 혹은 그보다 더 짧은 시간에 생긴 이빨을 곧 발견하지 말란 법도 없지 않은가?

이제 이 논리가 어떤 결론으로 치달을지 감이 오는가? 1960년대에 『쥐라기 공원』류의 상상에 열광한 일부 사람들은 무시무시한 메갈로돈이 지금도 바닷속 어딘가에 숨어 있다고 확신했다. 그들은 "메갈로돈은 아직도 살아 있다!"라고 외쳤다. 51구역이나 케네디 암살에 관한 소문처럼 이 전설은 결코 수그러들지 않았다. 가장 널리 알려진 이야기는 메갈로돈이 심해 잠수 동물로 진화해 칠흑같이 어두운 심해에서 크라켄과 싸우며 살아간다는 것이다. 그렇다면 그처럼 거대한 상어가 오늘날 왜 보기 힘든 것인가? 이런 난처한 질문을 받으면 이들은 크룩스의 유령을 연상시키듯이 메갈로돈도 우리 눈에 잘 띄지 않고 살아가는 존재라는 핑계를 대면서 빠져나간다.

메갈로돈이 아직도 깊은 바닷속에서 배회하고 있었으면 하고 바라지 않는 사람은 아무도 없을 것이다. 그러나 자세히 조사해보면, 이들의 논리는 안타깝게도 와르르 무너지고 만다. 망간이 얇게 붙어 있는 이빨들은 대부분 해저 아래에 있는 오래된 기반암(이곳에서는 망간 침전이 일어나지 않는다)에서 떨어져나와 얼마 전에야 바닷물에 노출된 것이다. 이 이빨들은 필시 1만 1000년보다 더 오래되었을 것이다. 그리고 메갈로돈을 보았다는 목격담도 있지만, 그것들은 이야기를 잘 지어내는 걸로 악명 높은 뱃사람들에게서 나온 것이며, 그들의 이야기에 등장하는 메갈로돈은 크기와 모양이 제각각이다. 모비 딕처럼 온몸이 새하얀 한 상어는 길이가 90m나 되었다고 한다!(그런데도 아무도 사진을 찍을 생각을 하지 않았다는 게 이상하지 않은가?) 전체적으로 볼 때 이러한 이야기들은 크룩스의 초자연적 존재에 대한 증언과 마찬가지로 주관적 해석에 따라 달라지며, 객관적 증거가 없는 한 메갈로돈이 단 몇 마리라도 진화의 덫을 피해 살아남았다고 결론 내리는 것은 타당하지 않다.

그러나 계속되는 메갈로돈 추적이 병적으로 치닫는 이유는 주류 과학계에서 의심을 제기할수록 오히려 그 사람들은 자신들이 옳다고 확신하기 때문이다. 그들은 망간에 대해 밝혀진 사실을 논박하기보다는 과거에 정통 과학자들의 생각이 틀렸음을 증명한 반항아들의 영웅적 이야기로 반격한다. 이들이 전가의 보도처럼 꺼내는 이야기는 한때 8000만 년 전에 멸종한 것으로 생각했지만 1938년에 남아프리카 공화국의 어시장에 모습을 드러낸 원시 심해어 실러캔스에 관한 것이다. 이 논리에 따르면, 과학자들은 실러캔스에서 틀렸으니 메갈로돈에서도 얼마든지 틀릴 수 있다. 메갈로돈에 푹 빠진 사람들에게는 '틀릴 수 있다' 정도면 충분하다. 메갈로돈 생존 가설은 압도적 증거에 기초한 것이 아니라, 감정적 애착, 즉 환상적인 어떤 것이 사실이기를 간절히 바라는 기대와 필요에 기초한 것이다.

그런 감정의 예는 다음에 소개하는 사례가 잘 보여준다. 그것은 역사상 가장 유명한 병적 과학의 사례로 꼽히는 저온 핵융합 반응이다.

병적 과학과 저온 핵융합 반응

폰스와 플라이시먼. 플라이시먼과 폰스. 이들은 왓슨과 크릭 이래, 아니 어쩌면 퀴리 부부 이래 과학계에서 가장 환상적인 짝으로 이름을 남길 뻔했다. 그러나 그들의 명성은 어느 날 갑자기 추락하여 오명으로 바뀌고 말았다. 비록 부당하다 하더라도, 오늘날 스탠리 폰스B. Stanley Pons와 마틴 플라이시먼Martin Fleischmann은 사기꾼, 협잡꾼, 속임수를 연상시키는 이름으로 남았다.

폰스와 플라이시먼을 일약 스타로 만들었다가 금방 나락으로 추락시킨 실험은 아주 간단한 것이다. 유타 대학에서 연구하던 두 화학자는 1989년에 중수가 담긴 용기에 팔라듐 전극을 넣고 전류를 흘려주었다. 보통 물에 전류가 흐르면 H_2O가 분해되면서 수소 기체와 산소 기체가 발생한다. 중수의 경우에도 비슷한 일이 일어나지만, 중수(D_2O)는 수소 대신에 중수소 원자(원자핵에 중성자가 하나 더 많은 원자)로 이루어져 있다. 그래서 전체 양성자 수가 2개인 수소 기체(H_2) 대신에 이 실험에서는 2개의 양성자와 2개의 중성자로 이루어진 중수소 기체(D_2)가 나왔다.

이 실험에서 특별한 점은 중수소를 팔라듐과 함께 반응시킨 것이었다. 백색의 금속 물질인 팔라듐은 놀라운 성질이 한 가지 있는데, 자기 부피의 900배에 이르는 수소 기체를 흡수할 수 있다. 이것은 비유하자면 몸무게 100kg인 사람이 아프리카코끼리* 11마리를 먹어치우고도 배가 조금도 부풀지 않는 것과 비슷하다. 중수에 담근 팔라듐 전극이 수소를 흡수하기 시작하자, 온도계와 그 밖의 측정 장비에 측정되는 값이 일제히 치솟았다. 흘려준 전류의 미약한 에너지에 비해 물의 온도가 정상치를 넘어 치솟은 것이다. 폰스는 온도가 아주 높이 치솟았을 때 과열된 H_2O가 비커를 태워 구멍을 내고 그 아래에 있던 작업대와 그 밑의

콘크리트 바닥까지 구멍을 뚫은 적도 한 번 있다고 보고했다.

어쨌든 그들은 가끔 그런 과열 상태가 일어나는 실험 결과를 얻었다. 전체적으로 볼 때 그 실험은 변덕스러웠다. 똑같은 장비를 사용해 똑같은 조건에서 실험했는데도 늘 똑같은 결과가 나오지는 않았다. 그러나 두 사람은 팔라듐에 무슨 일이 일어났는지 밝히려고 하는 대신에 저온 핵융합 반응이 일어났다고 성급하게 단정해버렸다. 저온 핵융합 반응은 별 내부처럼 엄청나게 높은 온도와 압력에서 일어나는 핵융합 반응이 아니라 실온에서 일어나는 핵융합 반응을 말한다. 그들은 팔라듐이 중수소를 좁은 공간에 아주 많이 흡수할 수 있기 때문에 중수소의 양성자와 중성자가 결합하는 반응이 일어나면서 그 과정에서 큰 에너지가 발생했다고 추측했다.

두 사람은 다소 경솔하게 기자 회견을 열어 실험 결과를 발표했는데, 기본적으로 오염 물질도 전혀 나오지 않고 값싸게 에너지를 얻는 방법을 발견했으니 이제 세계 에너지 위기는 해결되었다고 암시했다. 그러자 언론 매체도 팔라듐처럼 그 과장된 주장을 그대로 빨아들였다. (얼마 뒤, 같은 유타 대학에서 물리학자 스티븐 존스Steven Jones가 비슷한 핵융합 실험을 하고 있었다는 사실이 밝혀졌다. 그렇지만 존스는 훨씬 신중한 주장을 펼쳤기 때문에 언론의 눈길을 끌지 못했다.) 폰스와 플라이시먼은 즉각 세계적으로 유명해졌고, 뜨거운 여론의 열기는 과학자들의 견해를 압도했다. 그 발표가 있고 나서 얼마 후에 열린 미국화학회에서 두 사람은 기립 박수를 받았다.

그렇지만 여기에는 감안해야 할 중요한 맥락이 있다. 많은 과학자는 폰스와 플라이시먼에게 박수를 보내면서 아마도 초전도체를 생각했을 것이다. 1986년까지만 해도 초전도체는 −240°C 이상에서는 실현 불가능하다고 여겨졌다. 그런데 두 독일 연구자(두 사람은 불과 1년 뒤에 노벨상을 수상하여 최단기간에 노벨상을 수상한 기록을 세웠다)가 그 이상의 온도에서도 초전도체가 가능하다는 사실을 발견했다. 그러자 다른 연구팀들도 같은 연구에 뛰어들어 불과 몇 달 사이에 −173°C에서도 효과를 나타내는 '고온' 이트륨 초전도체를 개발했다.(현재 기록은 −139°C에 머물러 있다.) 그런 초전도체는 불가능하다고 예언했던 과학자들은 갑자기 바보가 된 것 같았다. 그것은 물리학계에서 일어난 실러캔스 발견과 같은 사건이었다. 그리고 1989년에 저온 핵융합 반응에 열광한 사람들은 메갈로돈에 환상을 가진 낭만주의자들처럼 그 무렵에 일어난 초전도체에 대한 열광을 지적하면서 부정적인 과학자들에게 판단을 유보하도록 강요했다. 실제로 저온 핵융합 반응에 열광한 사람들은 낡은 도그마를 무너뜨릴 기회가 왔다며 환호하는 것처럼 보였는데, 그것은 병적 과학에서 전형적으로 나타나는 무아지경과 비슷한 반응이었다.

그렇지만 의심을 품은 일부 사람들, 특히 칼텍의 과학자들이 가만있지 않았다. 저온 핵융합 반응은 이들의 과학적 감성으로는 도저히 받아들일 수 없는 것이었고, 폰스와 플라이시먼의 오만함은 이들의 자제심을 뒤흔들어놓았다. 두 사람은 연구 결과를 발표하면서 정상적인 동료 심사 과정을 생략했으며, 특히 두 사람이 조지 부시George H. W. Bush 대통령에게 직접 2500만 달러의 연구 자금을 지원해달라고 요청하자, 의심이 극에 달했다. 일부 사람들은 이들이 그저 자기 잇속만 차리려는 사기꾼으로 간주했다. 폰스와 플라이시먼은 자신들이 사용한 팔라듐 장비와 실험 절차를 묻는 질문에 대답하길 거부함으로써(마치 그런 질문이 무례하기라도 한 양) 문제 해결에 아무 도움도 주지 않았다. 두 사람은 자신들의 아이디어가 도용되길 원치 않는다고 말했지만, 분명히 뭔가를 숨기고 있는 것처럼 보였다.

전 세계(저온 핵융합 반응에 성공했다는 또 다른 주장이 나온 이탈리아

세계의 거의 모든 과학자가 부정적인 반응을 보였는데도, 스탠리 폰스와 마틴 플라이시먼은 실온에서 저온 핵융합 반응을 일으키는 데 성공했다고 주장했다. 그들이 사용한 장비는 중수 수조에 팔라듐 전극을 설치한 것이었다. (Special Collections Department, J. Willard Marriott Library, University of Utah)

를 제외하고)에서 의심을 품은 과학자들이 팔라듐 전극과 중수소를 사용했다는 실험 설명에서 충분한 정보를 얻어 같은 실험을 해보았으나 같은 결과가 나오지 않자, 두 사람을 공격하기 시작했다. 몇 주일 뒤, 볼티모어에서 폰스와 플라이시먼의 주장을 반박하기 위해 수백 명의 화학자와 물리학자가 모였는데, 이것은 과학자들이 갈릴레이를 부정하고 심지어 모욕을 주기 위해 단합한 이래 최대 규모의 단합이 아닐까 싶다. 그들은 두 사람이 실험상의 오류를 간과하고 잘못된 측정 기술을 사용했다고 지적했다. 한 과학자는 두 사람이 수소 기체가 누적되도록 방치했으며, 가장 큰 '핵융합' 열은 힌덴부르크 호가 폭발한 것과 같은 방식의 화학적 폭발이었다고 주장했다.(탁자와 작업대에 구멍을 뚫은 핵융합 폭발은 실험실에 아무도 없던 밤 사이에 일어났다.) 과학적 오류를 완전히 찾아내거나 최소한 논란이 되는 의문을 해결하는 데에는 보통 몇 년의 세월이 걸리지만, 저온 핵융합 반응은 발표한 지 40일도 안 돼 차갑게 식어 사망 상태에 이르렀다. 그 회의에 참석했던 한 사람은 세상을 뒤흔든 그 소동을 익살스러운 시(운율은 엉망이지만)로 요약했다.

형제여, 이건 수천만 달러가 걸린 문제가 되었다네.
어떤 과학자들이 온도계를
다른 곳이 아닌 이곳에 놓아두는 바람에.

그러나 이 사건에서 심리적으로 흥미로운 부분은 그 뒤에 일어났다. 전 세계에 공급되는 깨끗하고 값싼 에너지를 믿고 싶은 심리가 아주 강했고, 사람들은 흥분한 마음을 쉽사리 진정하지 못했다. 이 시점에서 과학은 돌연변이를 일으켜 병적 과학으로 변했다. 초자연 현상에 대한 조사 때와 마찬가지로, 오직 권위자(영매 또는 폰스와 플라이시먼)만이 핵심 결과를 만들어낼 능력을 갖고 있었고, 그것도 공개적 상황에서는 원하는 결과가 나오지 않고, 오직 인위적인 상황에서만 결과가 나왔다. 그것은 저온 핵융합 반응 열광자들을 의심하게 하는 대신에 오히려 고무시켰다. 폰스와 플라이시먼은 절대로 물러서지 않았고, 추종자들은 두 사람을(그 자신들은 말할 것도 없고) 중요한 반항아, 획기적인 비밀을 알아낸 유일한 사람으로 여기고 옹호했다. 일부 비판자들은 1989년 이후에 잠깐 동안 직접 실험을 통해 그들의 주장을 반박했지만, 저온 핵융합 옹호론자들은 어떤 비판적인 실험 결과도 교묘하게 빠져나가는 설명을 제시했으며, 때로는 자신들의 원래 연구에서 보여준 것보다 더 뛰어난 독창성을 보여주었다. 그래서 결국 비판자들도 포기하고 말았다. 칼텍의 물리학자 데이비드 굿스타인David Goodstein은 저온 핵융합에 대해 쓴 훌륭한 글에서 그 상황을 잘 요약했다. "저온 핵융합 지지자들은 자신들을 포위 공격당하는 공동체로 여기기 때문에 내부 비판이 거의 없다. 실험과 이론이 무비판적으로 받아들여지는 경향이 있는데, 만약 내부의 비판적인 이야기가 집단 외부에 있는 사람에게 새어나갈 경우 외부 비판자들에게 공연히 시빗거리를 더 제공하는 게 될까 봐 두려워하기 때문이다. 이런 상황에서는 정상이 아닌 사람들이 주도권을 잡게 되어 거기에 뭔가 진지한 과학이 일어나고 있다고 믿는 사람들 사이에서 문제를 더욱 악화시킨다." 병적 과학을 이보다 더 간결하고 훌륭하게 묘사하긴 힘들 것이다.*

폰스와 플라이시먼에게 일어난 일을 가장 너그럽게 설명한 견해도 살펴보자. 두 사람은 저온 핵융합이 엉터리라는 걸 알고도 빠른 성과를 원해 그런 일을 벌인 사기꾼 같진 않다. 지금은 다음 동네로 재빨리 도망가 시골뜨기들을 상대로 다시 사기극을 벌일 수 있는 1789년이 아니지 않은가? 그런 사기 행각을 벌였다간 금방 꼬리가 잡히고 말 것이다. 그들도 의심은 들었지만 야망에 눈이 멀어 잠깐이라도 세상 사람들 앞에 화려한 조명을 받으며 나타나고 싶었는지도 모른다. 또는 팔라듐의 기묘한 성질에 홀려 단지 오판을 했을 뿐인지도 모른다. 지금도 팔라듐이 어떻게 그렇게 많은 양의 수소를 흡수할 수 있는지 정확하게 아는 사람은 아무도 없다. 폰스와 플라이시먼의 연구를 비슷하게 재현한 연구에서 일부 과학자들은 팔라듐과 중수 실험에서 뭔가 흥미로운 일이 일어난다고 생각한다. 금속에 기묘한 거품들이 나타나며, 원자들이 새로운 방식으로 재배열된다. 어쩌면 아주 약한 핵력이 관계하는지도 모른다. 이 연구는 분명히 폰스와 플라이시먼이 개척한 것이다. 다만 두 사람은 과학사에 이렇게만 기록되길 원치 않았을 뿐이다.

X선을 발견한 뢴트겐의 사례

물론 광기가 약간 있는 과학자라고 해서 모두 병적 과학에 빠지는 것은 아니다. 크룩스 같은 일부 과학자는 병적 과학에서 벗어나 훌륭한 연구를 계속했다. 그리고 처음에는 병적 과학처럼 보였지만 결국 진짜 과학으로 판명되는 사례도 아주 드물게 있다. 빌헬름 뢴트겐은 보이지 않는 광선을 발견하고서 자신이 틀렸음을 증명하려고 온갖 애를 다 썼지만, 결국 성공하지 못했다. 그리고 그의 끈기와 과학적 방법에 대한 집착 덕분에 심리적으로 아주 연약한 이 과학자는 역사를 새로 썼다.

1895년 11월, 뢴트겐은 독일 중부 지역에 위치한 자기 연구실에서 크룩스관으로 실험을 하고 있었다. 최신 장비인 크룩스관은 아원자 세계의 현상을 연구하는 데 중요한 도구로 쓰였다. 발명가의 이름을 딴 크룩스관은 진공 상태의 유리 용기 내부 양쪽 끝에 금속 극판이 두 개 들어 있었다. 두 금속 극판 사이에 전류를 흐르게 하면, 진공을 가로지르며 광선이 지나가는데, 특수 효과 실험실에서나 볼 만한 섬광이 일었다. 오늘날의 과학자들은 그것이 전자빔이란 사실을 알지만, 1895년에는 뢴트겐은 물론이고 다른 과학자들도 그 정체를 몰랐다.

그전에 뢴트겐의 한 동료가 작은 알루미늄박 창이 달린(페르-잉바르 브로네마르크가 토끼 넓적다리에 구멍을 뚫고 만든 티탄 창을 연상시키는) 크룩스관을 만들자, 빔이 알루미늄박을 통과해 공기 중으로 나아갔다. 그 빔은 금방 사라졌지만(공기는 그 빔에게는 독과 같았다), 몇 cm 떨어져 있던 인광 스크린이 환하게 빛났다. 약간 신경증이 있던 뢴트겐은 아무리 사소한 것이더라도 동료들이 한 실험은 모두 반복해 같은 결과를 얻어야 한다고 평소에 주장했다. 그래서 1895년에 이 장비를 직접 만들었는데, 그러면서 약간 변화를 주었다. 크룩스관을 그냥 둔 채 실험하는 대신에 검은 종이로 에워싸 빔이 오직 알루미늄박을 통해서만 빠져나가도록 했다. 그리고 동료가 사용한 인광 물질 대신에 냉광을 발하는 바륨 화합물을 스크린에 발랐다.

그다음에 일어난 일에 대해서는 이야기가 다양하다. 빔이 양 극판 사이를 건너뛰도록 하면서 실험을 하던 뢴트겐의 눈에 뭔가 이상한 게 들어왔다. 많은 이야기에서는 그것이 뢴트겐이 근처 탁자 위에 세워놓은, 바륨으로 코팅된 마분지였다고 말한다. 그렇지만 한 학생이 장난삼아 바륨을 손가락에 묻혀 A 또는 S자를 그려놓은 종이였다는 이야기도 있다. 어쨌든 색맹이었던 뢴트겐은 처음에는 시야 가장자리에서 뭔가가 하얗게 춤추는 걸 보았을 것이다. 그렇지만 전류를 통해줄 때마다 바륨을 바른 스크린(혹은 글자)이 빛을 냈다.

뢴트겐은 검은 종이로 에워싼 크룩스관에서 어떤 빛도 빠져나가지 못하게 한 상태로 실험을 했다. 어두컴컴한 연구실에 앉아 있었으니 햇빛이 그런 빛을 내게 했을 리도 없었다. 또, 크룩스관의 빔은 공기를 가로

질러 스크린까지 갈 만큼 수명이 길지 않다는 사실도 알고 있었다. 훗날 그는 자신이 그때 환각을 본 것으로 생각했다고 말했다. 원인이라면 크룩스관밖에 없었지만, 불투명한 검은 종이를 뚫고 나갈 수 있는 광선은 그때까지 알려진 게 없었다.

그래서 바륨을 바른 스크린을 세워놓고, 가까이 있는 책을 크룩스관 앞에 갖다놓아 거기서 나오는 빔을 차단했다. 그런데 책갈피에 서표書標로 끼워놓은 열쇠의 윤곽이 스크린에 선명하게 나타나는 걸 보고 뢴트겐은 소스라치게 놀랐다. 영문은 알 수 없지만, 물체를 투시한 모습이 나타났던 것이다. 나무 상자에 물건을 넣고 실험해보았더니, 그 물건도 볼 수 있었다. 그렇지만 정말로 섬뜩한 흑마술 같은 일이 일어났는데, 금속 마개를 들고 실험했을 때 자기 손의 뼈가 나타났다. 그 시점에서 뢴트겐은 자기 눈에 보이는 것이 환각이라는 생각을 버렸다. 그리고 자신이 완전히 미쳤다고 생각했다.

오늘날 우리는 뢴트겐이 X선을 발견할 때 이렇게 수선을 피운 이야기를 읽으면서 웃음이 나올 수도 있다. 그렇지만 여기서 그가 보여준 놀라운 태도에 주목할 필요가 있다. 뢴트겐은 자신이 뭔가 획기적인 것을 발견했다고 성급하게 결론을 내리는 대신에 어딘가에서 실수를 하지 않았는지 꼼꼼히 따졌다. 당황한 그는 자신의 잘못을 증명하려고 연구실에 7주일이나 틀어박힌 채 연구를 계속했다. 그는 조수들도 다 물리치고, 식사도 마지못해 억지로 삼켰으며, 가족에게는 대화보다는 불평을 더 많이 했다. 뢴트겐은 크룩스나 메갈로돈 탐색자, 폰스와 플라이시만과는 달리 자신이 발견한 것을 알려진 물리학으로 설명하려고 혼신의 노력을 기울였다. 그는 혁명가가 되길 원치 않았다.

아이러니하게도 그는 병적 과학을 피해가려고 최선을 다했는데도 불구하고, 그의 논문은 자신이 미쳤다는 생각을 완전히 떨치지 못했음을 보여준다. 게다가 그가 혼자서 중얼거리고 평소와 달리 화를 잘 내자, 사람들은 그의 정신이 정상인지 의심했다. 그는 아내 베르타에게 농담으로 말했다. "나는 사람들이 '불쌍한 뢴트겐이 미치고 말았군!' 하고 말할 연구를 하고 있어." 그때 그의 나이가 50세였으니, 아내는 그 말을 듣고 틀림없이 염려했을 것이다.

어쨌든 뢴트겐이 아무리 믿고 싶지 않아도, 크룩스관은 매번 바륨을 바른 스크린이나 종이를 빛나게 했다. 그래서 뢴트겐은 그 현상을 자세히 기록하기 시작했다. 여기서도 앞에서 소개한 세 가지 병적 과학 사례와는 달리 뢴트겐은 일시적인 효과나 이상한 효과 중 주관적이라고 간주할 수 있는 것은 모두 배제했다. 그는 현상한 사진 건판처럼 오로지 객관적 결과만 추구했다. 마침내 조금 자신감을 얻은 그는 어느 날 오후 아내 베르타를 연구실로 불러 손 위에 X선을 비췄다. 뼈가 찍혀 나온 사진을 본 베르타는 소스라치게 놀라며 그것이 자신의 죽음을 예고하는 것이라 생각하고는 두려움에 떨었다. 그 일이 있은 뒤, 베르타는 뢴트겐의 으스스한 연구실에 다시는 가려고 하지 않았다. 그렇지만 베르타의 반응을 보고 뢴트겐은 크게 안도했다. 베르타가 뢴트겐을 위해 해준 일 중 가장 훌륭한 일은 모든 것이 자신의 상상이 만들어낸 게 아님을 증명해준 것이다.

그러고 나서 뢴트겐은 수척한 모습으로 연구실에서 나와 유럽 전역의 동료 과학자들에게 '뢴트겐선'의 발견을 알렸다. 당대의 과학자들이 크룩스의 주장을 비웃었고, 후대의 과학자들이 메갈로돈과 저온 핵융합을 비웃었듯이, 그들도 당연히 뢴트겐의 주장을 비웃었다. 그러나 뢴트겐은 인내심이 강하고 겸손했으며, 누가 반대 의견을 제시할 때마다 자신도 이미 그 가능성을 조사했다고 반박하여 결국은 모든 동료의 반대를 잠재웠다. 보통은 이쯤에서 병적 과학의 심각한 이야기가 시작

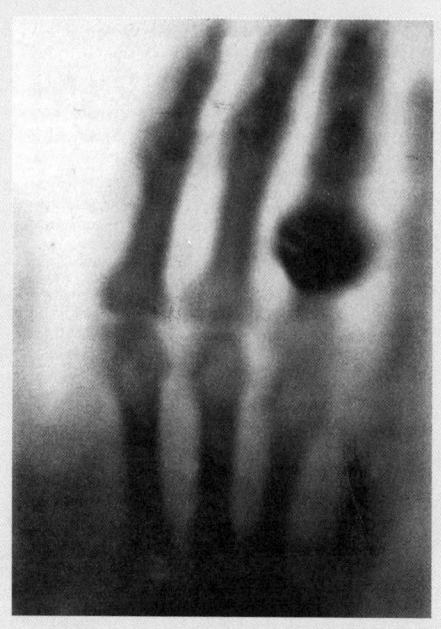

초기의 이 X선 사진은 뢴트겐의 아내인 베르타의 손가락뼈와 반지를 보여준다. 자신이 미친 게 아닌가 걱정했던 뢴트겐은 아내 역시 바륨으로 코팅한 건판에서 자기 뼈를 보고 놀라는 것을 보고서야 비로소 안도했다. 그렇지만 베르타는 이 사진을 보고 자신의 죽음을 예고하는 게 아닌가 하고 공포에 떨었다.

되겠지만, 뢴트겐의 이야기는 극적인 반전을 맞이한다.

과학자들은 새로운 개념에 매우 비판적인 반응을 보이는 경향이 있다. 그러니 이런 질문을 던졌을 수도 있다. "이보게 뢴트겐, 보이지 않게 검은 종이를 뚫고 지나가 몸속의 뼈를 환하게 비춰보이는 그 '미스터리의 광선'이 도대체 무엇이란 말인가?" 그러나 뢴트겐이 재현 가능한 실험과 확실한 증거를 가지고 반박하자, 대부분의 과학자는 낡은 개념을 버리고 새로운 개념을 받아들였다. 평생 동안 평범한 과학자로 살아온 뢴트겐이 갑자기 모든 과학자의 영웅으로 떠올랐다. 1901년, 그는 노벨 물리학상 초대 수상자가 되었다. 20년 뒤, 헨리 모즐리Henry Moseley라는 물리학자가 기본적으로 똑같은 X선 장비를 사용해 주기율표 연구에 혁명을 가져왔다. 그리고 100여 년이 흐른 뒤인 2004년, 아직도 많은 사람들이 그의 연구에 감동하여 그 당시 주기율표의 공식 원소 중 가장 큰 111번 원소(오랫동안 우눈늄이라는 임시 이름이 붙어 있던 원소)의 이름을 뢴트게늄으로 정했다.

5장
현재와 미래의 원소 과학

극저온에서 원소들이 나타내는 기묘한 행동

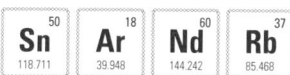

뢴트겐은 놀랍도록 정밀한 과학 연구의 모범을 보여주었을 뿐만 아니라 과학자들에게 주기율표에는 깜짝 놀랄 만한 것들이 무한히 많이 숨어 있다는 사실을 상기시켜주었다. 심지어 지금도 원소에 관한 새로운 사실이 계속 발견되고 있다. 그러나 쉽게 발견할 수 있는 것은 거의 다 이미 뢴트겐 시대에 발견되었기 때문에, 새로운 발견을 하려면 비상한 수단이 필요하다. 그래서 과학자들은 원소들을 극한 상황으로 몰아넣고 심문을 하게 되었는데, 특히 극저온 조건에서 원소들을 초면 상태로 몰아넣음으로써 그 상태에서 원소들이 나타내는 기묘한 행동을 관찰했다. 극저온 상태는 그런 발견을 하려는 사람에게도 결코 안전한 게 아니다. 루이스와 클라크의 후예들이 1911년경에 남극 대륙의 대부분 지역을 탐험하긴 했지만, 그때까지 남극점을 밟은 사람은 아무도 없었다. 이 때문에 남극점 정복을 놓고 탐험가들 사이에 치열한 경쟁이 벌어졌다. 그 이야기는 극저온에서 화학에 어떤 섬뜩한 일이 일어날 수 있는지 으스스한 교훈을 남겼다.

남극 탐험대의 비극

그해는 남극 대륙의 기준에서 보더라도 유난히 추웠다. 그러나 로버트 팰컨 스콧Robert Falcon Scott이 이끄는 영국 탐험대는 남위 90° 지점에 가장 먼저 도착하겠다고 각오를 단단히 다졌다. 영국 탐험대는 개와 보급품을 준비한 뒤 11월에 남극점을 향해 출발했다. 일행 중 대부분은 지원팀이었는데, 슬기롭게도 가는 길 곳곳에 식품과 연료를 떨어뜨리고 갔다. 남극점에 도전할 소수의 정예 탐험대원이 돌아오는 길에 이용할 수 있도록 하기 위해서였다.

탐험대 규모는 갈수록 점점 줄어들었고, 몇 달 동안 도보로 터벅터벅 걸은 뒤에 마침내 스콧이 이끄는 5명의 탐험대가 1912년 1월에 남극점에 도착했다. 그런데 도착해서 보니 그곳에 이미 갈색 소형 천막과 노르웨이 국기와 편지가 있는 게 아닌가! 노르웨이의 로알 아문센Roald Amundsen이 이미 한 달 전에 그곳에 도착한 것이다! 스콧은 그 순간을 일기장에 짧게 기록했다. "최악의 일이 일어나고 말았다. 모든 게 백일몽이었다." 그리고 잠시 뒤에 이렇게 썼다. "맙소사! 이곳은 끔찍한 곳이다. 이제 집으로 돌아가기 위한 사투가 남았다. 우리가 해낼 수 있을지 의심스럽다."

그런 좌절이 없었더라도 귀환 여정은 무척 힘들었을 것이다. 그런데 남극 대륙은 아예 그들을 응징하려고 잔뜩 벼른 것 같았다. 그들은 눈보라가 몰아치는 계절을 만나 몇 주일 동안 고립되었는데, 나중에 발견된 일기에 따르면 굶주림과 괴혈병, 탈수, 저체온증, 괴저로 극심한 고통을 겪었다. 무엇보다 치명적인 것은 난방용 연료 부족이었다. 스콧은

1년 전에 북극을 탐험했는데, 그때 등유 용기를 밀봉하는 가죽 마개가 심하게 새는 것을 발견했고, 그 탓에 전체 연료 중 약 절반을 잃고 말았다. 그래서 남극 탐험에 나설 때에는 주석으로 납땜한 용기를 실험적으로 사용했다. 그러나 귀환길에 오른 탐험대가 지친 몸을 이끌고 연료통이 있는 곳에 도착해보니, 연료통 중 대부분이 텅 비어 있었다. 심지어 샌 연료가 식품을 오염시킨 경우도 있었다.

등유가 없으면 음식물을 조리할 수도 없고 얼음을 녹여 식수를 만들 수도 없었다. 결국 한 사람은 병으로 앓다가 죽었다. 또 한 사람은 추위 속에서 정신이 이상해져 어디론가 사라져버렸다. 스콧을 포함해 남은 일행 세 사람은 계속 전진했다. 그들은 1912년 3월 말에 영국 기지에서 18km 떨어진 지점에서 마지막 며칠 밤을 버티지 못하고 추위에 노출되어 죽었다.

전성기 때 스콧은 닐 암스트롱Neil Armstrong만큼이나 큰 인기를 누렸다. 영국 사람들은 그가 겪은 고초와 죽음에 대한 소식을 듣고 슬픔에 잠겼으며, 심지어 한 교회는 1915년에 그를 기리는 스테인드글라스 창문을 설치하기까지 했다. 사람들은 그의 잘못을 면제해줄 핑계를 찾으려고 했는데, 편리하게도 주기율표가 적당한 악당을 제공했다. 스콧이 납땜에 사용한 주석은 원하는 모양으로 만들기가 쉬워 성경 시대 이래 소중한 금속으로 쓰였다. 그런데 아이러니하게도 주석을 정련하고 순수하게 만드는 기술이 좋아질수록 주석으로 만든 제품은 질이 더 나빠졌다. 순수한 주석으로 만든 연장이나 동전, 장난감은 날씨가 추워지면 겨울철에 창문에 끼는 성에처럼 표면에 허옇게 녹이 슬었다. 그리고 흰색 녹이 부스럼 딱지처럼 떨어져나가면서 주석이 부식해 마침내 부서지고 말았다.

주석에 생기는 녹은 철에 스는 녹과는 달리 화학 반응의 결과로 생기는 것이 아니다. 이것은 고체 상태에서 주석 원자들이 두 가지 형태로 배열될 수 있기 때문에 일어나는데, 튼튼한 '베타' 형태로 배열돼 있던 주석 원자들이 날씨가 추워지면 '알파' 형태로 재배열되면서 부석부석한 가루로 변하는 것이다. 그 차이는 다음과 같이 설명할 수 있다. 큰 상자 안에 원자들을 오렌지처럼 집어넣는다고 상상해보라. 맨 밑바닥에는 원자들이 한 층만 깔릴 것이다. 그 다음에 두 번째, 세 번째, 네 번째 층을 쌓으려면 첫 번째 층에 있는 각각의 원자 바로 위에 원자를 올려놓는 방법이 있다. 이것이 한 가지 배열 형태, 곧 결정 구조이다. 또 한 가지 방법은 두 번째 층의 원자들을 첫 번째 층에 있는 원자들 사이의 공간에 올려놓고, 세 번째 층의 원자들을 두 번째 층에 있는 원자들 사이의 공간에 올려놓는 것이다. 이것이 두 번째 배열 형태로, 이 결정 구조는 첫 번째와는 밀도와 성질이 다르다. 원자들을 배열하는 방법은 이 두 가지 말고도 아주 많다.

  스콧 탐험대는 혹독한 경험을 통해 어떤 원소의 원자들이 자연발생적으로 약한 결정 구조에서 강한 결정 구조로 혹은 그 반대로 변할 수 있다는 사실을 깨달았다(아마도). 흑연을 이루는 탄소 결정 구조가 다이아몬드로 바뀌려면 매우 깊은 땅 속의 높은 열과 압력이 필요한 것처럼, 재배열이 일어나려면 보통은 극한 조건이 필요하다. 그런데 주석은 13°C에서 결정 구조가 변한다. 심지어 10월의 비교적 포근한 오후에도 부스럼이 돋아나고 성에가 끼기 시작하며, 기온이 내려갈수록 그 과정은 더욱 가속된다. 심하게 다루거나 변형이 일어나도(단단한 얼음에 부딪혀 용기에 흠이 생긴다든가 하여) 반응이 가속화되며, 심지어 아무런 흠이 없는 곳까지 반응이 확산된다. 이것은 단지 표면에 생긴 국부적인 결함에 그치지 않는다. 이 상태는 질병처럼 속으로 깊이 파고들기 때문에 가끔 '주석 나병tin leprosy'이라고 부른다. 베타 형태가 알파 형태로 변할 때에는 충분히 많은 에너지가 방출되어 귀로 들을 수 있는 신음 소리가 난다. 이것을 주석의 비명이라고 부르지만, 실제로는 입체음으로 들리는 정전기 발생 소리와 비슷하다.

역사를 통해 주석의 알파 형태와 베타 형태 사이의 재배열은 편리한 희생양으로 종종 이용되었다. 혹독한 겨울이 찾아오는 여러 유럽 도시(예컨대 상트페테르부르크)에는 교회에 들여놓은 새 오르간의 값비싼 주석 파이프가 첫 번째 건반을 누르자마자 폭발해 재로 변했다는 전설이 전해 내려온다.(일부 독실한 교인들은 악마의 장난 탓으로 돌렸다.) 세계사에 더 큰 영향을 미친 사례로는 1812년 6월에 나폴레옹이 어리석게도 러시아를 공격했다가 몇 달 뒤에 후퇴할 때, 프랑스군 군복 상의의 주석 호크가 갈라져(많은 역사학자들은 이 이야기를 반박한다) 프랑스군의 속옷이 차디찬 공기에 노출되었다는 이야기가 있다. 어쨌든 스콧 탐험대가 남극 대륙에서 그런 것처럼 프랑스군도 러시아에서 혹독한 상황에 맞닥뜨렸다. 그렇지만 50번 원소가 온도에 따라 구조가 재배열되는 성질이 문제를 악화시켰을 수 있으며, 영웅의 판단 착오보다는 개인의 사정을 봐주는 법이 없는 화학을 희생양으로 삼는 편이 훨씬 편리했다.*

스콧 일행이 텅 빈 연료통을 발견했다는 것은 의심의 여지가 없지만(그의 일기에도 그렇게 기록돼 있다), 과연 주석 땜납이 부식해 연료가 새어나간 것인지는 논란의 여지가 있다. 주석 나병은 아주 그럴듯한 설명이지만, 수십 년 뒤에 발견된 다른 탐험대의 용기들에는 땜납 밀봉이 온전히 남아 있었다. 스콧이 더 순수한 주석을 사용하긴 했지만, 주석 나병이 발생하려면 아주 순수한 주석을 사용해야 한다. 누군가 고의로 용기를 파괴했을 가능성 말고는 그럴듯한 설명이 없지만, 그런 일이 일어났다는 증거는 전혀 없다. 어쨌든 스콧 일행은 그렇게 해서 차디찬 얼음 대륙에서 최후를 맞이했는데, 그들의 최후에 주기율표가 최소한 부분적인 원인을 제공했을지 모른다.

비활성 기체를 반응시키려면

아주 낮은 온도에서 물질이 한 상태에서 다른 상태로 변할 때에는 기묘한 일이 일어난다. 초등학교에서는 물질의 상태로 고체, 액체, 기체가 있다고 배운다. 고등학교에서는 네 번째 상태인 플라스마도 있다고 가르친다. 플라스마*는 별 내부처럼 아주 뜨거운 온도에서 전자가 원자핵에서 떨어져 나와 서로 섞여 있는 상태를 말한다. 대학에서는 초전도체와 헬륨 초유체를 배운다. 대학원에서는 가끔 쿼크-글루온 플라스마나 축퇴 물질과 같은 상태에 대해 이야기한다. 그런데 똑똑한 체하는 사람들 중에 젤리는 왜 별개의 상태가 아닌가 하고 묻는 사람이 있다.(답이 궁금한가? 젤리 같은 콜로이드는 두 가지 상태가 섞여 있는 것이다.* 물과 젤라틴의 혼합물은 유연성이 높은 고체로 볼 수도 있고, 점성이 아주 큰 액체로 볼 수도 있다.)

요컨대 우주에서는 물질의 상태가 우리 주변에서 볼 수 있는 고체, 액체, 기체의 세 가지보다 훨씬 다양하게 존재할 수 있다. 새로운 물질 상태들은 젤리처럼 두 가지 이상의 물질 상태가 섞여 있는 것이 아니다. 어떤 경우에는 물질과 에너지의 구분도 무너지고 만다. 알베르트 아인슈타인Albert Einstein은 1924년에 양자역학 방정식을 만지작거리다가 새로운 물질 상태를 한 가지 발견했다. 그러고는 자신이 계산한 결과를 일축하고, 자신의 이론적 발견은 너무나도 기묘한 것이라서 실제로 존재할 수 없다고 부정했다. 그래서 그것은 현실적으로 불가능한 것으로 여겨졌는데, 1995년에 어떤 과학자가 그것을 만들어냈다.

어떤 면에서 고체는 물질의 가장 기본적인 상태라고 할 수 있다. (사실은 각각의 원자는 대부분 텅 비어 있는 공간인데, 아주 분주하게 돌아다니는 전자가 우리의 무딘 감각에 고체라는 착각을 일으킨다.) 아무리 단순한 고체 물질이라도 대개는 두 종류 이상의 결정으로 존재하지만, 어쨌든 고체 물질에서는 원자들이 같은 형태가 3차원으로 반복되는 배열 방식으로 정렬한다. 과학자들은 고압 용기를 사용해 얼음을 열네 종류의 결정으로 만들 수 있다. 이렇게 만든 얼음 중 어떤 것은 물 위에 뜨지 않고 가라앉으며, 어떤 얼음 결정은 눈송이처럼 6개의 변을 가진 것이 아니라 야자수 잎이나 콜리플라워처럼 생겼다. 아이스 X라는 기묘한 얼음은 2038°C가 될 때까지 녹지 않는다. 초콜릿처럼 복잡한 물질도 그 모양이 변할 수 있는 준결정 구조로 이루어져 있다. 오래된 초콜릿을 까보았더니 표면에 흰색 얼룩이 생긴 걸 본 적이 있는가? 이것을 초콜릿 나병이라 부르는데, 남극 대륙에서 스콧의 목숨을 앗아간 바로 그 알파-베타 변화 때문에 일어난다.

  결정성 고체는 낮은 온도에서 잘 생기는데, 온도가 아주 낮아지면 우리가 잘 안다고 생각하는 원소들도 거의 알아보기 어려운 모습으로 변할 수 있다. 고고한 체 다른 원소와 결합하지 않는 비활성 기체조차 아주 낮은 온도에서 고체로 변하면, 다른 원소와 결합하려고 한다. 영국 출신의 미국 화학자 닐 바틀렛Neil Bartlett은 캐나다에서 연구하던 1962년에 오래된 도그마를 깨고 최초로 크세논(제논)으로 주황색 결정성 고체인 비활성 기체 화합물을 만드는 데 성공했다.* 이 반응은 실온에서 일어났다고 하지만, 초강산만큼 부식성이 강한 육플루오르화백금을 함께 사용해야만 일어났다. 게다가 안정한 비활성 기체 중 가장 큰 원소인 크세논은 전자들이 원자핵에 느슨하게 붙들려 있기 때문에 다른 비활성 기체보다 더 쉽게 반응을 일으킬 수 있다. 크세논보다 더 작은 비활성 기체 원소를 반응하게 하려면 온도를 극단적으로 낮추어 사실상 마취 상태에 이르게 해야 한다. 그다음으로 작은 비활성 기체인 크립톤은 −151°C까지는 잘 버티지만, 그 온도에 이르면 반응성이 아주 강한 플루오르와 결합할 수 있다.

그렇지만 아르곤을 다른 것과 반응시키는 것에 비하면 크립톤을 반응시키는 것은 탄산수소나트륨을 식초와 섞는 것만큼이나 쉬운 일이었다. 바틀렛이 1962년에 크세논 고체로 반응을 일으키고, 1963년에 최초로 크립톤 고체로 반응을 일으킨 뒤, 2000년에 핀란드 과학자들이 마침내 아르곤을 반응시키는 방법을 알아내기까지는 무려 37년이라는 긴 세월이 걸렸다. 그것은 아주 복잡한 실험이었고, 반응을 일어나게 하는 데에는 고체 아르곤, 수소 기체, 플루오르 기체, 반응성이 매우 높은 요오드화세슘 촉매가 필요했고, 적절한 시점에 강한 자외선을 쬐어주어야 했으며, 모든 실험 과정은 $-265°C$라는 엄청나게 낮은 온도에서 일어나야 했다. 온도가 조금만 더 높아도 아르곤 화합물은 분해되고 말았다.

그럼에도 불구하고, 그것보다 더 낮은 온도에서는 아르곤플루오로하이드라이드(HArF)는 안정한 결정으로 존재한다. 핀란드 과학자들은 그 획기적인 실험 결과를 과학 논문치고는 비교적 이해하기 쉬운 "안정한 아르곤 화합물"이라는 제목으로 발표했다. 그것은 충분히 자랑할 만한 업적이었다. 과학자들은 작은 원소인 헬륨과 네온은 온도가 가장 낮은 우주 공간에서도 다른 원소와 결코 결합하지 않을 것이라고 확신한다. 따라서 지금까지 화합물을 만드는 과정이 가장 어려웠던 원소의 자리는 아르곤이 차지하고 있다.

초전도 현상

자신의 습성을 쉽게 바꾸려고 하지 않는 아르곤의 특성을 감안하면, 아르곤 화합물을 만드는 데 성공한 것은 아주 대단한 업적이다. 그렇지만 과학자들은 비활성 기체 화합물이나 심지어 주석이 보여주는 알파-베타 변화를 완전히 다른 물질 상태로 여기지 않는다. 다른 상태로 인정받으려면 원자들 사이에 아주 다른 방식으로 상호작용이 일어날 만큼 상당히 많은 에너지 차이가 나야 한다. 원자들이 대부분 제자리에 고정돼 있는 고체와, 입자들이 서로의 옆을 흘러다닐 수 있는 액체와, 입자들이 자유롭게 날아다닐 수 있는 기체가 각각 물질의 고유한 상태로 인정받는 것은 이 때문이다.

그렇지만 고체와 액체와 기체는 공통점도 많다. 무엇보다도, 그 입자들은 모두 잘 정의돼 있고 서로 독립적으로 존재한다. 그렇지만 물질을 플라스마 상태로 가열하면 그런 독립성이 무너지면서 원자들이 분해되기 시작한다. 반대로 물질을 극저온으로 냉각시키면 물질의 집단적 상태가 나타나면서 입자들이 중첩되어 흥미로운 방식으로 결합하기 시작한다.

초전도체를 살펴보자. 전류는 회로를 통해 전자들이 흘러가는 현상이다. 구리선 내부에서 전자들은 구리 원자들 사이와 주위로 흘러가는데, 전자가 구리 원자와 충돌할 때마다 구리선은 열의 형태로 에너지를 잃는다. 그런데 초전도체의 경우에는 이 과정을 저지하는 어떤 일이 일어나는 게 분명하다. 왜냐하면, 구리선을 통해 흐르는 전자들이 원자와 충돌해 에너지가 약해지는 일이 일어나지 않기 때문이다. 실제로 초전도체의 온도를 계속 낮게 유지하는 한 전류는 영원히 계속 흐를 수 있다. 이 성질은 1911년에 −268°C로 냉각시킨 수은에서 처음 발견되었다. 그후 수십 년 동안 많은 과학자들은 단순히 초전도체 속에서는 전자들이 움직일 수 있는 공간이 더 많기 때문이라고 생각했다. 초전도체 속의 원자들은 진동 에너지가 작으므로 원자들 사이로 전자들이 충돌을 피하며 잘 빠져나간다고 본 것이다. 이 설명은 그렇게 믿는 사람들에게는 그럴듯했다. 그러나 1957년에 세 과학자는 극저온에서 변하는 것은 전자 자체라는 사실을 발견했다.

초전도체 내부에서 원자들 사이를 지나가는 전자는 원자핵을 끌어당긴다. 양전하를 가진 원자핵은 음전하를 가진 전자 쪽으로 약간 이동하게 되는데, 이 때문에 전자가 지나가는 길 주변에 양전하의 밀도가 조금 높은 지역이 자국으로 남는다. 양전하의 밀도가 조금 높은 지역은 다른 전자를 끌어당기게 되는데, 이것은 어떤 면에서 첫 번째 전자와 쌍을 짓게 하는 효과로 나타난다. 그렇지만 전자들 사이에 강한 결합이 일어나는 것은 아니며, 그보다는 아르곤과 플루오르 사이의 약한 결합에 가깝다. 전자쌍 결합이 극저온에서만 일어나는 것은 이 때문인데, 극저온에서는 원자들의 진동이 약해 결합한 전자쌍을 분해하지 않는다. 극저온에서는 전자들은 독립적으로 행동하지 않고, 쌍을 이루어 팀으로 행동한다. 그리고 회로를 따라 흐르다가 한 전자가 저항을 받거나 원자와 충돌하면, 그 짝이 속도가 늦추어지기 전에 그 전자를 홱 잡아당겨 끌고 간다. 이것은 헬멧도 쓰지 않은 선수들이 서로 팔을 감고서 경기장을 돌진하던 옛날의 불법적인 미식축구 대형과 비슷하다. 수많은 전자쌍들이 모두 똑같은 일을 할 때 미시 세계에서 일어나는 이 상태가 초전도 현상으로 나타난다.

이 설명은 BCS 이론이라 알려져 있는데, 1957년에 이 이론을 발표한 존 바딘John Bardeen, 리언 쿠퍼Leon Cooper(전자쌍은 쿠퍼의 이름을 따 쿠퍼 쌍이라 부른다), 로버트 슈리퍼Robert Schrieffer*의 성姓에서 첫 글자를 딴 것이다. 바딘은 게르마늄 트랜지스터를 공동 발명해 노벨상 수상자로 지명되고, 그 소식을 라디오로 듣다가 달걀 프라이를 바닥에 떨어뜨린 바로 그 사람이다. 바딘은 1951년에 벨 연구소를 떠나 일리노이 대학으로 옮겨간 뒤부터 초전도성 연구에 몰두했으며, BCS 삼총사는 6년 뒤에 BCS 이론을 완성했다. 이 이론은 아주 훌륭하고 정확한 것으로 판명되

왼쪽부터 존 바딘, 리언 쿠퍼, 로버트 슈리퍼. 세 과학자는 BCS 이론으로 극저온에서 일어나는 초전도 현상을 설명했다.

어 세 사람은 1972년에 노벨 물리학상을 공동 수상했다. 바딘은 이번에는 전자식 차고 문을 어떻게 여는지 몰라 자기 대학에서 열린 노벨상 수상 기자 회견에 참석하지 못했다. 그렇지만 두 번째 스톡홀름 방문길에는 50년대의 첫 방문 때 약속한 것처럼 어른이 된 두 아들을 함께 데려가 스웨덴 국왕에게 소개했다.

결맞음과 레이저

초전도성이 나타나는 온도보다 더 아래로 내려가면, 원자들은 아주 이상한 행동을 나타내는데, 서로 중첩되면서 서로를 집어삼켜 결맞음coherence(복수의 파동이 일정한 위상 관계를 가져 간섭이 가능한 상태에 있는 것 — 옮긴이) 상태에 이른다. 결맞음은 이 장 앞부분에서 소개했던, 아인슈타인이 불가능한 것으로 생각한 물질 상태를 이해하는 데 중요하다. 결맞음을 이해하려면 빛의 본질과 한때 불가능한 것으로 생각했던 또 하나의 혁신 기술인 레이저에 대해 간략하게 살펴보는 게 필요하다.

빛이 지닌 모호한 양면성만큼 물리학자의 기묘한 심미적 감각을 크게 자극하는 것도 없다. 우리는 흔히 빛을 파동이라고 생각한다. 사실, 아인슈타인은 그런 파동을 타고 달리면 우주가 자신의 눈에 어떻게 보일까 하고(공간은 어떻게 보이며, 시간은 어떻게 흐를지) 상상하면서(그것을 어떻게 상상했는지는 내게 묻지 말도록!) 특수 상대성 이론을 만들었다. 그와 동시에 아인슈타인은 빛이 때로는 입자(광자라고 이름 붙인)처럼 행동한다는 사실을 증명했다. 그는 빛의 파동설과 입자설을 결합함으로써(이것을 파동-입자 이중성이라고 한다) 진공에서 초속 약 30만 km로 달리는 빛이 우주에서 가장 빠를 뿐만 아니라, 상상 가능한 것 중에서도 가장 빠르다고 추론했다. 그리고 빛은 측정 방법에 따라 파동으로 보이기도 하고 입자로 보이기도 하는데, 빛의 본질은 입자와 파동 중 어느 하나라고 딱 꼬집어 말할 수 없기 때문이다.

　빛은 진공 속에서 보여주는 엄격한 아름다움에도 불구하고, 다른 원소와 상호작용할 때에는 오염된다. 나트륨과 프라세오디뮴은 빛의 속도를 소리의 속도보다 느린 시속 수십 km까지 떨어뜨릴 수 있다. 이 원소들은 심지어 몇 초 동안 빛을 야구공처럼 붙잡았다가 다른 방향으로 나아가게 할 수도 있다.

　레이저는 빛을 더 미묘한 방식으로 다룬다. 전자의 움직임을 엘리베이터에 비유한 이야기를 떠올려보라. 전자는 1층에서 3.5층으로 올라가거나 5층에서 1.8층으로 내려오는 일이 절대 없다. 전자는 오직 정수 단위의 에너지 준위 사이에서만 이동할 수 있다. 들뜬 전자가 추락할 때에는 여분의 에너지를 빛으로 방출하는데, 원자 내에서 전자의 움직임이 제한돼 있기 때문에 방출되는 빛의 색 역시 제한돼 있다. 그 빛은 단색광이다(최소한 이론적으로는). 실제로는 여러 원자들 속에 있는 전자들이 동시에 3층에서 1층으로, 4층에서 2층으로, 그리고 그 밖의 온갖 층 사이에서 추락이 일어나기 때문에, 각각의 추락에서 각각 다른 색의 빛이 나온다. 게다가 원자에 따라 빛이 방출되는 시기도 제각각 다르다. 우리의 눈에는 이 빛이 균일한 것으로 보이지만, 광자 차원에서 보면 여러 가지 색의 빛이 제멋대로 섞여 있다.

　레이저는 엘리베이터가 멈출 수 있는 층을 제한함으로써 타이밍 문제를 해결한다.(레이저의 사촌인 메이저 역시 똑같은 원리로 작용하지만, 가시광선이 아닌 빛을 방출한다는 점이 다르다.) 오늘날 가장 강하고 인상적인 레이저(1초보다 훨씬 짧은 찰나의 순간에 미국에서 생산하는 전체 전력보다 훨씬 많은 에너지를 내는)는 네오디뮴이 쉰인 이트륨 결정을 사용해 만든다. 레이저 발생 장치 내부에는 스트로보 라이트가 네오디뮴-이트륨 결정 주위를 빙빙 돌면서 아주 강한 섬광을 엄청나게 빠른 속도로 비춘다. 이 빛은 네오디뮴의 전자들을 들뜨게 해 평소의 에너지 준위보다 더 높은 곳으로 도약하게 만든다. 엘리베이터 비유를 계속 쓴다면, 이 전자들은 예컨대 10층까지 솟아오른다. 그렇지만 현기증을 느낀 전자는 금방 안전한 곳, 예컨대 2층으로 다시 내려간다. 그런데 정상적인 추락과는 달리 이 전자들은 크게 동요한 나머지 장애를 일으켜 여분의 에너지를 빛으로 방출하는 게 아니라 열로 방출한다. 그리고 안전한 2층에 도착한 것에 안도한 나머지 엘리베이터에서 내려 빈둥거리면서 좀체 1층으로 내려가려 하지 않는다.

사실은 전자들이 1층으로 내려오기 전에 스트로보 라이트가 다시 번쩍인다. 그러면 더 많은 네오디뮴 전자들이 10층으로 올라갔다가 다시 추락한다. 이런 일이 반복적으로 일어나면 2층은 전자들로 혼잡해질 것이다. 1층보다 2층에 전자가 더 많이 있는 상태는 일종의 '인구 역전'이 일어난 것과 같다. 바로 이 시점에서 빈둥거리고 있던 전자 중에서 1층으로 뛰어내리는 전자가 조금이라도 나온다면, 혼잡한 이웃들 사이에 혼란이 일어나 일부가 발코니 너머로 떨어지고, 이들은 다시 다른 이웃들까지 떨어지게 한다. 그런데 이번에 추락하는 전자들은 동시에 2층에서 1층으로 떨어지기 때문에 모두 똑같은 색의 빛을 방출한다. 이러한 결맞음이 레이저를 만드는 핵심 원리이다. 레이저 발생 장치 중 나머지는 광선의 순도를 높이고, 두 거울 사이에서 레이저 빔을 계속 반사시킴으로써 단일 파장의 순수한 빛으로 만든다. 이제 결이 맞고 농축된 빛을 만들기 위해 네오디뮴-이트륨 결정이 해야 할 일은 다 끝났다. 이렇게 만들어진 레이저 빔은 열핵융합 반응을 일으킬 만큼 강하면서도 아주 가늘게 집중돼 있어 나머지 살을 태우지 않고 각막을 가를 수 있다.

이러한 기술적 설명을 들으면 레이저는 과학적 경이라기보다는 공학적 과제처럼 보일 수 있지만, 레이저(그리고 역사적으로 먼저 탄생한 메이저)는 1950년대에 개발되었을 때 과학적 편견에 부닥쳐 좌절을 겪었다. 찰스 타운스Charles Townes는 제대로 작동하는 메이저를 최초로 만든 뒤에도 선배 과학자들에게서 불쌍하게 바라보는 시선을 받았다. 그들은 "찰스, 그건 불가능한 일이야."라고 말했다. 그들은 미래의 위대한 발견을 알아보는 상상력이 모자라서 무조건 반대하는 삼류 과학자가 아니었다. 현대 컴퓨터의 기본 구조와 원자폭탄을 설계하는 데 큰 도움을 준 존 폰 노이만John von Neumann과 양자역학을 세운 닐스 보어조차 타운스의 메이저를 '불가능한 것'이라며 면전에서 퇴짜를 놓았다.

보어와 폰 노이만이 불가능하다고 퇴짜를 놓은 이유는 아주 단순했다. 그들은 빛의 이중성을 깜빡했던 것이다. 더 구체적으로 말하면, 양자역학의 유명한 원리인 불확정성 원리가 그들을 잘못된 길로 인도했다. 베르너 하이젠베르크Werner Heisenberg가 발견한 불확정성 원리는 오해하기가 아주 쉽지만, 일단 제대로 이해하기만 하면 새로운 형태의 물질을 만드는 데 아주 강력한 도구가 된다. 다음 절에서는 우주에 관한 이 작은 수수께끼에 대해 자세히 알아보기로 하자.

불확정성 원리가 적용되는 세계

빛의 이중성만큼 물리학자를 크게 자극하는 게 없다고 했는데, 적용할 수 없는 곳에 누가 불확정성 원리를 적용해 설명하는 것을 듣는 것만큼 물리학자의 얼굴을 찌푸리게 만드는 것도 없다. 여러분이 무슨 이야기를 들었건, 불확정성 원리는 단순히 관찰 행위만으로 어떤 것을 변화시킬 수 있다는 효과와는 (거의*) 아무 관계가 없다. 불확정성 원리가 말하는 모든 것은 바로 이것이다.

$$\Delta x \Delta p \geq \frac{h}{4\pi}$$

정말 간단하지 않은가?

그런데 이 양자역학 수식을 말로 번역한다면(이것은 늘 위험한 일이긴 하지만) 어떻게 될까? 어떤 입자가 지닌 위치의 불확정성(Δx)에다가 그 운동량의 불확정성(Δp)을 곱한 것은 "h를 4π로 나눈 값"보다 항상 크거나 같다는 것이다. (여기서 h는 플랑크 상수를 나타내는데, 그 값은 6.626×10^{-34}으로 아주 작으므로, 불확정성 원리는 전자나 광자 같은 아주 작은 것에만 적용된다.) 다시 말해서, 어떤 입자의 위치(Δx)를 자세히 안다 하더라도, 그 운동량(Δp), 그러니까 속도(운동량＝질량×속도이므로)는 정확하게 알 수 없다는 이야기가 된다. 물론 그 반대도 성립한다.

그런데 이러한 불확정성은 정확하지 않은 자처럼 측정 도구나 행위의 잘못 때문에 생기는 게 아니라는 사실이 중요하다. 그것은 자연이 처음부터 지니고 있는 고유한 성질이다. 빛이 어떻게 파동과 입자의 두 가지 성격을 다 가질 수 있는지 다시 한 번 생각해보라. 보어와 폰 노이만은 빛이 입자(광자)처럼 행동하는 방식에 집착해 레이저를 거부했다. 그들이 보기에 레이저 빔은 너무나도 정밀하고 아주 가느다란 빛줄기로 집중되어 있어 광자가 지닌 위치의 불확정성이 0에 가까운 것처럼 보였다. 그렇다면 그 운동량의 불확정성은 무한대에 가까울 정도로 커지기 때문에 광자들이 어느 방향으로든 어떤 에너지를 가지고서도 날아갈 수 있다는 결론이 나오는데, 이것은 고도로 집중된 레이저 빔하고는 모순된다.

그들은 빛이 파동처럼 행동할 수 있다는 사실과 파동에 적용되는 법칙은 다르다는 사실도 잊어버렸다. 무엇보다도, 파동이 어디에 있는지 어떻게 알 수 있는가? 파동은 그 본질상 나아가면서 확산된다. 그리고 파동은 입자와는 달리 다른 파동과 합쳐질 수 있다. 연못에 돌을 두 개 던지면, 두 곳에서 발생한 물결이 나아가다가 높은 물결끼리 서로 합쳐지는 곳에서는 더 높은 물결이 생긴다.

레이저의 경우, 빛의 파도를 일으키는 '돌'(즉, 전자)이 두 개만 있는 게 아니라 수조×수조 개가 있으며, 이것들이 모두 서로 합쳐진다. 여기서 핵심은 불확정성 원리가 입자들의 집단에는 적용되지 않으며, 오로지 개개 입자에만 적용된다는 사실이다. 빛 입자들의 집단인 빔 내에서 한 광자의 위치가 어디인지 아는 것은 불가능하다. 빔 내에서 각 광자의 위치에 대한 불확정성이 이렇게 높기 때문에 그 에너지와 방향을 아주 정밀하게 한정해 레이저를 만들어낼 수 있다. 이 작은 틈새는 활용하기가 어렵지만 일단 그 방법을 알기만 하면 강력한 위력을 발휘한다. 〈타임〉이 1960년에 타운스를 '올해의 인물'로 선정한(폴링과 세그레와 함께) 이유와, 타운스가 1964년에 메이저에 대한 연구로 노벨상을 수상한 이유는 이 때문이다.

사실, 과학자들은 곧 그 틈새 안에는 광자보다 훨씬 많은 것이 들어 있다는 사실을 깨달았다. 빛이 파동–입자 이중성을 지닌 것처럼, 전자와 양성자와 그 밖의 강입자를 더 깊이 파고들어 분석할수록 이 입자들의 모호성은 더 커진다. 물질은 가장 깊고 가장 불가사의한 양자 차원에서는 본질적으로 비결정론적이고 파동과 같은 성질을 띤다. 그리고 아주 깊은 그곳에서는 불확정성 원리가 파동 주변의 경계를 설정하는 한계에 대한 수학적 법칙으로 성립하기 때문에, 이 입자들도 불확정성의 보호를 받게 된다.

그렇지만 불확정성 원리는 플랑크 상수 h가 작은 것으로 여겨지지 않는 아주 작은 척도에서만 성립한다. 어떤 사람들은 우리가 사는 세계에까지 불확정성 원리를 확대 적용하여 $\Delta x \Delta p \geq h/4\pi$가 우리가 어떤 것을 관찰할 때 관찰 행위 자체가 관찰 대상에 변화를 초래한다는 것을 '증명'한다고(혹은 더 심하게는, 객관성 자체가 사기이며 과학자는 자신이 어떤 것을 '안다고' 스스로 속아 넘어간다고) 주장함으로써 물리학자들을 당황하게 만든다. 사실 미시 세계의 불확정성이 우리가 사는 거시 세계의 어떤 것에 영향을 미치는 사례는 딱 한 가지가 있는데, 그것은 기이한 물질 상태인 보스-아인슈타인 응축Bose-Einstein condensates, BEC이다.

그 이야기는 1920년대 초에 통통하고 안경을 쓴 인도 물리학자 사티엔드라 나스 보스Satyendra Nath Bose가 강의 도중에 양자역학 방정식을 풀다가 실수를 하면서 시작되었다. 그것은 대학생이나 저지를 만한 실수였지만, 보스의 호기심을 자극했다. 처음에는 자신의 실수를 모르고 방정식을 풀었는데, 실수에서 나온 이 '오답'이 광자의 성질에 관한 실험 결과와 너무나 잘 들어맞았다. '정답'보다도 훨씬 더.*

그래서 역사를 통해 많은 물리학자들이 그런 것처럼 보스도 그 이유는 알 수 없다고 인정하면서 자신의 실수를 정답으로 가정한 논문을 썼다. 명백한 실수처럼 보이는 결과에다가 무명의 인도 과학자라는 이유 때문에 유럽의 저명한 과학 학술지들은 모두 그의 논문을 싣길 거부했다. 그러나 보스는 굴하지 않고 아인슈타인에게 논문을 보냈다. 아인슈타인은 논문을 자세히 검토한 뒤 보스의 답이 아주 뛰어난 것이라고 결론 내렸다. 그 요지는 광자 같은 어떤 입자들은 서로의 속으로 붕괴하면서 각각의 입자를 구분할 수 없는 상태가 된다는 것이었다. 아인슈타인은 논문을 조금 손질하고 독일어로 번역한 다음, 광자뿐만 아니라 전체 원자에까지 적용할 수 있도록 보스의 연구를 더 확대한 논문을 썼다. 그리고 자신의 영향력을 이용해 두 논문을 함께 학술지에 발표했다.

그리고 이 논문에서 아인슈타인은 만약 원자를 충분히 낮은 온도로 냉각시킨다면(초전도체보다 수십억 배나 더 차갑게) 새로운 물질 상태로 응축할 것이라는 문장을 첨가했다. 그러나 원자를 그렇게 낮은 온도로 냉각시키는 기술은 그 당시로서는 불가능했으므로 아인슈타인조차 그런 것이 과연 가능한지 알 수 없었다. 그는 그러한 응축을 그냥 호기심을 자극하는 기발한 생각으로만 여겼다. 그런데 놀랍게도 10년쯤 뒤에 과학자들은 초유동 상태의 헬륨에서 보스-아인슈타인 응축물을 잠깐 보았다. 고립된 작은 원자 집단 속의 원자들이 서로 결합된 상태로 존재한 것이다. 초전도체에서 쿠퍼쌍도 어떤 면에서 보스-아인슈타인 응축물처럼 행동한다. 그러나 초유체나 초전도체에서 일어나는 이러한 결합은 제한적이며, 아인슈타인이 생각한 상태(그가 생각한 것은 차갑고 희박한 안개 같은 것이었다)와는 전혀 달랐다. 어쨌든 헬륨과 BCS 이론을 연구한 사람들은 아인슈타인의 가설을 진지하게 검토하지 않았으며, 보스-아인슈타인 응축 이론은 그렇게 잠자고 있었는데, 1995년에 콜로라도 대학의 두 과학자가 루비듐 원자 기체로 뭔가를 만들어냈다.

보스-아인슈타인 응축을 실제로 가능하게 만든 기술적 혁신은 레이저(광자에 대해 보스가 처음 생각한 아이디어를 바탕으로 한)였다. 레이저는 대개 물체를 가열하기 때문에, 레이저를 사용한다는 생각은 잘못된 것처럼 보일 수 있다. 그렇지만 레이저는 잘 사용하기만 한다면 원자를 냉각시킬 수도 있다. 기본적인 나노 차원에서 본다면, 온도는 단지 입자의 평균 속도를 측정한 결과일 뿐이다. 뜨거운 분자는 격렬하게 빠른 속도로 돌아다니는 반면, 차가운 분자는 느릿느릿 움직인다. 따라서 어떤 물체를 냉각시키려면 그 구성 입자의 속도를 늦추면 된다. 레이저 냉각 방식에서는 몇 가닥의 레이저 빔을 교차시켜 '광학적 당밀' 덫을 만든다. 기체 속의 루비듐 원자들이 광학적 당밀 속을 허우적거리며 나아갈 때 레이저에서 에너지가 약한 광자가 원자에 충돌한다. 루비듐 원자는 광자보다 훨씬 크고 에너지도 더 크므로, 이것은 돌진해오는 소행성에 기관총을 쏘는 것과 비슷하다. 크기 차이가 상당하더라도 충분히 많은 총탄을 쏘아대면 결국 소행성을 멈추게 할 수 있다. 루비듐 원자에도 바로 그것과 똑같은 일이 일어난다. 사방에서 광자를 충분히 많이 흡수한 루비듐 원자는 속도가 느려지고 느려지고 계속 느려지다가 마침내 온도가 0.0001K(절대 영도보다 불과 0.0001도 높은 온도)까지 냉각되었다.

그렇지만 이 온도조차도 보스-아인슈타인 응축이 일어나기에는 너무 높은 온도이다.(아인슈타인이 왜 그렇게 비관적이었는지 이제 이해가 갈 것이다.) 그래서 콜로라도 대학의 과학자인 에릭 코넬Eric Cornell과 칼 와이먼Carl Wieman은 여기서 두 번째 단계의 냉각을 시작했는데, 자석으로 루비듐 기체에 남아 있는 '뜨거운' 원자들을 계속 반복해서 빨아들였다. 이것은 기본적으로 뜨거운 죽 위에다 바람을 후후 부는 것과 같은 원리인데, 따뜻한 원자들을 밀어냄으로써 물체를 식히는 방법이다. 에너지가 높은 원자들을 제거하자 전체 온도가 내려가기 시작했다. 이것을 천천히, 그리고 한 번에 뜨거운 원자를 조금씩 제거함으로써 두 사람은 온도를 0.000000001K까지 낮출 수 있었다. 그러자 마침내 이 단계에서 루비듐 원자 2000개로 이루어진 시료가 압축되면서 보스-아인슈타인 응축물이 되었다. 이것은 지금까지 우주에서 알려진 것 중 가장 차갑고 끈적끈적하고 연약한 물질 덩어리였다.

그러나 "루비듐 원자 2000개"라는 표현은 보스-아인슈타인 응축물이 지닌 특별한 점을 가리는 효과가 있다. 거기에는 루비듐 원자 2000개보다는 마시멜로 같은 거대한 루비듐 원자 하나가 있는 것처럼 보였다. 이것은 아주 기묘한 물질인데, 왜 보스-아인슈타인 응축이 불확정성 원리와 연결되는지 설명해준다. 여기서도 온도는 단지 원자들의 평균 속도를 측정한 결과이다. 만약 원자들의 온도가 0.000000001K 아래로 내려간다면 원자들의 속도는 아주 느릴 것이다. 즉, 속도의 불확정성이 아주

에릭 코넬(왼쪽)과 칼 와이먼(오른쪽)은 2000개의 루비듐 원자를 냉각시켜 새로운 물질 상태인 보스-아인슈타인 응축물을 만들어냈다. 이 둘은 2001년에 노벨 물리학상을 받았다.

작아진다. 그것은 기본적으로 0에 가깝다. 그리고 그런 척도에서 원자가 나타내는 파동의 성격 때문에 그 위치의 불확정성은 아주 커질 수밖에 없다.

그 불확정성이 아주 크다 보니, 두 과학자가 단호하게 루비듐 원자들을 냉각해 압축하자 원자들이 부풀어오르면서 서로 중첩되더니 마침내 서로의 속으로 사라지고 말았다. 그 결과, 하나의 커다란 유령 같은 '원자'가 생겼는데, 이론적으로는 현미경으로 충분히 볼 수 있을 만큼 넓은 공간을 차지했다(만약 너무 약하지만 않았더라면). 이것이 우리가 현실에서 경험하는 크기의 물체에 영향을 미칠 정도로 불확정성 원리가 확대돼 나타난 유일한 사례라고 말하는 것은 이 때문이다. 이 새로운 물질 상태를 만드는 데 사용한 장비는 10만 달러도 채 들지 않았으며, 보스-아인슈타인 응축물은 겨우 10초 동안만 유지되다가 해체되고 말았다. 그렇지만 그것은 코넬과 와이먼에게 2001년도 노벨상*을 안겨줄 만큼 충분히 긴 시간이었다.

기술이 계속 발전함에 따라 과학자들은 물질을 보스-아인슈타인 응축물로 만드는 데 점점 유리한 수단을 얻게 되었다. 아직까지는 주문을 받자마자 만들 수 있는 단계는 아니지만, 곧 광 레이저보다 수만 배나 강한 초미세 원자 빔이 뻗어나가는 '물질 레이저'를 만들거나 서로를 지나니더라도 고형성을 전혀 잃지 않는 '초고체' 각빙을 만들 날이 올 것이다. 공상과학 같은 일들이 현실이 될 미래에 그러한 것들은 우리 시대의 광 레이저나 초유체처럼 온갖 곳에 쓰이며 감탄을 자아낼 것이다.

영광의 구 :
거품의 과학

주기율표 과학에서 일어난 획기적인 성과들이 모두 보스-아인슈타인 응축처럼 기묘하고 복잡한 물질 상태를 깊이 파고든 것은 아니다. 일상생활에서 흔히 보는 고체와 액체, 기체에서도 가끔 놀라운 비밀이 발견된다. 운과 과학적 영감이 제대로 맞아떨어지기만 한다면 말이다. 전설에 따르면, 역사상 가장 중요한 과학 장비 중 하나는 단지 맥주잔을 기울이면서 발명되었을 뿐만 아니라, 바로 그 맥주잔 때문에 발견되었다고 한다.

맥주 거품에서 얻은 노벨상 아이디어

25세의 말단 교수이던 도널드 글레이저Donald Glaser는 미시간 대학 근처의 술집에 자주 들렀는데, 어느 날 저녁에 맥주잔에서 뽀글거리는 거품을 보다가 입자물리학을 생각하기 시작했다. 1952년이던 그 당시에는 과학자들이 맨해튼 계획과 핵과학에서 얻은 지식을 사용해 카온, 뮤온, 파이온처럼 수명이 아주 짧고 기묘한 입자들을 만들어내고 있었다. 이 입자들은 잘 알려진 양성자와 중성자, 전자의 유령 형제들에 해당했다. 입자물리학자들은 아원자 입자의 동굴 속을 더 깊이 들여다보면, 결국 이 입자들이 물질의 기본 지도로 통용되던 주기율표를 완전히 무너뜨리지 않을까 하는 의문이 들었고, 심지어 은근히 그것을 기대하기까지 했다.

그러나 앞으로 더 나아가려면 무한히 작은 그 입자들을 더 잘 '보고' 그 입자들이 어떻게 행동하는지 추적할 수 있는 방법이 필요했다. 짧은 곱슬머리에 이마가 널찍하고 안경을 낀 글레이저는 맥주를 물끄러미 바라보다가 거품이 그 답이라는 결론을 얻었다. 액체 속에서 발생하는 거품은 결함이 있는 곳이나 주위와 일치하지 않는 곳 주변에 생긴다. 샴페인 잔에 난 미세하게 긁힌 자국이 바로 그런 곳이고, 맥주의 경우에는 액체에 녹아 있는 이산화탄소 집단이 바로 그런 곳이다. 물리학자인 글레이저는 거품 방울은 특히 액체가 가열되어 끓는점에 가까울수록 생기기 쉽다는 사실을 잘 알고 있었다. 실제로 액체를 끓는점 직전의 온도로 유지하면, 마치 누가 액체를 마구 뒤흔드는 것처럼 이내 거품 방울이 거세게 솟아오른다. (영어에서 액체 방울은 bubble, 거품은 foam으로 구별해서 쓰지만, 우리말의 거품은 액체 방울이란 뜻도 있고, 액체 방울들이 모인 거품이란 두 가지 뜻을 모두 지니고 있다. 이 책에서는 어느 쪽으로 쓰든지 별 상관이 없을 때에는 그냥 거품으로 옮겼지만, 특별히 방울을 구별해서 표현해야 할 때에는 거품 방울로 옮겼다.— 옮긴이)

이것으로 일단 출발은 좋았지만, 이 정도는 기초 물리학에 지나지 않았다. 글레이저에게 영광을 가져다준 것은 그 다음 단계의 생각이었다. 카온, 뮤온, 파이온 같은 기이한 입자는 원자핵이 분열할 때 생겨난다.

도널드 글레이저는 입자들의 경로를 관찰할 수 있는 거품 상자를 개발해 노벨상을 받았다.

1952년 당시에는 안개 상자라는 도구가 있었는데, 이것은 차가운 기체 원자들을 표적으로 삼아 원자 어뢰를 아주 빠른 속도로 발사해 충돌시킨 뒤, 거기서 생겨난 입자의 궤적을 추적하는 장치였다. 충돌이 일어난 직후에 안개 상자에 뮤온과 카온을 비롯해 다양한 입자가 나타나면, 입자가 지나간 경로를 따라 기체가 응결하면서 액체 방울로 변했다. 그렇지만 글레이저의 생각에는 기체 대신에 액체를 사용하는 편이 훨씬 나을 것 같았다. 액체는 기체보다 밀도가 수천 배 이상 높으므로 원자총을 액체 수소를 향해 발사한다면 훨씬 많은 충돌이 일어날 것이라고 생각했다. 게다가 만약 액체 수소를 끓는점 바로 아래의 온도로 유지한다면, 유령 입자의 아주 작은 에너지도 액체 수소를 글레이저의 맥주처럼 확 끓어오르게 할 것이다. 또 입자들의 경로를 사진으로 찍으면, 입자의 크기와 전하에 따라 그 경로에 어떤 차이가 나는지 측정할 수 있을 것 같았다. 전설에 따르면, 맥주잔의 마지막 거품 방울을 비울 즈음에 글레이저가 이 모든 것을 생각했다고 한다.

이것은 과학자들이 오랫동안 믿어온 세렌디피티serendipity(완전히 우연한 일에서 중대한 발견이나 발명이 이루어지는 것)에 해당하는 사례였다. 그렇지만 대부분의 전설이 그렇듯이 이 이야기는 완전히 정확한 게 아니다. 글레이저가 거품 상자를 발명한 것은 사실이지만, 술집에서 냅킨 위에다 긁적거려 발명한 게 아니라, 연구실에서 신중한 실험을 한 끝에 발명했다. 그런데 다행히도 진실은 전설보다 훨씬 더 기묘한 이야기를 담고 있다. 글레이저는 거품 상자를 위에서 설명한 것과 같은 원리로 설계했지만, 한 가지를 더 추가했다.

정확한 이유는 아무도 모르지만(아마도 대학생 시절에 느꼈던 맥주에 대한 열정이 아직 남아 있었던 게 아닐까?), 이 젊은이는 원자총을 발사할 최상의 액체를 수소가 아니라 맥주로 선택했다. 그는 실제로 맥주가 입자

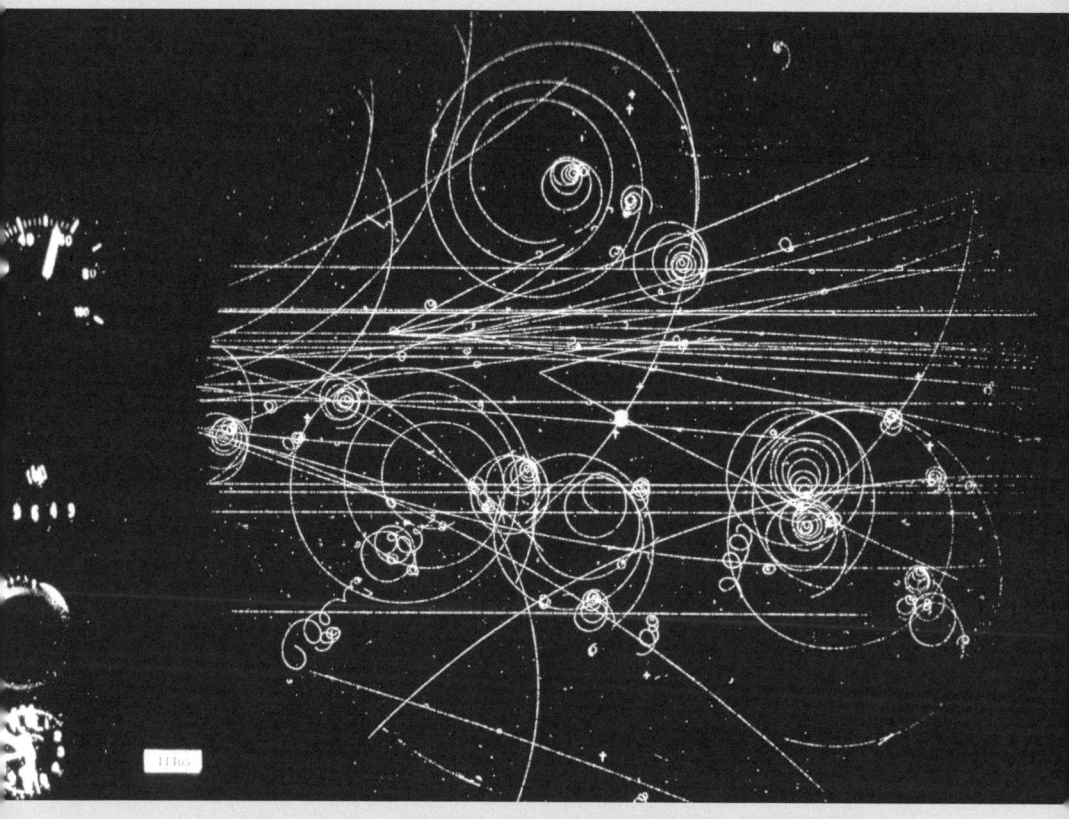

소립자는 거품 상자를 지나갈 때 크기와 전하에 따라 각각 다른 소용돌이와 나선 경로를 그린다. 그 경로는 아주 차가운 액체 수소 속에 생기는 거품들로 나타난다. (CERN)

물리학에 획기적인 돌파구를 열어줄 것이라고 생각했다. 밤중에 6개들이 버드와이저 맥주를 몰래 연구실로 가져와 일부는 골무만 한 비커에 따르고 일부는 자신의 뱃속으로 들이켜고는, 맥주를 끓기 직전까지 가열한 뒤 거기에 원자를 충돌시켜 기묘한 소립자들을 만들어내는 그의 모습을 상상해보라.

그렇지만 애석하게도 맥주 실험은 실패로 끝났다. 연구실 동료들도 증발한 알코올 냄새를 그다지 좋아하지 않았다. 글레이저는 이에 굴하지 않고 실험을 더 정교하게 설계한 뒤, 동료인 루이스 알바레즈(공룡의 멸종 원인으로 소행성 충돌설을 주장하여 유명해진 과학자)와 함께 결국 수소가 가장 이상적인 액체라고 결론 내렸다. 액체 수소는 $-252.87°C$에서 끓기 때문에, 아주 적은 양의 열이라도 거품이 확 일어날 수 있다. 또 가장 단순한 원소인 수소는 입자들이 충돌할 때 다른 원소(또는 맥주)가 야기할 수 있는 귀찮은 문제도 피할 수 있다. 글레이저가 개선한 '거품 상자'는 단기간에 아주 많은 통찰력을 제공하여, 1960년에 그는 〈타임〉이 '올해의 인물'로 선정한 15인 중 한 사람으로 뽑혔다. 15인 중에는 라이너스 폴링과 윌리엄 쇼클리, 에밀리오 세그레도 포함돼 있었다. 또한 글레이저는 33세라는 비교적 젊은 나이에 노벨상을 수상했다. 그 무렵에 버클리로 옮겨간 글레이저는 노벨상 시상식에 참석하기 위해 에드윈 맥밀런과 세그레의 흰색 조끼를 빌렸다.

거품과 우주의 나이

평소에 거품 방울은 필수 과학 도구로 간주되는 일이 드물다. 자연에 흔하게 존재하고 만들기가 아주 쉬운데도 불구하고(어쩌면 그 때문에), 거품 방울은 오랫동안 그냥 장난감 정도로 취급받았다. 그러나 20세기에 물리학이 주도적인 과학으로 부상하면서 물리학자들은 갑자기 우주의 가장 기본적인 구조들을 탐구하는 데 이 장난감이 많은 일을 할 수 있다는 사실을 깨달았다. 그리고 생물학 분야에서 획기적인 진전이 일어나고 있는 지금은 생물학자들이 우주에서 가장 복잡한 구조인 세포의 발달을 연구하는 데 거품을 이용하고 있다. 거품 방울은 모든 분야의 실험에 경이로운 자연 실험실이 될 수 있다는 것이 입증되었고, 최근의 과학사는 이 '영광의 구'에 대한 연구를 하나의 지표로 삼아 읽을 수 있다.

거품 방울을(거품 방울들이 서로 겹쳐 구의 형태를 잃은 상태인 거품도) 쉽게 만드는 원소 중 하나는 칼슘이다. 세포와 조직의 관계는 거품 방울과 거품의 관계와 같으며, 우리 몸에서 가장 좋은 거품 구조의 예(침을 제외한다면)는 해면뼈이다. 우리는 흔히 거품의 강도를 면도 크림 정도에 불과한 것으로 생각하지만, 공기가 들어간 물질이 마르거나 냉각되면 마치 비누 거품이 단단하게 언 것처럼 딱딱하게 굳는다. NASA는 대기권에 재진입하는 우주 왕복선을 보호하기 위해 특별한 거품을 사용하며, 칼슘이 많이 함유된 뼈는 이와 비슷하게 튼튼하면서도 가벼운 구조로 이루어져 있다. 게다가 조각가들은 수천 년 전부터 칼슘을 많이 함유해 유연하면서도 튼튼한 대리석이나 석회암 같은 암석으로 비석이나 오벨리스크, 우상 등을 만들어왔다. 이 암석들은 아주 작은 바다 동물이 죽고 나서 칼슘이 주성분인 껍데기가 해저 바닥에 가라앉아 쌓여서 만들어진다. 뼈와 마찬가지로 껍데기도 구멍이 많이 나 있지만, 칼슘의 화학은 그 강도를 높여준다. 빗물과 같은 천연의 물은 대부분 산성을 약간 띤 반면, 칼슘을 포함한 광물은 염기성을 약간 띤다. 칼슘 광물의 구멍 속으로 물이 흘러 들어가면, 물과 칼슘이 학교에서 하는 모형 화산 실험처럼 반응하면서 이산화탄소가 소량 발생하는데, 이 이산화탄소는 암석을 무르게 만든다. 석회암 지대에서 빗물과 칼슘 사이의 반응이 지질학적

규모로 일어나면, 종유굴이라 부르는 큰 구멍이 생긴다.

칼슘 거품은 해부학과 미술을 넘어 세계 경제와 제국에도 큰 영향을 미쳤다. 영국 남해안에는 칼슘 성분이 풍부한 동굴이 많은데, 이것들은 천연 동굴이 아니고, 기원전 55년경에 석회암을 사랑하던 로마인이 도착해 석회암을 파내가면서 생기기 시작했다. 율리우스 카이사르가 보낸 정찰대가 오늘날의 영국 비어 근처에서 매력적인 크림색 석회암을 발견한 후, 이곳 석회암은 대규모로 잘려나가 로마의 건물 정면을 장식하는 데 쓰였다. 비어에서 캐낸 영국 석회암은 훗날 버킹엄 궁전, 런던 탑, 웨스트민스터 대성당을 짓는 데에도 쓰였다. 이렇게 석회암을 많이 파다 보니 해안 절벽에는 커다란 동굴들이 남게 되었다. 1800년 무렵에는, 이곳에서 배를 띄우고 미로 같은 동굴에서 숨바꼭질을 하며 자란 사내아이들이 훗날 어른이 된 뒤 밀수업에 뛰어들어 어린 시절의 숨바꼭질 놀이를 계속 이어갔다. 그들은 속도가 빠른 커터cutter(외돛대의 소형 범선)로 노르망디 지역에서 실어온 프랑스산 브랜디, 바이올린, 담배, 실크 등을 석회암 동굴에 숨겼다.

영국 정부가 나폴레옹을 괴롭히기 위해 프랑스산 상품에 과도한 세금을 매기는 바람에 수입 상품의 공급 부족으로 거품 수요까지 발생하자, 밀수꾼(혹은 그들끼리 사용하는 우아한 호칭인 자유 무역업자)의 사업은 날로 번창했다. 밀수를 막기 위해 막대한 돈을 들여 해안 경비대를 유지했는데도 별 효과가 없자, 결국 영국 의회는 1840년대에 통상법을 고쳐 자유화하기로 결정했다. 그 결과로 실질적인 자유 무역이 이루어지자, 그에 따른 경제적 번영으로 영국은 해가 지지 않는 세계 제국을 건설할 수 있었다.

이 모든 역사를 고려한다면, 거품의 과학도 오랜 전통을 자랑할 것 같지만 그렇지 않다. 벤저민 프랭클린(기름이 왜 거품이 이는 물을 잔잔하게 하는지 그 이유를 알아낸 과학자)과 로버트 보일(거품이 이는 요강의 신선한 오줌을 가지고 실험을 하고, 심지어 맛보는 것도 좋아한 과학자) 같은 뛰어난 과학자들도 거품을 잠깐 연구했다. 그리고 초기의 생리학자들은 가끔 반쯤 해부당해 반쯤 살아 있는 개의 혈액 속에 기체 방울을 집어넣는 실험을 했다. 그러나 과학자들은 대체로 거품의 구조나 형태를 비롯해 거품 자체는 무시했으며, 거품 연구는 지적으로 열등하다고 업신여기던 분야('직관적 과학'이라고 부를 수 있는 것)로 넘겼다. 직관적 과학은 병적 과학은 아니며, 자연 현상을 연구하긴 하지만 통제된 실험보다는 직감이나 책력에 더 많이 의존하는 말 육종이나 원예 같은 분야를 말한다. 거품을 자세히 연구한 직관적 과학은 조리 분야였다. 제빵업자나 양조업자는 옛날부터 빵을 발효시키고 맥주에 탄산을 발생시키는 데 효모(원시적인 거품 제조 장치라 할 수 있는 것)를 사용해왔다. 그런데 18세기에 유럽의 고급 식당 요리사들이 달걀 흰자위를 휘저어 거품을 일으키는 방법을 알아내 오늘날 우리가 즐기는 머랭, 구멍이 숭숭 뚫린 치즈, 휘핑크림, 카푸치노 등을 만들기 시작했다.

그렇지만 요리사와 화학자는 여전히 서로를 신뢰하지 않았는데, 화학자는 요리사를 체계적 교육을 받지 못한 비과학적인 사람으로 여긴 반면, 요리사는 화학자를 감성이 빈곤하고 흥을 깨는 사람으로 여겼다. 1900년 무렵에 와서야 거품의 과학은 서로 합쳐져 비로소 제대로 평가받는 분야가 되었지만, 그 일을 주도한 어니스트 러더퍼드와 켈빈 경Lord Kelvin은 자신들의 연구가 장차 어떤 결과를 낳을지 짐작조차 하지 못했다. 사실, 러더퍼드는 무엇보다도 그 당시 주기율표에서 아주 어둡고 깊은 곳을 탐구하는 데 관심을 기울였다.

러더퍼드는 1895년에 뉴질랜드에서 케임브리지 대학으로 옮긴 직후 방사능 연구에 몰두했다. 그 당시 방사능 연구는 지금의 유전공학이나 나노기술만큼 첨단을 달리는 분야였다. 러더퍼드는 세세한 것을 꼼꼼하게 계산하는 것이 적성에 맞지 않아 실험 과학 쪽을 택했다. 시골에서 메추라기를 사냥하고 감자를 캐면서 자라난 그는 케임브리지 대학 시절에 로브를 걸친 교수들 사이에 있으면 "사자 가죽을 걸친 당나귀" 같은 느낌이 들었다고 회상했다. 그는 바다코끼리처럼 코밑수염을 기른 채 방사성 시료를 호주머니에 넣어 날랐으며, 악취를 풍기는 시가와 파이프 담배를 피웠다. 그는 연구실에서 괴상한 완곡어법(아마도 독실한 기독교인인 아내가 욕을 내뱉지 말라고 주의를 주었기 때문일 것이다)과 아주 외설적인 욕설을 내뱉는 버릇이 있었는데, 실험 장비들이 제대로 작동하지 않으면 성질을 자제하기 힘들었다. 그러고 나서는 욕설을 한 것을 만회하려는 듯이 'Onward, Christian Soldiers(믿는 사람들은 군병 같으니)'라는 노래를 엉망인 가락으로 부르면서 어두침침한 연구실을 행진했다. 이렇게 말하니 러더퍼드가 무슨 사람 잡아먹는 귀신처럼 보일 수도 있겠지만, 그의 연구에서 빛나는 특징은 우아함이었다. 물리학 실험 장비로 자연의 비밀을 이끌어내는 능력은 과학사 전체를 통틀어 그를 능가할 사람이 없었다. 그리고 한 원소가 어떻게 다른 원소로 변하는지 그 수수께끼를 풀기 위해 그가 사용한 우아한 방법은 어느 누구도 따라가기 어렵다.

케임브리지에서 몬트리올로 옮겨간 뒤에 러더퍼드는 방사성 물질이 어떻게 주변의 공기를 더 많은 방사능으로 오염시키는지 호기심을 느꼈다. 그것을 조사하면서 마리 퀴리의 연구를 바탕으로 하긴 했지만, 뉴질랜드 시골 출신의 러더퍼드는 마리보다 훨씬 더 꼼꼼하고 신중했다. 마리 퀴리는 방사성 원소는 '순수한 방사능'으로 이루어진 일종의 기체를 방출하며, 마치 전구가 빛으로 공기를 덮듯이 그것이 공기를 이온화시킨다고 했다. 러더퍼드는 '순수한 방사능'이 실제로는 자체 방사능을 지닌 미지의 기체 원소가 아닐까 의심했다. 그 결과, 마리 퀴리가 극소량의 라듐과 폴로늄 시료를 얻기 위해 수천 kg의 피치블렌드를 끓여 졸이면서 몇 달을 보낸 반면, 러더퍼드는 지름길이 있음을 직감하고 자연에 그 일을 맡겼다. 방출된 기포를 붙들기 위해 방사성 시료 위에 비커를 거꾸로 씌워놓은 채 연구실을 떠났다가 돌아와 보니, 자기가 원하던 방사성 물질이 다 있었다. 러더퍼드와 협력 연구자인 프레더릭 소디Frederick Sody는 곧 방사능을 띤 거품 방울이 새로운 원소인 라돈임을 증명했다. 그리고 라돈 시료의 부피가 커질수록 비커 아래에 둔 시료의 부피가 반비례해 줄어드는 것으로 보아 한 원소가 다른 원소로 변하는 일이 일어난다는 사실도 알아냈다.

러더퍼드와 소디는 새로운 원소를 발견했을 뿐만 아니라, 원소가 붕괴하면서 주기율표에서 이리저리 돌아다닐 수 있다는 사실도 발견했다. 원소는 방사성 붕괴를 하면서 주기율표에서 옆으로 이동하거나 칸들을 건너뛸 수도 있었다. 이것은 아주 놀라운 사실이었으나, 과학의 권위를 모독하는 사실이기도 했다. 그동안 과학은 납을 금으로 바꿀 수 있다고 주장하던 연금술사가 틀렸음을 증명하고 파문함으로써 발전해왔으나, 러더퍼드와 소디는 이제 그것이 가능하다고 주장했다. 마침내 자기 눈앞에서 벌어지고 있는 일을 이해하게 된 소디가 외쳤다. "러더퍼드, 이건 원소 변환이에요!" 그러자 러더퍼드는 경기를 일으켰다.

"오, 제발 소디! 그걸 원소 변환이라고 부르지 말게나! 그랬다간 우릴 연금술사로 몰아 목을 치려고 할 걸세!"

그 라돈 시료는 얼마 후 훨씬 놀라운 과학을 탄생시키는 데 기여했다. 러더퍼드는 방사성 원소에서 나와 날아다니는 작은 입자들을 임시로 알파 입자라고 불렀다.(그는 베타 입자도 발견했다.) 방사성 붕괴를 한 원소들을 세대별로 무게 차이를 측정한 결과, 알파 입자가 실제로는 끓는 액체에서 빠져나오는 기포처럼 방사성 원소에서 탈출한 헬륨 원자핵이 아닐까 하는 의심이 들었다. 만약 이게 사실이라면, 원소들은 전형적인 보드 게임의 말처럼 주기율표 위에서 두 칸씩 건너뛰며 변할 수 있다는 이야기가 된다. 만약 우라늄이 헬륨 원자핵을 계속 방출한다면, 우라늄은 마치 뱀 주사위 게임에서 행운의 이동을 하는 것처럼 주기율표의 한쪽 끝에서 반대쪽 끝으로 이동할 수 있을 것이다.

이 가설이 옳은지 검증하기 위해 러더퍼드는 물리학과에서 일하는 유리 직공에게 유리구 두 개를 만들어달라고 부탁했다. 하나는 비눗방울처럼 얇았는데, 거기에 라돈을 펌프질해 집어넣었다. 더 두껍고 지름도 더 큰 두 번째 유리구로는 첫 번째 유리구를 에워쌌다. 알파 입자는 첫 번째 유리구 껍데기를 뚫고 나갈 만큼 충분히 큰 에너지를 가졌지만 두 번째 유리구는 뚫고 나가지 못해 두 유리구 사이의 진공 공간에 갇혔다. 며칠이 지난 뒤에도 이것은 전혀 대단한 실험처럼 보이지 않았다. 갇힌 알파 입자는 색깔도 없고 아무런 일도 하지 않았기 때문이다. 그때 러더퍼드가 진공 공간에 전류를 흘려주었다. 도쿄나 뉴욕같은 대도시를 여행해본 사람이라면 어떤 일이 일어났는지 짐작할 것이다. 모든 비활성 기체와 마찬가지로 헬륨도 전기 에너지를 받아 들뜬 상태가 되면 빛을 낸다. 러더퍼드가 실험하던 수수께끼의 입자는 헬륨 특유의 초록색과 노란색 빛을 내기 시작했다. 러더퍼드는 초기의 '네온등'을 이용해 알파 입자가 방사성 붕괴 과정에서 탈출한 헬륨 원자핵이란 사실을 증명한 것이다. 그것은 그의 우아한 연구 방법과 극적인 과학에 대한 그의 믿음을 보여주는 완벽한 예였다.

러더퍼드는 알파 입자와 헬륨 원자핵 사이의 관계를 1908년 노벨상 시상식 때 수락 연설을 하면서 발표했다.(러더퍼드는 자신이 직접 노벨상을 받는 데 그치지 않고, 훗날 노벨상을 수상한 11명의 제자를 가르치고 훈련시켰다. 그중에서 맨 마지막 수상자는 러더퍼드가 죽은 지 40년도 더 지난

1978년에 상을 받았다. 이것은 700여 년 전에 칭기즈 칸이 수백 명의 자녀를 낳은 이래 가장 놀라운 후손 생산이 아닐까?) 이 발표에 노벨상 시상식에 참석한 청중은 열광하면서 환호했다. 그렇지만 스톡홀름에 모인 청중 가운데 많은 사람은 러더퍼드의 헬륨 연구가 즉각 어떤 곳에 실용적으로 응용될지 깨닫지 못했다. 그러나 궁극적인 실험주의자인 러더퍼드는 정말로 위대한 연구는 어떤 이론을 입증하거나 부정하는 데 그치지 않고, 더 많은 실험을 낳는 계기가 된다는 사실을 알고 있었다. 특히 알파 입자와 헬륨 원자핵 실험은 지구의 실제 나이를 둘러싼 신학과 과학 사이의 케케묵은 논쟁을 종결짓게 해주었다.

지구의 나이를 나름의 근거를 바탕으로 계산한 최초의 추정치는 1650년에 아일랜드 대주교 제임스 어셔 James Ussher가 성경에 나오는 인물들의 나이와 족보를 가지고 한 것이다("……스룩은 삼십 세 되던 해에 나홀을 낳았다. 스룩은 나홀을 낳은 뒤 이백 년 동안을 더 살면서 아들딸을 낳았다…… 나홀은 이십구 세 되던 해에 데라를 낳았다. 나홀은 데라를 낳은 뒤 백십구 년 동안을 더 살면서 아들딸을 낳았다" 같은 구절을 이용했다). 그렇게 해서 어셔는 하느님이 기원전 4004년 10월 23일에 지구를 창조했다고 계산했다. 어셔는 자신이 구할 수 있는 모든 자료를 바탕으로 최선을 다했지만, 수십 년이 지나기도 전에 대부분의 과학 분야에서 그 값은 실제 나이보다 터무니없이 작은 것으로 드러났다. 물리학자는 열역학 방정식을 사용함으로써 어떤 추정 결과에 대해 정확한 수치를 계산할 수 있다. 물리학자는 냉장고에 넣어둔 뜨거운 커피가 식는 것처럼 지구가 아주 차가운 우주 공간으로 계속 열을 잃는다는 사실을 알고 있었다. 이렇게 잃는 열의 양을 측정한 뒤, 그것을 대입해 지구의 모든 암석이 녹아 있던 때까지 역산을 하면 지구가 탄생한 날짜를 구할 수 있었다. 19세기에 큰 명성을 날린 과학자 윌리엄 톰슨 William Thomson(켈빈 경으로 널리 알려진 과학자)은 이 문제를 푸느라 수십 년 동안 매달린 끝에 19세기 말에 지구는 약 2000만 년 전에 탄생했다고 발표했다.

그것은 인간 이성의 승리처럼 비쳤으나, 어셔의 추정과 마찬가지로 지구의 실제 나이와는 큰 차이가 있었다. 1900년 무렵에 러더퍼드는 물리학이 명성이나 영광 면에서 여타 과학 분야보다 월등함을 알아차렸지만(러더퍼드는 "과학에는 오직 물리학만 있을 뿐이고 나머지는 그저 우표 수집에 지나지 않는다"라고 말하곤 했다. 그렇지만 훗날 노벨 화학상을 수상하자 그 말을 도로 삼켜야 했다), 이 경우에는 물리학이 옳다고 느껴지지 않았다. 찰스 다윈은 미천한 세균에서 사람이 진화하는 데 겨우 2000만 년밖에 걸렸을 리가 없다고 설득력 있게 주장했고, 스코틀랜드 지질학자 제임스 허턴James Hutton을 지지하는 사람들은 그렇게 짧은 시간에 산맥이나 계곡이 생겼을 리가 없다고 주장했다. 그렇지만 켈빈 경의 확고한 계산을 뒤집어엎는 계산을 내놓은 사람은 아무도 없었다. 러더퍼드가 우라늄 광석에서 헬륨 거품 방울을 찾기 전까지는 그랬다.

어떤 암석 속에서는 우라늄 원자가 알파 입자(양성자 2개와 중성자 2개로 이루어진)를 방출하면서 90번 원소인 토륨으로 변환한다. 그리고 토륨은 다시 알파 입자를 방출하면서 88번 원소인 라듐으로 변환한다. 라듐도 다시 알파 입자를 방출하고 86번 원소인 라돈으로 변환한다. 그리고 같은 방식으로 라돈은 84번 원소인 폴로늄으로 변환하고, 폴로늄은 안정한 82번 원소인 납으로 변환한다. 이것은 잘 알려진 방사성 붕괴 계열이다. 그런데 러더퍼드는 여기서 이렇게 방출된 알파 입자들이 암석 속에서 작은 헬륨 거품 방울(기포)을 만들 것이라는 영감이 퍼뜩 떠올랐다. 여기서 중요한 사실은 헬륨은 다른 원소와 결코 반응하지 않으며 끌려가지도 않는다는 점이다. 따라서 석회암 속의 이산화탄소와 달리 헬륨은 정상적으로는 암석 속에 존재할 수 없다. 그렇다면 암석 속에 존재하는 헬륨은 모두 방사성 붕괴의 결과로 생긴 게 분명하다. 암석 속에 헬륨이 많이 존재한다면 그 암석은 아주 오래되었다는 것을 뜻하고, 반대로 그 양이 적으면 생긴 지 얼마 안 된다는 뜻이다.

러더퍼드는 자신이 33세, 켈빈이 80세가 된 1904년까지 몇 년 동안 이 과정에 대해 계속 생각했다. 켈빈은 그동안 과학에 많은 기여를 했지만, 이제 나이가 들다 보니 정신이 흐릿해졌다. 주기율표의 모든 원소는 가장 깊은 척도에서는 여러 가지 모양으로 꼬인 '에테르 매듭'이라고 주장한 것처럼 흥미로운 새 가설을 내놓을 수 있는 시절은 이미 지나갔다. 그의 과학에서 가장 치명적인 단점은 불안하고 두렵기까지 한 방사능 과학을 자신의 세계관에 결코 포함시키려 하지 않은 데 있었다.(이전에 마리 퀴리가 어둠 속에서 빛나는 원소를 보여주려고 그를 벽장으로 끌고 간 것도 이 때문이었다.) 이와는 대조적으로 러더퍼드는 지각에서 발생하는 방사능이 여분의 열을 만들어낸다는 사실을 깨달았는데, 그렇게 되면 지구의 열이 단순히 우주 공간으로 빠져나가기만 한다고 가정한 켈빈의 이론에 금이 갈 수밖에 없었다.

자신의 생각에 흥분한 러더퍼드는 케임브리지 대학에서 강연을 통해 그것을 발표하기로 했다. 그러나 정신이 아무리 흐릿해졌다 하더라도 켈빈은 여전히 과학 정치계에서 거물이었고, 그가 자부하는 계산이 틀렸다고 대놓고 이야기했다간 러더퍼드의 경력이 위태로울 수 있었다. 러더퍼드는 연설을 신중하게 시작했는데, 다행히도 얼마 지나지 않아 앞줄에 앉아 있던 켈빈이 꾸벅꾸벅 졸기 시작했다. 러더퍼드는 서둘러 결론을 향해 이야기를 이끌어갔는데, 켈빈의 연구 중 핵심 부분을 건드려야 할 바로 그 시점에 켈빈이 잠에서 깨어나 정신을 차렸다.

진퇴양난의 위기에 몰린 러더퍼드에게 순간 켈빈의 논문에서 읽었던 구절이 생각났다. 거기서 켈빈은 지구의 나이에 대한 자신의 계산은 누가 지구 내부에서 "다른 열원을 발견하지 않는 한" 옳다고 말했다. 러더퍼드는 바로 그 사실을 언급하면서 방사능이 그 숨어 있던 열원일지 모른다고 말했다. 따라서 수십 년 전에 켈빈이 방사능의 발견을 예측한 것이라고 켈빈을 띄워주었다. 그것은 정말로 대단한 천재성이라며 켈빈을 칭찬하자, 켈빈은 기분 좋은 표정으로 청중을 슬쩍 훑어보았다. 그는 러더퍼드가 헛소리를 한다고 생각했지만, 자기에게 보낸 찬사가 싫진 않았다.

러더퍼드는 그 뒤 조용히 지내다가 1907년에 켈빈이 죽고 나자 곧 헬륨과 우라늄 사이의 관계를 증명했다. 이제 더 이상 과학계의 정치에 대해 눈치 볼 것이 없어지자(사실, 그 자신이 과학계의 거물이 되었고, 나중에는 주기율표의 104번 칸에 자신의 이름을 딴 러더포듐이 오르는 영예까지 얻었다) 러더퍼드는 원시 시대의 우라늄 암석 속에 든 미세한 기포에서 헬륨을 추출해 지구의 나이가 최소한 5억 년은 된다는 결론을 얻었다. 이것은 켈빈이 얻은 값보다 25배나 더 긴 것이었고, 실제 지구 나이와 비교해 10분의 1의 오차 안에 든 최초의 추정치였다. 몇 년 지나지 않아 암석을 다루는 데 더 전문가인 지질학자들이 암석에 포함된 헬륨을 분석하는 방법으로 지구의 나이가 최소한 20억 년은 되었다는 결과를 얻었다. 이 값은 실제 나이에 비하면 아직도 절반밖에 안 되는 것이었지만, 방사성 암석 속에 들어 있는 미소한 비활성 거품 방울 덕분에 인류는 마침내 우주의 놀라운 나이를 대충 가늠할 수 있게 되었다.

다양한 거품의 과학

러더퍼드의 연구 이후에 암석 속에서 원소들의 작은 거품 방울을 찾는 것이 지질학 분야의 표준 연구 방법으로 자리 잡았다. 특히 지르콘이란 광물을 조사한 연구에서 좋은 결과가 나왔는데, 지르콘에는 40번 원소 지르코늄이 주성분으로 포함돼 있다.

지르콘은 화학적 이유 때문에 아주 단단하다. 주기율표에서 티탄 바로 아래에 위치하고 있으며, 진짜와 구별하기 힘든 모조 다이아몬드를 만드는 데 사용된다. 석회암처럼 무른 암석과 달리 많은 지르콘은 지구의 초기 시대 이래 지금까지 살아남았는데, 더 큰 암석 속에 양귀비씨 같은 단단한 알갱이로 박혀 있는 경우가 많다. 지르콘은 독특한 화학적 성질 때문에 아득한 옛날에 지르콘 결정이 생성될 때 곁을 지나가는 우라늄을 빨아들여 자신의 내부에 원자 거품 방울로 보관했다. 반면에 지르콘은 납을 아주 싫어해 이 원소를 밖으로 쫓아냈다(유성과는 정반대로). 물론 그런 행동은 오래 지속되지 못했다. 우라늄이 붕괴하여 납으로 변하기 때문인데, 지르콘은 이렇게 생긴 납을 쫓아내는 데에는 어려움을 겪었다. 따라서 오늘날 납을 싫어하는 지르콘 내부에 남아 있는 납은 우라늄의 붕괴 생성물이다. 그렇다면 지르콘 내부에 남아 있는 납과 우라늄의 비율을 측정하기만 하면, 지구가 탄생한 시점을 간단히 계산할 수 있다. 과학자들이 "세상에서 가장 오래된 암석"(지르콘이 가장 오래 살아남아 있는 장소인 오스트레일리아나 그린란드에서 발견된 것일 가능성이 높다) 기록을 발표할 때마다 그 나이를 알아내는 데 지르콘-우라늄 거품 방울을 사용했다고 보면 거의 틀림없다.

다른 분야들도 거품을 하나의 패러다임으로 받아들이기 시작했다. 글레이저는 1950년대에 거품 상자로 실험을 하기 시작했고, 거의 같은 시기에 존 아치볼드 휠러John Archibald Wheeler 같은 이론물리학자들은 우주가 가장 근본적인 척도에서는 거품이라고 이야기하기 시작했다. 원자보다도 수백억×수조 배나 작은 그러한 척도에서는 "원자와 입자 세계의 유리처럼 반반한 시공간은 사라지고, 기묘한 시공간 기하학이 소용돌이

치는 카오스로 대체될 것이다…… 그곳에는 문자 그대로 좌우도 앞뒤도 없다. 일반적인 길이라는 개념도 사라지고 만다. 일반적인 시간이라는 개념 역시 증발하고 만다. 이러한 상태에 대해 나는 양자 거품quantum foam이란 용어보다 더 좋은 용어가 생각나지 않는다." 오늘날 일부 우주론자들은 그러한 거품에서 무한히 작은 나노거품 하나가 떨어져나와 기하급수적으로 팽창하면서 우리가 존재하는 전체 우주가 시작되었다고 말한다. 이것은 실제로 근사한 이론이고, 많은 것을 설명해준다. 그러나 안타깝게도 왜 그런 일이 일어났는지는 설명하지 못한다.

휠러의 양자 거품 개념의 지적 계통을 거슬러 올라가면 고전적인 일상 세계의 최고 물리학자 켈빈에게 연결된다는 사실이 아이러니처럼 보인다. 켈빈이 거품의 과학을 발명한 것은 아니다. 그것은 조제프 플라토Joseph Plateau라는 눈먼 벨기에인이 발명했다. 그렇지만 켈빈은 비눗방울 하나를 관찰하면서도 한평생을 보낼 수 있다는 것과 같은 이야기를 함으로써 거품의 과학을 대중화하는 데 크게 기여했다. 사실 그 발언은 솔직한 게 아니었는데, 그의 실험 일지에 따르면, 그가 한 거품 연구의 개요는 어느 날 아침에 침대에 누운 채 끼적거린 것이었고, 그것에 대해 쓴 논문도 짧은 것 한 편뿐이었기 때문이다. 그렇지만 빅토리아 시대의 이 위대한 과학자가 흰 턱수염을 휘날리며 국자에 소형 박스 스프링을 붙인 것처럼 보이는 도구로 물과 글리세린이 담긴 통을 철벅거리면서 수많은 비눗방울을 만들어냈다는 것처럼 흥미진진한 이야기들이 전해지고 있다. 그런데 박스 스프링의 코일이 사각기둥 모양이었기 때문에 만들어진 비눗방울은 육면체 모양이었다.

켈빈의 연구는 후대의 과학에도 영감을 주었다. 생물학자 다시 웬트워스 톰프슨D'Arcy Wentworth Thompson은 켈빈의 거품 생성에 관한 정리를 세포 발달에 적용해 1917년에 『성장과 형태에 관해서On Growth and

Form』라는 획기적인 책을 썼다. 이 책은 한때 "영어로 쓰인 과학 기록 가운데 최고의 문학 작품"이란 평가를 받았다. 현대적인 세포생물학은 바로 여기서 출발했다. 게다가 최근의 생화학 연구 결과들은 거품이 생명 자체의 효율적 도구임을 시사한다. 최초로 출현한 복잡한 유기 분자들은 흔히 생각하듯이 파도치는 바다에서 생겨난 것이 아니라, 북극 지방 같은 얼음에 갇힌 거품 방울 속에서 생겨났을지도 모른다. 물은 상당히 무겁기 때문에 물이 얼 때에는 녹아 있던 유기 분자 같은 '불순물'을 내보내 거품 방울 속으로 보낸다. 이러한 거품 방울들의 농도와 압축이 충분히 크면 이 분자들이 합쳐져 자기 복제 계들이 만들어졌을 수 있다. 게다가 그것이 아주 좋은 방법이란 걸 알아챈 자연은 그 뒤로 거품의 청사진을 표절했다. 최초의 유기 분자가 얼음 속이건 바닷속이건 어디서 생겨났든지 간에, 최초의 원시 세포들은 단백질이나 RNA, DNA를 둘러싸 그것이 씻겨가거나 부서지는 걸 막아준 거품 방울 같은 구조였던 게 틀림없다. 약 40억 년이 지난 지금도 세포들은 기본적으로 거품 방울 설계를 유지하고 있다.

켈빈의 연구는 군사과학에도 영감을 주었다. 제1차 세계 대전 때 레일리Rayleigh는 잠수함의 나머지 함체는 멀쩡한데도 프로펠러가 쉽게 분해되어 부서지는 절박한 문제를 해결하는 데 매달렸다. 조사 결과, 회전하는 프로펠러가 만들어내는 거품이 빙빙 돌면서 설탕이 치아를 공격하듯이 프로펠러의 금속 날을 공격해 그런 결과를 빚어내는 것으로 밝혀졌다. 잠수함 과학은 거품 연구에 또 다른 돌파구를 열어주었다. 비록 그 당시에는 이 조사 결과가 옳은 것으로 판명될 전망이 그다지 밝지 않았고, 심지어 믿을 수 없는 것으로 보이긴 했지만. 독일의 U 보트에 대한 기억 때문에 1930년대에는 수중 음파 탐지기 연구가 크게 유행했다. 제트 엔진 수준의 소음으로 수조를 흔들면, 거기서 나타나는 거품이 가끔 붕괴하면서 파란색 또는 초록색 빛을 낸다는 사실을 발견한 연구팀이 최소한 두 팀 있었다. 잠수함을 격침하는 데 더 관심이 컸던 과학자들은 이 음파 발광 현상을 깊이 연구하지 않았으나, 그것은 50년 동안 과학자들 사이에서 재미를 위한 일종의 마술 묘기처럼 전해 내려왔다.

    1980년대 중반에 한 동료가 세스 퍼터먼Seth Putterman을 약올리지 않았더라면 그 연구는 그 수준에 머물러 있었을 것이다. 퍼터먼은 로스앤젤레스의 캘리포니아 대학UCLA에서 엄청나게 어려운 분야인 유체역학을 연구하고 있었다. 어떤 면에서 과학자들은 하수관에서 소용돌이치며 쏟아져나오는 물의 움직임보다는 아주 멀리 떨어진 은하에 대해 더 잘 안다고 말할 수 있다. 그 동료는 퍼터먼에게 그러한 무지를 지적하며 조롱했는데, 그러면서 유체역학자들은 음파가 어떻게 거품을 빛으로 변환시키는지조차 설명하지 못할 것이라고 말했다. 퍼터먼에게는 그 이야기가 일종의 도시 전설처럼 들렸다. 그렇지만 퍼터먼은 음파 발광에 관한 얼마 안 되는 연구를 검토한 뒤에 이전의 모든 연구를 내팽개치고 발광 거품 연구에 뛰어들었다.*

    퍼터먼은 저급 기술을 사용해 첫 실험에서는 두 대의 스테레오 스피커 사이에 물이 담긴 비커를 놓고는, 개를 부르는 호루라기에서 나는 것과 비슷한 진동수의 소리를 흘려주었다. 비커에 담가둔 토스터의 전열선이 가열되면서 거품을 만들어내자, 음파가 거품 방울들을 물속에 가두어 뜨게 했다. 그러고 나서 재미있는 일이 일어났다. 음파를 저주파의 골과 고주파의 마루 사이에서 변하게 했더니, 물속에 갇힌 작은 거품 방울들이 낮은 압력에 반응하여 약 1000배나 부풀어올랐다. 마치 풍선이 팽창하여 방 안을 가득 채우는 것 같았다. 음파가 저주파의 골을 지나자, 높은 압력의 전면부가 거품 방울을 짓누르면서 거품 방울의 부피를 약 50만 배나 줄어들게 했는데, 그 힘은 중력보다 약 1000억 배나 강했다.

괴기스러운 빛은 바로 이 초신성 붕괴 같은 현상에서 나오는 것이었다. 무엇보다 놀라운 사실은, '특이점'(이 용어는 블랙홀 연구 분야 밖에서는 잘 쓰지 않는 것이지만) 상태로 짓눌렸는데도 거품 방울이 터지지 않고 형태를 유지한다는 점이었다. 높은 압력이 지나가자, 거품 방울은 다시 나부끼면서 아무 일도 없었다는 듯이 되살아났다. 그리고 나서는 다시 짓눌리면서 빛을 냈는데, 이 과정이 초당 수천 번이나 계속되었다.

퍼터먼은 곧 처음에 사용한 원시적인 장비보다 훨씬 정교한 장비들을 구입해 실험했는데, 그러면서 주기율표의 여러 원소들을 가지고 실험을 해보았다. 정확하게 어떤 것이 거품을 빛나게 하는지 알아내기 위해 여러 가지 기체들을 사용했다. 보통 공기는 파란색과 초록색의 근사한 빛을 내는 반면, 합쳐서 공기의 99%를 차지하는 순수한 질소나 산소는 음파의 세기를 어떻게 변화시켜도 전혀 빛을 내지 않았다. 이 결과에 당황한 퍼터먼은 공기 중에 미량으로 들어 있는 기체들을 거품으로 만들어 실험을 계속하다가 마침내 아르곤이 부싯돌 원소라는 사실을 발견했다.

그런데 아르곤은 비활성 기체이기 때문에 이것은 아주 기묘한 일이었다. 게다가 퍼터먼(그리고 거품을 연구한 다른 과학자들)이 연구한 결과에 따르면, 그 밖에 음파 발광 현상을 나타내는 원소는 아르곤과 같은 족에 속하면서 더 무거운 크립톤과 크세논뿐이었다. 실제로 수중 음파 탐지기를 작동시켰을 때, 크세논과 크립톤은 물속에서 1만 9400°C(태양 표면 온도보다 훨씬 높은)로 끓어오르는 '병 속의 별'을 만들어내면서 아르곤보다 훨씬 더 밝은 섬광을 냈다. 이것 역시 당혹스러운 결과였다. 크세논과 크립톤은 종종 산업에서 불을 끄거나 폭발적인 반응을 진정시키는 데 쓰이는데, 이렇게 무딘 비활성 기체들이 그렇게 강렬한 거품을 만들어낸다고 믿을 만한 이유를 찾기 힘들었다.

다만, 이 원소들의 비활성 자체가 마법을 발휘하는 비밀 자산이라면 이야기가 달라진다. 산소와 이산화탄소를 비롯해 그 밖의 기체들은 거품 속에서 수중 음파 탐지기의 에너지를 이용해 분해되거나 서로 반응할 수 있다. 음파 발광이라는 관점에서 볼 때 이것은 에너지 낭비에 해당한다. 그렇지만 일부 과학자는 비활성 기체가 높은 압력에서 음파 에너지를 흡수한다고 생각한다. 그러고 나서 크세논이나 크립톤 거품 방울은 그 에너지를 발산할 방법이 없어 붕괴하면서 거품 방울 중심부에 그 에너지가 집중된다. 만약 실제로 이런 일이 일어난다면, 비활성 기체의 비반응성이 바로 음파 발광의 열쇠인 셈이다. 그 이유야 무엇이건, 어쨌든 음파 발광과의 연관 관계 때문에 비활성 기체의 기본적인 성질을 다시 고쳐 써야 할지도 모른다.

불행하게도, 이렇게 큰 에너지를 이용하려는 유혹에 빠진 일부 과학자(퍼터먼도 포함해)는 이 연약한 거품의 과학을 모든 시대를 통틀어 가장 큰 인기를 끈 병적 과학의 사촌인 탁상 핵융합 반응(이것은 온도 때문에 저온 핵융합 반응이 아니다)과 연결 지으려 했다. 과학자들이 거품과 핵융합 사이의 모호한 연결 관계를 오랫동안 믿어온 것은, 소련에서 큰 영향력을 지녔고 거품의 안정성을 깊이 연구한 과학자 보리스 데르야긴 Boris Deryagin이 저온 핵융합을 강하게 믿었던 게 하나의 이유였다.(데르야긴은 러더퍼드의 실험을 거꾸로 뒤집은 듯한 기발한 실험에서 칼라시니코프 소총을 물에다 대고 발사함으로써 저온 핵융합 반응을 일으키려고 시도한 적도 있었다.)

음파 발광과 핵융합(음파 핵융합) 사이의 의심스러운 관계는 2002년에 〈사이언스〉에 실린 음파 발광으로 유도하는 원자력에 관한 논문이 큰 논란을 일으키면서 표면으로 떠올랐다. 〈사이언스〉는 이례적으로 많은 전문 과학자가 그 논문이 사기는 아니더라도 결함이 있는 것으로 생각한다는 편집자의 의견을 덧붙였다. 심지어 퍼터먼은 〈사이언스〉에 그 논문을 거부하라고 권했다. 그렇지만 〈사이언스〉는 그 논문을 실었다. (도대체 왜 이런 소동이 벌어지는지 사람들이 알도록 하기 위해서였을 것이다.) 그 논문을 쓴 제1저자는 훗날 자료를 조작한 혐의로 미 하원에 출두해야 했다.

다행히도 거품의 과학은 이러한 불명예까지 견뎌내고 살아남을 만큼 기초가 충분히 튼튼했다.* 오늘날 대체 에너지에 관심을 가진 물리학자들은 거품으로 초전도체 모형을 만든다. 병리학자들은 에이즈를 '거품' 바이러스라고 부르는데, 감염된 세포가 팽창하다가 폭발하는 방식 때문이다. 곤충학자들은 거품 방울을 잠수정처럼 사용해 물속에서 숨을 쉬는 곤충을 알고 있고, 조류학자들은 공작 깃털 속에 있는 거품 방울들에 빛이 산란되어 깃털에서 금속성 광채가 나온다는 사실을 알아냈다. 무엇보다도 중요한 발견은 2008년에 식품과학 분야에서 일어났다. 애팔래치아 주립 대학 학생들이 다이어트 콜라에 멘토스 캔디를 집어넣으면 콜라가 왜 폭발하는지 그 이유를 알아낸 것이다. 입자가 거친 멘토스 캔디의 표면은 콜라에 녹아 있는 작은 거품 방울들을 붙잡는 그물과 같은 작용을 하는데, 이 거품 방울들이 합쳐져 점점 커진다. 그러다가 아주 커진 거품 방울 몇 개가 폭발하면서 콜라가 위로 튀어나가는데, 좁은 구멍을 통해 6m나 솟아오를 수 있다. 이 발견은 도널드 글레이저가 50년도 더 전에 라거잔을 쳐다보면서 주기율표를 뒤집어엎는 꿈을 꾸던 시절 이후 거품의 과학에서 일어난 가장 위대한 순간이라고 할 수 있다.

터무니없을 정도로
정밀한 도구

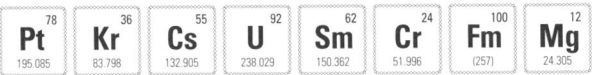

지금까지 만났던 과학 선생님 중 가장 까다로운 분을 떠올려보라. 답에서 소수 여섯째 자리 반올림을 잘못했다는 이유로 점수를 깎거나, 시험을 볼 때 주기율표가 그려진 티셔츠를 보이지 않게 감춘 선생님도 있었을 것이다. '질량'을 말해야 할 때 '무게'를 말한 학생을 일일이 지적하며 바로잡거나, 물에 설탕을 녹일 때조차 자신은 물론이고 모든 사람에게 고글을 쓰게 한 선생님도 있었을 것이다. 그렇다면 그런 선생님조차 혀를 내두르며 지나치게 까다롭게 군다고 불평을 할 만한 사람은 누구일까? 표준국에서 일하는 사람이 바로 그런 사람이다.

도량형 원기와 표준

거의 모든 나라에는 표준국이 있는데, 표준국의 주요 임무는 '모든 것'을 측정하는 것이다. 그러니까 1초의 길이가 정확하게 얼마나 긴지, 소의 간에 들어 있는 수은의 양이 얼마 이하라야 안전하게 먹을 수 있는지(미국 국립 표준 기술 연구소에 따르면 매우 적은 양)를 포함해 온갖 것을 다 측정한다. 표준국에서 일하는 과학자에게 측정은 그저 과학을 가능하게 하는 활동이 아니라 과학 그 자체이다. 아인슈타인 이후의 우주론에서부터 다른 행성에 존재하는 생명체를 찾는 천체생물학 사냥에 이르기까지 많은 분야에서 일어나는 발전은 모두 극미량의 정보를 바탕으로 측정을 얼마나 더 정밀하게 하느냐에 달려 있다.

역사적 이유(프랑스의 계몽주의자들은 측정에 목을 맨 사람들이었다) 때문에 파리 외곽에 있는 국제도량형국BIPM이 세계 각국 표준국의 표준국 역할을 하면서 나머지 '가맹점'들이 일사불란하게 돌아가도록 하고 있다. 국제도량형국이 하는 특별한 일 중 하나는 국제 킬로그램 원기(전 세계의 공식적인 킬로그램 표준)를 관리하는 것이다. 높이와 지름이 각각 39.17mm이고 백금 90%, 이리듐 10%의 합금으로 만들어진 이 원통형 원기의 질량은 정의상 정확하게 1.000000…kg이다.(소수점 아래의 0은 얼마든지 추가해도 상관없다.) 미국인인 나는 이게 대충 2파운드쯤 된다고 말하고 싶지만, 그렇게 말하고 나서는 부정확한 값을 이야기한 것에 죄책감을 느낄 것이다.

킬로그램 원기는 물리적 물체라서 손상될 가능성이 있기 때문에, 그리고 1kg의 정의는 항상 똑같아야 하므로, 국제도량형국은 킬로그램 원기가 긁히거나 먼지가 들러붙거나 원자 하나라도 잃지 않도록(어디까지나 희망 사항이지만!) 잘 관리해야 한다. 혹시라도 그런 일이 일어나 그 질량이 1.000000…1kg으로 증가하거나 0.999999…9kg킬로그램으로 줄어들기라도 한다면, 그 가능성만으로도 표준국에서 일하는 사람들은 밤잠을 설칠 것이다. 그래서 그들은 불안에 떠는 엄마들처럼 늘 킬로그램 원기의 온도와 주변 기압을 면밀히 감시하면서 원자를 떨어져나가게 할 수 있는 아주 미세한 팽창이나 수축이나 변형력을 방지하려고 노력한다. 킬로그램 원기는 또한 종 모양의 병 3개로 겹겹이 둘러싸여 있다. 이것은 공기 중의 습기가 표면에 들러붙어 나노 척도의 미세한 막이 생기는 걸 방지하기 위한 것이다. 그리고 킬로그램 원기는 더러운 공기(우리가 숨 쉬는 것과 같은 공기)에 노출되는 표면적을 최소화하기 위해 밀도가 높은 백금과 이리듐 합금으로 만들었다. 백금은 전기를 잘 전달하기 때문에, 주변을 지나가는 원자를 끌어들일 수도 있는 '기생충' 같은 정전기 발생을 최소화한다.

마지막으로, 백금은 아주 단단해서 혹시라도 사람이 킬로그램 원기에 손을 댈 경우 손톱에 긁혀 손상을 입을 가능성을 줄여준다. 다른 나라들은 무엇을 정확하게 측정해야 할 때마다 파리로 날아가는 번거로움을 피하기 위해 따로 공식적인 킬로그램 원기를 두는 게 필요하다. 어쨌든 파리의 국제 킬로그램 원기가 국제 표준이기 때문에 각국의 킬로그램 원기 복제품은 그것을 표준으로 삼아 비교해야 한다. 미국의 공식 킬로그램 원기는 K20(20번째 공식 복제품이란 뜻)이라 부르는데, 메릴랜드 주의 정부 건물에 보관돼 있다. 이것은 2000년 이후에 딱 한 번만 보정되었기 때문에, 미국 국립 표준 기술 연구소 질량과 힘 팀의 제이나 자부르Zeina Jabbour 팀장은 또다시 보정을 할 때가 되었다고 말한다. 그러나 보정 작업은 몇개월이 걸리며, 2001년 이후에는 강화된 보안 절차 때문에 K20을 파리까지 가져가는 게 엄청나게 골치 아픈 일이 되었다. 자부르는 말한다. "K20을 직접 들고 비행기를 타야 하는데, 보안 요원들에게 절대로 손대지 말라고 말하면서 금속덩어리를 들고 보안 검색대를 통과한다는 건 쉬운 일이 아닙니다." 심지어 K20이 담긴 여행 가방을 "먼지가 많은 공항"에서 여는 것조차 위험하기 짝이 없는 일이다. "게다가 누가 그것을 만져보겠다고 고집이라도 부리면 보정이고 뭐고 다 끝난

높이와 지름이 각각 39.17mm인 국제 킬로그램 원기(가운데)는 백금 90%, 이리듐 10%의 합금으로 만들어졌다. 이 원기는 파리에 있는 국제도량형국의 습도와 온도가 철저하게 조절되는 금고 안에 보관돼 있으며, 금고 안에서도 종 모양의 병 3개에 겹겹이 둘러싸여 있다. 이 원기 주위에는 공식적인 복제 원기 6개가 더 있으며, 이것들은 각각 2개의 병 안에 들어 있다.

일이지요."

국제도량형국은 다른 나라의 킬로그램 원기를 보정할 때에는 대개 6개의 킬로그램 원기 공식 복제품(각각은 2개의 병 속에 보관돼 있다) 중 하나를 사용한다. 그렇지만 공식 복제품도 진짜 킬로그램 원기와 비교해야 하기 때문에, 몇 년에 한 번씩 과학자들은 공식 복제품의 보정을 위해* 킬로그램 원기를 금고에서 꺼낸다.(물론 지문을 남기지 않도록 라텍스 장갑을 끼고 집게를 사용한다. 가루 부스러기가 떨어지는 장갑은 결코 안 된다. 그리고 사람의 체온이 옮겨가 킬로그램 원기가 가열되면 모든 게 허사가 되므로 너무 오래 들고 있어도 안 된다.) 그런데 경악스럽게도 과학자들은 1990년대에 보정을 하다가 사람들이 만질 때 떨어져나가는 일부 원자를 감안하더라도 지난 수십 년 동안 킬로그램 원기의 질량이 매년 지문 무게에 해당하는 1마이크로그램씩 추가로 감소했다는 사실을 발견했다! 그 이유는 아무도 모른다.

킬로그램 원기를 완벽하게 안정한 상태로 유지하는 데 실패했다는 이 사실 때문에, 원통을 불안하게 여기는 모든 과학자가 꿈꾸는 궁극적 목표에 대한 논의가 다시 불붙었다. 궁극적 목표란 원통을 아무 쓸모없는 것으로 만드는 것이다. 1600년경 이후에 일어난 과학의 발전은 우주에 대해 객관적이고 비인간중심적 견해를 받아들인 것이 중요한 요인으로 작용했다.(이것을 코페르니쿠스의 원리라고 부른다.) 킬로그램은 모든 과학 분야에서 보편적으로 쓰이는 일곱 가지 '기본 단위' 중 하나이다. 그런데 인공물을 표준으로 한 기본 단위는 더 이상 허용하기가 어려운데, 더군다나 표준으로 삼은 그 인공물이 불가사의하게도 줄어들고 있다면 더더욱 신뢰하기 어렵다.

모든 기본 단위의 목표는, 영국 국립표준국의 당돌한 표현에 따르면, 한 과학자가 그 정의를 다른 대륙에 있는 동료에게 이메일로 보내면,

그 동료가 순전히 이메일에 있는 내용만을 바탕으로 정확하게 똑같은 크기의 물건을 재현할 수 있게 하는 것이다. 그러나 이메일로 킬로그램 원기를 보낼 수는 없으며, 파리에 소중하게 보관돼 있는 그 자그맣고 반짝이는 원통보다 더 믿을 만한 정의를 생각해낸 사람은 아직까지 없다. (설사 생각해낸 사람이 있다 하더라도 그것은 수조×수조 개의 원자를 세는 것처럼 불가능할 정도로 복잡하거나, 최고의 측정 도구로도 측정할 수 없을 만큼 너무 정밀한 측정이 필요해서 실용성이 없다.) 킬로그램 원기가 줄어드는 걸 막는 방법도 모르고, 그렇다고 더 이상 쓸모가 없다고 퇴역시킬 수도 없다. 이렇게 킬로그램 원기 문제를 해결할 방법이 없는 상황은 국제적인 불안감과 당혹감을 키우는 원인이 되고 있다.(2019년 5월 20일에 마침내 킬로그램의 정의가 바뀌었다. 새로운 정의는 물리적 물체인 킬로그램 원기에 의존하는 대신에 플랑크 상수를 바탕으로 한다. — 옮긴이)

킬로그램이 기본 단위 중 인간의 측정에 구속을 받는 맨 마지막 단위라는 사실 때문에 문제가 더욱 심각하다. 20세기 중반까지 $1.000000\cdots$m의 정의는 파리에 보관돼 있는 백금 막대의 길이였다. 그렇지만 1960년대 과학자들이 크립톤-86 원자에서 나오는 주홍색 빛의 파장에다가 165만 763.73을 곱한 길이를 1m로 정의했다. 그 길이는 그때까지 정의로 쓰이던 백금 막대의 길이와 사실상 똑같지만, 새로운 정의 덕분에 백금 막대는 쓸모가 없어졌다. 어떤 진공에서 측정한 것이더라도 크립톤 원자의 파장에다가 예의 그 숫자를 곱하면 정확하게 똑같은 길이가 나오기 때문이다.(그리고 이 정의는 이메일로 충분히 보낼 수 있다.) 그후 측정을 전문으로 하는 과학자(도량형학자)들은 1m의 길이를 빛이 진공 속에서 2억 9979만 2458분의 1초 동안 달리는 거리로 다시 정의했다.

1초의 정의도 예전에는 지구가 태양 주위를 한 바퀴 도는 시간의 3155만 6992분의 1이었다(365.2425일이 3155만 6992초이기 때문). 그렇지만 몇 가지 귀찮은 사실 때문에 이것은 사용하기에 불편한 표준이 되고 말았다. 1년의 길이(달력의 1년이 아니라 천문학적 시간의 1년)는 해마다 조금씩 달라진다. 바다의 조수가 지구의 움직임을 방해하는 힘으로 작용하여 지구가 궤도를 한 바퀴 도는 시간이 조금씩 늘어나고 있다. 도량형학자들은 이것을 보정하기 위해 약 3년마다 한 번씩 '윤초'를 집어넣는데, 대개 12월 31일 자정에 아무도 눈치 채지 못하는 사이에 그렇게 한다. 그러나 윤초는 그다지 깔끔하지 못한 미봉책에 불과하다. 그래서 미국 표준국은 보편적인 시간의 단위를 평범한 별 주위를 도는 암석 덩어리의 움직임에 연계시키는 방법 대신에 세슘 원자시계를 개발했다.

원자시계는 우리가 앞에서 살펴본 전자의 도약과 추락을 바탕으로 작동한다. 그런데 원자시계는 그보다 더 미묘한 움직임도 활용한다. 그것은 바로 전자의 '미세 구조'라는 것이다. 만약 전자의 정상적인 도약을 가수가 G에서 G로 한 옥타브 건너뛰는 것에 비유한다면, 미세 구조는 G에서 G 샤프나 G 플랫으로 건너뛰는 것에 해당한다. 미세 구조 효과는 자기장에서 가장 두드러지게 나타나며, 이것은 여러분이 아주 어려운 물리학(전자와 양성자 사이의 자기 상호작용이나 아인슈타인의 상대성 이론을 고려한 보정 같은 것)을 배우지 않는 한, 무시해도 괜찮은 것들 때문에 일어난다. 요점은 이러한 미세 구조 조정*이 일어난 뒤 각 전자는 원래 예상한 것보다 조금 낮거나(G 플랫) 조금 높은 곳(G 샤프)으로 도약한다는 것이다.

전자는 자신의 고유 스핀을 바탕으로 어떤 도약을 할지 '결정'하므로, 한 전자가 연속되는 도약에서 한 번은 반 음 높게, 한 번은 반 음 낮게 도약하는 일은 결코 없다. 항상 같은 종류의 도약만 반복한다. 원자시계 내부에는 자석이 있는데, 이 자석은 최외각 전자들이 같은 에너지 준위(그것을 G 플랫이라고 부르자)로 도약하는 세슘 원자들을 모두 제거

한다. 그러면 G 샤프로 도약하는 전자를 가진 세슘 원자들만 남으며, 이 원자들이 한 방으로 모여 강한 마이크로파를 받아 들뜬 상태가 된다. 그 결과, 세슘의 전자들이 도약했다가 추락하면서 광자를 방출한다. 도약했다 추락하는 각각의 주기는 탄성적이며 항상 똑같은 시간이 걸리므로 원자시계는 방출되는 광자의 수를 세기만 하면 시간을 측정할 수 있다. 실제로는 G 플랫을 제거하건 G 샤프를 제거하건 아무 상관이 없지만, 어쨌든 두 종류 중 하나는 완전히 제거해야 한다. 각각의 에너지 준위로 도약하는 데 걸리는 시간이 서로 다르기 때문인데, 도량형학자가 다루는 척도에서는 그러한 미세한 차이도 절대로 용납되지 않는다.

세슘이 원자시계의 큰 태엽으로 쓰기에 편리한 이유는 최외각 전자 껍질에 전자가 하나만 노출돼 있어 주변에 그 움직임을 방해할 다른 전자들이 없기 때문이다. 세슘 원자는 또 무거워서 움직임이 둔해 거기에 쏘아줄 메이저의 표적으로 삼기에도 아주 좋다. 그렇지만 세슘 원자를 자극하면 맨 바깥쪽에 있는 전자는 아주 빠르게 움직인다. 1초에 수십 번 혹은 수천 번 왕복하는 데 그치지 않고 무려 91억 9263만 1770번이나 왕복한다. 과학자들이 91억 9263만 1769번에서 끊거나 91억 9263만 1771번까지 기다렸다가 그것을 기준으로 삼지 않고 91억 9263만 1770번을 선택한 것은, 최초의 세슘 원자시계를 만들던 1955년 당시에 그것이 1초의 길이와 가장 일치한다고 생각했기 때문이다. 이것은 이메일로 보낼 수 있는 최초의 보편적 기본 단위의 정의가 되었으며, 1960년 이후에는 미터 단위도 금속 막대의 굴레에서 해방되었다.

과학자들은 1960년대에 천문학적 시간을 바탕으로 한 1초 대신에 세슘 표준을 전 세계의 공식적인 시간 측정 단위로 받아들였다. 세슘 표준은 전 세계에 정확성과 정밀성을 보장함으로써 과학에 기여하긴 했지만, 대신에 인류가 잃은 것도 있다. 고대 이집트인이나 바빌로니아인

이전부터 인류는 별이나 계절을 이용해 시간을 재고 중요한 사건을 기록해왔다. 세슘은 하늘과 인류 사이의 그런 연결을 끊었고, 도시의 가로등이 밤하늘의 별자리를 지우듯이 그런 연결을 사라지게 했다. 원소가 아무리 정확하다 하더라도, 세슘은 달이나 태양이 지닌 신비적인 느낌이 없다. 게다가 세슘 표준으로 전환해야 한다는 논리(우주의 어느 곳에서건 세슘 전자들이 똑같은 빈도로 진동한다는 보편성)조차 더 이상 안전한 것이 아닐 수도 있다.

기본 상수도 변할까?

수학자의 변수 사랑보다 더 깊은 것이 있다면, 그것은 과학자의 상수 사랑일 것이다. 전자의 전하, 중력의 세기, 빛의 속도 — 이 값들은 어떤 상황에서 어떻게 실험하더라도 변하지 않는다. 만약 변한다면, 과학자들은 자연과학을 사회과학과 구별 짓는 정확성을 포기해야 할 것이다. 변덕과 인간의 어리석음 같은 변수 때문에 보편적인 법칙이 불가능한 경제학이 사회과학에 속한다.

    기본 상수는 더 추상적이고 보편적이기 때문에 과학자들을 더욱 유혹한다. 만약 우리가 임의로 미터 단위를 좀더 길게 잡거나 킬로그램 단위를 갑자기 더 작게 잡는다면, 입자의 크기나 속도의 수치도 변할 것이다. 그러나 기본 상수는 어떻게 측정하더라도 변하지 않는다. 기본 상수는 π처럼 순수하고 고정된 수이며, 역시 π처럼 온갖 종류의 상황에 등장하는데, 그것은 설명이 가능할 것처럼 보이면서도 지금까지 완벽하게 설명된 적이 없다.

    가장 잘 알려진 기본 상수는 전자의 미세 갈라짐과 관련이 있는 미세 구조 상수이다. 간단히 말해서, 음전하를 띤 전자가 양전하를 띤 원자핵에 얼마나 단단히 붙들려 있는가 하는 것은 바로 이 미세 구조 상수에 달려 있다. 또 원자핵에서 일어나는 일부 과정의 세기 역시 미세 구조 상수에 의해 결정된다. 과학자들은 미세 구조 상수를 알파(α)로 나타내니 여기서도 편의상 알파로 쓰기로 하자. 만약 빅뱅 직후에 알파 값이 조금만 더 작았더라면, 별에서 일어나는 핵융합 반응이 충분히 뜨겁지 않아 탄소 핵융합 반응이 일어나지 못했을 것이다. 반대로, 알파 값이 조금만 더 컸더라면, 탄소 원자들은 이미 오래 전에 모두 소비돼 없어져 오늘날의 우주에 전혀 존재하지 않을 것이고, 우리 역시 존재하지 않을 것이다. 알파가 원자 세계의 스킬라와 카리브디스를 무사히 빠져나온 것은 과학자들을 안도하게 해주지만, 한편으로는 어떻게 그럴 수 있었는지 도저히 설명할 길이 없기 때문에 과학자들을 궁지로 몰아넣는다. 유명한 물리학자이면서 철저한 무신론자로 유명한 리처드 파인먼Richard Feynman조차 미세 구조 상수에 대해 이렇게 말했다. "뛰어난 이론물리학자는 모두 이 수를 벽에 걸어놓고 고민한다……. 이것은 물리학의 최대 수수께끼 중 하나이며, 우리가 이해하지 못한 채 우리에게 주어진 마법 수이다. '신의 손'이 그것을 썼다고 말할 수도 있겠지만, 우리는 신이 자신의 연필을 어떻게 움직였는지 알지 못한다."

그렇다고 해서 역사를 통해 과학자들이 과학의 이 "므네 므네 드켈 브라신"*을 해독하려고 시도하지 않은 것은 아니다. 1919년에 일어난 개기 일식 때 아인슈타인의 상대성 이론을 뒷받침하는 최초의 실험적 증거를 제시한 영국 천문학자 아서 에딩턴Arthur Eddington은 알파에 큰 흥미를 느꼈다. 에딩턴은 수비학數秘學*에 취미가 있었는데, 20세기 초에 알파 값이 약 136분의 1로 측정된 후에 알파 값이 정확하게 136분의 1임을 '증명'하려고 노력했다. 그렇게 믿었던 이유 중 일부는 136과 666 사이에 어떤 수학적 관계를 발견했기 때문이다. (한 동료는 조롱조로 이 '발견'에 기초해 〈요한묵시록〉을 고쳐 써보라고 제안했다.) 그후 정밀한 측정을 통해 알파 값은 137분의 1에 더 가까운 것으로 드러났지만, 에딩턴은 자신의 계산 어딘가에서 1을 추가해 마치 자신의 모래성이 무너지지 않은 양 계속 버텼다.(이 때문에 그는 아서 애딩원Arthur Adding-One이란 불멸의 별명을 얻게 되었다.) 훗날 스톡홀름의 한 휴대품 보관소에서 에딩턴을 만난 친구는 자신의 모자를 137번 못걸이에 걸려고 고집하는 그를 보고 안쓰러움을 느꼈다고 말했다.

오늘날 측정된 알파 값은 약 137.0359분의 1(=7.29735×10^{-3})이다. 어쨌든 이 값 때문에 주기율표가 존재할 수 있다. 알파는 모든 원소의 원자가 존재할 수 있게 해주고, 또 서로 반응하여 화합물을 만들 수 있게 해준다. 이 값은 전자가 원자핵에서 너무 자유로이 벗어나지 않게 하는 동시에 원자핵에 너무 가까이 들러붙지 않게 해주기 때문이다. 이렇게 절묘할 정도로 균형을 이룬 값을 보고 많은 과학자들은 미세 구조 상수 값이 우주에 우연히 나타난 게 아니라고 생각한다. 신학자들은 더 노골적으로 알파는 창조자가 분자가 만들어지고 그래서 결국엔 생명이 탄생하도록 우주를 '프로그래밍한' 증거라고 주장한다. 1976년에 소련(지금은 미국) 과학자 알렉산데르 실리야흐테르Alexander Shlyakhter가 아프리카 가봉에서 오클로라는 기묘한 장소를 관찰하다가 우주의 기본 상수이자 불변의 상수인 알파가 점점 커지고 있다고 발표했을 때 온 세상이 발칵 뒤집힌 것은 이런 이유들 때문이다.

오클로는 은하 전체를 통틀어 경이로운 장소로, 유일하게 '천연' 핵분열 원자로가 존재하는 곳이다. 이 천연 원자로는 약 17억 년 전에 가동을 시작했는데, 세상에 알려지지 않은 채 숨어 있던 이 장소를 1972년에 프랑스 광부들이 발견하자 과학계가 발칵 뒤집혔다. 일부 과학자는 오클로 같은 것은 존재할 수 없다고 주장한 반면, 일부 비주류 집단은 오클로가 오래전에 사라진 아프리카 문명이나 외계인의 핵추진 비행체 추락과 같은 기묘한 가설을 뒷받침하는 '증거'라고 주장하고 나섰다. 그렇지만 핵과학자들의 조사 결과, 오클로의 원자로는 우라늄과 물, 남조류만으로 가동된 것으로 밝혀졌다. 정말이다! 오클로 근처를 흐르는 강에 사는 남조류는 광합성을 하면서 과량의 산소를 만들어냈다. 그 산소는 물을 산성으로 만들었고, 물이 흙 속으로 스며들어 지하로 흘러가 기반암에 섞여 있던 우라늄을 녹여냈다. 그 당시에 이곳에 매장돼 있던 우라늄은 우라늄-235 동위원소의 함량이 약 3%(오늘날의 우라늄광에는 0.7% 정도 포함돼 있다)로, 핵폭탄을 만들 수 있을 만큼 높았다. 따라서 물은 이미 끓어오르고 있었고, 지하의 남조류가 물을 여과하면서 우라늄은 한 장소에 농축되어 임계 질량에 이르렀다.

임계 질량은 필요조건이긴 하지만 충분조건은 아니다. 일반적으로 연쇄 반응이 일어나려면, 우라늄 원자핵에 중성자가 충돌해야 할 뿐만 아니라 우라늄 원자핵이 중성자를 흡수해야 한다. 순수한 우라늄이 핵분열을 하면, 거기서 '빠른' 중성자들이 튀어나오는데, 이들은 주변에 있는 이웃 원자핵들에 충돌한 뒤 그냥 튀어나가고 만다. 이 '빠른' 중성자들은 기본적으로 그냥 허비되는 중성자들이다. 오클로의 우라늄이 핵분열 반응을 일으킨 것은 강물이 중성자의 속도를 늦춰 이웃 원자핵들이 그것을 붙들 수 있었기 때문이다. 물이 없었다면 핵분열 반응은 아예 시작하지도 못했을 것이다.

그런데 이것뿐만이 아니다. 핵분열 반응에서는 열이 발생한다. 오늘날 오클로에 커다란 폭발 구덩이가 남아 있지 않은 것은 우라늄이 뜨거워지면서 물을 끓여 모두 기화시켰기 때문이다. 물이 없자 중성자의 속도가 빨라져 우라늄 원자핵이 중성자를 흡수하지 못했고, 그래서 반응이 멈춘 것이다. 우라늄이 충분히 식은 뒤에야 다시 물이 흘러들어왔고,

물이 중성자의 속도를 늦추자 반응로가 다시 가동되었다. 그것은 간헐천처럼 스스로 반응을 조절하는 원자로로, 150분을 주기로 반응이 시작되었다 멈췄다 하면서 오클로 부근 지역 열여섯 군데에서 15만 년 이상에 걸쳐 우라늄 연료를 약 5800kg이나 소비하며 가동되었다.

과학자들은 17억 년이나 지난 뒤에 이 사실을 어떻게 알아냈을까? 바로 원소들이 단서를 제공했다. 지각 속에서 원소들은 완전히 고르게 섞여 있기 때문에 여러 동위원소들의 비율은 어디서나 똑같아야 한다. 그런데 오클로의 우라늄광에 포함된 우라늄-235의 비율은 평균치보다 0.003~0.3% 더 낮은데, 이것은 아주 큰 차이이다. 그렇지만 오클로가 악당 테러리스트들이 몰래 핵무기 개발을 하던 장소가 아니라 천연 원자로라고 어떻게 확신할 수 있는가? 그것은 이곳에 네오디뮴처럼 쓸모없는 원소들이 아주 많이 포함돼 있기 때문이다. 네오디뮴의 동위원소는 대부분 질량수가 짝수인 네오디뮴-142, 네오디뮴-144, 네오디뮴-146으로 존재한다. 그런데 우라늄 원자로는 질량수가 홀수인 네오디뮴 동위원소를 평균보다 더 높은 비율로 만들어낸다. 과학자들이 오클로에서 네오디뮴의 농도를 분석한 뒤 천연 네오디뮴과 비교해보았더니, 오클로의 원자핵 '지문'은 오늘날의 인공 원자로와 일치했다. 이것은 실로 놀라운 일이었다.

그런데 네오디뮴은 일치했지만 다른 원소들은 그렇지 않았다. 1976년에 실리야흐테르는 오클로의 핵폐기물을 오늘날의 핵폐기물과 비교해본 결과 일부 사마륨 동위원소들이 너무 적게 생성되었다는 사실을 발견했다. 이 결과만 놓고 보면 흥분할 이유가 전혀 없었다. 그러나 핵분열 반응 과정은 놀라울 정도로 정확하게 재현하는 게 가능하다. 핵분열 반응에서 사마륨 같은 원소가 생성되지 않는 것은 그냥 일어날 수 있는 일이 아니다. 그래서 실리야흐테르는 옛날에 핵분열 반응이 일어날 당시의 조건이 지금과 달랐을 것이라고 생각했다. 그리고 계산을 통해 만약 미세 구조 상수가 지금보다 아주 약간만 작았더라면 그러한 차이를 쉽게 설명할 수 있다는 사실을 알아냈다. 이 점에서 그는 인도 물리학자 보스와 비슷한데, 보스는 광자에 관한 자신의 '잘못된' 방정식이 왜 골치 아픈 문제를 잘 설명하는지 안다고 주장하지 않았다. 다만, 그걸로 잘 설명이 된다는 것만 안다고 했을 뿐이다. 문제는 알파가 기본 상수라는 데 있다. 물리학에 따르면 기본 상수는 변해서는 안 된다. 만약 알파가 변한다면 일부 사람들에게는 청천벽력과 같은 소식이 될 수 있는데, 아무도(설사 신이라도) 알파가 생명을 탄생시키도록 미세 조정할 수가 없기 때문이다.

논란이 커지자, 1976년 이후 많은 과학자가 알파와 오클로의 관계를 재해석하는 데 도전했다. 그들이 측정하는 변화는 아주 미소한 것이고, 17억 년이 지난 뒤에 남아 있는 지질학적 기록은 아주 뒤죽박죽이어서, 누군가 오클로의 데이터에서 알파에 대한 결정적 증거를 찾을 가망은 거의 없어 보인다. 그렇지만 기발한 아이디어의 가치를 과소평가해서는 안 된다. 실리야흐테르의 사마륨 연구는 낡은 이론을 뒤집어엎으려는 야심적인 물리학자들의 식욕을 자극했고, 상수 변화 가능성에 대해 현재 활발한 연구가 이루어지고 있다. 이들 과학자는 설사 17억 년 전 이후로는 알파 값이 거의 변하지 않았다 하더라도, 우주가 탄생하고 나서 원초적인 혼돈 상태에 놓여 있던 처음 수십억 년 동안에는 급격하게 변했을 가능성에 큰 기대를 걸고 있다. 실제로 퀘이사와 성간 먼지 구름을 조사한 일부 오스트레일리아 천문학자들*은 상수 변화를 뒷받침하는 실질적 증거를 최초로 발견했다고 주장했다.

퀘이사는 다른 별들을 파괴하고 잡아먹는 블랙홀인데, 그 과정에서 엄청난 양의 빛 에너지가 발생한다. 물론 그 빛이 우주를 가로질러 지구까지 오는 데에는 시간이 한참 걸리므로, 그 빛을 보는 천문학자는 실시간으로 일어나는 사건을 보는 게 아니라 아주 먼 옛날에 일어난 사건을 보는 것이다. 오스트레일리아 천문학자들은 퀘이사의 빛이 우주 공간을 지나오는 동안 엄청난 양의 성간 먼지 폭풍이 어떤 영향을 미쳤는지 조사했다. 빛이 먼지 구름을 통과할 때에는 구름 속의 기화된 원소들에 흡수된다. 그러나 모든 빛을 흡수하는 불투명한 물체와는 달리 성간 구름 속의 원소들은 특정 파장의 빛만 흡수한다. 게다가 원자시계와 비슷하게 원소들은 폭이 좁은 한 가지 색의 빛을 흡수하는 게 아니라 아주 미세하게 갈라진 두 가지 색의 빛을 흡수한다.

오스트레일리아 천문학자들이 먼지 구름 속의 일부 원소들을 조사하는 연구에서는 운이 따르지 않았다. 이 원소들은 알파 값이 매일 변하더라도 별 영향을 받지 않는 것으로 드러났다. 그래서 그들은 조사 범위를 알파 값에 아주 민감한 크롬 같은 원소들에까지 확대했다. 과거의 알파 값이 더 작을수록 크롬이 흡수하는 빛은 더 붉은색을 띠고, G 플랫과 G 샤프 사이의 간격이 더 좁아진다. 크롬과 그 밖의 원소들이 수십억 년 전에 퀘이사 근처에서 만들어낸 그 간격을 분석하여 그것을 오늘날 실험실에서 같은 원소들을 대상으로 얻은 결과와 비교하면, 알파 값이 그동안 변했는지 변하지 않았는지 판단할 수 있다. 다른 과학자들(특히 논란의 대상이 되는 가설을 주장하는 과학자들)과 마찬가지로 오스트레일리아 천문학자들도 자신들이 발견한 것을 솎아내고 가지를 치는 작업을 거쳐 "가설과 일치하는" 것만 발표하긴 했지만, 자신들의 초미세 측정은 알파 값이 지난 100억 년 사이에 최대 0.001%까지 변했음을 시사한다고 생각한다.

솔직히 말해서 그 정도로 작은 변화라면, 빌 게이츠가 길거리에서 동전 몇 닢을 놓고 다투는 것처럼 부질없는 논쟁으로 보일 수도 있다.

그러나 중요한 것은 크기가 아니라 기본 상수의 변화 가능성* 자체이다. 많은 과학자는 오스트레일리아 천문학자들이 얻은 결과에 이의를 제기하지만, 만약 그 결과가 옳다면(혹은 상수의 변화 가능성에 대해 연구하는 다른 과학자들이 확실한 증거를 발견한다면), 과학자들은 빅뱅에 대해 다시 생각해야 할 것이다. 그들이 알고 있는 우주의 법칙들이 처음부터 성립하지 않았다는 이야기가 되기 때문이다.* 뉴턴이 중세 스콜라 철학자들의 물리학을 뒤엎고 아인슈타인이 뉴턴의 물리학을 뒤엎었듯이, 알파 값의 변화는 아인슈타인의 물리학을 뒤집어엎을 것이다. 다음 절에서 보게 되겠지만, 알파 값의 변동은 과학자들이 우주에서 외계 생명체를 찾는 방법에도 혁명을 가져올지 모른다.

외계 생명체와 마그네슘

우리는 앞에서 다소 불운한 상황에 처해 있던 엔리코 페르미를 만난 적이 있다. 그는 경솔한 실험 뒤에 베릴륨 중독으로 죽었고, 실제로는 발견하지 않은 초우라늄 원소를 발견했다는 공로로 노벨상을 받았다. 그러나 지칠 줄 모르고 열정적으로 일하던 이 과학자에 대해 부정적 인상만 남기는 것은 온당하지 않다. 과학자들은 대부분 보편적으로 그리고 무조건적으로 페르미를 좋아했다. 100번 원소에는 그의 이름을 따 페르뮴이란 이름이 붙어 있으며, 그는 이론과학과 실험과학에 두루 능통했던 마지막 과학자로 평가받는다. 즉, 그의 손에는 백묵뿐만 아니라 실험실 장비에서 묻은 기름 자국도 남아 있었다. 그는 머리 회전이 빠르기로 유명했다. 동료들과 회의를 하다 보면, 어떤 문제를 해결하는 데 필요한 방정식을 찾으려고 일부 동료가 부랴부랴 자기 연구실로 뛰어가야 할 때도 있었다. 그러나 그 사람이 돌아올 때쯤이면 페르미가 그 새를 참지 못하고 백지 상태에서 전체 방정식을 유도해내 답을 구한 일도 비일비재하다. 한번은 페르미가 후배 과학자들에게 지저분한 것으로 유명한 자기 연구실 창문에 먼지가 몇 mm나 쌓여야 그 무게를 이기지 못하고 무너져 내리겠는가 하는 문제를 냈다. 역사에는 그 답이 기록으로 남아 있지 않고, 다만 장난스러운* 그 질문만 남아 있다.

그렇지만 그런 페르미조차 아주 간단한 한 가지 의문 앞에서는 머리를 싸매야 했다. 앞에서 이야기했듯이, 많은 철학자는 우주가 생명을 탄생시키기에 딱 알맞도록 절묘하게 미세 조정돼 있다는 사실을 경이롭게 생각한다. 즉, 일부 기본 상수들이 생명 탄생에 '완벽한' 값을 갖고 있다는 것은 생각할수록 신기한 일이 아닐 수 없다. 게다가 과학자들은 지구가 우주에서 특별한 장소가 아니라고 믿어왔다(초를 지구의 공전 주기를 바탕으로 결정해서는 안 된다고 생각하는 것과 같은 맥락에서). 지구가 평범한 장소 중 하나에 지나지 않으며 우주에 수많은 별과 행성이 존재한다는 사실, 그리고 빅뱅 이후에 흐른 그 오랜 시간을 감안한다면 우주에는 수많은 생명이 살고 있어야 할 것이다. 그렇지만 우리는 아직까지 외계 생명체를 만난 적이 없을 뿐만 아니라 어떤 신호도 받은 적이 없다. 어느 날 점심을 먹으며 이 모순적인 사실들에 대해 곰곰 생각하던 페르미는 갑자기 동료들에게 마치 대답이라도 기대하듯이 소리쳤다. "그렇다면 그들은 모두 어디 있는가?"

동료들은 오늘날 '페르미의 역설'로 알려진 그 질문을 듣고 폭소를 터뜨렸다. 그렇지만 페르미의 역설을 진지하게 받아들이고 그 답을 제시할 수 있다고 생각한 과학자도 있었다. 그중에서 가장 유명한 시도는 1961년에 천체물리학자 프랭크 드레이크Frank Drake가 내놓은 드레이크 방정식이다. 드레이크 방정식은 여러 가지 추측을 결합한 것이다. 그러한 추측에는 한 은하에 존재하는 별의 개수, 별들 가운데 지구와 비슷한 행성이 존재할 비율, 그러한 행성 중에서 지능 생명체가 진화할 확률, 그런 지능 생명체 중에서 외계와 접촉을 원하는 생명체의 비율 등이 포함된다. 드레이크가 처음에 계산했을 때에는 우리은하에 외부와 접촉하기를 원하는 문명이 10개는 존재한다는 결과가 나왔다.* 그렇지만 이것은 어디까지나 약간의 근거를 바탕으로 한 추측에 지나지 않기 때문에, 많은 과학자는 그것을 공허한 탁상공론이라고 비판했다. 예를 들면, 우리가 어떻게 외계인의 심리를 분석해 그중 몇 %가 대화를 원하는지 알아낼 수 있단 말인가?

그럼에도 불구하고 드레이크 방정식은 중요하다. 그것은 천문학자들이 어떤 데이터를 수집하는 게 필요한지 제시하며, 우주생물학에 과학적 기반을 제공했다. 오늘날 우리가 주기율표를 조직하려 한 초기의 시도들을 돌아보는 것처럼 언젠가 우리는 드레이크 방정식을 돌아볼 날이 올지도 모른다. 그리고 최근에 망원경과 그 밖의 관측 및 측정 장비가 크게 발전하면서 우주생물학자들은 추측을 넘어서 좀더 확실한 근거를 제공해주는 도구를 손에 쥐게 되었다. 실제로 허블 우주 망원경과 그 밖의 장비들은 아주 미미한 데이터로부터 대단한 정보를 얻어낼 수 있기 때문에, 우주생물학자들은 드레이크보다 훨씬 유리한 입장에 있다. 외계 지능 생명체가 우리를 발견할 때까지 마냥 기다리거나 깊은 우주를 샅샅이 뒤지면서 외계인이 만든 만리장성을 찾으려고 애쓰지 않아도 된다. 마그네슘 같은 원소를 찾음으로써 생명(기묘한 식물이나 미생물처럼 조용한 생명이라도)의 존재를 뒷받침하는 직접적 증거를 얻을 수도 있다.

마그네슘은 생명의 원소로서는 산소나 탄소보다 덜 중요하지만, 이 12번 원소는 원시적인 생물에게 중요한 도움을 주는데, 유기 분자가 진짜 생물로 전환할 수 있게 해준다. 거의 모든 생명체는 에너지를 지

프랭크 드레이크는 우리은하 안에 존재하면서 우리와 교신할 가능성이 있는 외계 문명의 수를 계산하는 드레이크 방정식을 제안했다.

닌 분자를 몸속에서 만들고 저장하고 이동시키는 데 미량의 금속 원소를 사용한다. 동물은 대개 헤모글로빈에 들어 있는 철을 사용하지만, 초기에 나타나 큰 성공을 거둔 생명체들(특히 남조류)은 마그네슘을 사용했다. 특히 엽록소(엽록소는 아마도 지구상에서 가장 중요한 유기 화학 물질일 것이다. 엽록소는 별의 에너지를 먹이 사슬의 기본 물질인 탄수화물로 바꾸는 광합성이 일어나는 장소이다)는 그 중심에 마그네슘 이온이 자리 잡고 있다. 동물의 경우, 마그네슘은 DNA가 제대로 기능하도록 돕는다.

어떤 행성에 마그네슘 광상이 존재하는 것은 생명의 출현에 꼭 필요한 매개물인 액체 상태의 물이 존재한다는 것을 뜻한다. 마그네슘 화합물은 물을 흡수하기 때문에, 화성처럼 황량한 암석질 행성에서도 이러한 종류의 광상에서 세균(혹은 세균 화석)을 발견할 가능성이 있다. 액체 상태의 물이 존재하는 천체(태양계에서 외계 생명체의 존재 가능성이 가장 높은 것으로 기대되는 목성의 위성 유로파처럼)에서는 마그네슘이 바다를 액체 상태로 유지하는 데 도움을 준다. 유로파는 바깥쪽 지각이 얼음으로 뒤덮여 있지만 그 밑에는 거대한 액체 바다가 있는데, 위성으로 조사한 증거에 따르면 이 바다에는 마그네슘염이 풍부하게 함유돼 있다. 물에 녹아 있는 다른 물질과 마찬가지로 마그네슘염도 물의 어는점을 낮추어 낮은 온도에서도 물을 액체 상태로 머물게 한다. 마그네슘염은 또한 바다 밑에 있는 암석질 바닥에 '염수 분화 작용'을 자극한다. 염은 녹아 있는 물의 무게를 늘어나게 하기 때문에 늘어난 물의 압력이 아래에 있는 화산을 짓눌러 짠물을 토해내게 함으로써 깊은 바닷물을 뒤섞는다.(그 압력은 또한 표면의 빙관에 균열을 만들어 많은 얼음을 바닷속으로 흘러들게 한다. 얼음 속에 포함된 기포는 생명의 출현에 중요한 역할을 한다.) 게다가 마그네슘 화합물은 해저에서 탄소를 풍부하게 함유한 화학 물질을 침식함으로써 생명을 만드는 데 필요한 원재료를 공급할 수 있다. 우주 탐사선을 착륙시킬 수도 없고 외계 식물을 관측할 수도 없지만, 공기가 없는 황량한 행성에서 마그네슘염을 발견했다면, 그것은 뭔가 생명의 출현에 도움이 되는 일이 일어나고 있음을 시사한다.

그렇지만 아직까지 유로파는 생명이 존재하지 않는 황량한 장소라고 생각하자. 비록 먼 우주의 외계 생명체를 찾는 작업이 기술적으로 크게 정교해지긴 했지만, 이 작업은 한 가지 가정을 전제로 한다. 그것은 우리가 살고 있는 곳에서 성립하는 과학이 다른 은하에서도 그리고 다른 시대에도 똑같이 성립한다는 것이다. 그러나 알파 값이 시간에 따라 변한다면, 이것이 외계 생명체의 존재 가능성에 미치는 결과는 엄청나다. 역사적으로 알파가 안정한 탄소 원자의 생성을 보장할 정도로 "적절한" 값을 가지기 전까지는 생명은 존재할 수 없었을지도 모른다. 그리고 그 이후에는 창조자에게 도움을 청할 필요도 없이 생명이 아주 손쉽게 생겨났을 것이다. 그런데 아인슈타인은 시간과 공간이 서로 얽혀 있다고 말했기 때문에, 일부 물리학자는 알파가 시간에 따라 변할 수 있다면 공간에 따라서도 변할 수 있다고 생각한다. 이 가설에 따르면, 이곳 지구에만 생명이 진화한 것은 달과 달리 물과 대기가 있기 때문인 것과 마찬가지로, 얼핏 보기에는 별 특징 없는 우주 어느 공간의 평범한 행성에 생명이 진화한 것은 적절한 원자들과 분자들의 존재를 보장하는 알파 값이 이곳에만 존재하기 때문일지도 모른다. 그러면 페르미의 역설은 아주 간단히 해결된다. 저 바깥에는 아무도 없기 때문에 아무 응답이 없는 것이다.

현재까지 드러난 증거는 지구가 지극히 평범한 행성이라는 쪽으로 기울어 있다. 그리고 천문학자들은 먼 별들에서 관측되는 중력 섭동(다른 천체의 중력에 영향을 받아 천체의 궤도가 변하는 현상)을 바탕으로 외계 행성을 수천 개나 발견했는데, 이것은 다른 곳에서 생명체를 발견할 가능성을 높여준다. 하지만 아직도 우주생물학 분야의 큰 문제는 지구와 인간이 우주에서 특별한 위치에 있는지 알아내는 것이다. 외계 생명체를 찾는 작업은 우리가 지닌 모든 측정 능력을 다 쏟아 붓는 게 필요하고, 어쩌면 주기율표에서 우리가 간과한 칸들을 다시 찾아보는 열정이 필요할지도 모른다. 만약 오늘 밤 어느 천문학자가 망원경으로 먼 성단을 살피다가 미생물이라 할지라도 의심할 여지가 없는 생명의 증거를 발견한다면, 그것은 역사상 가장 중요한 발견이 되는 동시에 인간은 우주에서 특별한 존재라는 지위를 잃게 될 것이다. 다만, 그래도 우리는 존재하고 있으며, 그러한 발견을 하고 이해할 수 있는 존재라는 사실은 변함이 없다.

주기율표를 넘어서

주기율표의 가장자리에는 골치 아픈 수수께끼가 남아 있다. 방사능이 아주 강한 원소는 모두 희귀하므로 가장 쉽게 분해되는 원소가 가장 희귀할 것이라고 생각하기 쉽다. 지각에 나타날 때마다 가장 빨리 그리고 철저하게 사라지는 원소인 프랑슘은 실제로 아주 희귀하다. 프랑슘은 어떤 천연 원소보다 훨씬 빨리 사라진다. 그렇지만 프랑슘보다 더 희귀한 원소가 하나 있다. 이것은 난해한 수수께끼인데, 그 수수께끼를 풀려면 주기율표의 편안한 경계를 벗어나는 게 필요하다. 그러려면 핵물리학자들이 정복해야 할 신세계로 간주하는 곳 — '안정성의 섬' — 으로 떠나야 한다. 그곳은 그들에게 현재의 한계에서 벗어나 주기율표를 확장할 수 있는 최선의 희망이자 유일한 희망이다.

안정성의 섬

알다시피 우주에 존재하는 입자 중 90%는 수소이고, 나머지 10%는 헬륨이다. 무게가 1조×6조 kg(6×10^{24} kg)이나 나가는 지구를 포함해 나머지 모든 물질은 수소와 헬륨에 비하면 사소한 오차 정도에 불과하다. 그리고 1조×6조 kg 중에서 가장 희귀한 천연 원소인 아스타틴이 차지하는 양은 약 30g에 불과하다. 그것이 얼마나 적은 양인지 비유를 사용해 설명해보자. 어마어마하게 큰 주차장에서 아스타틴 자동차를 어디다 두었는지 잊어버렸다고 상상해보라. 모든 층의 모든 칸을 일일이 확인하며 돌아다니려면 얼마나 힘이 들겠는가? 지구에서 아스타틴 원자 하나를 찾는 일을 정확하게 비유하려면, 그 주차장은 각 층마다 가로와 세로로 각각 1억 대씩 주차할 수 있고, 높이가 1억 층은 되어야 한다. 이게 다가 아니다. 그것과 똑같은 크기의 주차장이 160개나 있어야 한다! 이 모든 주차장을 샅샅이 뒤져야 아스타틴 자동차를 딱 한 대 발견할 수 있다! 이쯤 되면 자동차를 찾는 것은 포기하고 그만 집으로 돌아가고 싶을 것이다.

아스타틴이 이렇게 희귀하다면 과학자들이 어떻게 그 전체 양을 알아냈는지 궁금할 것이다. 그것은 약간의 속임수를 쓴 덕분이다. 초기 지구에 존재했던 아스타틴은 이미 오래전에 방사성 붕괴를 통해 분해되고 없지만, 다른 방사성 원소들이 가끔 알파 입자나 베타 입자를 방출하면서 붕괴해 아스타틴이 만들어진다. 모원소들(대개 우라늄 부근에 위치한 원소들)의 전체 양을 알고, 각각의 원소가 아스타틴으로 붕괴할 확률을 계산하면, 아스타틴 원자가 얼마나 존재할지 대강의 수치를 얻을 수 있다. 이 방법은 다른 원소들에도 쓸 수 있다. 예를 들면, 주기율표에서 아스타틴 이웃에 있는 프랑슘은 한 순간에 최소한 600~900g 정도 존재한다.

그런데 재미있는 것은 아스타틴이 프랑슘보다 훨씬 안정하다는 것이다. 수명이 가장 긴 종류의 아스타틴 원자 100만 개를 모아놓으면, 그 중 절반은 400분 뒤에 붕괴할 것이다. 그러나 프랑슘 원자는 겨우 20분 만에 절반으로 줄어든다. 프랑슘은 이렇게 수명이 짧기 때문에 사실상 쓸모가 거의 없다. 그리고 지구에는 그것을 직접 발견할 수 있을 만큼 충분한(간신히) 양이 있긴 하지만, 아직까지 그 누구도 눈에 보일 만한 양의 시료를 만들 정도로 충분한 원자를 모으지는 못했다. 설사 그렇게 하는 데 성공한다 하더라도, 프랑슘에서는 아주 강한 방사능이 나와 실험을 하던 과학자를 금방 죽이고 말 것이다.(지금까지 프랑슘 원자를 가장 많이 모은 기록은 약 1만 개이다.)

아스타틴 역시 눈에 보일 만큼 충분히 많은 시료를 모을 가망은 없어 보이지만, 그래도 아스타틴은 쓸모가 있다. 의학 분야에서 빠른 효과를 나타내는 방사성 동위원소로 사용된다. 에밀리오 세그레가 이끈 과학자들은 1939년에 아스타틴을 발견한 뒤, 그 성질을 조사하기 위해 그것을 기니피그에게 주사했다. 주기율표에서 요오드 바로 아래에 있는 아스타틴은 몸속에서 요오드처럼 행동하기 때문에, 설치류의 갑상선은 그것을 선택적으로 여과하면서 축적했다. 영장류가 아닌 동물을 통해 확인된 원소는 아스타틴이 유일하다.

아스타틴과 프랑슘의 기묘한 관계는 그 원자핵에서 시작된다. 모든 원자와 마찬가지로 이들의 원자핵에서도 두 가지 힘이 서로 맞서 싸운다. 하나는 강한 상호작용(항상 인력으로만 작용하는 힘)이고, 다른 하나는 전자기력(경우에 따라 인력으로도 작용하고 척력으로도 작용하는 힘)이다. 강한 상호작용은 자연의 네 가지 기본적인 힘 가운데 가장 강하지만, 힘이 미치는 거리가 엄청나게 짧다. 입자들이 수조분의 1cm 이상만 떨어져 있어도 강한 상호작용은 전혀 힘을 쓰지 못한다. 이 때문에 강한 상호작용은 원자핵과 블랙홀 밖으로 나와 작용하는 경우가 거의 없다.

그렇지만 힘이 미치는 범위 안에서는 전자기력보다 무려 100배는 더 강하다. 강한 상호작용은 전자기력이 원자핵을 분해하지 못하도록 양성자와 중성자를 원자핵 속에 붙들어두는 일을 하기 때문에, 전자기력보다 힘이 강해야 좋다.

그런데 아스타틴과 프랑슘처럼 큰 원자핵에서는 일부 양성자와 중성자 사이의 거리가 멀기 때문에 전자기력이 강한 상호작용과 거의 비슷한 세기에 이르러 양성자와 중성자를 묶어두기가 어려워진다. 프랑슘은 양성자가 87개인데, 모두 양전하를 띠고 있어 서로를 밀어낸다. 130여 개의 중성자(전하가 없는)는 양성자들끼리 서로 밀어내는 힘을 완화하는 데 도움을 주지만, 중성자 자체가 차지하는 공간은 강한 상호작용이 미치는 거리를 늘리는 효과가 있기 때문에 원자핵 내부에서 들끓는 내분을 진정시키기에는 역부족이다. 이 때문에 프랑슘은(같은 이유로 아스타틴도) 매우 불안정하다. 논리적으로는 여기서 양성자 수가 더 많아지면 전자기력의 반발력이 더 커지기 때문에, 프랑슘보다 더 무거운 원자들은 더 불안정해야 할 것이다.

이것은 일부만 사실이다. 마리아 괴퍼트-메이어가 수명이 긴 '마법수의 원소'(양성자나 중성자의 수가 2개, 8개, 20개, 28개……인 원소는 특별히 안정하다는)를 발견한 사실을 기억하는가? 그 밖에 양성자나 중성자 수가 92개인 것도 밀도가 높으면서 비교적 안정한 원자핵을 만드는데, 작용 범위가 짧은 강한 상호작용이 양성자들을 단단히 붙들어두기 때문이다. 더 무거운 원소인 우라늄이 아스타틴이나 프랑슘보다 더 안정한 것은 이런 이유 때문이다. 주기율표에서 원소를 하나씩 건너뛸 때마다 강한 상호작용과 전자기력 사이의 힘겨루기는 마치 폭락하는 주식시장의 시세 표시기와 비슷하게 나타난다. 전체적으로 안정성이 하락하는 가운데 한쪽 힘이 다른 쪽 힘보다 조금 우세했다가 그것이 뒤집히길 반복하면서* 많은 요동이 나타난다.

　이러한 전반적인 패턴을 토대로 과학자들은 우라늄 이후의 원소들은 점점 수명 0.0을 향해 다가갈 것이라고 예상했다. 그러나 1950년대와 1960년대에 초중원소들을 조사하던 과학자들은 예상치 못한 결과에 맞닥뜨렸다. 마법수는 이론적으로는 무한대까지 뻗어갈 수 있는데, 우라늄 이후에 114번 원소가 준안정 상태의 원자핵을 가지고 있음이 밝혀졌다. 그것도 다른 초중원소보다 아주 약간만 더 안정한 게 아니었다. 캘리포니아 대학 과학자들은 114번 원소는 그보다 앞선 10여 개의 초중원소들보다 수명이 훨씬 길다는 계산 결과를 얻었다. 초중원소들은 수명이 아주 짧다는(길어야 100만분의 몇 초 정도) 걸 감안할 때, 이것은 직관에 반하는 놀라운 사실이었다. 인공 원소에 중성자와 양성자를 더 추가하는 것은 원자핵에 더 많은 스트레스를 가하기 때문에 폭발물을 더 추가하는 것과 같다. 그런데 114번 원소의 경우, TNT를 더 추가하는 게 오히려 폭탄을 '안정'시키는 것처럼 보였다. 이에 못지않게 기묘한 사실이 또 하나 있는데, 112번 원소와 116번 원소 역시 114번 원소에 가까이 있다는 이유로 혜택을 누리는 것처럼 보였다(적어도 이론적으로는). 단지 준마법수 근처에 있다는 이유만으로 이들 역시 어느 정도 안정성을 보장받는 효과를 얻었다. 그래서 과학자들은 이 원소 집단을 안정성의 섬island of stability이라 부르기 시작했다.

　자신들의 은유에 만족한 과학자들은 스스로를 용감한 탐험가로 여기며 그 섬을 정복하러 나설 준비를 서둘렀다. 그들은 원소 세계의 '아틀란티스' 발견에 대한 이야기를 하기 시작했고, 일부 과학자는 옛날의 항해가처럼 미지의 원소 바다를 나타낸 '지도'까지 만들었다. 그리고 수십 년이 지난 지금 초중원소들로 이루어진 그 오아시스에 도달하려는 시도는 물리학에서 아주 흥미진진한 분야 중 하나가 되었다. 과학자들은

전설적인 '안정성의 섬'을 나타낸 기묘한 지도. 안정성의 섬은 주기율표를 현재의 경계를 넘어서 더 멀리 확대해줄 것으로 기대되는 초중원소 집단을 말한다. 안정한 납(Pb)이 주기율표 본체에 해당하는 대륙에 있고, 불안정한 원소들이 해구에 자리 잡고 있으며, 넓은 바다로 나가기 전에 토륨과 우라늄 같은 준안정한 원소들의 작은 봉우리들이 솟아 있다. (유리 오가네시안, 합동 원자력 연구소, 러시아 두브나)

아직 섬에 도착하진 못했지만(정말로 안정한 이중의 마법수를 가진 원소에 이르려면 표적에 중성자를 더 많이 추가할 수 있는 방법을 찾아야 한다), 그 섬 부근의 여울에 도달했으며, 항구를 향해 열심히 노를 젓고 있다.

물론 안정성의 섬은 물 밑에 숨어 있는 안정성이 죽 뻗어 있다는 것을 의미하며, 그것은 프랑슘을 중심으로 뻗어 있을 것이다. 87번 원소인 프랑슘은 마법의 원자핵인 82번과 준안정 원자핵인 92번 사이에 좌초해 있는데, 그 양성자와 중성자는 배를 버리고 탈출하고 싶은 충동을 강하게 느낀다. 실제로는 그 원자핵의 구조적 기초가 너무 허약하기 때문에 프랑슘은 천연 원소 중에서 가장 불안정할 뿐만 아니라, 104번 원소(러더포듐)까지 모든 인공 원소보다도 불안정하다. 만약 '불안정성의 해구'가 있다면, 프랑슘은 그 마리아나 해구 바닥에서 거품을 뽀글뽀글 내뿜고 있는 셈이다.

그런데도 프랑슘은 아스타틴보다 더 많이 존재한다. 왜 그럴까? 우라늄 근처에 있는 방사성 원소 중 많은 종류가 붕괴하는 과정에서 프랑슘이 되기 때문이다. 그러나 프랑슘은 정상적인 알파 붕괴를 통해 양성자 2개를 잃음으로써 아스타틴이 되는 대신에 베타 붕괴를 통해 원자핵의 압력을 완화하는 쪽을 선택해 라듐으로 변하는 경우가 99.9% 이상이다. 라듐은 그 뒤에 일련의 알파 붕괴를 거치면서 아스타틴을 건너뛰어 다른 원소들로 변해간다. 다시 말해서, 방사성 붕괴를 하는 많은 원소들의 이동 경로에는 프랑슘에서 잠깐 머무는 것이 포함돼 있지만, 프랑슘은 그다음 경로를 아스타틴에서 비켜나게 하기 때문에 아스타틴이 더 희귀하게 존재하는 것이다. 이로써 수수께끼가 풀렸다.

불안정성의 해구를 탐사했으니 이제 안정성의 섬을 살펴보기로 하자. 과학자들이 아주 큰 마법수를 가진 원소들을 실제로 합성할 수 있을지는 의심스럽다. 그렇지만 안정한 원소 114번을 합성한 뒤에 아마

126번도 합성할 수 있을 것이고, 그것을 중간 기지로 삼아 더 멀리 나아 갈지도 모른다. 일부 과학자들은 초중원소에 전자를 추가하면 원자핵이 안정된다고 믿는다. 전자들은 용수철과 충격 완화 장치처럼 원자가 정상적으로는 스스로를 분해하는 데 사용하는 에너지를 흡수하는 역할을 할지도 모른다. 만약 그렇다면 140번대나 160번대 혹은 180번대 원소를 합성하는 게 가능할지도 모른다. 그렇게 되면 안정성의 섬은 열도로 변할 것이다. 이 안정한 섬들은 멀리 뻗어나가겠지만, 카누를 타고 멀리 탐험에 나선 폴리네시아인처럼 일부 과학자는 아주 먼 바다를 건너 주기율표에 추가될 새로운 군도를 발견할지도 모른다.

여기서 과학자들을 흥분시키는 부분은, 이 새로운 원소들은 우리가 알고 있는 원소들보다 무겁기만 한 게 아니라 새로운 성질을 지니고 있을지도 모른다는 사실이다.(탄소와 규소와 같은 족에서 납이 나타난 것을 생각해보라.) 일부 계산에 따르면, 만약 전자가 초중원소의 원자핵을 얌전하게 만들어 더 안정하게 할 수 있다면, 그 원자핵 역시 전자에 영향을 미칠 수 있다. 그렇다면 전자는 전혀 다른 규칙에 따라 원자의 전자 껍질과 오비탈에 채워질지 모른다. 주기율표의 주소상으로는 정상적인 중금속이 되어야 할 원소들이 옥텟을 일찍 채워 비활성 기체 금속처럼 행동할지도 모른다.

과학자들은 그러한 가상 원소들의 이름을 이미 지어놓았다. 주기율표 맨 아랫줄에 늘어선 초중원소들의 이름이 112번 이후부터는 2개의 문자가 아니라 3개의 문자로 이루어져 있고, 또 모두 u라는 철자로 시작하는 것을 본 사람도 있을 것이다. 이 이름들 역시 라틴어와 그리스어의 영향력이 아직 남아 있음을 보여준다. 아직 발견되지 않은 119번 원소는 이름이 우누넨늄ununennium이고 원소 기호는 Uue이다. 또 122번 원소는 이름이 운비븀unbibium이고, 원소 기호는 Ubb이다.* 물론 이런 이름들은 임시로 붙인 것이고, 공식적으로 확인이 되면 정식 이름이 따로 붙을 것이다. 재미삼아 다른 원소의 예를 하나 살펴보자. 마법수 184번 원소는 우녹트콰듐unoctquadium이다. (이런 이름을 붙일 수 있어 정말 다행이다. 생물학에서는 종을 이명법으로 표기하는 방식이 사라질 위기에 처해 있다. 집고양이를 펠리스 카투스Felis catus로 표기하던 방식은 점점 DNA '바코드'로 대체되고 있고, 호모 사피엔스Homo sapiens도 TCATCGTCATGG…에 밀려나는 추세다. u로 시작되는 원소들은 한때 과학을 지배했던 라틴어*가 아직 완전히 죽지 않았음을 보여주는 사례이다.)

그렇다면 섬을 건너뛰며 뻗어가는 이 여행은 어디까지 이어질까? 주기율표 밑에서 작은 화산들이 영원히 계속 솟아오르는 것을 볼 수 있을까? 999번 원소인 Eee(에넨넨늄ennennennium)까지 확대되는 것을, 아니 그 너머까지 뻗어가는 것을 볼 수 있을까? 글쎄, 아마도 그렇지는 않을 것이다. 설사 과학자들이 초중원소들을 결합하는 방법을 알아낸다 하더라도, 설사 먼 곳에 있는 안정성의 섬들에 정확하게 도달한다 하더라도, 거기서 곧장 혼란스러운 바다로 들어갈 게 거의 틀림없다.

그 이유는 아인슈타인과 그가 겪은 가장 큰 실패로 거슬러 올라간다. 많은 사람들이 알고 있는 것과는 달리, 아인슈타인은 상대성 이론(특수이든 일반이든)으로 노벨상을 탄 것이 아니다. 그가 노벨상을 수상한 이유는 양자역학 분야의 기묘한 효과인 광전 효과를 설명했기 때문이다. 그 설명은 양자역학이 이상한 실험 결과를 설명하기 위한 임시 미봉책이 아니라, 현실과 부합하는 이론이라는 최초의 실질적인 증거였다. 그런데 아인슈타인이 광전 효과를 설명한 것은 두 가지 점에서 역설적이다. 첫째, 나이가 들면서 아인슈타인은 양자역학을 의심하게 되었다. 양자역학은 모든 것을 통계적이고 확률적으로 바라보는데, 아인슈타인은 그렇게 불확실한 성격이 도저히 마음에 들지 않았다. "신은 우주를 상대로 주사위놀이를 하지 않는다"라는 유명한 말은 그래서 나온 것이다. 그렇지만 이 점에서는 아인슈타인이 틀렸다. 보어가 그 말에 어떻게 응수했는지 모르는 사람들이 많은데, 보어는 이렇게 말했다. "아인슈타인! 괜히 신한테 이래라저래라 하지 마세요!"

둘째, 아인슈타인은 양자역학과 상대성 이론을 통합해 일관성 있고 우아한 '모든 것의 이론'으로 만들려고 노력했지만 결국 실패하고 말았다. 그런데 완전히 실패한 것은 아니었다. 두 이론이 서로 마주칠 때 가끔 서로를 훌륭하게 보완하기도 한다. 전자의 속도를 상대론적으로 보정한 결과는 수은이 왜 실온에서 예상되는 고체 상태가 아니라 액체 상태로 존재하는지 설명해준다. 그리고 양쪽 이론에 대한 지식이 없었더라면 그의 이름을 딴 99번 원소 아인슈타이늄은 아무도 만들어내지 못했을 것이다. 그러나 전체적으로 볼 때 중력과 빛의 속도, 그리고 상대성 이론에 관한 아인슈타인의 개념은 양자역학과 잘 들어맞지 않는다. 블랙홀 내부처럼 두 이론이 섞이는 일부 경우에는 근사한 방정식들이 모두 무너지고 만다.

이러한 붕괴는 주기율표를 제약하는 요인이 될 수 있다. 전자를 행성에 비유한 모형으로 설명해보자. 수성은 태양 주위를 한 바퀴 도는 데 3개월밖에 걸리지 않는 반면 해왕성은 무려 165년이나 걸리듯이, 안쪽 궤도를 도는 전자는 바깥쪽 궤도를 도는 전자보다 훨씬 빨리 돈다. 정확한 속도는 양성자 수와 미세 구조 상수인 알파 사이의 비율에 따라 결정된다. 그 비율이 1에 가까울수록 전자는 빛의 속도에 점점 더 가까워진다. 그렇지만 알파 값이 약 137분의 1로 고정돼 있다는 사실을 기억해보라. 양성자 수가 137개를 넘어서면, 안쪽 궤도를 도는 전자는 빛의 속도보다 더 빨리 달릴 수 있는 것처럼 보이지만, 이것은 상대성 이론에 따르면 절대로 일어날 수 없는 일이다.

이 가상의 마지막 원소인 137번 원소는 이 난처한 상황을 처음 생각한 물리학자인 리처드 파인먼의 이름을 따 종종 '파인마늄feynmanium'이라 부른다. 파인먼은 알파를 "우주의 가장 큰 수수께끼 중 하나"라고 말한 적이 있는데, 이제 여러분도 그 이유를 대충 짐작할 것이다. 파인마늄을 지나 압도적인 양자역학의 힘이 절대로 더 이상 움직일 수 없는 상대성의 물체와 만나면, 어느 쪽인가가 양보를 해야 한다. 그렇지만 정확하게 어떻게 될지는 아무도 모른다.

시간 여행을 진지하게 생각하는 일부 물리학자는 상대성 이론에 구멍이 있어, 타키온tachyon이라는 특별한 입자가 빛의 속도인 초속 30만 km 이상으로 달릴 수 있다고 생각한다. 그런데 빛의 속도보다 빨리 달린다면, 타키온은 시간을 거슬러 여행한다는 결론이 나온다. 따라서 만약 언젠가 뛰어난 과학자가 파인마늄보다 원자 번호가 하나 더 큰 운트리옥튬untrioctium을 만들어낸다면, 원자의 나머지 부분은 그대로 남아 있는 반면, 안쪽 궤도를 도는 전자들은 시간 여행자가 될까? 아마도 그렇지는 않을 것이다. 빛의 속도는 원자의 크기에 엄격한 제한을 가함으로써, 1950년대에 원자폭탄 실험이 산호초를 날려버렸듯이 환상적인 안정성의 섬들을 완전히 사라지게 하고 말 것이다.

그렇다면 주기율표는 곧 끝에 이른다는 말인가? 고정되고 얼어붙은 화석이 되고 말 것인가?

아니다, 그렇지는 않다.

남은 퍼즐

만약 외계인이 이곳에 도착한다 하더라도, 우리가 그들과 대화를 나눌 수 있다는 보장은 없다. 그들이 지구의 언어를 알지 못하는 장벽을 넘어 다른 문제가 있을 수 있다. 외계인은 말소리 대신에 페로몬이나 광펄스를 사용할 수도 있고, 특히 몸이 탄소로 만들어지지 않아 주변에 독성을 내뿜을 가능성도 있다. 설사 우리가 그들의 마음을 들여다본다 하더라도, 우리의 주 관심사(사랑, 신, 존경, 가족, 돈, 평화)는 그들에게 아무런 호응을 얻지 못할 수도 있다. 그들이 확실히 이해할 것으로 예상되는 것은 π 같은 숫자와 주기율표뿐이다.

물론 그들이 주목하는 것은 원소들의 성질을 질서 있는 방식으로 보여주는 주기율표의 특징일 것이다. 모든 화학 교과서 앞쪽이나 뒤쪽에는 작은 탑들이 돌출한 성 같은 모양의 주기율표가 실려 있지만, 이것은 원소들을 배열하는 여러 방법 중 하나일 뿐이다. 우리의 할아버지 세대는 지금의 장주기형 주기율표와는 상당히 다른 모양의 주기율표(단주기형 주기율표)를 보고 자랐다. 그것은 세로줄이 8개밖에 없는 표였다. 그것은 달력과 비슷한 점도 있었는데, 운 없는 달에는 30일과 31일이 한 칸에 들어가 있는 것처럼 전이 금속 원소들은 모두 대각선이 그어진 반쪽 칸에 들어 있었다. 또, 란탄족 원소들을 주기율표 본체 속에 집어넣어 아주 혼잡하고 복잡하게 만든 주기율표도 있었다.

캘리포니아 대학의 글렌 시보그와 그 동료들이 1930년대 후반에서 1960년대 초반 사이에 주기율표를 개선하기 전까지는 전이 금속들에 공간을 더 많이 내주려고 생각한 사람은 아무도 없었다. 그런데 그들은 원소들을 추가하는 데 그친 게 아니다. 악티늄 같은 원소는 자신들이 배웠던 구도에 들어맞지 않는다는 사실을 깨달았다. 이상하게 들릴지 모르지만, 이전의 화학자들은 주기성을 그다지 진지하게 생각하지 않았다. 란탄족과 그 골치 아픈 화학적 성질은 정상적인 주기율표 규칙에서 벗어나는 예외라고만 여겼다. 즉, 란탄족 뒤에 있는 원소들은 란탄족처럼 전자들을 깊숙이 숨겨놓아 전이 금속의 화학에서 벗어나는 행동을

Group 0	I		II		III		IV		V		VI		VII		VIII
	a	b	a	b	a	b	a	b	a	b	a	b	a	b	
	H 1														
He 2	Li 3		be 4		B 5		C 6		N 7		O 8		F 9		
Ne 10	Na 11		mg 13		Al 13		Si 14		P 15		S 16		Cl 17		
Ar 18	K 19	Cu 29	Ca 20	Zn 30	Sc 21	Ga 31	Ti 22	Ge 32	V 23	As 33	Cr 24	Se 34	Mn 25	Br 35	Fe 26, Co 27, Ni 28
Kr 36	Rb 37	Ag 47	Sr 38	Cd 48	Y 39	In 49	Zr 40	Sn 50	Nb 41	Sb 51	Mo 42	Te 52	–	I 53	Ru 44, Rh 45, Pb 46
Xe 54	Cs 55	Au 79	Ba 56	Hg80	57–71*	Tl 81	Hf 72	Pb 82	Ta 73	Bi 83	W 74	Pu 84	Re 75	–	Os 76, Ir 77, Pt 78
Rn 86	–		Ra 88		Ac 89		Th 90		Pa 91		U 92				

* 란탄과 란탄족

단주기형 주기율표. 전이 금속들은 모두 대각선이 그어진 반쪽 칸에 들어 있다.

보이지 않으리라고 생각한 것이다. 그러나 란탄족의 화학은 다시 반복된다. 그럴 수밖에 없다. 그것은 화학의 정언적 명령으로, 외계인도 즉각 알아챌 수 있는 원소들의 성질이다. 시보그가 89번 악티늄 이후부터 원소들이 새롭고 기묘한 종류로 갈라져 나간다는 사실을 알아챈 것처럼 외계인도 그것을 알아챌 것이다.

악티늄은 오늘날의 주기율표 골격을 결정지은 핵심 원소이다. 시보그와 그 동료들이 그 당시 알려진 89번 이후의 모든 중원소(그 형제들 중 맨 처음 나오는 원소의 이름을 따 악티늄족 원소라 부르는 원소)를 따로 떼어내 주기율표 아래에 별도의 세로줄로 만들기로 결정했기 때문이다. 그들은 이 원소들을 따로 떼어내는 대신에 전이 금속 원소들에게 더 많은 공간을 주기로 결정했고, 그래서 대각선으로 갈라진 반쪽 칸에 집어넣는 대신에 주기율표에 10개의 기둥(세로줄)을 추가했다. 이 설계는 아주 합리적으로 보였으므로, 많은 사람들이 시보그의 주기율표를 베꼈다. 낡은 주기율표를 선호하던 강경파들이 모두 죽기까지는 시간이 좀 걸렸지만, 1970년대에 들어 주기율표 달력은 마침내 현대 화학의 보루인 주기율표 성으로 변했다.

그러나 과연 이것이 이상적인 형태라고 말할 수 있을까? 주기율표를 기둥 모양으로 만드는 것은 멘델레예프 시대 이래 대세로 자리 잡았지만, 멘델레예프 자신만 해도 30가지 이상의 주기율표를 만들었고, 1970년대까지 과학자들이 만들어낸 변형된 형태의 주기율표는 700가지 이상이나 된다. 어떤 화학자는 한쪽 끝에 있는 탑을 잘라내 반대쪽 끝에 붙이는 방식을 선호해 주기율표를 어색한 계단처럼 보이게 만들었다. 또 어떤 사람들은 수소와 헬륨을 떼어내 별도의 기둥으로 만들었는데, 옥텟 규칙이 적용되지 않는 이 두 원소가 화학적으로 기묘한 상황에 있다는 것을 강조하기 위해서였다.

그렇지만 일단 주기율표의 형태에 손을 대기로 작정한 이상 꼭 직선 형태에만 얽매일 필요는 없다.* 현대의 한 주기율표는 벌집 모양으로 생겼는데, 중심의 수소에서 각 원소가 들어간 육각형 칸들이 점점 커지는 나선 팔들을 이루며 바깥쪽으로 뻗어 있다. 천문학자와 천체물리학자는 중심에 수소 '태양'이 있고, 나머지 모든 원소가 위성이 딸린 행성처럼 그 주위의 궤도를 도는 주기율표를 좋아할지도 모르겠다. 생물학자들은 우리의 DNA 같은 나선 위에 주기율표를 그렸고, 가로줄과 세로줄이 오던 길을 되돌아가면서 인도 주사위 보드게임처럼 종이 주위를 휘감는 주기율표를 그린 괴짜도 있다. 심지어 어떤 사람은 각 면에 원소가 적혀 있는 피라미드 모양의 루빅큐브 장난감을 만들어 미국 특허(#6361324)를 받기까지 했다.

음악적 취향이 있는 사람들은 원소들을 오선지 위에 그려 넣기도 했고, 영매를 연구했던 윌리엄 크룩스는 류트처럼 생긴 주기율표와 프레첼처럼 생긴 주기율표를 만들었다. 내가 개인적으로 좋아하는 것은 피라미드 모양을 한 것이다. 이것은 아래로 내려갈수록 폭이 점점 넓어지며, 새로운 오비탈이 어디서 나타나며 얼마나 많은 원소가 전체 체계에 들어가는지 잘 보여준다. 오려낸 모양으로 가운데 부분을 꼬아놓은 것도 좋아한다. 이것은 완전히 이해할 수는 없지만, 뫼비우스의 띠를 닮았기 때문에 보기에 흥미롭다.

그리고 주기율표의 형태를 꼭 2차원에만 한정할 필요도 없다. 세그레가 1955년에 발견한 음전하를 띤 반양성자는 반전자(즉, 양전자)와 짝을 지어 반수소 원자를 만든다. 이론적으로는 반주기율표의 나머지 모든 반원소도 존재할 수 있다. 그리고 화학자들은 보통 주기율표의 거울나라 버전에 해당하는 이 주기율표를 넘어서서 알려진 '원소'의 수를 수천 종은 아니더라도 수백 종으로 늘릴 수 있는 새로운 형태의 물질을 탐구하고 있다.

첫 번째 종류의 물질은 초원자superatom이다. 같은 원소의 원자 8~100개로 이루어진 이 원자 집단은 괴상하게도 다른 원소 원자 하나와 같은 행동을 나타낸다. 예를 들면, 알루미늄 원자 13개가 모인 초원자는 죽음의 원소인 브롬과 정확히 똑같은 행동을 나타낸다. 화학 반응에서 두 물질은 구분이 불가능하다. 알루미늄 원자 집단은 브롬 원자 하나보다 13배나 큰데도, 그리고 알루미늄은 눈물을 쏟게 하는 독가스 성질이 전혀 없는데도 이런 현상이 나타난다. 또 다른 조합의 알루미늄 원자들은 비활성 기체, 반도체, 칼슘처럼 뼈를 이루는 물질, 또는 주기율표에서 아주 다른 곳에 있는 원소를 흉내 낼 수 있다.

원자 집단이 그런 행동을 보이는 이유는 다음과 같이 설명할 수 있다. 원자 집단에서 원자들은 3차원 다면체 형태로 배열돼 있고, 각 원자는 집단 원자핵의 양성자나 중성자 역할을 한다. 여기서 유의해야 할 사실은 이 부드러운 원자핵 덩어리 내부에서 전자들이 흘러다닐 수 있고, 원자들은 전자들을 집단적으로 공유할 수 있다는 점이다. 과학자들은 이러한 물질 상태를 약간 비꼬는 투로 '젤륨jellium'이라고 부른다. 다면체의 모양과 모서리와 꼭짓점의 수에 따라 젤륨 밖으로 나와 다른 원자와 반응할 수 있는 전자의 수가 다르다. 만약 그 전자의 수가 7개라면 그 물질은 브롬이나 다른 할로겐 원소처럼 행동한다. 만약 4개라면 그 물질은 규소나 반도체처럼 행동한다. 나트륨 원자도 젤륨이 되어 다른 원소의 흉내를 낼 수 있다. 다른 원소들 역시 다른 원소들을 흉내 내거나 모든 원소가 나머지 모든 원소를 흉내 내지 않는다고 믿어야 할 이유가 없다. 이 발견 때문에 과학자들은 새로운 종들을 모두 분류할 수 있는 평행 주기율표를 만들려고 노력하고 있다. 그것은 해부학 교재에서 볼 수 있는 투명화처럼 주기율표 골격 위에 층층이 쌓을 수 있는 형태가 될 것이다.

젤륨은 비록 기묘한 것이긴 하지만, 이 원자 집단은 최소한 정상적인 원자를 닮았다. 그러나 주기율표에 깊이를 더하는 두 번째 방법은 그렇지 않다. 양자점quantum dot은 홀로그램상의 가상 원자이지만, 양자역학의 규칙을 따른다. 양자점은 여러 가지 원소로 만들 수 있지만, 최선의 재료 중 하나는 인듐indium이다. 알루미늄의 친척에 해당하는 은백색 금속인 인듐은 금속과 반도체의 경계 지대에 자리 잡고 있다.

양자점을 만드는 작업은 맨눈으로 간신히 보일까 말까 할 만큼 작은 데블스타워Devils Tower(미국 와이오밍주의 대초원 한가운데에 우뚝 솟아 있는 특이한 모양의 용암 기둥 — 옮긴이)를 짓는 것으로 시작한다. 이 탑은 지층처럼 바닥에서 차례로 반도체층, 얇은 세라믹 절연체층, 인듐층, 두꺼운 세라믹층, 그리고 꼭대기의 금속 뚜껑까지 여러 층으로 이루어져 있다. 금속 뚜껑에 양전하를 가하면 그쪽을 향해 음전하를 띤 전자가 끌려간다. 전자들은 위로 올라가다가 절연체에 가로막혀 더 이상 나아가지 못한다. 그러나 절연체가 충분히 얇다면, 전자(근본적인 차원에서는 파동인) 하나가 마술 같은 양자역학 효과인 터널 효과를 통해 절연체를 뚫고 지나가 인듐에 이르게 된다.

여기서 전압을 차단하면, 이 고아 전자는 그곳에 갇힌다. 인듐은 전자를 원자들 사이로 자유롭게 흘러다니게 하지만, 원자들 내부로 들어가게 하진 않는다. 그래서 그 전자는 그곳에서 독립적으로 움직이며 머무는데, 만약 인듐층이 충분히 얇고 좁다면, 1000여 개의 인듐 원자가 무리를 지어 갇힌 그 전자를 함께 공유하면서 하나의 집단 원자처럼 행동한다. 이것은 일종의 초유기체이다. 양자점에 전자를 2개 이상 집어넣으면, 전자들은 인듐 내부에서 반대 스핀을 가지면서 확장된 오비탈과 전자 껍질에 각각 따로 들어가게 된다. 이것이 얼마나 기묘한 물질인지는 아무리 강조해도 지나치지 않다. 이것은 수십억분의 1K 정도의 극저온으로 냉각하느라 법석을 떨지 않고서도 거대한 보스-아인슈타인 응축물 원자를 얻는 것과 같다. 이것은 심심풀이로 그냥 만들어보는 물질에 불과한 것이 아니다. 양자점은 차세대 '양자 컴퓨터'에 활용될 잠재력이 무척 크다. 나온 지 50년이나 지난 잭 킬비의 집적 회로에 올려진 반도체로 수백억 개의 전자를 흘려보내는 것보다 개개의 전자를 제어하면서 계산을 하는 것이 계산 절차를 훨씬 빠르고 깨끗하게 할 수 있기 때문이다.

양자점이 개발되고 나면, 주기율표도 이전과 같지 않을 것이다. 팬케이크 원자라고도 부르는 양자점들은 아주 납작하기 때문에 전자 껍질들도 이전의 모형과 아주 다르다. 실제로 팬케이크 주기율표는 이전의 주기율표와는 아주 달라 보인다. 무엇보다도 옥텟 규칙이 성립하지 않기 때문에 폭이 좁다. 전자들은 전자 껍질을 훨씬 더 빨리 채우며, 반응성이 없는 비활성 기체 원소들 사이에 존재하는 원소들의 수도 더 적다. 이 때문에 반응성이 더 강한 다른 양자점들이 근처에 있는 다른 양자점들과 결합하여…… 아무도 예상하지 못한 어떤 물질을 만들 가능성도 있다. 초원자와는 달리 양자점 '원소'에 딱 들어맞는 것을 만들 수 있는 원소는 현실 세계에 없다.

그렇지만 여러 층과 기둥으로 이루어지고 탑이 솟아 있으며, 란탄족과 악티늄족을 아래쪽에 따로 해자처럼 배치한 시보그의 주기율표가 앞으로도 계속 화학 수업 시간에 사용되리라는 것은 의심할 여지가 없다. 그것은 만들기도 쉽고 이해하기 쉽도록 아주 잘 배열된 주기율표이기 때문이다. 모든 화학 교과서 앞쪽에는 시보그의 주기율표가 실려 있는데, 영감을 불러일으키는 일부 주기율표도 책 뒤쪽에 실어 균형을 잡아 주면 참 좋을 것 같다. 화학 교과서를 만드는 사람들 사이에 그런 노력이 부족한 게 아쉽다. 예컨대 3차원 팝업 주기율표 같은 걸 실을 수도 있다.

팝업 주기율표는 페이지에서 튀어나오면서 구부러져 서로 멀리 떨어진 원소들을 가까이 다가가게 함으로써 나란히 늘어선 그 원소들의 관련성을 떠오르게 해줄 것이다. 상상 가능한 어떤 조직 원리라도 좋으니 그것을 바탕으로 새롭고 획기적인 주기율표를 만드는 일을 지원하는 비영리 단체가 있다면, 개인적으로 기꺼이 1000달러를 기부하고 싶다. 현재의 주기율표는 그동안 역할을 충분히 다해왔지만, 그것을 다시 설계해 만드는 것은 우리에게(최소한 우리 중 일부에게) 중요하다. 게다가 만약 외계인이 지구에 온다면, 나는 그들이 주기율표를 보고 우리의 독창성에 감탄하길 바란다. 그리고 우리가 만든 여러 가지 주기율표 중에서 그들에게 익숙한 모양도 있었으면 좋겠다.

어쩌면 상자를 쌓아놓은 모양의 낡은 주기율표가 지닌 경이롭고 산뜻한 단순성이 그들을 사로잡을지도 모른다. 또 어쩌면 그들이 이미 기발한 대체 주기율표를 발견했고, 초원자와 양자점에 대해 많은 것을 알고 있다 하더라도, 바로 이 주기율표에서 뭔가 새로운 것을 보게 될지도 모른다. 그리고 우리가 주기율표를 여러 각도에서 읽는 방법을 설명해주면, 그들은 정말로 감탄하여 휘파람을 불고, 주기율표에 원소들을 집어넣은 우리의 방식에 큰 충격을 받을지 누가 알겠는가?

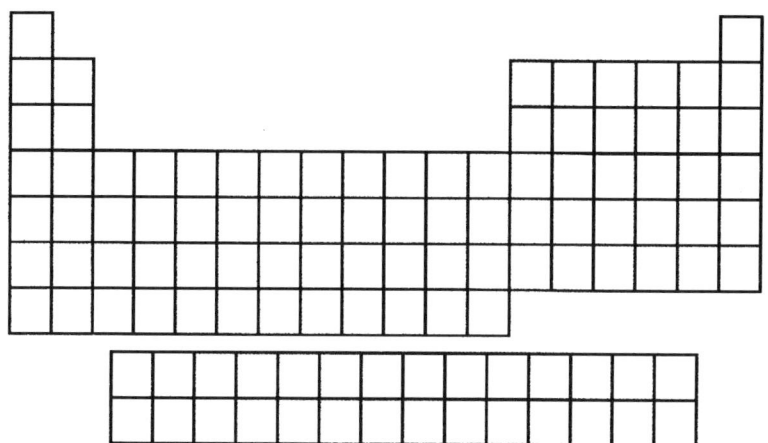

노트

머리말

9쪽 "역사와 어원학, 연금술, 신화, 문학, 독극물 법의학, 심리학" : 수은을 통해 내가 배운 또 한 가지 주제는 기상학이다. 1759년 크리스마스 다음 날, 마침내 연금술의 죽음을 알리는 조종이 울렸다. 그날, 두 러시아 과학자가 눈과 산의 혼합물로 얼마나 낮은 온도를 얻을 수 있는지 실험하다가 생각지도 못했던 것을 발견했다. 온도가 크게 내려가자 온도계에 들어 있던 수은이 언 것이다. 이것은 기록상 고체 수은이 만들어진 최초의 사례였다. 이 증거로 연금술사들이 불멸의 액체라고 믿었던 수은은 보통 물질의 지위로 전락하고 말았다. 훗날 수은은 정치적 쟁점이 되기도 했다. 미국의 운동가들이 백신에 포함된 수은의 위험(아무 근거도 없는 것이었지만)에 격렬하게 반대하는 운동을 벌였기 때문이다.

1장 주기율표의 구조와 탄생

지리적 위치가 곧 운명

23쪽 "항상 순수한 원소의 형태로 존재하기 때문이다." : 1868년에 일어난 일식 때 두 과학자가 헬륨 원소가 존재한다는 증거(햇빛의 스펙트럼에서 노란색 영역에 나타난 미지의 스펙트럼선)를 처음으로 발견했다. 그래서 그 원소에 그리스어로 '태양'이란 뜻의 '헬리오스helios'에서 따 헬륨이란 이름을 붙였다. 그때까지 지구에서는 헬륨 원소가 발견된 적이 없었는데, 1895년이 되어서야 암석에서 헬륨을 추출하는 데 성공했다(더 자세한 이야기는 5장 '영광의 구 : 거품의 과학' 참고). 그후 8년 동안 헬륨은 지구에 극소량만 존재하는 것으로 알려졌지만, 1903년에 미국 캔자스 주에서 광부들이 지하에 묻혀 있는 막대한 양의 헬륨을 발견했다. 그들은 땅에 난 틈을 통해 분출하는 그 가스에 불을 붙이려고 시도했지만 불이 붙지 않았다.

26~27쪽 **일어나는 모든 상호작용을 좌우하는 것은 바로 전자이다** : 뉴질랜드 오타고 대학의 화학자인 앨런 블랙먼Allan Blackman은 〈오타고 데일리 타임스〉 2008년 1월 28일자에 기고한 글에서 원자 내부의 공간이 대부분 텅 비어 있다는 사실을 다시 한 번 강조했다. "알려진 원소 중 밀도가 가장 큰 이리듐의 경우를 한번 생각해보자. 테니스공만 한 크기의 이리듐은 무게가 3kg을 조금 넘는다. (…) 이리듐 원자핵들을 텅 빈 공간이 거의 없도록 최대한 빽빽하게 뭉친다고 가정해보자. (…) 이렇게 압축된 물질로 만든 테니스 공의 무게는 무려 7조 톤이나 나갈 것이다."

여기에 대해 약간의 해설이 필요할 것 같다. 이리듐이 밀도가 가장 큰 원소인지는 확실치 않다. 그 밀도는 오스뮴과 아주 비슷한데, 과학자들은 어느 쪽이 더 큰지 확실하게 결정을 내리지 못해 지난 수십 년 동안 두 원소는 우두머리 자리를 놓고 여러 번 엎치락뒤치락했다. 지금은 오스뮴이 밀도가 가장 큰 원소로 인정되고 있다.

28쪽 **"논문으로 발표하면서 몇 년을 보냈다."** : 루이스와 네른스트(그리고 라이너스 폴링과 프리츠 하버를 비롯해 많은 과학자)의 개인적 이야기를 자세히 알고 싶다면, 패트릭 코피Patrick Coffey가 쓴 『과학의 대성당 : 현대 화학을 만든 인물들과 대립 관계Cathedrals of Science : The Personalities and Rivalries That Made Modern Chemistry』를 적극 추천하고 싶다. 현대 화학에서 가장 중요한 시기인 1890년경부터 1930년경 사이의 화학 이야기를 인물 위주로 기술한 책이다.

30쪽 **"주기율표의 원소 중에서 가장 화려한 역사를 자랑하는 원소일 것이다."** : 안티몬에 관해 그 밖의 흥미로운 사실로는 다음과 같은 것들이 있다.

1. 연금술과 안티몬에 대해 우리가 알고 있는 사실 중 많은 것은 1604년에 독일의 연금술사 요한 퇼데Johann Thölde가 쓴 『안티몬의 개선 전차Triumph Wagen Antimonii』라는 책에서 유래했다. 퇼데는 자기 책을 널리 홍보하려는 목적으로 자기는 1450년에 바실리우스 발렌티누스Basilius Valentinus라는 수도사가 쓴 글을 번역했을 뿐이라고 주장했다. 발렌티누스는 자신이 믿는 것 때문에 박해를 받을까 봐 두려워 그 글을 수도원의 한 기둥 속에 숨겨두었다고 했다. 그것은 그곳에 감춰져 있다가 퇼데의 시대에 와서 '기적적인 벼락'이 그 기둥을 쪼개

는 바람에 발견되었다고 뵐데는 주장했다.
2. 많은 사람들이 안티몬을 암수한몸의 성격을 지녔다고 주장했지만, 어떤 사람들은 여성성의 본질이라고 주장했다. 이 때문에 안티몬을 나타내는 연금술 기호우가 '여성'을 나타내는 일반 기호가 되었다.
3. 1930년대에 중국의 한 가난한 성省은 그곳에서 나는 거의 유일한 천연 자원인 안티몬을 이용해 동전을 만들려고 했다. 그러나 안티몬은 물러서 쉽게 닳았고 독성이 약간 있었기 때문에 동전으로 사용하기에 적합하지 않았다. 결국 정부는 만들었던 동전들을 모두 회수했다. 이 동전은 그 당시 몇 원의 가치밖에 없었지만, 지금은 수집가들 사이에서 수백만 원에 거래된다.

쌍둥이처럼 비슷한 원소들과 검은 양 : 원소들의 계보

44쪽 "애너그램anagram이라고 주장하는 사람도 있다." : 'honorificabilitudinitatibus'의 좀더 간단한 해석은 'with honorableness', 즉 '존경받을 만한 자격으로'라는 뜻이다. 애너그램으로 해석하는 사람들은 이것을 "Hi ludi, F. Baconis nati, tuiti orbi"라는 라틴어 문장의 순서를 바꿔 쓴 것으로 보는데, 번역하면 "프랜시스 베이컨이 쓴 이 희곡들을 세상을 위해 보존한다."라는 뜻이 된다.

46쪽 "이 아나콘다 단어는 무려 1185자나 된다!" : 『화학 물질 개요』에 실린 가장 긴 단어가 무엇이냐에 대해서는 약간의 논란이 있다. 많은 사람들은 담배모자이크 바이러스 단백질인 $C_{785}H_{1220}N_{212}O_{248}S_2$를 가장 긴 단어라고 이야기하지만, 많은 사람들은 대신에 '트립토판 신테타아제 알파 단백질'을 가장 긴 단어라고 이야기한다. 이 단백질은 사람들이 칠면조를 먹었을 때 졸음이 오게 만드는 성분이라고 잘못 알고 있는 물질과 유사한 것이다. 이 트립토판 단백질($C_{1289}H_{2051}N_{343}O_{375}S_8$) 분자 이름은 1913자나 되어 담배모자이크 바이러스 단백질보다 60%나 더 길다. 그리고 『기네스 세계 기록Guinness World Records』의 일부 발행판, 어번 딕셔너리(www.urbandictionary.com), 『번 여사의 특이하거나 애매하거나 기묘한 단어 사전Mrs. Byrne's Dictionary of Unusual, Obscure, and Preposterous Words』을 비롯해 여러 출처에서는 이 단백질을 가장 긴 단어로 싣고 있다. 그러나 나는 미국 의회 도서관의 어두침침한 서가에서 많은 시간을 보냈지만, 『화학 물질 개요』에서 이 트립토판 단백질 분자를 찾을 수 없었다. 이 단어는 모든 철자가 완전히 표기된 형태로 실린 적이 없는 것으로 보인다. 만전을 기하기 위해 나는 이 트립토판 단백질 분자 구조를 알아냈다고 발표한 학술 논문(『화학 물질 개요』와는 별개인)을 추적해보았는데, 여기서도 저자들은 아미노산의 배열을 축약한 형태로 사용하는 쪽을 선택했다. 따라서 내가 아는 한 이 물질은 그 완전한 이름 철자가 인쇄된 형태로 발표된 적이 없다. 『기네스 세계 기록』이 가장 긴 단어로 실었던 이 단어를 나중에 취소한 것은 아마도 이 때문일 것이다.

나는 담배모자이크 바이러스 단백질의 이름이 실린 기록도 추적해보았는데, 그 완전한 이름은 『Chemical Abstracts Formula Index, Jan.-June 1964』라는 연갈색 책 967F쪽과 『Chemical Abstracts 7th Coll. Formulas, $C_{23}H_{32}$-Z, 56-65, 1962-1966』 6717F쪽에 각각 한 번씩 실려 있었다. 두 책은 표지에 명기된 날짜들 사이에 발표된 모든 화학 논문에 관한 자료를 모아놓은 요약서이다. 이 사실은 이 단어를 세상에서 가장 긴 단어로 실어놓은 다른 출처의(특히 웹의) 주장과는 반대로, 담배모자이크 바이러스 단백질의 완전한 철자가 처음 나타난 것은 1972년이 아니라, 이 두 권의 책이 출간된 1964년과 1966년이라는 것을 말해준다.

이뿐만이 아니다. 트립토판에 관한 논문은 1964년에 나왔으며, 1962~1964년 『화학 물질 개요』에는 담배모자이크 바이러스보다 C와 H, N, O, S가 더 많은 분자들이 실려 있었다. 그런데 왜 이 분자들의 이름은 완전한 형태로 실리지 않았을까? 그것은 이 모든 자료를 수집하는 회사인 케미컬 앱스트랙츠 서비스Chemical Abstracts Service가 새로운 화합물의 명명법을 재정비하면서 지나치게 눈을 피로하게 만드는 이름의 사용을 지양하기로 결정한 1965년 이후에 그 논문들이 나왔기 때문이다. 그렇다면 1966년에 발행된 책에서는 왜 담배모자이크 바이러스 단백질의 이름을 완전한 형태로 실었을까? 그것은 삭제될 수도 있었지만 삭제 대상에서 제외되었다. 한 가지 반전이 더 남아 있는데, 1964년에 발표된 담배모자이크 바이러스에 관한 원래 논문은 독일어로 쓴 것이었다. 그렇지만 『화학 물질 개요』는 새뮤얼 존슨Samuel Johnson(영국 최초의 영어 사전을 만든 인물)과 『옥스퍼드 영어 사전』의 정교한 참고 문헌 작업 전통에 따라 영어로 발간되는 서적이다. 어쨌든 그 이름을 그대로 인쇄하기로 결정한 것은 과시를 위해서가 아니라 지식을 전달하고자 하는 사명감에서였다.

휴!

그건 그렇고, 이 모든 것을 생각하고 정리하는 데에는 케미컬 앱스트랙츠 서비스의 에릭 시벌리Eric Shively, 크리스털 풀 브래들리Christal Poole Bradley, 그리고 특히 짐 코닝Jim Corning에게 큰 신세를 졌다. 그들은 나의 혼란스러운 질문("안녕하세요? 전 가장 긴 영어 단어를 찾는 중인데요, 그게 어떤 것인지 잘 몰라서요……")을 받아줄 필요가 없었지만, 인내심을 가지고 받아주었다.

　　말이 나온 김에 좀더 소개한다면, 담배모자이크 바이러스는 최초로 발견된 바이러스일 뿐만 아니라, 엄밀한 방법으로 그 형태와 구조가 분석된 최초의 바이러스이기도 하다. 이 분야의 연구에서 가장 훌륭한 것 중 일부는 결정학 전문가인 로절린드 프랭클린이 한 것인데, 그녀는 마음이 넓다고 해야 할지 순진하다고 해야 할지 그 자료를 왓슨과 크릭에게 제공했다(3장 '물리학에서 생물학으로' 참고). 아, 그리고 '트립토판 신테타아제 알파 단백질'에서 '알파'는 단백질이 적절한 모양으로 접히는 방법을 어떻게 아는지 파고든 라이너스 폴링의 연구에서 유래했다(역시 3장 '물리학에서 생물학으로' 참고).

50쪽　"다행스럽게도 티틴titin이라 부른다." : 대단한 인내심을 가진 몇몇 사람이 티틴의 전체 아미노산 서열을 온라인에 올렸다. 마이크로소프트 워드 문서에서 Times New Roman 서체 12포인트로 기록한 그 이름은 무려 47쪽에 이른다. 티틴에 포함된 아미노산의 수는 3만 4000개가 넘으며, 그 이름에서 l은 4만 3781번, y는 3만 710번, yl은 2만 7120번, 그리고 e는 9229번 나온다.

54쪽　"이런 추측들을 증명해주는 증거나 마찬가지이다." : PBS의 〈프런트라인〉에서 방송한 '유방 이식 시험' 중에 이런 내용이 나온다. "살아 있는 생명체의 규소 함량은 그 생명체의 복잡성이 증가할수록 감소한다. 지각은 규소 대 탄소 비율이 250:1이고, 부엽토[유기 물질을 풍부하게 포함한 흙]는 15:1, 플랑크톤은 1:1, 양치류는 1:100, 포유류는 1:5000이다."

56쪽　"이 공동 생명체의 뇌는 바딘이었고, 브래튼은 그 손이었다." : 바딘과 브래튼을 공동 생명체로 표현한 구절은 PBS 다큐멘터리 〈트랜지스터화!Transistorized!〉에 나온다.

58쪽　"'천재 정자 은행'" : 쇼클리가 '천재 정자 은행'이라 부른 정자 은행은 캘리포니아주에 있으며, 정식 명칭은 '생식 세포 선택 저장고Repository for Germinal Choice'

노트　441

이다. 정자 은행 설립자인 로버트 그레이엄Robert K. Graham은 노벨상 수상자들 가운데 정자를 기증한 사람이 다수 있다고 주장했지만, 노벨상 수상자 가운데 공개적으로 정자를 기증했다고 밝힌 사람은 쇼클리뿐이다.

62쪽 "집적 회로 연구에 대한 공로를 인정받아 노벨상을 수상했다.": 킬비와 수의 횡포에 대해 더 자세한 것을 알고 싶다면, 레이드T. R. Reid가 쓴 훌륭한 책 『칩 : 두 미국인이 발명한 마이크로칩이 어떻게 혁명을 가져왔는가The Chip : How Two Americans Invented the Microchip and Launched a Revolution』를 읽어보라.

흥미롭게도, '잭 킬비'라는 별명을 사용하는 DJ가 2006년에 〈마이크로칩 EP〉라는 CD를 내놓았는데, 그 표지에는 늙은 킬비의 사진이 실려 있었다. 이 CD에는 '뉴트로늄Neutronium', '바이트 마이 스카프Byte My Scarf', '집적 회로Integrated Circuit', '트랜지스터' 같은 곡들이 수록돼 있다.

주기율표의 갈라파고스 제도

69쪽 "원자가 실제로 존재한다는 것을 믿으려 하지 않았다.": 오늘날의 관점에서 보면 멘델레예프가 원자의 존재를 믿으려 하지 않았다는 사실은 잘 이해되지 않을 수 있다. 그렇지만 그 당시 화학자들 중에는 원자의 존재를 믿지 않는 사람들이 많았다. 그들은 직접 눈으로 볼 수 없는 것은 믿지 않으려는 경향이 있었으며, 원자를 추상적 개념으로만 취급했다. 즉, 설명을 위한 편리한 모형으로만 생각했을 뿐, 실제로 존재한다고는 생각하지 않았던 것이다.

69쪽 "최소한 역사적으로는": 원소들을 체계적으로 배열하는 방법을 놓고 처음에 경쟁을 벌인 여섯 과학자를 가장 잘 소개한 책은 에릭 셰리Eric Scerri가 쓴 『주기율표 The Periodic Table』이다. 나머지 세 사람은 주기율 체계를 공동 발명했거나 최소한 이 발명에 기여한 것으로 널리 인정받고 있다.

셰리에 따르면, 알렉상드르-에밀 베기에 드 샹쿠르투아Alexandre-Emile Béguyer de Chancourtois는 주기율표를 발전시키는 데 "가장 중요한 단계"를 발견했다. 그것은 "원소의 성질은 그 원자량이 지닌 주기적 성질이라는 것으로, 멘델레예프가 같은 결론에 도달하기 7년 전에 발견했다." 지질학자였던 드 샹쿠르투아는 자신의 주기율 체계를 나선형 원통 위에다 나사 모양의 곡선처럼 그렸다. 그러나 출판업자가 모든 원소를 보여주는 그 나선형 도표를 제대로 인쇄하는 방법을 모르는 바람에 드 샹쿠르투아는 최초의 주기율표 발명자라는 명성을 얻을 기회를 날리고 말았다. 결국 출판업자는 그 도표를 빼고 출판했다. 주기율표를 보지도 않고서 주기율표를 이해하려고 노력하는 장면을 상상해보라! 그럼에도 불구하고, 드 샹쿠르투아가 주기율 체계의 창시자라는 주장에 같은 프랑스인인 르코크 드 부아보드랑이 적극 동조하고 나섰는데, 멘델레예프를 깎아내리기 위한 의도도 있었을 것이다.

윌리엄 오들링William Odling이라는 영국 화학자 역시 불운의 희생자였다. 그는 주기율표에 대해 많은 것을 알아냈으나, 오늘날 그를 기억하는 사람은 거의 없다. 주기율표 외에도 화학과 행정 등 다른 관심사가 많았던 그는 오로지 주기율표에만 매달린 멘델레예프에게 선수를 뺏기고 말았다. 오들링이 잘못 알았던 사실 한 가지는 원소 주기의 길이(비슷한 성질이 다시 나타나기까지 계속되는 원소들의 수)였다. 그는 모든 주기의 길이가 8이라고 믿었지만, 이것은 주기율표에서 위쪽에 위치한 원소들에게만 적용된다. d 전자 껍질 때문에 3주기와 4주기에는 원소들이 18개 존재한다. 그리고 f 전자 껍질 때문에 5주기와 6주기에는 원소들이 32개 존재한다.

구스타부스 힌릭스Gustavus Hinrichs는 주기율표의 공동 발견자 중에서 유일한 미국인(태어난 나라는 덴마크이지만)이자, 또 유일하게 시대를 앞선 괴짜이며 독불장군 천재로 평가받는 인물이다. 그는 네가지 언어로 3000편이 넘는 과학 논문을 썼고, 분젠이 발견한 빛의 방출을 이용해 원소들을 연구하고 분류하는 방법을 개척했다. 또 수비학數秘學에도 손을 댔고, 나선팔 주기율표를 만들었는데, 아주 까다로운 원소들 중 상당수를 정확하게 제자리에 배치했다. 셰리는 "힌릭스의 연구는 아주 독특하고 복잡해서 그 진짜 가치를 알려면 더 완전한 연구가 필요할 것이다"라고 평했다.

74쪽 "찻숟가락이 사라지는 걸 보고 깜짝 놀라는 모습을 즐긴다." : 이 장면을 직접 눈으로 보고 싶다면, 유튜브YouTube에서 실제로 갈륨 찻숟가락이 사라지는 영상을 찾아볼 수 있다. 『아내를 모자로 착각한 남자』를 쓴 세계적인 신경학자이자 베스트셀러 작가 올리버 색스Oliver Sacks도 자신의 소년 시절을 회고한 『텅스텐 아저씨 Uncle Tungsten』에서 이런 종류의 장난을 쳤던 경험을 이야기한다.

81쪽 "거리에는 광물과 원소 이름이 붙어 있다.": 이테르비의 역사와 지질학에 관한 이야기와 오늘날의 이테르비에 관한 세부 이야기 중 일부는 노스텍사스 대학의 화학자이자 역사학자인 짐 마셜Jim Marshall에게 자문을 구했다. 그는 너그럽게도 시간을 할애해 필요한 도움을 주었고, 훌륭한 사진도 보내주었다. 마셜은 모든 원소가 맨 처음 발견된 장소를 재방문하는 탐사 여행 중인데, 그가 이테르비를 여행한 것도 이 때문이었다. 그에게 행운을 빈다!

2장 원자 창조와 원자 분해

원자는 어디서 왔을까 : "우리는 모두 별의 물질로 만들어졌다"

88쪽 "막대한 에너지가 나온다는 것을 증명했다.": 별 내부에서 일어나는 핵융합 단계를 알아내는 데 기여한 한스 베테Hans Bethe는 그 덕분에 500달러의 상금을 받았다. 그는 그 돈을 나치 관리에게 뇌물로 주어 어머니와 어머니가 아끼던 가구를 독일 밖으로 빼내는 데 썼다.

88쪽 "'화학적으로 특이한 별'": 천문학자들은 미지의 과정을 통해 프로메튬을 만들어내는 기묘한 별들의 집단을 발견했다. 그중 가장 유명한 별들의 집단을 프지빌스키 별이라 부른다. 정말로 기묘한 점은 핵융합 반응이 대부분 별 중심부에서 일어나는 것과는 달리 프로메튬은 별 표면에서 만들어진다는 사실이다. 어쨌든 방사성 원소인 프로메튬은 수명이 아주 짧아, 핵융합 반응이 일어나는 중심부에서 만들어진다 하더라도 표면까지 나오는 데 걸리는 수백만 년 동안 살아남을 수 없다.

89쪽 "별들이 인간의 운명을 지배하는가라는 물음에 대해 서로 모순되는 답에 해당하는 두 구절이었다": B^2FH의 서두를 장식한 두 구절은 다음 작품들에서 인용한 것이다.

우리의 조건을 결정하는 것은 별들이라네. 우리 머리 위에 떠 있는 저 별들 말일세.
『리어 왕』 4막 3장

> 브루투스여, 잘못은 우리의 별들에 있는 게 아니라, 우리 자신에게 있다네.
> 『줄리어스 시저』 1막 2장

90쪽 "철 이후 단계의 핵융합": 엄밀하게 말하면, 철은 핵융합 반응을 거쳐 직접 만들어지는 게 아니다. 처음에는 14번 원소인 규소 원자 2개가 융합하여 28번 원소인 니켈이 만들어진다. 그렇지만 이 니켈은 불안정하여 대부분 몇 달 안에 붕괴하여 철이 된다.

93쪽 "낮은 에너지의 갈색 빛을 방출하는 갈색왜성": 목성은 질량이 지금의 13배만 되었더라면, 중수소(양성자 1개와 중성자 1개로 이루어진 수소 동위원소) 핵융합 반응이 일어났을 것이다. 중수소가 아주 희귀하다는 사실(수소 분자 6500개당 1개꼴로 존재함)을 감안하면, 그것은 아주 희미한 별이 되었겠지만 어쨌든 빛을 내는 이상 별은 별이다. 정상적인 수소 핵융합 반응이 일어나려면 목성의 질량이 지금보다 75배는 커야 한다.

95쪽 "아주 작은 정육면체 모양이다.": 그리고 화성도 목성과 수성의 기묘한 날씨에 질세라 가끔 과산화수소 '눈'을 내린다.

99쪽 "철을 좋아하는 친철 원소": 친철 원소인 오스뮴과 레늄은 달이 어떻게 탄생했는지 알아내는 데 도움을 주었다. 지구가 태어난 지 얼마 지나지 않았을 때 소행성 또는 혜성이 지구와 큰 충돌을 일으켰고, 이때 우주 공간으로 튀어나간 파편들이 모여 달이 만들어졌다.

106쪽 "회전목마처럼 위아래로 흔들거리며 나아간다.": 기묘하게도 태양의 전체적인 움직임은 멀리서 봤을 때, 코페르니쿠스 이전의 고대 천문학자들이 천동설을 설명하려고 고안해낸 주전원 이론처럼 바퀴 속에서 바퀴가 도는 것과 비슷하다. 이것은 과학에서도 개념들이 순환하듯이 반복적으로 나타난다는 것을 보여주는 사례이다.

전쟁에 쓰인 원소들

108쪽 "끝까지 저항해 스파르타를 물리쳤다." : 화학전의 역사, 그중에서도 특히 미국군이 겪은 화학전에 대해 더 자세한 것을 알고 싶다면, 다음 문헌을 참고하라. "Chemical Warfare in the World War I : The American Experience, 1917-1918," by Major Charles E. Heller, part of the Leavenworth Papers published by the Combat Studies Institute, U. S. Army Command and General Staff College, Fort Leavenworth, Kansas, http://www-cgsc.army.mil/carl/resources/csi/Heller/HELLER.asp.

111쪽 "굶주리지 않고 살아갈 수 있게 된 데에도 그의 공이 크다." : 하버가 발명한 암모니아 덕분에 우리가 누리게 된 많은 혜택 중에는 찰스 타운스Charles Townes가 최초로 만든 메이저가 있다. 레이저의 전신인 메이저는 암모니아를 자극 물질로 사용했다.

폭발과 함께 완성된 주기율표

133쪽 "완전하고도 정확한 원소 명단을 제출했다." : 모즐리에게 창피를 당한 사람은 위르뱅뿐만이 아니었다. 모즐리의 실험 장비는 83번 원소인 니포늄을 발견했다는 오가와 마사타카小川正孝의 주장도 엉터리임을 증명했다(3장 '물리학에서 생물학으로' 참고).

133쪽 "'역사상 가장 끔찍하고 회복 불가능한 범죄 중 하나'" : 모즐리의 죽음을 초래한 무모한 명령과 전투에 관해 자세한 내용은 리처드 로즈Richard Rhodes가 쓴 『원자폭탄 만들기The Making of The Atomic Bomb』를 참고하라. 이 책은 20세기의 과학사를 가장 잘 기술한 책이므로, 전체를 다 읽어볼 만한 가치가 있다.

135쪽 "'대단치 않은 것'으로 평가절하했다." : 61번 원소의 발견을 다룬 〈타임〉의 기사에는 그 원소의 이름을 무엇으로 정해야 하는지에 대해 다음과 같은 재미있는 이야기도 있었다. "한 단체는 원자폭탄 개발 계획을 총 지휘한 떠버리 레슬리 그로브스Leslie R. Groves 중장의 이름을 따 그로베슘grovesium으로, 원소 기호는 Grr로

하자고 제안했다."

137쪽 "팩맨처럼 잡아먹는 것과 같은 황당한 개념" : 그 당시 과학자들은 전자를 잡아먹는 팩맨 모형 외에 양전하를 띤 '푸딩' 속에 전자들이 건포도처럼 박혀 있는 '건포도 푸딩' 모형도 생각했다.(러더퍼드는 밀도가 아주 높은 원자핵이 존재한다는 사실을 발견함으로써 이 모형이 옳지 않음을 입증했다.) 핵분열이 발견된 뒤에 과학자들은 액체 방울 모형을 만들었다. 큰 원자핵이 마치 물방울이 표면 위에서 깨끗하게 둘로 갈라지는 것처럼 분열한다는 것이었다. 리제 마이트너Lise Meitner의 연구는 액체 방울 모형을 개발하는 데 중요한 역할을 했다.

142쪽 "통계적 근사[방법]이었다." : 조지 다이슨이 한 이 말은 그가 쓴 책 『오리온 계획 : 원자 우주선의 진짜 이야기Project Orion : The True Story of the Atomic Spaceship』에 나온다.

143쪽 "즉각 네덜란드를 만들어내는 방법" : 몬테카를로 방법을 "통상적인 방법론적 지도 위의 아무 곳에나 즉각 네덜란드를 만들어내는 방법"이라고 표현한 이야기는 피터 루이스 갤리슨Peter Louis Galison이 쓴 『이미지와 논리Image and Logic』에 나온다.

주기율표의 확대와 냉전의 확산

151쪽 "〈뉴요커〉의 '내 고장 소식Talk of the Town'" : 〈뉴요커〉의 이 기사는 1950년 4월 8일자에 실린 것으로, 칸 주니어E. J. Kahn Jr.가 썼다.

158쪽 "화재경보기를 한 번 더 울렸기 때문이다." : 94번부터 101번까지의 원소 발견에 관한 자세한 실험 이야기와 글렌 시보그에 관한 개인적 이야기를 알고 싶다면, 시보그의 자서전을 참고하라. 특히 아들 에릭과 함께 쓴 『원자 시대의 모험 Adventures in the Atomic Age』이 볼 만하다. 시보그는 중요한 과학 업적이 일어난 무대 중심에 있었던 적이 많았고, 수십 년 동안 정치에서도 중요한 역할을 했기 때문에 이 책에는 재미있는 내용이 아주 많다. 그렇지만 솔직하게 말하면, 시보그는 신중한 태도로 책을 썼기 때문에 무미건조한 내용도 있다.

162쪽 "나무가 단 한 그루도 자란 적이 없다는 이야기": 노릴스크 주변 지역에 나무가 자라지 않는다는 이 정보는 Time.com에 나온다. Time.com은 2007년에 노릴스크를 세계 10대 오염 도시 중 하나로 꼽았다. 관련 기사는 http://www.time.com/time/specials/2007/article/0,28804,1661031_1661028_1661022,00.html을 참고하라.

168쪽 "코페르니슘copernicium, Cn을 주기율표에 추가했다.": 2009년 6월에 내가 Slate.com에 쓴 글("Periodic Discussions," http://www.slate.com/id/2220300/)은 여기서 이야기한 것과 대체로 같은 내용이지만, 코페르니슘이 임시 원소의 지위에서 주기율표의 정식 원소로 인정받기까지 왜 13년이나 걸렸는지 자세히 다루고 있다.

3장 주기율표를 둘러싼 혼란 : 복잡성의 출현

물리학에서 생물학으로

176쪽 "그다음 20년 동안에는 42회나 되었다.": 세그레와 쇼클리, 폴링 외에 〈타임〉의 표지를 장식한 나머지 12명의 과학자는 조지 비들George Beadle, 찰스 드레이퍼Charles Draper, 존 엔더스John Enders, 도널드 글레이저Donald Glaser, 조슈아 레더버그Joshua Lederberg, 윌러드 리비Willard Libby, 에드워드 퍼셀Edward Purcell, 이지도어 라비Isidore Rabi, 에드워드 텔러Edward Teller, 찰스 타운스Charles Townes, 제임스 밴 앨런James Van Allen, 로버트 우드워드Robert Woodward였다.

〈타임〉의 '올해의 인물' 기사에는 쇼클리가 인종에 관해 언급한 다음의 말이 포함돼 있다. 그는 칭찬의 의미로 그런 말을 했지만, 랠프 번치Ralph Bunche(미국의 외교관. 유엔 부사무총장을 지냈고, 1950년에 노벨 평화상을 수상함)에 관한 그의 견해는 그 당시에도 괴상하게 들렸을 뿐만 아니라 지금 와서 돌이켜보면 섬뜩하기까지 하다. "올해 50세인 윌리엄 쇼클리는 과학자 중에서도 다소 드문 유형에 속한다. 이론과학자이면서도 자신의 연구를 실용적으로 응용하는 데 과도한 관심을 기울이는 것에 전혀 가책을 느끼지 않는다. 그는 이렇게 말한다. '어떤 연구가 어느 정도나 순수한지 혹은 어느 정도나 응용과학인지 묻는 것은 랠프 번치가 흑인의 피와 백인의 피를 얼마나 가졌느냐고 묻는 것과 같다. 중요한 것은 랠프 번치는 훌륭한 사람이라는 점이다.'"

　　이 기사는 또 쇼클리가 트랜지스터의 주요 발명가라는 전설이 이미 확고해졌음을 보여준다.

　　1936년에 MIT를 졸업한 뒤 벨 전화 회사에 입사한 이론물리학자 쇼클리는 그 전까지는 과학적 마술을 보여주는 용도로나 쓰이던 것을 실용화할 수 있는 방법을 발견한 팀의 일원이다. 즉, 실리콘과 게르마늄을 광전 효과를 일으키는 장비로 사용하는 것이다. 쇼클리는 게르마늄으로 최초의 트랜지스터를 만든 공로로 동료들과 함께 노벨상을 수상했다. 이 작은 결정은 미국에서 급성장하고 있는 전자 산업에서 빠른 속도로 진공관을 대체하고 있다.

183쪽　"하필이면 그 논문은 이다 노닥이 쓴 것이었다." : 이다 노닥이 화학자로서 살아간 삶은 전체적으로 기복이 심했다. 이다는 75번 원소를 발견하는 연구를 도왔지만, 그녀의 연구팀이 43번 원소에 대해 한 연구는 실수로 범벅되었다. 이다는 누구보다도 몇 년이나 앞서 핵분열 반응을 예측했지만, 같은 무렵에 주기율표는 아무 쓸모없는 유물이라고 주장하기 시작했다. 새로운 동위원소들이 엄청나게 많이 발견되면서 주기율표가 보기 흉하고 거추장스럽게 변한다는 게 그 이유였다. 이다가 왜 각각의 동위원소가 고유한 원소라고 믿었는지는 확실치 않지만 어쨌든 그렇게 믿었고, 주기율표를 버려야 한다고 다른 사람들을 설득하려고 노력했다.

183쪽　"'거기에 주의를 기울이지 않은 이유는 불분명하다.'" : 이다 노닥과 핵분열에 관해 세그레가 언급한 부분은 그가 쓴 전기 『물리학자 엔리코 페르미 Enrico Fermi : Physicist』에 나온다.

187쪽　"분자의 기능 부전" : 폴링은 동료인 하비 이타노 Harvey Itano, 조너선 싱어 Jonathan Singer, 아이버트 웰스 Ibert Wells와 함께 결함이 있는 세포들을 전기장 속에서 겔을 통과시키는 방법으로 헤모글로빈의 결함이 겸상 적혈구 빈혈의 원인이라는 사실을 밝혀냈다. 헤모글로빈이 건강한 세포들은 전기장 속에서 한쪽 방향으로 움직인 반면, 겸상(낫 모양) 세포들은 반대 방향으로 움직였다. 이것은 두

노트　449

종류의 분자가 서로 반대 전하를 가진다는 것을 의미하는데, 이러한 차이는 오직 분자 차원(즉, 개개 원자들의 차이)에서만 나타날 수 있다.

흥미롭게도, 훗날 프랜시스 크릭은 폴링이 겸상 적혈구 빈혈증의 원인을 분자 차원에서 규명한 이 논문이 자신에게 가장 큰 영향을 준 연구라고 언급했다. 그것은 바로 크릭이 관심을 가지게 된 기본적인 분자생물학과 같은 종류의 연구였기 때문이다.

190쪽 "분자 세계의 충수": 흥미롭게도, 생물학자들은 단백질이 유전학의 모든 것이라는 미셔 시대의 원래 견해로 서서히 되돌아가고 있다. 수십 년 동안 과학자들은 유전자에 관심을 집중해왔으며, 유전자가 관심에서 벗어나는 일은 앞으로도 없을 것이다. 그렇지만 과학자들은 유전자만으로는 생물의 놀라운 복잡성을 다 설명할 수 없으며, 그 이상의 것이 작용한다는 사실을 깨닫게 되었다. 유전자에 대한 총체적인 연구인 유전체학genomics은 중요한 기초 연구이지만, 정작 큰 돈을 벌어다줄 곳으로 기대되는 분야는 단백체학proteomics이다.

190쪽 "DNA가 범인으로 밝혀졌다.": 정확하게 말하면, 앨프레드 허시Alfred Hershey와 마사 체이스Martha Chase가 황과 인을 사용해 실시한 1952년의 실험이 DNA가 유전 정보를 전달한다는 사실을 증명한 최초의 실험은 아니었다. 그 영예는 세균을 갖고 실험한 결과를 1944년에 발표한 오스월드 에이버리Oswald Avery에게 돌아간다. 에이버리는 DNA의 역할을 제대로 밝혔지만, 그의 연구는 처음에는 널리 받아들여지지 않았다. 1952년 무렵부터 사람들은 그것을 서서히 받아들였으나, 라이너스 폴링 같은 과학자들이 DNA 연구를 본격적으로 시작한 것은 허시와 체이스의 연구 결과가 나온 뒤부터였다.

사람들은 노벨상을 아깝게 놓친 대표적인 과학자의 예로 에이버리를 종종 거론하는데, 부주의하게 왓슨과 크릭에게 DNA의 이중 나선 구조를 알려준 로절린드 프랭클린도 같은 사례로 꼽힌다. 그러나 이러한 평가는 완전히 정확한 것은 아니다. 두 사람이 노벨상을 받지 못한 것은 사실이지만 둘 다 1958년 이전에 죽었으며, 1962년 이전에는 DNA 연구로 노벨상을 받은 사람이 한 사람도 없었다. 만약 두 사람이 다 살아 있었더라면, 최소한 한 사람은 그 영광을 누렸을지도 모른다.

192쪽 "제임스 왓슨과 프랜시스 크릭": 폴링이 왓슨과 크릭과 벌인 경쟁에 관련된 원자료를 보고 싶으면, 오리건 주립대학이 만든 훌륭한 사이트 http://osulibrary.oregonstate.edu/specialcollections/coll/pauling/dna/index.html을 참고하기 바란다. 여기에는 폴링이 쓴 논문과 편지 수백 편이 보관돼 있고, "라이너스 폴링과 DNA 발견을 위한 경쟁"이라는 다큐멘터리도 있다.

194쪽 "폴링이 실수를 깨닫고 되돌아오기 전에": 폴링이 DNA 연구에서 패배한 뒤에 아내인 아바 폴링Ava Pauling이 폴링을 야단친 이야기가 유명하다. 자신이 DNA를 해독할 것이라고 생각한 폴링은 처음에 계산하는 데 그렇게 전력을 기울이지 않았는데, 아바는 "만약 [DNA가] 그토록 중요한 문제였다면, 왜 더 열심히 일하지 않았어요?" 하고 맹비난을 퍼부었다. 그래도 폴링은 그녀를 깊이 사랑했다. 그리고 그가 칼텍에 그렇게 오래 머물면서 그 당시 훨씬 좋은 곳인 버클리로 옮기지 않은 이유 중 하나는, 버클리의 유명한 교수인 로버트 오펜하이머(훗날 맨해튼 계획을 책임지고 이끌게 되는)가 아바를 유혹하려 한 적이 있어 거기에 분노했기 때문인지도 모른다.

195쪽 "노벨 물리학상을 수상했다.": 세그레의 노벨상마저 나중에 반양성자를 발견하는 실험을 설계할 때 아이디어를 훔쳤다는 비난(필시 근거는 없는 것이었겠지만) 때문에 빛이 바랬다. 세그레와 체임벌린은 호전적인 오레스테 피초니Oreste Piccioni라는 물리학자와 함께 자석으로 입자빔을 유도하고 초점을 맞추는 방법을 연구했다는 사실을 인정했지만, 피초니의 아이디어가 그다지 큰 도움이 되지 않았다고 말했으며, 그래서 중요한 논문에 그의 이름을 함께 올리지 않았다. 피초니는 나중에 반양성자를 발견하는 일을 도왔다. 세그레와 체임벌린이 1959년에 노벨상을 타자, 피초니는 무시를 당한 것에 원한을 품었고, 결국 1972년에 두 사람을 상대로 12만 5000달러 배상을 요구하는 소송을 걸었다. 법원은 그 소송을 기각했는데, 과학적 근거가 없어서 그런 게 아니라, 그 일이 있고 나서 10년도 더 지난 터라 공소 시효가 만료했기 때문이다.

2002년 4월 27일자 〈뉴욕 타임스〉에 실린 피초니의 사망 기사를 인용해보자. "로렌스 버클리 국립 연구소의 명예 선임 과학자인 윌리엄 웬젤William A. Wenzel은 이렇게 말했다. '피초니는 현관 문을 부수고 들어와 세상에서 가장 좋은 아이디어가 떠올랐다고 말하곤 했다. 그는 늘 아이디어가 넘쳤다. 1분에 10여 개의 아이디어를 내놓기도 했다. 그중에는 좋은 것도 있었고, 그렇지 않은 것도 있었다. 그렇지만 나는 그가 훌륭한 물리학자였고, 우리의 실험에 도움을 주었다고 생각한다.'"

독성 원소들의 복도 : "아야, 아야"

203쪽 "살벌한 역사" : 지금도 탈륨에 중독돼 죽어가는 사람들이 있다. 1994년, 냉전 시대의 낡은 병기창에서 작업하던 러시아 병사들이 흰색 가루가 든 통을 발견했는데 거기에 이 원소가 섞여 있었다. 병사들은 그 물질의 정확한 정체도 모른 채 그 가루를 발에다 뿌리는가 하면, 담배에 섞어 피우기도 했다. 일부 병사는 그것을 코로 들이마시기까지 했다고 한다. 그 병사들은 모두 알 수 없는 병에 걸려 고생했으며, 몇 사람은 사망했다. 더 슬픈 이야기도 있는데, 2008년 초에 이라크 전투기 조종사들의 자녀 두 명이 탈륨이 든 생일 케이크를 먹고 나서 사망했다. 사담 후세인이 통치 기간에 탈륨을 사용하긴 했지만, 케이크에 누가 왜 독을 넣었는지는 확실히 밝혀지지 않았다.

209쪽 "뒤뜰에 있던 창고에 원자로를 만들었다." : 디트로이트의 여러 신문이 데이비드 한의 과거 활동을 추적했지만, 가장 자세한 이야기는 켄 실버스타인Ken Silverstein이 잡지 〈하퍼스Harper's〉에 쓴 「방사능 보이 스카우트The Radioactive Boy Scout」 (1998년 11월)이다. 실버스타인은 나중에 그 기사에 이야기를 더 추가하여 같은 제목의 책으로 출판했다.

기적의 의약품을 낳은 원소들

217쪽 "더 값싸고 가벼운 구리 코" : 브라헤의 시체를 파낸 고고학자들은 가짜 코 주변에 생긴 껍질뿐만 아니라 수염에서 수은 중독의 징후를 발견했다. 수은 중독은 아마도 연금술 연구 때문에 일어났을 것이다. 브라헤는 소변을 참다가 방광에 염증이 생겨 사망한 것으로 전해진다. 하루는 브라헤가 왕족이 연 파티에 참석했다가 과음을 하여 소변이 몹시 마려웠으나, 높은 사람들 앞에서 자리를 떠나는 것이 실례라고 생각하여 꾹 참고 화장실에 가지 않았다. 몇 시간 뒤 집으로 돌아온 브라헤는 소변을 전혀 볼 수 없었고, 11일 동안 고열과 통증으로 신음하다가 사망했다. 이 이야기는 전설이 되어 전해오지만, 수은 중독도 그의 죽음에 어느 정도 영향을 끼쳤을 가능성이 있다.

218쪽 "구리로 도금돼 있는 이유도 이 때문이다.": 미국 동전의 원소 조성은 다음과 같다. 신新 페니(1센트 구리 동전)는 아연이 97.5%를 차지하지만, 손에 닿는 부분의 살균을 위해 구리로 얇게 도금이 돼 있다. (구 페니는 구리가 95%를 차지했다.) 니켈(5센트 백동화)은 구리 75%, 니켈 25%를 섞어 만든다. 다임(10센트 백동화)과 쿼터(25센트), 50센트 동전은 구리가 91.67%이고 나머지는 니켈이다. 1달러 동전(특별히 발행하는 금화를 제외한다면)은 구리 88.5%, 아연 6%, 망간 3.5%, 니켈 2%를 섞어 만든다.

218쪽 "노가 하나뿐인 보트처럼 제자리에서 빙글빙글 돌게 된다.": 바나듐에 관한 기본적인 사실을 더 살펴보자. 일부 동물은 혈액에 철 대신에 바나듐을 사용하는데(그 이유는 아무도 모름), 그 결과 동물에 따라 혈액의 색이 빨간색, 황록색, 파란색 등을 띤다. 그리고 강철에 바나듐을 섞으면 큰 무게 증가 없이 합금의 강도가 크게 높아진다(2장 '전쟁에 쓰인 원소들'에서 다룬 몰리브덴이나 텅스텐처럼). 헨리 포드는 "바나듐이 없다면 자동차도 없을 것이다!"라고 외친 적이 있다.

219쪽 "텅 빈 2인용 좌석이 더 이상 없을 때에만 합석을 한다.": 전자들이 오비탈을 채우는 방식을 승객이 버스 좌석을 채우는 것에 비유한 것은 서민적 측면에서나 정확도 측면에서 훌륭한 화학적 비유 중 하나로 꼽힌다. 이 비유는 1925년에 '파울리의 배타 원리'를 발견한 볼프강 파울리Wolfgang Pauli가 지어낸 것이다.

221쪽 "직접 수술을 하지 않고도 수술 효과를 얻게 해줄 것이다.": 가돌리늄 외에 암 치료 방법으로 기대를 모으는 또 하나의 원소는 금이다. 금은 몸을 그냥 통과하는 적외선을 흡수하는데, 그러면서 아주 뜨거워진다. 따라서 금으로 코팅한 입자들을 종양 세포에 들러붙게 하면, 주변의 조직을 손상시키지 않고 종양을 태워 없앨 수 있다. 이 방법은 2003년부터 백혈병에 대한 화학 요법을 36번이나 받은 기업가이자 전파 기술자인 존 캔지어스John Kanzius가 개발했다. 그는 화학 요법을 받으면서 아주 심한 구토와 고통을 느껴(그리고 같은 병원에서 어린이 암 환자들을 보고 절망하여) 더 나은 방법을 찾아야겠다고 결심했다. 그날 밤에 그는 금속

노트 453

입자를 가열하는 아이디어가 떠오르자, 아내의 베이킹 팬을 가지고 시제품을 만들었다. 녹인 금속 용액을 핫도그 절반 속에 집어넣은 뒤, 그 핫도그를 강한 전파를 쏘아주는 장치 안에 넣고 시험했다. 그랬더니 금속 용액을 집어넣은 절반은 탔지만, 나머지 절반은 식은 채 그대로 있었다.

221쪽 "건강 보조제로 선전하고 판매하는 것을 볼 수 있다." : 〈스미스소니언Smithsonian〉 2009년 5월호에 실린 「등외상 : 천재 부문의 아슬아슬한 실패」라는 제목의 기사는 스탠 린드버그Stan Lindberg라는 용감한 실험화학자를 소개하고 있다. 그는 직접 "주기율표에 있는 모든 원소를 하나도 빼놓지 않고 섭취하는" 실험을 했다. 기사는 이렇게 묘사하고 있다. "수은 중독 부문에서 북아메리카의 기록을 세우는 것에 더하여 3주일 동안 이테르븀을 들이마신 그의 괴상한 이야기('란탄족 원소에 대한 두려움과 혐오')는…… 작은 고전이 되었다."

나는 '란탄족 원소에 대한 두려움과 혐오'가 어떤 것인지 알고 싶어 30분이나 애타게 그것을 찾다가 내가 속아 넘어갔다는 것을 깨달았다. 그 이야기는 완전히 허구에 불과했다.(그렇지만 누가 알겠는가? 원소들은 아주 기묘한 존재들이고, 이테르븀이 여러분의 기분을 좋게 해줄지.)

221쪽 "다시 은과 같은 '약물'을 스스로 처방하게 되었다." : 잡지 〈와이어드Wired〉는 2003년에 '은을 이용한 건강 사기'가 온라인에 재등장한다는 이야기를 짧은 뉴스 기사로 실었다. 주요 내용을 그대로 인용해 소개한다. "한편, 전국의 의사들은 은 중독 사례가 증가하는 것을 목격했다. 시애틀 독극물 센터에서 의학 부문 책임자로 일하는 빌 로버트슨Bill Robertson은 '지난 1년 반 동안 나는 소위 이러한 건강 보조제 때문에 은 중독에 걸린 사례를 여섯 건이나 보았다. 그것은 내가 의료 생활을 한 50년 동안 처음 본 사례들이었다'라고 말했다."

225쪽 "좌회전성과 우회전성의 분자 중 한 종류만 편애한다는 사실을 밝혀냈다." : 사람이 분자 차원에서는 거의 완전히 왼손잡이라고 말하는 것은 다소 지나친 주장이다. 우리 몸을 이루는 단백질은 실제로 다 좌회전성이긴 하지만, DNA뿐만 아니라 모든 탄수화물은 우회전성이다. 이런 사실을 감안한다면 파스퇴르가 주장한 사실의 요점은 유효하다. 즉, 우리 몸은 상황에 따라 특정 손 방향성을 가진 분자만 처리할 수 있다. 우리 몸의 세포는 좌회전성 DNA를 번역할 수 없으며, 만약 좌회전성 당류를 먹는다면 우리 몸은 그것을 처리하지 못해 굶어죽고 말 것이다.

229쪽 "소년은 극적으로 살아남았다.": 파스퇴르가 구해준 소년 조제프 메스테르Joseph Meister는 훗날 파스퇴르 연구소의 관리인이 되었다. 불행하게도, 1940년에 독일군이 프랑스를 점령했을 때에도 그는 여전히 관리인으로 일하고 있었다. 독일군 장교가 파스퇴르의 유골을 보려고 열쇠를 가진 메스테르에게 그의 지하묘를 열라고 명령하자, 메스테르는 그 불경스러운 행위에 가담하느니 차라리 자살을 선택했다.

232쪽 "IGF": IGF는 훗날 나치가 강제 수용소의 수감자들을 죽이는 데 사용한 살충제 치클론 B를 생산해 전 세계에 악명을 떨쳤다(2장의 '전쟁에 쓰인 원소들' 참고). 이 회사는 제2차 세계 대전 직후에 해체되었고, 상당수 중역들은 나치 정부가 전쟁을 일으키고 수감자와 전쟁 포로를 학대하도록 도운 혐의로 뉘른베르크 법정에 전범으로 서게 되었다(미국 대 카를 크라우흐 외 사건). IGF에서 갈라져 나온 회사 중 오늘날 유명한 것으로는 바이어와 BASF가 있다.

234쪽 "'죽은 물질의 화학과 산 물질의 화학 사이를 명확하게 그을 수 있는 경계선'이라고 주장했다.": 그렇지만 우주는 아원자 입자에서부터 초은하단에 이르기까지 다른 단계에서도 손 방향성을 보여준다. 코발트-60의 베타 붕괴는 비대칭적 과정이며, 천문학자들은 은하들의 나선팔이 위에서 볼 때에는 반시계 방향으로, 아래에서 볼 때에는 시계 방향으로 돈다는 증거를 얻었다.

235쪽 "20세기에 일어난 의약품 사고 중 가장 악명 높은 사건으로 기록되었다.": 최근에 몇몇 과학자는 탈리도마이드의 큰 부작용이 왜 임상 시험에서 발견되지 않았는지 조사해보았다. 분자 구조가 지닌 본질적인 이유 때문에 탈리도마이드는 생쥐에게는 기형 문제를 전혀 일으키지 않았다. 그런데 탈리도마이드를 생산한 독일 회사 그뤼넨탈은 사람을 대상으로 한 임상 시험 때 생쥐에게 한 실험을 그대로 하지 않았다. 이 약은 미국에서는 임신부에게 사용 허가가 나지 않았는데, 식품의약국장이던 프랜시스 올덤 켈시Frances Oldham Kelsey가 집요한 로비 압력을 뿌리쳤기 때문이다. 그런데 역사에서 종종 일어나는 흥미로운 반전처럼 최근에 탈리도마이드는 나병 같은 질병 치료에 탁월한 효과가 있음이 입증되어 다시 돌아올 준비를 하고 있다. 또, 새로운 혈관 생성을 방해함으로써 종양의 성장을 억제하기 때문에 항암제로서도 뛰어난 효과가 있다. 새로운 혈관 생성을 방해하는 성질은 끔찍한 기형을 초래한 이유이기도 한데, 태아의 팔다리 성장에 필요한 영양분 공급을 방해하기 때문이다. 그렇지만 탈리도마이드가 명예를 완전히 회복하려면 아직도 갈 길이 멀다. 대부분의 나라에서는 혹시라도 임신을 할 경우에 대비해 가임 연령의 여성에게 이 약을 절대로 처방하지 말라는 엄격한 규정을 두고 있다.

236쪽 "좌회전성 분자를 만들어야 할지 우회전성 분자를 만들어야 할지 아무 개념이 없다." : 윌리엄 놀스는 이중 결합을 끊는 방법으로 그 분자를 펼쳤다. 탄소에 이중 결합이 1개 있을 때, 탄소에서 뻗어나온 팔은 3개뿐이다(이중 결합 1개와 단일 결합 2개). 탄소 주위에는 전자가 여전히 8개 있지만, 이것들은 3개의 결합을 통해 공유된다. 이중 결합이 있는 탄소는 대개 삼각형 분자를 만드는데, 삼각형의 각 꼭짓점에 전자가 위치하는 게 전자들이 서로 가장 멀리 떨어질 수 있는 방법이기 때문이다(팔들 사이의 각도는 120°). 이중 결합이 끊어지면 탄소의 팔은 4개가 된다. 이 경우, 전자들 사이의 거리를 최대한 멀리 할 수 있는 방법은 평면 삼각형이 아니라, 3차원 정사면체이다(정사각형의 꼭짓점들 사이의 각도는 90°인 반면, 정사면체의 경우에는 109.5°이다). 그런데 추가되는 팔은 삼각형 분자 위쪽에 돋아날 수도 있고 아래쪽에 돋아날 수도 있어, 분자의 구조는 좌회전성과 우회전성 두 가지가 생겨난다.

원소들의 속임수

242쪽 "입자 가속기에서 일하는 사람들도 질식시켰다." : 대학 시절에 나를 가르쳤던 한 교수는 1960년대에 로스앨러모스의 입자 가속기에서 일하던 사람 몇 명이 NASA의 사고와 비슷한 상황에서 질소에 질식해 사망한 이야기를 들려주었다. 로스앨러모스의 그 사고가 일어난 뒤, 그 교수는 안전 조치로 자신이 일하던 가속기의 기체 혼합물에 이산화탄소를 5% 첨가했다. 그는 훗날 내게 보낸 편지에서 이렇게 말했다. "우연히도 1년 뒤에 나는 그 효과를 몸소 시험하는 사건을 겪었다네. 입자 가속기의 운전을 맡은 한 대학원생이 그것과 정확하게 똑같은 일을 한 것이지. [즉, 비활성 기체를 뽑아낸 뒤 산소가 섞인 공기를 집어넣는 걸 깜박 잊어먹었다.] 나는 비활성 기체가 가득 차 있는 가압 용기 속으로 들어갔지……. 그렇지만 완전히 들어간 것은 아니었어. [왜냐하면] 구멍 안으로 어깨가 들어갔을 무렵 나는 이미 호흡 중추에서 '숨을 더 많이 쉬어!'라는 명령을 받아 필사적으로 헐떡였기 때문이지." 보통 공기 중에는 이산화탄소가 0.03% 들어 있다. 그래서 이산화탄소 농도를 높인 그 공기는 한 번만 들이쉬어도 167배나 강한 호흡곤란 효과를 발휘했다.

248쪽 "베릴륨은 그 양이 늘어날수록 독성이 아주 빨리 증가한다는 사실": 1999년, 미국 정부는 알면서도 2만 6000여 명의 과학자와 기술자를 높은 농도의 베릴륨 가루에 노출시켰다고 인정했다. 그 결과로 수백 명이 만성 베릴륨 질환 및 관련 질환을 앓았다고 한다. 중독된 사람들은 대부분 우주, 군사, 원자력 분야에서 일하던 사람들이었다. 정부가 아주 중요하게 여기는 분야들이라 작업을 중단하거나 미루기 어려웠는데, 그렇다고 안전 기준을 개선하거나 베릴륨 대체 물질을 개발하지도 않았다. 〈피츠버그 포스트-가제트〉는 1999년 3월 30일 화요일에 긴 폭로 기사를 1면에 실었다. 그 기사는 「수십 년간의 위험Decades of Risk」이라는 제목을 달았지만, "치명적인 동맹 : 산업계와 정부는 왜 근로자들보다 무기를 우선시했는가"라는 부제가 문제의 핵심을 훨씬 잘 짚었다.

250쪽 "칼슘" : 필라델피아의 모넬화학적감각센터에서 일하는 과학자들은 단맛, 신맛, 짠맛, 쓴맛, 우마미 외에 칼슘을 느끼는 독특한 맛이 있다고 생각한다. 그들은 생쥐에게서 그것을 발견했는데, 일부 사람들도 칼슘이 많이 든 물에 반응을 보인다. 그렇다면 칼슘 맛은 어떨까? 연구 결과 발표문을 직접 인용하면 다음과 같다. "[수석 과학자 마이클] 토도프는 말했다. '칼슘의 맛은 칼슘 맛이다. 그것보다 더 나은 단어는 찾을 수 없다. 그것은 쓴맛이지만, 약간 신맛도 섞여 있다. 그렇지만 칼슘을 감지하는 수용기가 실제로 있기 때문에 그런 표현으로는 충분하지 않다.'"

251쪽 "마치 그만큼의 모래를 올려놓은 것처럼 느껴진다." : 신맛을 느끼는 맛봉오리 역시 마비될 수 있다. 이 맛봉오리들은 대개 수소 이온(H^+)에 반응을 보이지만, 2009년에 과학자들은 이산화탄소에도 반응을 보인다는 사실을 발견했다. (CO_2는 H_2O와 반응하여 약산인 H_2CO_3(탄산)을 만드는데, 맛봉오리가 반응을 보이는 이유는 이 때문일 것이다.) 이 사실은 의사들이 일부 처방약에서 이산화탄소 맛을 느끼는 능력을 감소시키는 부작용이 나타나는 것을 보고 발견했다. 이 부작용이 나타나는 사람은 모든 탄산음료의 맛을 느끼지 못하기 때문에 이 증상을 '샴페인 블루스'라 부른다.

4장 인간의 성격을 지닌 원소들

정치적 원소들

264쪽 "피에르가 마차에 치여 죽었다.": 어차피 피에르는 오래 살지 못할 운명이었는지도 모른다. 러더퍼드는 피에르가 라듐을 가지고 어둠 속에서 환한 빛이 나는 실험을 하는 걸 본 적이 있다고 회상했다. 그런데 희미한 초록색 빛 속에서 관찰력이 예리한 러더퍼드는 피에르의 부어오른 손가락들이 상처 자국으로 뒤덮여 있는 것을 보았다. 또, 피에르는 시험관을 붙잡거나 움직이는 것도 몹시 힘들어했다.

265쪽 "불안정한 개인적 삶": 퀴리 부부의 삶에 대해 더 자세한 이야기는 실라 존스Sheilla Jones가 쓴 『양자론을 세운 열 사람 The Quantum Ten』을 참고하라. 많은 논란과 다툼을 불러일으킨 양자역학의 초기 시대를 자세히 기술한 책이다.

265쪽 "라듐과 토륨을 녹인 물을 병에 담아 레이디소Radithor라는 제품으로 팔았다.": 라듐 열풍의 희생자 중 가장 유명한 사람은 강철업계의 거물인 에번 바이어스Eben Byers였다. 그는 라듐수가 영생 비슷한 것을 가져다줄 것이라고 믿고서 4년 동안 레이디소를 매일 한 병씩 마셨다. 결국 그는 기력이 쇠하고 암으로 죽어갔다. 바이어스가 다른 사람들보다 특별히 방사능의 효과를 더 믿었던 것은 아니다. 다만 원하는 만큼 라듐수를 실컷 마실 수 있는 경제력이 있었던 것뿐이다. 〈월스트리트 저널〉은 "그의 턱이 떨어져 오기 전까지는 라듐수의 효능은 문제가 없었다"라는 표제로 그의 죽음을 애도했다.

271쪽 "주기율표에서 하프늄의 위치": 하프늄의 발견에 관한 진짜 이야기를 알고 싶다면, 에릭 셰리Eric Scerri가 쓴 『주기율표The Periodic Table』를 읽어보라. 주기율표를 만든 사람들의 괴상한 철학과 세계관을 포함해 주기율표가 탄생하는 과정을 철저하고도 훌륭하게 서술한 책이다.

273쪽 "'무거운' 물인 중수를 마시고" : 헤베시는 자신뿐만 아니라 금붕어에게도 중수 실험을 했는데, 그 결과로 금붕어를 많이 죽였다.

길버트 루이스도 1930년대 초에 노벨상을 타기 위한 마지막 노력으로 중수를 사용한 실험을 했다. 루이스는 해럴드 유리Harold Urey가 발견한 중수소(수소 원자핵에 중성자가 1개 더 들어 있어 그만큼 더 무거운 수소 동위원소)가 유리에게 노벨상을 안겨주리란 사실을 알고 있었다. 유리를 포함해 세상의 모든 과학자도 다 그렇게 생각했다. (과학자로서 그다지 빛을 보지 못한 채 오랜 세월을 보낸 유리는 처가 쪽 식구로부터 조롱까지 받는 설움을 겪었다. 그래서 중수소를 발견하고 나서 집으로 돌아온 그는 아내에게 이렇게 말했다고 한다. "여보, 이제 고생은 다 끝났소.")

루이스는 중수소로 만든 물의 생물학적 효과를 연구함으로써 노벨상을 확실히 탈 수 있는 성과를 얻으려고 했다. 물론 루이스 말고도 같은 생각을 한 과학자들이 있었다. 그런데 어니스트 로렌스가 이끌던 버클리의 물리학과는 우연히도 세계에서 중수를 가장 많이 공급할 수 있는 위치에 있었다. 그의 연구팀에는 방사능 실험에 수년간 사용해온 수조가 있었는데, 거기에 중수가 비교적 높은 농도(순수한 중수 수십 g에 해당하는)로 들어 있었다. 루이스는 로렌스에게 그 중수를 정제하게 해달라고 간청했고, 로렌스는 그것을 허락했다. 그러나 자신의 연구에도 중요하게 쓰일지 모르므로 실험이 끝난 뒤에는 중수를 반드시 돌려달라고 했다.

루이스는 약속을 지키지 않았다. 중수를 분리한 뒤에 그것을 생쥐에게 먹이고 어떤 일이 일어나는지 관찰했다. 한 가지 기묘한 효과는 중수를 바닷물처럼 많이 마실수록 목이 타는 듯한 갈증이 더 심해지는 것이었다. 그것은 신체가 중수를 대사 처리하지 못하기 때문이다. 헤베시는 중수를 극소량 마셨기 때문에 몸이 그것을 알아채지 못했지만, 루이스의 생쥐는 몇 시간 만에 많은 양의 중수를 마셨고, 그 결과로 죽고 말았다. 생쥐를 죽이는 연구는 노벨상을 탈 만한 성과가 되지 못했고, 자신의 소중한 중수가 모두 생쥐 오줌으로 변하고 말았다는 사실을 안 로렌스는 노발대발했다.

275~276쪽 "개인적인 이유로 자신의 선정을 막았다고 줄곧 주장했다.": 카시미에시 파얀스의 아들 스테판 파얀스Stefan Fajans는 현재 미시간 의학대학원에서 내과의학 명예 교수로 있는데, 친절하게도 이에 대해 이메일로 내게 소상한 정보를 제공했다:

> 1924년에 저는 열여섯 살이었는데, 그때뿐만 아니라 그후에도 몇 년 동안 아버지에게서 노벨상에 얽힌 일부 이야기를 계속 들었습니다. 스웨덴의 한 신문이 "K. 파얀스, 노벨상 수상자로 선정"(저는 그것이 물리학상이었는지 화학상이었는지는 모릅니다)이라는 제목의 기사를 실은 것은 소문이 아니고 사실입니다. 제가 그 신문을 본 기억이 분명히 납니다. 또, 그 신문에서 아버지가 정장 차림이긴 했지만 그 시상식을 위한 것은 아닌 정장 차림으로 스톡홀름의 한 건물 앞을 걷고 있는 사진(필시 그 이전에 찍은 것일 테지만)도 본 기억이 납니다. (…) 제가 들은 이야기는 위원회에서 영향력이 있는 한 사람이 개인적 이유로 아버지에게 상이 수여되는 것을 막았다는 겁니다. 그것이 사실인지 소문에 불과한 것인지는 그 위원회의 자세한 회의록을 들여다보지 않는 한 알 수 없습니다. 그렇지만 그것은 철저히 비밀에 부쳐져 있겠지요. 내부 사정에 정통한 어떤 사람이 알려주었기 때문에 아버지가 노벨상을 받으리라고 기대했던 것은 사실입니다. 아버지는 그 뒤에도 언젠가 노벨상을 것이라고 기대했지만, 아시다시피 그런 일은 일어나지 않았습니다.

276쪽 "'프로탁티늄'이 공식 이름으로 굳어졌으며,": 사실, 마이트너와 한은 그 원소의 이름을 '프로토악티늄protoactinium'으로 지었는데, 1949년에 과학자들이 o를 하나 생략하고 이름을 더 짧게 만들었다.

280, 282쪽 "'학문 분야 사이의 편견과 정치적 둔감, 무지, 성급함'의 희생자였다.": 〈피직스 투데이Physics Today〉 1997년 9월호에는 마이트너와 한의 노벨상 수상에 대해 자세히 분석한 글이 실렸다. 엘리자베스 크로퍼드, 루스 르윈 사임, 마크 워커가 쓴 「전후의 부당한 수상에 관한 노벨상 이야기」라는 기사였다. 나는 이 글을 마이트너가 "학문 분야 사이의 편견과 정치적 둔감, 무지, 성급함" 때문에 노벨상을 받지 못한 이야기의 기초 자료로 삼았다.

282쪽 "원소 이름을 짓는 독특한 규칙 때문에": 일단 어떤 원소에 대한 이름이 제안되면, 그 이름은 주기율표에 단 한 번만 오를 수 있다. 그 원소에 대한 증거가 무너지거나 국제 순수 및 응용 화학 연합IUPAC이 그 이름이 적절치 않다고 결정을 내리면, 그 이름은 블랙리스트에 오르게 된다. 이 관행은 오토 한의 경우에는 합당한 조처로 보인다. 하지만 같은 원칙 때문에 어떤 원소에도 이렌과 프레데리크 졸리오-퀴리의 이름을 따서 '졸리오튬'이란 이름을 붙일 수 없다. 졸리오튬은 한때 105번 원소의 공식 후보 이름으로 사용되었기 때문이다. '기오르슘'이란 이름이 한 번 더 후보로 제기될지는 불확실하다. 그렇지만 '앨기오르슘'이란 이름은 괜찮을지도 모른다. 비록 국제 순수 및 응용 화학 연합은 같은 사람의 성과 이름을 합쳐 원소 이름으로 쓰는 것을 싫어하고, 또 107번 원소의 이름으로 '닐스보륨'이란 이름을 거부하고 단순히 '보륨'으로 정한 전례가 있긴 하지만 말이다. (107번 원소를 발견한 서독 연구팀은 이 결정이 마음에 들지 않았는데, '보륨'은 영어로 보론boron인 '붕소' 나 '바륨'과 발음이 비슷하기 때문이다.)

돈으로 쓰이는 원소들

289쪽 "1860년대에 콜로라도주에서 처음 발견되었다.": 금-텔루르 화합물이 콜로라도주의 산에서 발견되었다는 사실은 현지의 한 광산촌 이름에 반영돼 있다. 그 광산촌의 이름은 텔루라이드이다.

294쪽 "형광이라고 부르는 것으로,": 비슷한 용어가 종종 혼란을 일으키는 경우가 있으니 여기서 용어를 명확히 정의하고 넘어가자. 냉광冷光, luminescence은 물질이 외부 에너지를 흡수하여 열 없이 빛을 내는 현상을 말한다. 형광螢光, fluorescence은 본문에서 설명했듯이 높은 진동수의 빛을 흡수해 낮은 진동수의 빛을 방출하는 현상이 즉각적으로 일어나는 것이다. 그리고 인광燐光, phosphorescence은 형광과 비슷하지만, 물질이 전지처럼 빛을 흡수했다가 외부의 빛이 사라진 뒤에도 오랫동안 계속 빛을 내는 현상을 말한다. 형광과 인광의 영어 이름은 주기율표에 있는 원소인 플루오르fluorine와 인phosphorus에서 유래했는데, 이런 성질이 처음 관찰된 물질들에 들어 있는 주요 성분이었기 때문이다.

300쪽 "80년 뒤에 일어난 실리콘 반도체 혁명": 무어의 법칙에 따르면, 마이크로칩 위에 올려놓을 수 있는 실리콘 트랜지스터의 수는 18개월마다 두 배씩 늘어난다고 한다. 놀랍게도 이것은 1960년대 이래 현실로 나타났다. 이 법칙을 알루미늄에 적용한다면, 알코아는 설립한 지 20년 후에는 하루에 4만 kg이 아니라 18만 kg을 생산했어야 한다. 따라서 알루미늄의 생산량 증가는 괄목할 만한 것이었으나, 주기율표에서 바로 옆에 있는 원소의 기록을 따라가진 못했다.

300~301쪽 "3000만 달러(현재 가치로는 약 6억 5000만 달러) 상당의 알코아 주식": 찰스 홀이 사망할 당시에 소유한 재산 규모에 대해서는 이견이 많다. 3000만 달러는 최대로 잡은 수치이다. 이러한 혼란은 1914년에 사망하고 나서 14년이 지날 때까지 그의 부동산이 정리되지 않은 것이 하나의 원인이었다. 그의 부동산 중 3분의 1은 오벌린 대학에 기증되었다.

301쪽 "철자상의 이런 차이": 다른 언어를 사용하는 데서 발생하는 차이 외에 같은 언어 안에서도 서로 다른 철자를 쓰는 대표적인 예로는 세슘과 황이 있다. 미국식 영어에서는 세슘을 cesium으로 표기하지만, 영국식 영어에서는 caesium으로 표기한다. 또, 황은 흔히 sulfur로 표기하지만, 영국인을 비롯해 많은 사람들은 여전히 sulphur로 표기한다. 101번 원소인 멘델레븀도 mendelevium이 아니라 mendeleevium으로 표기해야 하고, 111번 원소인 뢴트게늄도 roentgenium이 아니라 röntgenium으로 표기해야 한다고 주장할 수 있다.

예술적인 원소들

303쪽 "많은 세대가 지났다고 썼다.": 시빌 베드퍼드가 한 이 말은 그녀가 쓴 소설 『유산 A Legacy』에서 인용한 것이다.

304쪽 "아마추어들이 취미삼아 하던 일이었다.": 마침 괴상한 취미 이야기가 나왔으니, 원소에 관련된 기묘한 이야기를 많이 다루는 이 책에서 이 이야기를 빼놓고 넘어갈 수 없다. 다음 애너그램은 Anagrammy.com이란 웹사이트에서 1999년 5월에 특별 부문상을 받은 것인데, 개인적으로는 이 '이중으로 성립하는 애너그램'은 새천년의 낱말 퍼즐이라 부를 만하다고 생각한다. 주기율표에 나오는 원소 30가지 이름의 철자를 바꾸어 쓰면 다른 원소 30가지의 이름이 된다.

hydrogen + zirconium + tin + oxygen + rhenium + platinum + tellurium +

terbium + nobelium + chromium + iron + cobalt + carbon + aluminum + ruthenium + silicon + ytterbium + hafnium + sodium + selenium + cerium + manganese + osmium + uranium + nickel + praseodymium + erbium + vanadium + thallium + plutonium

=

nitrogen + zinc + rhodium + helium + argon + neptunium + beryllium + bromine + lutetium + boron + calcium + thorium +niobium + lanthanum + mercury + fluorine + bismuth + actinium + silver + cesium + neodymium + magnesium + xenon + samarium + scandium + europium + berkelium + palladium + antimony + thulium

비록 –ium으로 끝나는 원소의 수가 많아 난이도를 조금 낮춰준다곤 하지만, 이것만으로도 아주 놀라운 애너그램이다. 그런데 더욱 놀라운 것은, 각 원소를 그 원자 번호로 대체해도 등식이 성립한다는 사실이다.

1 + 40 + 50 + 8 + 75 + 78 + 52 + 65 + 102 + 24 + 26 + 27 + 6 + 13 + 44 + 14 + 70 + 72 + 11 + 34 + 58 + 25 + 76 + 92 + 28 + 59 + 68 + 23 + 81 + 94

=

7 + 30 + 45 + 2 + 18 + 93 + 4 + 35 + 71 + 5 + 20 + 90 + 41 + 57 + 80 + 9 + 83 + 89 + 47 + 55 + 60 + 12 + 54 + 62 + 21 + 63 + 97 + 46 + 51 + 69

=

1416

이 애너그램을 만든 마이크 키스Mike Keith는 이렇게 말했다. "이것은 지금까지 만들어진 이중으로 성립하는 애너그램 중 가장 긴 것이다(내가 아는 한, 화학 원소를 사용한 것이건 이것과 비슷한 종류의 다른 세트를 사용한 것이건 간에)."

308쪽 "되베라이너의 기둥들": 되베라이너는 자신이 묶은 원소 집단을 '세 쌍 원소triad'라 부르지 않고, 화학적 친화력이라는 더 큰 이론의 일부로 '친화성이 있는 원소들'이라고 불렀다. 이 용어는 훗날 괴테가 자기 작품에 '친화력'이란 제목을 붙이는 데에도 영감을 주었다.

309쪽 "장엄함의 경지로 끌어올릴 수 있다.": 원소에 영감을 얻어 장엄함의 경지에 이른 또 다른 디자인은 시어도어 그레이Theodore Gray가 만든 목제 주기율표 테이블이다. 이 테이블 위에는 가늘고 길쭉한 구멍이 100개 이상 나 있는데, 각각의 구멍에는 인공 원소를 포함해 현존하는 모든 원소 시료가 들어 있다. 물론 시료의 양은 극히 적다. 그리고 가장 희귀한 천연 원소인 프랑슘과 아스타틴 시료는 실제로는 우라늄 조각이다. 그레이는 그 우라늄 조각 속 깊숙한 곳에 각 원소의 원자가 최소한 몇 개씩은 있다고 강변한다. 그것은 사실이고, 실제로 지금까지 시도된 비슷한 노력들과 비교하더라도 크게 뒤떨어지는 것은 아니다. 게다가, 주기율표의 원소들은 대부분 회색 금속이기 때문에, 사실상 맨눈으로 봐서는 구분하기 어렵다.

311, 313쪽 "1944년부터는 모든 파커 51에 루테늄 펜촉이 사용되기 시작했다.": 파커 51의 야금학에 관해 자세한 내용은 미국 만년필 수집가 협회의 자체 간행물인 〈페넌트 Pennant〉 2000년 가을호에 대니얼 자조브Daniel A. Zazove와 마이클 풀츠Michael Fultz가 쓴 「그 사람은 누구였나?Who Was That Man?」를 참고하라. 매력적인 미국 관련 자료 중에는 잘 알려지지 않은 채 묻혀 있는 것도 많은데, 이 기사는 그런 것들을 되살리려는 열정에 불타는 아마추어들이 직접 기술한 역사를 보여준다. 파커 만년필의 정보를 자세히 알려주는 다른 자료로는 Parker51.com과 Vintagepens.com이 있다.

파커 51의 유명한 펜촉은 실제로는 루테늄 96%와 이리듐 4%를 섞어 만든 것이다. 파커 만년필 회사는 그 펜촉을 아주 튼튼한 '플라테늄plathenium'으로 만들었다고 선전했는데, 필시 값비싼 플래티늄(백금)이 섞인 것처럼 소비자들을 현혹하려는 의도로 그랬을 것이다.

315쪽 "레밍턴 타자기 회사는 생각을 바꾸어 그 편지를 그대로 홍보에 사용했다.": 트웨인이 레밍턴 타자기 회사에 보낸 편지 내용은 다음과 같다.

관계자에게 : 어떤 식으로든 내 이름을 사용하지 마세요. 내가 타자기를 소유했다는 사실조차 언급하지 마세요. 나는 이제 타자기를 쓰지 않습니다. 그 이유는 그걸로 편지를 써서 누구에게 보냈다 하면, 그 기계를 설명해달라는 요구와 함께 그걸 사용하는 데 얼마나 진전이 있었는지 등등을 알려달라는 답장 편지를 받기 때문이지요.

나는 편지 쓰는 걸 좋아하지 않습니다. 그래서 호기심을 유발하는 이 작고 신기한 기계를 내가 소유했다는 걸 사람들이 알길 원치 않습니다.

그럼 이만…….

새뮤얼 클레멘스*

*새뮤얼 클레멘스는 마크 트웨인의 본명이다.

광기의 원소

323쪽 "병적 과학": '병적 과학pathological science'이란 용어는 1950년대에 그것에 대해 강연을 한 화학자 어빙 랭뮤어Irving Langmuir가 만들었다. 먼저, 랭뮤어에 대해 흥미로운 사실 두 가지를 짚고 넘어가자. 1장의 '지리적 위치가 곧 운명'에서 길버트 루이스가 함께 점심 식사를 한 더 젊고 똑똑한 동료가 노벨상을 수상한 데다가 거만한 태도를 보여 자살을 했을지도 모른다는 이야기가 나오는데, 그 동료가 바로 랭뮤어였다. 말년에 랭뮤어는 인공 강우 기술로 날씨를 조절하는 방법에 푹 빠졌는데, 그것은 그 자체가 병적 과학이 될 만큼 혼란스럽고 뒤죽박죽인 과정으로 흘러갔다. 위대한 과학자도 병적 과학에서 완전히 벗어나 있는 것은 아니다.

랭뮤어가 정의한 병적 과학은 폭이 좀 좁고 형식적인 측면이 있는데, 이 장에서 다루는 병적 과학은 랭뮤어가 정의한 병적 과학의 범위에서 좀 벗어난다. 병적 과학의 또 다른 정의는 1992년에 〈아메리칸 사이언티스트American Scientist〉에 「병적 과학 사례 연구Case Studies in Pathological Science」라는 훌륭한 글을 쓴 데니스 루소Denis Rousseau가 내렸다. 그렇지만 나는 루소의 정의에서도 좀 벗어난 방식으로 병적 과학을 다루었다. 더 유명한 병적 과학 사례들과 달리 데이터에 크게 구속받지 않는 고생물학 같은 분야도 함께 다루기 위해서였다.

324쪽 "동생 필립이 바다에서 죽은": 동생인 필립 크룩스Philip Crookes는 최초로 대서양 횡단 전신 케이블 부설 작업을 하던 배에서 죽었다.

326쪽 "초자연적 힘": 자연에 대해 신비적이고 범신론적이고 스피노자주의적인 견해를 가졌던 크룩스는 만물이 "한 종류의 물질"로 이루어졌다고 생각했다. 그래서 자신도 같은 물질로 이루어졌으므로 유령이나 영혼과 대화를 나눌 수 있다고 믿었다. 그렇지만 조금만 생각해보면 이 견해는 모순적으로 보인다. 크룩스는 정의상 분명히 다른 형태의 물질인 새로운 원소를 발견함으로써 유명해졌기 때문이다.

330쪽 "망간(망가니즈)과 메갈로돈": 망간과 메갈로돈 사이의 연결 관계에 대해 더 자세한 것을 알고 싶으면, 벤 로시Ben S. Roesch가 〈미확인동물학 평론The Cryptozoology Review〉 1998년 가을호에 쓴 글과 2002년에 다시 다룬 글을 참고하라. 거기서 그는 메갈로돈이 살아남았다는 생각이 얼마나 터무니없는 것인지 평가하는 글을 썼다.

331쪽 "병적 과학은 바로 망간 때문에 시작되었다.": 올리버 색스는 『깨어남Awakening』에서 원소와 심리학 사이의 기묘한 연결 관계를 또 한 가지 이야기하는데, 망간을 과량 섭취하면 뇌가 손상되어 일종의 파킨슨병이 생길 수 있다고 지적한다. 물론 그것은 파킨슨병의 원인으로는 아주 희귀한 경우이고, 의사들은 왜 망간이 대부분의 독성 원소처럼 다른 주요 기관을 공격하지 않고 뇌를 표적으로 삼는지 제대로 이해하지 못하고 있다.

334쪽 "아프리카코끼리": 아프리카코끼리에 대한 계산은 다음과 같다. 샌디에이고 동물원에 따르면, 동물원 기록상 가장 무거운 코끼리는 1만 800kg쯤 나갔다고 한다. 사람이나 코끼리의 몸은 똑같은 기본 물질인 물이 대부분을 차지하므로, 그 밀도도 똑같다고 볼 수 있다. 만약 사람이 팔라듐과 같은 식욕을 갖고 있다면, 그 사람의 체중 100kg에다 900을 곱한 뒤, 코끼리 체중인 1만 800kg으로 나누면 코끼리를 몇 마리 먹을 수 있는지 계산이 나온다. 그러면 약 9마리를 먹어치울 수 있다는 계산이 나온다. 그렇지만 그 코끼리는 어깨까지의 높이가 3.9m에 이르는 가장 큰 코끼리라는 사실을 감안해야 한다. 보통 아프리카코끼리의 체중은 약 8100kg이다. 이걸로 계산하면 약 11마리가 나온다.

339쪽 "병적 과학을 이보다 더 간결하고 훌륭하게 묘사하긴 힘들 것이다.": 데이비드 굿스타인이 저온 핵융합에 관해 쓴 글 「저온 핵융합에 도대체 무슨 일이 일어났나? Whatever happened to Cold Fusion?」는 〈아메리칸 스칼러American Scholar〉 1994년 가을호에 실렸다.

5장 현재와 미래의 원소 과학

극저온에서 원소들이 나타내는 기묘한 행동

353쪽 "희생양으로 삼는 편이 훨씬 편리했다.": 로버트 스콧이 주석 나병 때문에 비참한 최후를 맞이했다는 가설은 〈뉴욕 타임스〉에 실린 기사에서 유래한 것으로 보인다. 다만, 그 기사가 애초에 주장한 가설은 스콧 탐험대가 식품과 그 밖의 보급품을 담은 주석 자체(즉, 용기)가 잘못되었다는 것이었다. 사람들이 주석 땜납의 부식을 탓하기 시작한 것은 나중이었다. 그렇지만 스콧이 땜납에 사용한 물질로 역사학자들이 주장하는 것은 가죽, 순수한 주석, 주석과 납 혼합물 등 아주 다양하다.

354쪽 "플라스마": 사실 우주에서 가장 흔한 물질 상태는 플라스마이다. 별 내부의 상태가 주로 플라스마이기 때문이다. 아주 차가운 온도이긴 하지만, 지구 대기권 바깥층에서도 플라스마를 발견할 수 있다. 이곳에서는 태양에서 날아온 우주선宇宙線(우주에서 끊임없이 지구로 날아오는 매우 높은 에너지의 입자선을 통틀어 이르는 말)이 기체 분자를 이온화하기 때문에 전자와 원자핵이 분리된 채 존재한다. 우주선은 극 지방의 하늘에 오로라는 괴기스러운 발광 현상을 일으킨다. 우주선이 기체 분자와 고속으로 충돌할 때에는 반물질도 생성된다.

354쪽 "젤리 같은 콜로이드는 두 가지 상태가 섞여 있는 것이다.": 그 밖의 콜로이드로는 안개, 휘핑 크림, 일부 색유리 등이 있다. 5장 '영광의 구 : 거품의 과학'에 나오는 고체 거품 역시 기체상이 고체상 속에 분산돼 있는 콜로이드이다.

355쪽 "크세논(제논)으로 주황색 결정성 고체인 비활성 기체 화합물을 만드는 데 성공했다.": 바틀렛은 어느 금요일에 이 실험을 했는데, 실험을 준비하는 데만 온종일이 걸렸다. 밀봉된 유리를 깨고 반응 결과를 확인한 것은 오후 7시가 넘어서였다. 그는 몹시 흥분하여 건물 복도로 뛰어나가 고함을 지르며 동료들을 불렀다. 그렇지만 동료들은 주말을 맞이해 모두 집으로 돌아간 뒤였고, 그는 혼자서 그 발견을 자축해야 했다.

358쪽 "로버트 슈리퍼Robert Schrieffer" : BCS 삼총사 중 한 사람인 슈리퍼는 말년에 비극적인 사건에 휘말렸다. 캘리포니아주의 고속도로를 달리다가 끔찍한 교통사고를 일으키는 바람에 2명이 죽고, 1명은 전신마비, 5명은 중상을 입었다. 과속 위반으로 아홉 차례나 딱지를 받은 74세의 슈리퍼는 운전 면허가 정지된 상태였지만, 새로 산 메르세데스 스포츠카를 몰고 샌프란시스코에서 샌타바버라까지 달리기로 마음먹고는 속도를 높여 질주했다. 시속 180km로 질주하는 와중에 그는 그만 깜빡 잠이 들었고, 밴과 충돌하는 사고를 일으켰다. 그는 카운티 교도소에서 8개월 복역하는 선고를 받을 예정이었지만, 그 시점에 희생자 가족들의 증언이 나오자 판사는 슈리퍼에게 "주 교도소에 수감할 필요가 있다"라고 선고했다. AP 통신은 그의 옛 동료인 리언 쿠퍼가 그 소식을 듣고 믿을 수 없다는 듯이 "이 사람은 나와 함께 일했던 그 로버트가 아니야……. 이 사람은 내가 알던 그 로버트가 아니야"라고 중얼거렸다고 인용했다.

363쪽 "거의" : 내 주장을 보강하기 위해 좀더 설명한다면, 많은 사람들이 왜 불확정성 원리를 관찰자 효과(측정 행위 자체가 측정하려고 하는 대상 자체를 변화시킨다는 개념)와 결합해 이야기하는지 그럴듯한 이유가 몇 가지 있다. 광자는 과학자들이 사물을 조사할 때 사용하는 가장 작은 도구이지만, 전자나 양성자를 비롯해 다른 입자에 비해 아주 작은 게 아니다. 그래서 어떤 입자의 크기나 속도를 측정하려고 광자를 그 입자에 충돌시키는 것은 덤프트럭의 속도를 측정하려고 승용차를 덤프트럭에 충돌시키는 것과 비슷하다. 그러면 원하는 정보는 얻을 수 있겠지만, 그 결과로 덤프트럭의 진로와 속도가 원래와 다르게 변하고 말 것이다. 실제로 양자물리학의 많은 중요한 실험에서 어떤 입자의 스핀이나 속도 혹은 위치를 관찰하는 행위는 그 실험의 실제 현실을 기묘한 방식으로 변화시키는 결과를 낳았다. 일어나는 어떤 변화를 이해하려면 불확정성 원리를 이해하는 게 필요하지만, 그 변화의 원인 자체는 그것과는 별개의 현상인 관찰자 효과이다.

물론 사람들이 이 두 가지를 결합해 생각하는 진짜 이유는 우리 사회는 관찰 행위를 통해 어떤 것을 변화시킬 수 있다는 은유가 필요한데, 불확정성 원리가 바로 그 필요를 충족시켜주기 때문이다.

366쪽 "'정답'보다도 훨씬 더." : 보스가 저지른 실수는 통계적인 것이었다. 동전을 두 번 던져 하나는 앞면, 하나는 뒷면이 나올 확률을 구하려면, 모든 경우의 수

(앞면-앞면, 앞면-뒷면, 뒷면-앞면, 뒷면-뒷면)를 따져봄으로써 정답(½)을 얻을 수 있다. 그런데 보스는 기본적으로 앞면-뒷면과 뒷면-앞면을 같은 것으로 처리함으로써 ⅓이라는 답을 얻는 실수를 저질렀다.

370쪽 "2001년도 노벨상" : 콜로라도 대학은 보스-아인슈타인 응축BEC을 훌륭하게 설명해주는 웹사이트를 운영하고 있는데, 여기에는 컴퓨터 애니메이션과 상호 작용 도구가 다수 포함돼 있다. 웹사이트 주소는 http://www.colorado.edu/physics/2000/bec/이다.

코넬과 와이먼은 독일 물리학자 볼프강 케테를레Wolfgang Ketterle와 함께 노벨상을 공동 수상했다. 케테를레는 코넬과 와이먼이 보스-아인슈타인 응축물을 만들고 나서 얼마 후에 그것을 만들었으며, 보스-아인슈타인 응축물의 독특한 성질을 탐구하는 데 기여했다.

불행하게도 코넬은 노벨상 수상자로서 인생을 편하게 즐기며 살 수 있는 기회를 하마터면 날릴 뻔했다. 2004년 할로윈데이 며칠 전에 그는 '독감'과 어깨 통증으로 입원한 뒤에 의식불명 상태에 빠졌다. 단순한 연쇄상구균 감염이 전이하여 괴사성 근막염으로 변했는데, 이것은 종종 살을 먹어치우는 세균이라고 일컫는 심각한 조직 감염이다. 의사들은 감염을 막으려고 왼쪽 팔과 어깨를 절단했지만 소용이 없었다. 코넬은 3주일 동안 식물인간 상태로 지냈는데, 마침내 의사들이 증세를 안정시키는 데 성공했다. 그 뒤 그는 완전히 회복했다.

영광의 구 : 거품의 과학

390쪽 "발광 거품 연구에 뛰어들었다." : 퍼터먼은 음파 발광에 푹 빠진 이야기와 자신의 전문적인 연구에 대한 이야기를 〈사이언티픽 아메리칸〉 1995년 2월호와 〈피직스 월드〉 1998년 5월호, 〈피직스 월드〉 1999년 8월호에 실었다.

393쪽 "거품의 과학은 이러한 불명예까지 견뎌내고 살아남을 만큼 기초가 충분히 튼튼했다." : 거품 연구에 일어난 한 가지 이론적 돌파구는 2008년 베이징 올림픽 때 흥미로운 결과를 낳았다. 1993년, 더블린의 트리니티 대학에서 연구하던 물리학자 로버트 펠란Robert Phelan과 데니스 웨이어Denis Weaire는 '켈빈의 문제'에 대한 새로운 해답을 생각해냈다. 켈빈의 문제란 최소의 표면적으로 거품 구조를 만드는 방법을 말한다. 켈빈은 14각형 방울들로 이루어진 거품을 제안했지만, 아일랜드의 두 물리학자는 12각형과 14각형을 조합함으로써 표면적을 0.3% 더 줄인 해결책을 내놓았다. 2008년 올림픽 때 한 건축 회사는 펠란과 웨이어의 연구를 바탕으로 베이징에 워터 큐브Water Cube란 별명이 붙은 유명한 '비눗방울 상자' 수영장을 만들었다.

오늘날에는 '반거품 방울antibubble' 연구도 활발하다. 거품 방울은 속에 공기가 갇혀 있는 얇은 액체막의 구인 반면, 반거품은 안에 액체가 갇혀 있는 얇은 공기막의 구이다. 따라서 반거품 방울은 위로 떠오르는 대신에 아래로 가라앉는다.

터무니없을 정도로 정밀한 도구

398쪽 "공식 복제품의 보정을 위해" : 어떤 나라가 자국의 공식 킬로그램 원기의 보정을 요청하려면 먼저 팩스로 요청서를 보내야 한다. 요청서에는 (1) 킬로그램 원기가 공항 보안 검색대와 프랑스 세관을 어떻게 통과할 것인지 그 과정을 자세히 설명해야 하고, (2) 측정 전후에 국제도량형국이 그것을 깨끗이 세척하길 바라는지 명시해야 한다. 공식 킬로그램 원기는 아세톤으로 세척한 뒤에 실 부스러기가 전혀 없는 무명천으로 가볍게 눌러 닦아낸다. 국제도량형국 담당자들은 최초에 세척을 한 후 매번 손을 댈 때마다 킬로그램 원기가 안정되도록 며칠 동안 내버려두었다가 다시 손을 댄다. 이렇게 세척 및 측정 과정을 엄격하게 지키면서 작업을 반복하다 보면 보정 작업은 몇 개월이나 걸릴 수 있다.

미국에는 백금과 이리듐 합금으로 만든 킬로그램 원기가 2개 있다. K20과 K4가 그것인데, K20이 미국에서 보관된 지 더 오래되었다는 이유로 공식 킬로그램 원기로 쓰이고 있다. 또 스테인리스강으로 만든 준공식 복제품도 3개 있는데, 그중 2개는 지난 몇 년 사이에 미국 국립 표준 기술 연구소가 구입했다. (이것들은 스테인리스강으로 만든 것이라 밀도가 더 높은 백금과 이리듐 합금으로 만든 원통보다 크다.) 이 원통들이 도착한 사실과 이것들을 실어오느라 겪었을 골치 아픈 보안 문제를 생각하면, 제이나 자부르가 왜 K20을 파리로 서둘러 보내려고 하지 않는지 충분히 이해가 간다. 최근에 보정된 스테인리스강 원통과 비교하는 것만으로도 충분하다고 생각할 수 있다.

국제도량형국은 20세기에 집단 보정을 위해 전 세계 각국의 공식 킬로그램 원기를 모두 파리로 소환한 적이 세 차례 있지만, 가까운 장래에 다시 그렇게 할 계획은 아직까지는 없다.

400쪽 "이러한 미세 구조 조정" : 좀더 정확하게 말하면, 세슘 원자시계는 전자의 '초미세' 갈라짐을 바탕으로 한다. 전자의 미세 갈라짐이 반음 차이에 해당한다면, 초미세 갈라짐은 4분의 1음이나 8분의 1음 차이와 같다.

오늘날 세슘 원자시계가 전 세계의 표준으로 통하고 있지만, 루비듐 원자시계가 더 작고 이동성도 더 낫기 때문에 대부분의 실용 사례에서는 세슘 원자시계를 대체하고 있다. 실제로 세계 각지의 시간 표준을 비교하고 일치시키기 위해 루비듐 원자시계를 갖고 돌아다니는 경우가 종종 있다.

403쪽 "'므네 므네 드켈 브라신'" : 구약성경 다니엘서 5장에 나오는 이야기이다. 바빌론의 벨사살 왕이 잔치를 열고 있을 때, 갑자기 공중에 손가락 하나가 나타나 벽에다 "므네 므네 드켈 브라신"이라는 글자를 썼다. 아무도 해독하지 못했는데, 다니엘이 나서 그 뜻을 해독했다. '므네'는 '하느님께서 왕의 나라 햇수를 세어보시고 마감하셨다', '드켈'은 '왕을 저울에 달아보시니 무게가 모자랐다', '브라신'은 '왕의 나라를 메대와 페르시아에게 갈라주신다'라는 뜻이라고 했다. 벨사살 왕은 그날 밤에 살해되었고, 나라는 메대 왕 다리우스가 차지하게 되었다.

403쪽 "수비학數秘學" : 에딩턴이 알파 연구를 하고 있던 무렵, 위대한 물리학자인 폴 디랙Paul Dirac이 처음으로 상수도 변할 수 있다는 개념을 유행시켰다. 원자 척도에서는 양성자와 전자 사이에 작용하는 전기적 인력에 비하면 그 사이에 작용하는 중력은 새 발의 피도 안 된다. 실제로 그 크기는 10^{40}배나 차이가 난다. 디랙은 또한 전자가 원자 지름을 가로지르는 데 걸리는 시간을 계산한 뒤, 그것을 빛이 우주 전체를 가로지르는 데 걸리는 시간과 비교해보았다. 그랬더니 놀랍게도 그 비율 역시 $1:10^{40}$이었다.

우주의 크기 대 전자의 크기, 우주 전체의 질량 대 양성자의 질량 등등 그 밖에도 같은 비율이 발견되었다.(에딩턴은 또 우주에 존재하는 양성자와 전자의 수는 약 $10^{40} \times 10^{40}$개라고 말했다.) 디랙과 일부 물리학자들은 미지의 물리학 법칙 때문에 이러한 비율들이 모두 똑같은 값을 가진다고 믿게 되었다. 한 가지 문제는 일부 비율은 팽창하는 우주의 크기처럼 변하는 값을 바탕으로 계산했다는 점이다. 게다가 디랙은 자신이 계산한 비율들의 값을 똑같게 하기 위해 시간이 흐름에 따라 중력의 세기가 약해진다는 급진적인 개념도 받아들였다. 그런 일이 일어나려면 기본 상수 중 하나인 중력 상수 G가 빅뱅 이후 계속 줄어들었어야 한다.

    그렇지만 디랙의 개념은 얼마 가지 않아 무너지기 시작했다. 과학자들이 여러 가지 모순을 지적했는데, 그중 하나는 G에 크게 의존하는 별들의 밝기였다. 만약 과거에 G가 지금보다 훨씬 컸다면, 태양은 훨씬 뜨거워 지구의 바다를 모두 끓어오르게 했을 것이므로 지구에는 바다가 존재하지 않아야 할 것이다. 그렇지만 디랙의 연구는 다른 사람들에게 영감을 주었다. 이 연구가 한창 관심을 끌던 1950년대에 한 과학자는 모든 기본 상수가 꾸준히 감소하고 있다고 주장했다. 이것은 우리가 흔히 생각하듯이 우주가 팽창하는 게 아니라, 지구와 우리가 줄어들고 있다는 것을 뜻한다! 전체적으로 보아 상수도 변할 수 있다는 개념의 역사는 연금술의 역사와 비슷하다. 진짜 과학이 발전하고 있을 때조차 진짜 과학을 신비주의와 완전히 떼어내 구분하기가 어렵다. 과학자들은 팽창이 가속된 시기의 우주처럼 특정 시기에 대한 설명을 곤란하게 만드는 우주론적 수수께끼가 나올 때마다 그것을 설명하려고 상수 변화 가능성을 들고 나오는 경향이 있다.

407쪽 "오스트레일리아 천문학자들": 오스트레일리아 천문학자들의 연구에 대해 자세한 내용은 그중 한 명인 존 웨브John Webb가 〈피직스 월드〉 2003년 4월호에 실은 「자연의 법칙은 시간의 흐름과 함께 변하는가?Are the Laws of Nature Changing with Time?」를 참고하라. 나는 2008년 6월에 웨브의 동료인 마이크 머피Mike Murphy와 면담을 했다.

409쪽 "기본 상수의 변화 가능성": 알파 값에 대한 또 다른 이야기에서, 과학자들은 왜 전 세계의 물리학자들이 특정 방사성 원소의 붕괴 속도에 대해 의견이 일치하지 않는지 오랫동안 의아하게 생각했다. 실험은 아주 단순해서 연구팀에 따라 왜 다른 결과들이 나오는지 설명하기 어렵다. 그렇지만 그러한 차이는 규소, 라듐, 망간, 티탄, 세슘 등에서 계속 나타나고 있다.

    이 수수께끼를 풀고자 조사에 착수한 영국 과학자들은 각 연구팀이 1년 중의 시기에 따라 서로 다른 붕괴 속도를 보고했다는 사실을 알아냈다. 이 결과를 바탕으로 영국 과학자들은 태양 주위의 궤도를 도는 지구의 위치에 따라 미세 구조 상수가 달라진다는 기발한 주장을 펼쳤다. 1년 중 시기에 따라 지구와 태양

사이의 거리가 달라지기 때문에 그런 일이 일어날 수 있다고 설명했다. 붕괴 속도의 주기적인 차이를 설명하는 다른 가설들도 있다. 그렇지만 알파 값이 변한다는 사실 자체는 큰 수수께끼이다. 만약 태양계 내에서조차 알파 값이 그렇게 많이 변한다면 실로 흥미로운 일이 아닐 수 없다!

409쪽 "우주의 법칙들이 처음부터 성립하지 않았다는 이야기가 되기 때문이다.": 알파 값의 변화 가능성에 대한 증거를 열심히 찾는 집단 중 하나는 흥미롭게도 기독교 근본주의자들이다. 알파를 정의하는 수식을 살펴보면, 알파는 여러 가지에 영향을 받지만 특히 빛의 속도에 크게 좌우된다. 만약 알파 값이 변해왔다면 빛의 속도 역시 변해왔을 가능성이 높다. 지금은 창조론자를 비롯해 모든 사람이 먼 천체에서 오는 빛은 수십억 년 전에 일어난 사건에 대한 기록을 제공한다고(최소한 제공하는 것처럼 보인다고) 믿고 있다. 그렇다면 이 기록과 「창세기」에 나오는 시간 사이의 큰 괴리는 어떻게 설명할 것인가? 일부 창조론자는 하느님이 신자들을 시험하고 하느님과 과학 중에서 선택을 강요하기 위해 멀리서 빛이 날아오는 우주를 만들었다고 주장한다. (그들은 공룡 화석에 대해서도 비슷한 주장을 펼친다.) 그렇지만 덜 강경한 창조론자들은 이런 주장을 떨떠름하게 여긴다. 그런 하느님은 우리를 기만하는 하느님이고, 심지어 잔인하기 때문이다. 그런데 만약 빛의 속도가 먼 과거에는 수십억 배 더 빨랐다면 이런 문제가 순식간에 해결된다. 하느님은 세상을 6000년 전에 창조했지만, 빛과 알파에 대한 우리의 무지가 진실을 가린 셈이 되기 때문이다. 상수의 변화 가능성을 연구하는 과학자들은 자신들의 연구가 이런 식으로 오용되는 것에 기겁하겠지만, '근본주의 물리학'이라 부를 만한 것을 열심히 하고 있는 극소수 사람들 사이에서 이 연구는 아주 뜨거운 분야이다.

410쪽 "장난스러운": 엔리코 페르미가 칠판 앞에서 찍은 유명한 사진이 하나 있다. 칠판에는 미세 구조 상수인 알파를 정의하는 방정식이 적혀 있다. 이 사진에는 이상한 점이 하나 있는데, 방정식 일부가 거꾸로 뒤집혀 있다. 원래 방정식은 $a=e^2/\hbar c$라야 맞다. 여기서 e는 전자의 전하, $\hbar$는 플랑크 상수(h)를 2π로 나눈 값, c는 빛의 속도를 나타낸다. 그런데 사진의 방정식은 $a=\hbar^2/ec$로 적혀 있다. 페르미가 진짜로 실수를 한 것인지, 아니면 사진사와 함께 장난을 친 것인지는 알 수 없다.

411쪽 "드레이크가 처음에 계산했을 때에는 우리은하에 외부와 접촉하기를 원하는 문명이 10개는 존재한다는 결과가 나왔다.": 더 자세히 알고 싶어하는 사람을 위해 드레이크 방정식을 소개한다. 우리은하에 존재하는 문명 중 우리와 접촉하길 원하는 문명의 수 N은 다음 방정식으로 나타낼 수 있다.

$$N = R^* \times f_p \times n_e \times f_l \times f_i \times f_c \times L$$

여기서 R^*은 우리은하에서 탄생하는 별의 수, f_p는 그 주위에 행성이 돌고 있는 별의 비율, n_e는 생명이 살기에 적합한 조건을 갖춘 행성의 개수, f_l은 그러한 조건을 갖춘 행성 중 실제로 생명이 출현할 비율, f_i는 그중에서 지능 생명체가 진화할 비율, f_c는 그중에서 외계와 접촉을 원하는 문명의 비율, L은 외계 문명이 멸망하기 전에 우주로 신호를 보낼 수 있는 시간을 나타낸다.

드레이크가 처음에 대입한 값들은 다음과 같다. 우리은하에서 1년에 탄생하는 별의 개수는 10개(R^*=1), 그 별 주위에 행성이 돌고 있을 확률은 $\frac{1}{2}$($f_p = \frac{1}{2}$), 그 행성들 중에서 생명이 살기에 적합한 조건을 갖춘 행성의 개수는 2개(n_e=2. 태양계는 금성, 지구, 화성, 그리고 목성과 토성의 일부 위성을 포함해 약 7개나 되지만), 그 행성 중 어느 하나에서 실제로 생명이 출현할 비율은 100%(f_l=1), 그중에서 지능 생명체가 진화할 비율은 1퍼센트($f_i = \frac{1}{100}$), 그중에서 지능 생명체가 동굴 생활에서 벗어나 문명이 발달해 외계로 신호를 보낼 비율은 1%($f_c = \frac{1}{100}$), 그리고 그렇게 신호를 계속 보낼 수 있는 기간은 1만 년(L=10000). 이 값을 모두 대입해 방정식을 계산하면, 우리와 접촉을 원하는 외계 문명의 수는 10개가 나온다.

각 값들에 대한 의견은 사람마다 다를 수밖에 없고, 어떤 경우에는 아주 큰 차이가 난다. 에든버러 대학의 천체물리학자 덩컨 포건Duncan Forgan은 얼마 전에 드레이크 방정식에 대해 몬테카를로 방법으로 시뮬레이션을 해보았다. 각각의 변수에 임의의 값을 집어넣고 그 결과를 수천 가지 계산하여 가장 확률이 높은 값을 구했다. 드레이크는 우리와 접촉을 원하는 외계 문명의 수가 10개라고 계산했지만, 포건은 우리은하 안에만 그러한 문명이 3만 1574개 존재한다는 결과를 얻었다. 그 논문은 http://arxiv.org/abs/0810.222에서 찾아볼 수 있다.

주기율표를 넘어서

419~420쪽 "한쪽 힘이 다른 쪽 힘보다 조금 우세했다가 그것이 뒤집히길 반복하면서": 자연의 네 가지 기본적인 힘 가운데 세 번째 힘은 약한 상호작용으로, 베타 붕괴가 일어나는 과정을 지배하는 힘이다. 강한 상호작용과 전자기력이 원자핵 내부에서 치열하게 힘겨루기를 하기 때문에 프랑슘이 힘겹게 버텨나간다는 것은 흥미로운 사실이지만, 약한 상호작용을 이용해 그 싸움을 중재한다.

네 번째 기본적인 힘은 중력이다. 강한 상호작용은 전자기력보다 약 100배 더 강하고, 전자기력은 약한 상호작용보다 약 1000억 배 더 강하다. 그런데 약한 상호작용은 중력보다 10억×10억×10억 배나 더 강하다. 그런데도 우리가 살아가는 일상 세계를 지배하는 힘이 중력인 이유는 강한 상호작용과 약한 상호작용은 원자핵 내부의 짧은 거리에서만 미치고, 전자기력은 양성자의 양전하와 전자의 음전하가 상쇄되어 잘 나타나지 않기 때문이다.

423쪽 "122번 원소는 이름이 운비븀unbibium이고, 원소 기호는 Ubb이다." : 과학자들은 지난 수십 년 동안 각고의 노력 끝에 초중원소를 하나씩 만들었는데, 2008년에 이스라엘 과학자들은 낡은 화학적 방법으로 122번 원소를 발견했다고 주장했다. 암논 마리노프Amnon Marinov가 이끄는 연구팀은 주기율표에서 122번 원소의 화학적 사촌인 천연 토륨 시료를 몇 개월 동안 계속 여과한 끝에 122번 원소의 원자를 다수 확인했다고 주장했다. 이들의 주장에서 믿기 힘든 것은 낡은 방법으로 새로운 원소를 발견했다는 것만이 아니다. 122번 원소의 반감기가 무려 1억 년이 넘는다는 주장이야말로 도저히 믿기 힘든 것이었다! 그래서 많은 과학자가 의심을 품었다. 이 주장은 갈수록 입지가 좁아지고 있지만, 2009년 후반까지도 이스라엘 과학자들은 자신들의 주장을 철회하지 않았다.

424쪽 "한때 과학을 지배했던 라틴어" : 주기율표를 제외한 나머지 모든 곳에서 라틴어는 확실히 사라지고 있다. 그렇지만 1984년에 서독 과학자들이 108번 원소를 만들었을 때, 그들은 그 이름을 도이칠란튬 같은 것으로 짓는 대신에 독일 지역의 라틴어 이름(헤세)을 따 하슘hassium이라고 지었다.

430쪽 "꼭 직선 형태에만 얽매일 필요는 없다." : 주기율표를 새로운 형태로 만든 것

노트 475

은 아니지만 기발한 방법으로 보여주는 것도 있다. 영국 옥스퍼드에서는 주기율표 택시와 버스가 사람들을 실어 나르고 있다. 이 차들은 타이어에서 지붕까지 각각 다른 가로줄과 세로줄의 원소들이 파스텔 색조로 그려져 있다. 이 차들은 옥스퍼드과학공원이 후원하고 있다. http://www.oxfordinspires.org/newsfromImageWorks.htm에서 그 사진을 볼 수 있다.

http://www.jergym.hiedu.cz/~canovm/vyhledav/chemici2.html에서는 콥트어나 이집트 상형 문자처럼 죽은 언어를 포함해 200가지 이상의 언어로 작성된 주기율표도 볼 수 있다.

참고 문헌

내가 이 책을 쓰면서 참고한 책들은 물론 이것들뿐만이 아니다. 내가 실제로 참고한 책들은 '노트'에서 더 많은 정보를 얻을 수 있을 것이다. 아래에 소개한 책들은 주기율표나 다양한 원소에 대해 더 많은 것을 알고 싶어하는 일반 독자가 읽기에 가장 좋은 책들이다.

Patrick Coffey. Cathedrals of Science : *The Personalities and Rivalries That Made Modern Chemistry*. Oxford University Press, 2008.

John Emsley. *Nature's Building Blocks* : An A-Z Guide to the Elements, Oxford University Press, 2003.

Sheila Jones. *The Quantum Ten*. Oxford University Press, 2008.

T. R. Reid. *The Chip* : How Two Americans Invented the Microchip and Launched a Revolution. Random House, 2001.

Richard Rhodes. *The Making of the Atomic Bomb*. Simon & Schuster, 1995.(국내에는 『원자폭탄 만들기』라는 책으로 소개됨.)

Oliver Sacks. *Awakenings*. Vintage, 1999.

Eric Scerri. *The Periodic Table*. Oxford University Press, 2006.

Glenn Seaborg and Eric Seaborg. *Adventures in the Atomic Age* : From Watts to Washington. Farrar, Straus and Giroux, 2001.

Tom Zoellner. *Uranium*. Viking, 2009.

감사의 말

먼저 내가 사랑하는 사람들에게 감사의 말을 전하고 싶다. 내게 글을 쓰게 했고, 내가 일단 무엇을 시작하면 정확하게 무엇을 하려고 하는지 너무 자주 묻지 않은 부모님. 내 손을 잡아준 사랑하는 폴라Paula. 내게 짓궂은 장난을 가르쳐준 형제자매 벤Ben과 베카Becca. 사우스다코타주와 미국 전역에 살면서 나를 도와주고 집 밖으로 끌어내준 그 밖의 모든 친구와 가족. 그리고 마지막으로 자신이 아주 소중한 일을 하고 있다는 사실을 의식하지 못한 채 이 책에 실린 많은 이야기를 들려주신 여러 선생님과 교수님.

내 에이전트인 릭 브로드헤드Broadhead에게도 감사한다. 그는 이 계획이 아주 훌륭한 아이디어라고 믿었고, 또 내가 적임자라고 믿었다. 리틀 브라운 출판사의 편집자 존 파슬리John Parsley에게도 많은 도움을 받았다. 그는 이 책이 어떤 책이 될지 예견하고, 제 형태를 잡도록 도와주었다. 그 밖에 카라 아이젠프레스Cara Eisenpress, 세라 머피Sarah Murphy, 페기 프로이덴살Peggy Freudenthal, 바버라 잿콜라Barbara Jatkola도 리틀 브라운 출판사에서 소중한 도움을 준 사람들이며, 그 밖에도 이 책을 디자인하고 품질을 좋게 하는 데 도움을 준 사람이 많다.

이야기를 더 충실하게 만들거나 정보를 찾는 걸 돕거나 뭔가를 설명하기 위해 시간을 내 도움을 준 수많은 사람에게도 감사한다. 그중에서 특히 스테판 파얀스Stefan Fajans, www.periodictable.com의 시어도어 그레이Theodore Gray, 알코아의 바버라 스튜어트Barbara Stewart, 노스텍사스 대학의 짐 마셜Jim Marshall, 캘리포니아 대학 로스앤젤레스 캠퍼스의 에릭 세리Eric Scerri, 캘리포니아 대학 리버사이드 캠퍼스의 크리스 리드Chris Reed, 나디아 이작손Nadia Izakson, 케미컬 앱스트랙츠 서비스의 커뮤니케이션 팀, 의회 도서관 직원들과 과학 도서 사서들에게 감사한다. 혹시 내 불찰로 명단에서 빠진 사람이 있다면 깊이 사과한다. 순전히 나의 모자람 탓일 뿐, 감사하는 마음이 부족해서 그런 것은 아니다.

마지막으로 드미트리 멘델레예프, 율리우스 로타르 마이어, 존 뉴랜즈, 알렉상드르-에밀 베기에 드 샹쿠르투아, 윌리엄 오들링, 구스타부스 힌릭스를 비롯해 주기율표를 개발한 많은 과학자에게, 또 원소에 관한 흥미진진한 이야기에 기여한 그 밖의 많은 과학자에게도 특별한 감사를 드린다.

옮긴이의 말

원소와 주기율표에 관한 책은 우리나라에는 그렇게 많지 않지만, 유럽과 미국에서는 아주 많이 나왔고 훌륭한 책도 많다. 이 책 또한 원소와 주기율표에 관한 이야기를 다루고 있으니, 웬만한 독자들은 그렇고 그런 책으로 치부하기 쉽다. 그러나 여러분이 장래가 촉망되는 젊은 작가라고 상상해보라. 기존의 책과 비슷한 식으로 책을 써서 좋은 소리를 듣길 기대할 수 있겠는가? 멍청하지 않다면 절대로 그런 짓은 하지 않을 것이다. 그렇다! 이 책은 원소와 주기율표에 관한 책이지만, 색다른 점이 있다. 세상의 모든 물질은 원소로 이루어져 있지 않은가? 원소를 새로 발견하고 주기율표의 빈칸을 채워가는 이야기는 곧 현대 과학이 발전해온 역사와 같다. 지겨울 정도로 수다스러운 이야기꾼인 저자는 원소에 관련된 이야기를 끝없이 꼬리에 꼬리를 물고 풀어나가면서 발견과 발명, 과학 이론, 역사, 그리고 과학자들에 관한 흥미진진한 일화를 들려준다.

　어쨌거나 책 내용에 관한 것은 저자의 머리말이나 본문을 읽어보는 게 나을 것이다. 번역자가 굳이 '옮긴이의 말'을 쓰기로 마음먹은 이유는 따로 있다. 이 책에는 원소 이름이 많이 나온다. 얼마 전에 대한화학회에서 많은 원소 이름을 영어식으로 바꾸었고 국어연구원에서 그것을 채택했다. 원소 이름은 길게는 일제 강점기 시대부터 치면 100년 가까이 사용돼왔고, 몇 해 전까지만 해도 학교에서 그렇게 가르쳤다. 최근에 원소 이름이 바뀐 사실을 잘 모르는 사람도 많을 텐데, 예전 이름에 익숙한 사람에게는 새 이름이 아주 생소할 수 있다. 그래서 여기서 독자들이 헷갈리지 않게 이전 이름과 바뀐 이름을 소개하고, 바뀐 이름에 대해 잠깐 논의해보려고 한다. 사실, 이름은 참 중요하다. 사물의 이름에는 그 역사와 정체성이 포함돼 있기 때문이다.

일단 바뀐 원소들의 이름부터 살펴보자.

원소 번호	이전 이름	바뀐 이름
9번	플루오르	플루오린
11번	나트륨	소듐/나트륨*
19번	칼륨	포타슘/칼륨*
22번	티탄	타이타늄
24번	크롬	크로뮴
25번	망간	망가니즈
32번	게르마늄	저마늄
34번	셀렌	셀레늄
35번	브롬	브로민
41번	니오브	나이오븀
42번	몰리브덴	몰리브데넘
51번	안티몬	안티모니
52번	텔루르	텔루륨
53번	요오드	아이오딘
54번	크세논	제논
57번	란탄	란타넘
65번	테르븀	터븀
68번	에르븀	어븀
70번	이테르븀	이터븀
73번	탄탈	탄탈럼
91번	프로트악티늄	프로탁티늄
98번	칼리포르늄	캘리포늄
99번	아인시타이늄	아인슈타이늄

그리고 아마 대부분의 사람은 고등학교 화학 교과서에 실린 주기율표에서 원소를 103번까지만 보았을 것이다. 그렇지만 지금은 118번 원소까지 발견되었고 공식적인 이름도 정해졌다. 그 원소들은 다음과 같다.

원소 번호	원소 이름
104번	러더포듐
105번	두브늄(더브늄*)
106번	시보귬
107번	보륨
108번	하슘
109번	마이트너륨
110번	다름슈타튬
111번	뢴트게늄
112번	코페르니슘
113번	니호늄
114번	플레로븀
115번	모스코븀
116번	리버모륨
117번	테네신
118번	오가네손

* 두브늄은 이전 이름이고, 더브늄은 바뀐 이름임.

우선 잘한 것부터 칭찬을 하고 넘어가자. 98번 칼리포르늄을 캘리포늄으로, 99번 아인시타이늄을 아인슈타이늄으로 바꾼 것은 잘했다. 칼리포르늄은 라틴어식으로 읽은 것이지만, 마이트너륨이나 다름슈타튬처럼 원래의 인명이나 지명 발음을 살려주는 게 옳다고 본다. 1987년에 맞춤법 및 외래어 표기법을 개정한 이후에 칼리포르늄은 교과서에서 칼리포늄으로 수정되었다가 이번에 캘리포늄으로 다시 바뀌었다. 아인시타이늄은 옛날에 아인슈타인을 아인시타인으로 표기한 적이 있었기 때문에 생긴 이름인데, 1987년에 아인슈타인으로 표기법이 바뀌고 나서도 원소명은 한동안 아인시타이늄으로 남아 있었지만, 얼마 전부터 교과서에서도 아인슈타이늄으로 표기했다.

그런데 이것을 칭찬해주고 나니 모순적인 것이 눈에 띈다. 105번 두브늄은 이 원소를 발견한 러시아의 두브나 시 이름을 딴 것인데, 이것을 영어식으로 더브늄이라고 한 것은 말이 안 된다. 독일이나 다른 지역은 현지 발음을 따르면서(예컨대 110번 다름슈타튬) 이것만 영어식으로 한 것은 명백한 잘못이다. 그러고 보니 32번 게르마늄도 독일 화학자가 처음 발견하여 독일 지역을 뜻하는 게르마니아에서 이름을 따와 게르마늄으로 정한 것인데, 이것을 영어식으로(정확한 영어 발음도 아니지만) 저마늄으로 하자는 것도 어이가 없다. 70번 이테르븀을 이터븀으로 한 것 역시 마찬가지다. 스웨덴의 이테르비라는 지명을 딴 이름이기 때문에 이테르븀으로 해야 옳다. 65번 테르븀과 68번 에르븀 역시 어원이 이테르비에서 온 것이기 때문에 영어식으로 발음할 이유가 없다.

그나저나 보통 사람들이 별 불편 없이 써오던 원소 이름을 왜 갑자기 바꾸자고 한 것일까? 미국 유학파가 다수인 대한화학회 관계자가 설명한 내용 중에 이런 게 있었다. 국제 회의 같은 데 가면, 우리나라에서 칼륨이나 나트륨으로 배운 사람들이 포타슘이나 소듐이라고 하면 헷갈려서 잘 알아듣지 못한다는 것이다. 나도 대학 때 원서로 화학을 배우면서 약간 헷갈린 경험이 있는지라 이해가 안 가는 바는 아니다. 그렇지만 국제 회의에 참석할 정도면 머리가 상당히 좋은 사람일 것이다. 우둔한 나도 영어 원서를 계속 보다 보니 얼마 지나지 않아 익숙해져서 전혀 불편하지 않았는데, 그렇게 머리가 좋은 사람들이 그것 때문에 불편하다고? 그렇다면 수소와 산소는 왜 바꾸자고 하지 않는지 궁금하다. 평소에 하이드로전과 옥시전이라고 배워야 국제적으로 제대로 소통하지 않겠는가?

어쨌거나 좋다. 잘못된 게 있으면 고치고, 더 좋은 것이 있으면 그 걸로 바꾸는 게 발전이니까. 그러면 얼마나 이름을 제대로 잘 고쳤는지 하나하나 살펴보기로 하자.

9번 플루오르를 플루오린으로 고친 것은 독일어 이름을 영어식으로 바꾼 것이다. 그런데 좀 이상하다. 그렇다면 3번 리튬lithium도 영어식으로 '리시엄'이라고 발음해야 하지 않는가? 국내에서 리튬이라고 배웠는데, 밖에 나가서 '리시엄'이라는 말을 들으면 알아듣겠는가? 마그네슘도 '매그니지엄'으로 제대로 영어식 발음으로 고치고, 나머지 원소들도 모두 그래야 일관성이 있지 않겠는가? 뭐 좋다. 라틴어 어원의 원소명은 라틴어식으로 읽는다고 치자.

11번 나트륨과 19번 칼륨은 원래 소듐sodium과 포타슘potassium으로 바꾸려고 했지만, 워낙 많이 쓰는 용어라(염화나트륨, 수산화나트륨, 염화칼륨, 과망간산칼륨 등을 염화소듐, 수산화소듐, 염화포타슘, 과망가니즈산포타슘 등으로 쓰면 어린 백성들이 얼마나 혼란스럽겠는가!) 당분간 병용하기로 했다 한다. 그렇지만 원소 기호를 각각 Na와 K로 쓰면서 소듐과 포타슘으로 읽으라는 것은 시대착오적 발상이다. 영어권 사람들도 화학을 배울 때 헷갈리는 부분이니, 이것은 그네들이 이름을 바꾸는 게 좋을 것이다. 그리고 포타슘은 영어 발음이 '퍼태시엄'(일관성을 위해 어미를 바꾼다면 퍼태슘)이다. 물론 영어 potash를 어원으로 하여(더 거슬러 올라가면 중세 네덜란드어 potasch가 어원임) 라틴어식으로 만든 단어라곤 하지만, 어차피 미국식 용어를 채택하기로 했다면 영어 발음으로 표기해야 하지 않을까?

22번 티탄 → 타이타늄, 24번 크롬 → 크로뮴, 25번 망간 → 망가니즈, 32번 게르마늄 → 저마늄, 34번 셀렌 → 셀레늄, 35번 브롬 →

브로민, 41번 니오브 → 나이오븀, 42번 몰리브덴 → 몰리브데넘, 51번 안티몬 → 안티모니, 52번 텔루르 → 텔루륨, 53번 요오드 → 아이오딘, 54번 크세논 → 제논, 57번 란탄 → 란타넘, 73번 탄탈 → 탄탈럼은 모두 독일식 또는 프랑스식 이름을 영어식으로 바꾼 것이다. 그런데 영어식으로 바꾸려면 발음이라도 좀 정확하게 해야 하지 않을까? 정확한 영어 발음은 다음과 같다.

바뀐 원소 이름	영어식 발음
타이타늄	타이테이니엄(타이테이늄)
크로뮴	크로미엄(크로뮴)
망가니즈	맹거니즈
저마늄	저메이니엄(저메이늄)
셀레늄	실리니엄(실리늄)
브로민	브로민
나이오븀	나이오비엄(나이오븀)
몰리브데넘	멀리브더넘
안티모니	앤터모니
텔루륨	텔루리엄(텔루륨)
아이오딘	아이어딘/아이어다인(영)
제논	지난/제난/제논
란타넘	랜서넘
탄탈럼	탠털럼
프로탁티늄	프로택티니엄(프로택티늄)

그런데 이름을 이렇게 막 바꾸어도 될까? 화학 원소 이름을 짓는 권리는 예전에는 발견한 사람에게 우선권을 주었다. 53번 요오드는 프랑스 사람이 발견하여 프랑스 어로 iode('요드'로 발음)로 정했고, 이것이 독일어로 Jod('요-트'로 발음)가 되었으며, 일본에서 독일식 화학 용어를 받아들이면서 ヨード(요-도)로 표기했고, 우리가 다시 일본이 정한 화학

용어를 받아들이면서 요오드가 된 것이다. 그러니 요오드란 이름이 딱히 잘못된 것도 아니고, 역사성을 고려한다면 나름의 의미가 있다. 일본어의 잔재가 영 거슬린다면, 외래어 표기법상 장음 생략 규정도 있으니 '요드'로 하면 될 것이다. 그런데 이제 와서 온 국민이 별 불편 없이 쓰는 단어를 굳이 영어식으로 바꿀 필요가 있을까? 그것도 정확한 발음인 '아이어딘'이나 '아이어다인'도 아니고, 족보도 없는 '아이오딘'으로 표기하면서까지 말이다. 그리고 이 표기법을 따른다면, 요오드팅크도 아이오딘 팅크처로 표기해야 하는가? 우리 생활 속에는 원소 이름이 들어간 물질이 아주 많이 사용되고 있는데, 앞으로 발생할 그 모든 혼란을 어떻게 하려고 그럴까? 한편, 프로탁티늄protactinium은 원래는 프로트악티늄으로 표기했으나, 얼마 전부터 교과서에서는 프로탁티늄으로 쓰고 있다. 이 이름은 '악티늄의 부모'란 뜻인데, 프로탁티늄은 방사성 붕괴 과정을 거쳐 결국 악티늄이 되기 때문이다. 그러니 어원의 뿌리를 살려 원래 이름인 프로트악티늄을 쓰는 게 좋지 않을까 싶다.

　　화학자들이야 어원학이나 외래어 표기법을 잘 모르고 어설픈 영어 실력으로 이름을 지으려다가 실수를 할 수 있다고 치자. 그렇지만 국어연구원은 원음에 충실하게 표기해야 한다면서 네덜란드어 이름인 레벤후크를 레이우엔훅으로, 호이겐스를 하위헌스로 바꾸었고(이 이름은 과학자들이 영어식으로 '호이겐스'로 해야 한다고 왜 주장하지 않는지 궁금하다), 영화 배우 레오나도 디카프리오도 리어나도 디캐프리오로 표기해야 한다고 주장하지 않았는가? 왜 화학 원소 표기에서는 그런 원칙을 송두리째 내팽개쳐 버렸는가? 국어연구원은 화학자들이 실수한 게 있으면 바로잡아 주어야 할 책임이 있다. 아주 중요한 원소 이름을 국적 불명의 괴상한 이름으로 표기하도록 방치한 것은 직무 유기에 해당한다.

　　그리고 IUPAC에서 정한 명명법은 영어에만 국한된 것이고 다른 언어와는 아무 상관이 없는데, 한국어 화학 용어를 영어식으로 바꾸어야 하는 근거로 내세워서는 안 된다. 예를 들어 독일이나 프랑스, 일본은 원소를 자국어로 표기하지 않고 IUPAC가 정한 대로 영어식으로 표기하는가? 정말로 IUPAC 명명법을 제대로 따른다면, 수소나 산소, 탄소 같은 말도 써서는 안 된다. IUPAC 원소 명명법에 따르면 각각 하이드로전hydrogen, 옥시전oxygen, 카본carbon으로 써야 하기 때문이다. 그런데도 전문가 행세를 하는 사람들이 IUPAC 규정 운운하는 것은 자세한 내용을 모르는 대중을 호도하려는 얄팍한 술수에 지나지 않는다. IUPAC에서 망간을 맹거니즈manganese로 표기한다고 해서 우리도 그것에 가깝게 망가니즈로 표기해야 한다는 주장은 옳지도 않고 합리적이지도 않다.

　이상에서 살펴본 바와 같이, 새로 바뀐 원소명은 일관성도 없고 표기의 원칙에도 어긋나는 것이어서 뭐라고 평가할 수조차 없다. 주식 시장의 용어를 빌리자면 '감사 의견 거절'이다. 감사 의견 거절이 나오면 해당 주식은 상장 폐지되어 주식 시장에서 퇴출된다. 어쨌든 번역자의 양심상 이런 이름들은 도저히 쓸 수가 없다. 그렇지만 이 이름들을 이미 교과서에 쓰기 시작했다니 마냥 무시할 수만도 없는 상황이다. 그래서 이 책에서는 캘리포늄, 아인슈타이늄, 프로탁티늄만 바뀐 이름으로 쓰고, 나머지는 이전에 쓰던 이름을 그대로 쓰되 처음 한두 번은 괄호 안에 바뀐 이름을 병기하기로 했다. 번역자의 책임은 아니지만, 독자 여러분에게 혼란과 불편을 드려 괜히 송구스럽다. 대한화학회와 국어연구원은 처음부터 다시 검토하여 조속히 제대로 된 개선안을 내놓기 바란다.

찾아보기

ㄱ

가돌리늄 84, 124, 218~221, 453
가돌린, 요한 83~84
가이거, 한스 269
　~ 계수기 137, 181, 212, 269
간디, 마하트마 10, 253~255, 259~260
갈륨 73~76, 303, 443
갈색왜성 93, 445
감마 붕괴 138
감마선 138, 148~149
강신술 323~325, 327, 329~330
거품 방울 372, 374, 376~377, 381, 384, 386~387, 389~393, 470
거품 상자 373~376, 387
게르마늄(저마늄) 10, 55, 57~60, 62~63, 358, 449, 481, 483~484
겔프크로이츠 115
결맞음 360, 362
겸상 적혈구 빈혈증 187, 449~450
고령토 80
골드러시 286~287, 290
골지, 카밀로 178
공룡 52, 99~104, 136, 330~331, 376, 473
광자 360~361, 364~368, 401, 407, 468
괴테, 요한 볼프강 폰 303~309, 315~317, 322, 463
괴퍼트-메이어, 마리아 38~42, 419
구리 61, 198, 217~218, 221~222, 285, 290, 357, 452~453

구아닌 194
규소 50~55, 58, 63, 71, 90, 423, 431, 441, 445, 472
그륀크로이츠 115
글레이저, 도널드 371~374, 376, 387, 393, 448
글루탐산 249
글리세린 388
금성 91, 95, 99, 474
금속성 수소 93~95
기면성 뇌염 237
기오르소, 앨버트(앨) 152, 154~159, 165~166, 168, 170, 175, 213, 282

ㄴ

나이오븀(니오브) 125, 179, 481, 485
나트륨 10, 26, 34, 202, 250, 301, 361, 431, 481, 483~484
납 30, 38, 55, 95, 97~99, 118~119, 127, 137~138, 162, 168, 170, 198, 202, 204, 211, 268~269, 284, 290, 351, 353, 381, 384, 387, 421, 423, 467
내파 90
냉광 341, 461
네부카드네자르 2세 30
네오디뮴 124, 303, 361~362, 406
네온 20, 24, 94~95, 356, 382
넵투늄 92, 153, 186
노닥, 발터 180~181

노닥, 이다 180~181, 183, 449
노보루, 하기노 199~201
놀스, 윌리엄 235~238, 456
뉴랜즈, 존 68~69, 479
뉴턴, 아이작 30, 62, 291, 305, 409
니노프, 빅토르 168, 170~171
니오브(나이오븀) 124~127, 179, 481, 485
니켈 131~132, 162~163, 252, 445, 453
니호늄 482
닉토겐족 243

ㄷ

다름슈타튬 168, 482~483
다이슨, 조지 142, 147, 447
단백질 46~48, 50~51, 54, 187~188, 190, 197, 203, 220, 223~224, 249, 251, 321, 389, 439, 440~441, 450, 454
담배모자이크 바이러스 45~46, 50, 439~441
대적점 92, 94
더브늄(두브늄) 166, 482~483
데르야긴, 보리스 392
데모크리토스 20
데옥시리보핵산 188
도마크, 게르하르트 223, 226~233, 237
독가스 109~117, 431
동반성 104
동위원소 38~39, 91, 96~97, 104, 137~138, 181, 190, 330, 405~406, 418, 445, 449, 459
되베라이너, 요한 볼프강 303, 306~309, 463
두브늄(더브늄) 166~167, 282, 482~483
드레이크, 프랭크 410~412, 474
디스프로슘 303

ㄹ

라돈 20, 24, 68, 208, 381~382, 384
라듐 262, 265, 267~269, 316~317, 381, 384, 422, 458, 472
라우에, 막스 폰 274
란탄(란타넘) 77, 270, 277~278, 279, 481, 485
란탄족(란타넘족) 36~37, 77, 81~84, 183, 293~294, 427~429, 454
랑주뱅, 폴 264
랭뮤어, 어빙 465
러더퍼드, 어니스트 130~132, 137~138, 268, 379~386, 392, 447, 458
러더포듐 167, 386, 422, 482
러시, 벤저민 7~8
~ 박사의 쓸개즙 정제 7~8
레늄 102, 104~106, 180, 445
레비, 프리모 296
~의『주기율표』296
레비게이터 265, 267
레오타르, 쥘 64
레우키포스 20
레이저 124, 176, 292, 295, 360~365, 367, 446
로듐 235~237, 239, 297
로렌슘 159
로웰, 로버트 318~321, 323~324
뢴트게늄 168, 346, 462, 482
뢴트겐 168, 340~345, 349
루브 골드버그 장치 157
루비듐 367~370, 471
루이스, 길버트 27~29, 32~33, 41, 177, 249, 273, 459, 465
루이스, 메리웨더 7~8, 349
루테늄 160, 311~313, 464
루테튬 270, 272, 303
룸펠슈틸츠킨 78

르완다 125, 127
리버모륨 482
리베스킨트, 다니엘 19
리벳공 로지 142~143
리센코, 트로핌 161~162, 164
리튬 39, 89~90, 212, 250, 317, 319~322, 484
리트비넨코, 알렉산드르(알렉산더) 208, 266
린드버그, 스탠 454
림보 93

ㅁ

마그네슘 34, 90, 165, 244, 250, 301, 319, 409, 411, 413, 484
마리노프, 암논 475
마법수 40, 204, 403, 420, 422, 424
마셜, 짐 444, 479
마이어, 율리우스 로타르 68~70, 75, 77, 479
마이트너, 리제 183, 274~282, 447, 460
마이트너륨 168, 282, 482
망간(망가니즈) 330~333, 453, 466, 472, 481, 484, 487
맥밀런, 에드윈 153, 186, 195, 376
맥베이, 티모시 111
맨해튼 계획 32~33, 38, 97, 136, 140~141, 143~144, 146, 148, 153, 196, 212, 279, 282, 372, 451
멀러, 리처드 102, 104~105
~의 『네메시스』 102
메갈로돈 329~333, 337, 342~343, 466
메이어, 조지프 37
메이저 361, 363, 365, 401, 446
멘델레븀 158, 166, 462
멘델레예프 63, 67~79, 84, 129, 131~133, 158, 160, 164, 179, 252, 260, 271~272, 308, 429, 442~443, 479

면역계 222, 243~247
명왕성 92
모스코븀 482
모즐리, 헨리 130~134, 136~138, 272, 345, 446
모홀리-나기, 라슬로 309~310, 313
목성 91~95, 105~106, 224, 413, 445, 474
몬테카를로 방법 140, 145~147, 447, 474
몰리브덴(몰리브데넘) 117~122, 124, 181~182, 303, 453, 481, 484~485
뮤온 372, 374
미다스 284~286, 290
미라쿨린 249, 251
미량 동작용 18
미셔, 프리드리히 188, 450
미티어 운석 구덩이 98

ㅂ

바나듐 165, 218~219, 453
바딘, 존 56~61, 358~360, 441
바륨 278, 301, 307, 341~344, 461
바이러스 45, 55, 190, 393, 440~441
바이스크로이츠 114
바틀렛, 닐 355~356, 467
반감기 206~207, 475
반거품 방울 470
반도체 55~60, 62, 300, 431~433, 461
~ 증폭기 57~58
반물질 195, 467
반양성자 195, 430, 451
반전자 195, 430
방사능 69, 138, 149~150, 154, 156~158, 165, 170, 182, 208, 210, 212~214, 261, 263, 266~269, 275, 316, 329, 379~381, 385~386, 416, 418, 452, 458~459
방사성 붕괴 97, 138~139, 148, 153, 180,

204, 210, 275, 381~382, 384~385, 417, 422, 486
방사성 원소 96~97, 176, 181, 206~208, 211, 213~214, 260, 266, 317, 380~381, 417, 422, 444, 472
백금 301, 308~309, 395~397, 399, 464, 470
버비지, 마거릿 88
버비지, 제프리 88
버클륨 151, 156, 166
베르크, 오토 180~181
베릴륨 89, 176, 247~249, 251, 409, 457
베이컨, 프랜시스 44, 439
베타 붕괴 138, 211, 422, 455, 475
베테, 한스 444
보륨 167, 461, 482
보스, 사티엔드라 나스 366~367, 407, 468~469
보스-아인슈타인 응축(물) 366~371, 433, 469
보어, 닐스 132, 270~274, 363~364, 425
보일 379
보철술 244~245
볼타, 알레산드로 250
뵈트거, 프리드리히 78, 80~81
부아보드랑 73~76, 84, 443
분광기 65~66, 132, 293
분광학 66, 73, 77
분젠, 로베르트 64~68, 73, 212, 293, 443
불소(플루오르, 플루오린) 161
불확정성 원리 363~365, 368, 370, 468
붕소 29, 31, 50, 71, 89, 461
브라헤, 튀코 217, 452
브래그, 윌리엄 193~194
브래튼, 월터 56~58, 60, 441
브로네마르크, 페르-잉바르 243~246, 341
브롬(브로민) 19, 109~110, 112~115, 117, 308, 431, 481, 484

블라우크로이츠 115
블랙먼, 앨런 438
비소 65, 162, 207
비스무트 204~208, 309
비오, 장 바티스트 225
비활성 기체 20, 24~25, 33, 35, 39, 68, 70, 208, 241, 303, 354~356, 391~392, 423, 431, 433, 456, 467
빅 베르타 117, 120
빅뱅 87~88, 90, 92~93, 403, 409~410, 472

ㅅ

사마륨 160, 164, 406~407
사이클로트론 181, 185
사이토신 194
산소 22, 26, 39~40, 47~48, 53, 66, 68~69, 106~107, 187~188, 204, 230, 240~242, 249, 285, 298, 334, 392, 405, 411, 456, 483, 487
산화나트륨 26, 484
살라자르, 안토니우드 올리베이라 121, 123~124
살정제 218~219
색스, 올리버 237~238, 443, 466
세 쌍 원소 63, 307~308, 463
세그레, 에밀리오 135, 175~178, 180~186, 195, 365, 376, 418, 448~449, 451
세륨 77~79, 84, 296, 303
세린 47
세릴 47
세슘 400~402, 462, 471~472
세이건, 칼 107
셀렌(셀레늄) 307, 324~325, 327~328, 481, 484
셰리, 에릭 75, 442~443, 459, 479
~의 『주기율표』 459

셰익스피어 44, 89, 304, 307, 318
소듐 481, 483~484
소디, 프레더릭 381
손 방향성 223~225, 234~238, 454~455
솔팅 148~149
쇼클리, 윌리엄 56~60, 62, 176, 376, 441~442, 448~449
쇼트, 막스 119~120
수비학 308, 403, 443, 471
수성 95, 99, 425, 445
수소 11, 29, 32, 39, 47, 66, 76, 88~89, 93~94, 106, 111, 137, 147~148, 210, 249~250, 285, 308, 334, 338, 340, 356, 374~376, 417, 429~430, 445, 457, 459, 483, 487
~폭탄 145, 147, 156, 201
수은 5~10, 19, 21, 69, 74, 178, 201~202, 357, 395, 425, 437, 452~454
술폰아미드 232~233
슈리퍼, 로버트 358~359, 468
슈메이커-레비 9호 혜성 92, 106
스콧, 로버트 팰컨 350~353, 355, 467
스탈린, 이시오프 159, 161~165
스트론튬 301, 307~308
스펙트럼 65~66, 293, 437
시보귬 166~169, 482
시보그 152~156, 158~159, 165~166, 168~169, 175, 182, 186, 263, 282, 296, 427, 429, 433~434, 447
시안화수소 33
실라르드, 레오 139, 148~150
실루에트, 에티엔 드 64
실리야흐테르, 알렉산데르 404, 406~407
실리카 52~54, 248
실리콘(규소) 50, 53, 55~56, 58~63, 300, 449, 461
싱어, 조너선 449

ㅇ

아데닌 194
아르곤 20, 24, 252, 356, 358, 391
아메리슘 155, 214
아미노기 49
아미노산 46~49, 188, 197, 203, 223, 249, 440~441
아스타틴 176, 208, 417~419, 422, 464
아연 198~200, 221, 244, 285~286, 290, 453
아원자 입자 137, 266, 372, 455
아이소류신 47
아이소류실 47
아인슈타이늄 157, 425, 481~483, 487
아인슈타인 73, 76, 360, 366~368, 370~371, 395, 400, 403, 409, 414, 424~425, 433, 469
안정성의 섬 416~417, 421~422, 423~424
안티몬(안티모니) 30~32, 207, 296, 438~439, 481, 485
알루미늄 74, 87, 95, 124, 296~301, 431~432, 461~462
알바레즈, 루이스 99~102, 104~105, 136~137, 139, 376
알바레즈, 월터 99, 101
알칼리 25~26, 33, 93
알파 붕괴 138, 422
알파 입자 138, 155~157, 165, 170, 214, 381~384, 417
암모니아 111, 116, 446
액체 방울 94, 372, 374, 447
양성자 23, 25, 29, 31~32, 38~41, 89~91, 96, 130, 132, 137~139, 155~156, 195, 207, 210~211, 334~335, 365, 372, 384, 400, 419~422, 425, 431, 445, 468, 471, 475

양자 거품 388
양자역학 137, 141, 143, 163, 187, 270~272, 293, 354, 363~364, 366, 424~426, 432, 458
양자점 432~434
양전하 23, 131, 132, 137, 155, 210~211, 358, 402, 419, 432, 447, 475
어셔, 제임스 383~384
에너지 준위 23~25, 33~34, 36, 47, 50, 58, 109, 292~293, 361~362, 400~401
에넨넨늄 424
에니악 146
에디슨, 토머스 앨바 56
에딩턴, 아서 403~404, 471
에루, 폴 300
에르븀(어븀) 83, 481, 483
에스허르, M. C 206
에이버리, 오스월드 450
에카규소 71
에카란탄 279
에카붕소 71
에카알루미늄 73~74, 76
연금술 9, 11, 78, 305~306, 309, 437~439, 452, 472
연쇄 반응 139~141, 146, 148, 210~211, 248, 405
염산 29, 249, 274
염소 29, 113~115, 117, 122, 307
염화나트륨 26, 484
염화칼슘 26
엽산 232
오가네손 482
오가와 마사타카 179, 446
오들링, 윌리엄 443, 479
오비탈 34~36, 219~220, 423, 430, 453
오스뮴 111, 178, 311, 438, 445
옥텟 47, 50, 208, 230, 423, 429, 433
와이먼, 칼 368~370, 469

왓슨, 제임스 192~196, 334, 441, 450~451
외계 생명체 50, 224, 409, 413~415
요오드(아이오딘) 161, 239, 252~256, 259, 307, 418, 481, 485~486
우녹트쿼듐 424
우누넨늄 423
우라늄 38, 90, 92, 95, 97~98, 135~137, 141, 143, 147, 153, 159, 185, 201, 210~212, 248, 253, 261~263, 277, 279, 382, 384, 386~387, 405~406, 409, 417, 419~422, 464
우마미 249, 457
우주생물학 224, 411, 415
우회전성 224~225, 235~237, 454, 456
운동량 91, 364
운비븀 423, 475
운트리옥튬 426
울람, 마르친 144~147
원자량 39, 69~70, 96~97, 131~132, 137~138, 252, 442
원자폭탄 32, 136, 140, 147~149, 202, 280, 363, 426, 446, 477
원자핵 23, 25~26, 29, 37~42, 88, 90~91, 93, 129~132, 137~142, 155, 175, 181, 204, 210~211, 214, 261, 277, 292, 296, 334, 354~355, 358, 372, 381~383, 403~406, 418~420, 422~423, 431, 438, 447, 459, 467, 475
웨지우드, 조사이어 83
웰스, 아이버트 449
위르뱅, 조르주 132~133, 272~273, 446
유로퓸 292~295
유리, 해럴드 459
유전체학 450
유카탄 반도 101, 103
은피증 222
음전하 23, 29, 137, 191, 195, 211, 358,

찾아보기 493

402, 430, 432, 475
이리듐 99~102, 106, 179, 311, 395~397, 438, 464, 470
이메르바르, 클라라 112
이산화규소 51~53
이산화탄소 6, 22, 52~53, 98, 242, 372, 377, 384, 392, 456~457
이온 23, 25~26, 29, 32, 154, 191, 194, 203, 214, 218, 222, 249~250, 294, 316, 380, 413, 457, 467
이타노, 하비 449
이타이이타이병 198~199, 201
이테르븀(이터븀) 83, 454, 481, 483
이테르비 78, 81~84, 107, 444, 483
이트륨 36, 83, 179, 336, 361~362
인공 비료 111, 113
인듐 432

ㅈ

자기공명영상(MRI) 124, 220
저온 핵융합 반응 333~339, 392
전이 금속 33, 35~36, 183, 270, 283, 427~429
전자 공여체 29
전자 껍질 23, 34~36, 47~48, 185, 219, 230, 270, 292~293, 432~433, 443
젤륨 431~432
존스, 스탠 222~223
존스, 스티븐 336
졸리오-퀴리, 이렌 261, 266, 273~274, 277~278
좌회전성 223~225, 235~238, 454, 456
주석 55, 118~119, 127, 224~225, 244, 284~285, 290, 351~353, 356, 467
~ 나병 352~353, 467
~산 224~225
주잇, 프랭크 패닝 298

중력 22, 89~92, 94, 104~106, 391, 402, 414, 425, 471~472, 475
중성자 25, 38~41, 89, 91, 96, 138~142, 149, 155, 182, 210~212, 214, 220, 334~336, 372, 384, 405~406, 419~422, 431, 445, 459
~ 총 212, 214
중원소 158, 165, 171, 420~421, 429
지르코늄 271, 387
지르콘 386~387
진공 130, 340, 360~361, 382, 399
진폐증 51
질량수 38~39, 96, 406
질소 10, 47~48, 50, 107, 110~113, 116, 188, 201, 230, 240~243, 249, 391, 456

ㅊ

처칠 123, 233
천왕성 92, 153
철 90~91, 95, 98~99, 101, 118, 122, 124, 244, 290, 319, 351, 413, 445, 453
청동 285, 286
청산가스 33
체이스, 마사 450
체임벌린, 오언 195, 451
초신성 88, 91, 96~97, 101, 106~107, 129, 152, 391
초우라늄 153, 182~183, 185~186, 277~278, 281~282, 409
초원자 431, 433
초유동 22, 367
초유체 22, 31, 354, 367, 370
초전도체 335~336, 354, 357~358, 367, 393
초중원소 420~421, 423~424, 475
촉매 111, 236, 356

최루 가스 109, 112, 114
치클론 A 116
치클론 B 116, 230, 455
친철 원소 99, 445

ㅋ

카드뮴 162, 198~204, 207, 309
카르복시기(카복시기) 49
카보레인 29~30
　~산 31~32
카온 372, 374
카이랄성 223
카코딜 65
칼륨 202~203, 209, 250~252, 481, 483~484
칼슘 26, 40, 171, 200, 250, 307, 377~378, 431, 457
캔지어스, 존 453
캘러버라이트 288~289
캘리포늄 151, 156, 171, 481~482, 487
케테를레 469
코넬, 에릭 368~370, 469
코발트 90, 131~132, 147~149, 252, 455
코스터, 더크 271
코페르니슘 168, 448, 482
콜탄 126~127
쿠퍼, 리언 358~359, 367, 468
　~쌍 358, 367
퀴륨 155, 263
퀴리, 마리 112, 137, 155, 260~263, 268, 316, 380, 385, 458
퀴리, 피에르 112, 261~262, 264, 458
크롬(크로뮴) 244, 311, 319, 408, 481, 484
크룩스, 윌리엄 323~330, 332~333, 340, 342~343, 430, 465
크릭, 프랜시스 192~196, 334, 441, 450~451

크립톤 20, 24, 168, 170, 355~356, 391~392, 399
크세논(제논) 20, 24, 355~356, 391~392, 467, 481, 485
키스, 마이크 463
킬로그램 원기 395~399, 470
킬비, 잭 61~62, 433, 442
킹, 오티스 119~120

ㅌ

타운스, 찰스 363, 365, 446, 448
타키온 426
탄산 242, 379, 457
탄소 22, 29, 39, 46~55, 61, 63, 89, 96, 106~109, 188, 230, 352, 403, 411, 413~414, 423, 427, 441, 456
탄탈(탄탈럼) 124~127, 159, 481, 485
탈륨 8, 202~204, 208, 324~325, 328, 452
탈리도마이드 235, 455~456
태양계 91, 93, 95~97, 104~106, 129, 152, 154, 413, 473~474
터널 효과 432
텅스텐 117, 121~124, 443, 453
테네신 482
테르븀(터븀) 83, 481, 483
테크네튬 88, 135, 182~183, 185, 195
테플론 31, 178
텔루르(텔루륨) 247, 251~252, 288~290, 307, 461, 481, 485
토륨 165, 211~212, 252, 265, 304, 384, 421, 458, 475
톰슨, 윌리엄 383
톰프슨, 웬트워스 388
툴륨 36~37, 84
트랜지스터 53, 58~62, 176, 358, 441~442, 449, 461

트웨인, 마크 314~317, 322, 464~465
~의 「악마에게 팔리다」 316
특허(권) 62, 111, 139, 230~232, 301, 311, 430
티민 194
티탄(타이타늄) 243~247, 341, 387, 472, 481, 484
티틴 50, 441

ㅍ

파라셀수스 178
파스퇴르, 루이 223~227, 229, 231~235, 238, 454~455
파얀스, 카시미에시 275, 282, 460
파울러, 윌리엄 88
파울리, 볼프강 453
파이온 372
파인마늄 426
파인먼, 리처드 403, 426
파커, 케네스 310
파커 51 309~314, 464
패터슨, 클레어 97~99
퍼터먼, 세스 390~393, 469
페니실린 178
페르뮴 156
페르미, 엔리코 182~183, 185~186, 248, 277~279, 281, 409~410, 414, 449, 473
페리에르, 카를로 180~181
펠란, 로버트 469
포타슘 481, 483~484
폰 노이만, 존 144~147, 363
폰스, 스탠리 334~340, 342
폰지, 찰스 64
폴로늄 202, 208, 264~266, 316~317, 381, 384
폴링, 라이너스 176~178, 186~197, 365, 376, 438, 441, 448~451

프라세오디뮴 303, 361
프랑슘 176, 416~419, 422, 464, 475
프랑크, 제임스 274
프랭클린, 로절린드 192, 441, 450
프랭클린, 벤저민 378
프로메튬 135~136, 140, 150, 303, 444
프로탁티늄 135, 211, 252, 275~276, 329, 460, 481, 485~486
프론토질 227~232, 237
프리슈, 오토 278~279
플라스마 354, 357, 467
플라이시먼, 마틴 334~340
플라토, 조제프 388
플라톤 20~22, 24, 35, 40
~의 「향연」 21~22
플랑크 상수 364~365, 473
플레로븀 482
플료로프, 게오르기 163~165
플루오르(플루오린) 161, 355~356, 358, 461, 481, 484
플루토늄 10, 92, 136, 141~143, 146~148, 155, 157, 253, 296
피초니, 오레스테 451

ㅎ

하버, 프리츠 109~117, 119, 230, 438, 446
하슘 167, 475, 482
하이젠베르크, 베르너 363
하프늄 135, 271~272, 458
한, 데이비드 208, 215
한, 오토 136~137, 166, 275, 279, 282, 461
할로겐 24~26, 33, 109, 431
합금 283, 285, 288, 290, 292, 309, 311, 395~397, 453, 470
항성풍 91, 94
해넌스파인드 288~290
해왕성 92, 153, 425

핵과학 133~134, 136~137, 163, 213, 372, 405
핵물리학 159, 180, 206, 277
핵분열 135~136, 139~140, 148, 163, 182~183, 185~186, 210~213, 220, 248, 275, 279~281, 405~406, 421, 447, 449
핵연료 141, 212
핵융합 89~90, 93, 107, 147~148, 210, 333~339, 362, 392, 403, 444~445, 466
핵폭발 94, 142, 279
핵폭탄 140, 148, 164, 210, 220, 253, 405
핵합성 98
허시, 앨프리드 450
허턴, 제임스 384
헤모글로빈 68, 187, 190, 413, 449
헤베시, 죄르지 268~275, 279~280, 459
헤이그 조약 109, 114
헤일-봅 혜성 92
헬륨 20~24, 31~32, 34, 39, 68, 88~89, 94, 106, 138, 354, 356, 367, 381~386, 417, 429, 437
형광 294~295, 461
호일, 프레드 88, 92
호퍼 결정 205~206

홀뮴 40~41, 84
홑원소 6, 22
화성 54, 92, 95, 99, 413, 445, 474
화학전 108~109, 112, 115~117, 276, 446
황 162, 178, 190, 200, 227, 230~232, 307, 462
황철석 287~288
휠러, 아치볼드 387~388
희유 기체 20
희토류 36, 79, 132~133, 185~186, 220, 270, 272
히드라르기룸 8
힌릭스, 구스타부스 443, 479

A~Z

B^2FH 88~90, 92, 107, 444
BCS 이론 358, 367
DNA 188, 190~195, 220, 232, 270, 320, 389, 413, 424, 430, 450~451, 454
L-도파 237~239
MSG 249
pH 29~31
RNA 389
X선 130, 192~193, 268, 341~345
~ 결정학 192

주기\족	1	2	3	4	5	6	7	8	9
1	1 **H** 수소 1.008								
2	3 **Li** 리튬 6.941	4 **Be** 베릴륨 9.012							
3	11 **Na** 나트륨 22.990	12 **Mg** 마그네슘 24.305							
4	19 **K** 칼륨 39.098	20 **Ca** 칼슘 40.078	21 **Sc** 스칸듐 44.956	22 **Ti** 티탄 (타이타늄) 47.861	23 **V** 바나듐 50.941	24 **Cr** 크롬 (크로뮴) 51.996	25 **Mn** 망간 (망가니즈) 54.938	26 **Fe** 철 55.845	27 **Co** 코발트 58.993
5	37 **Rb** 루비듐 85.468	38 **Sr** 스트론튬 87.621	39 **Y** 이트륨 88.906	40 **Zr** 지르코늄 91.224	41 **Nb** 니오브 (나이오븀) 92.906	42 **Mo** 몰리브덴 (몰리브데넘) 95.942	43 **Tc** 테크네튬 98.906	44 **Ru** 루테늄 101.072	45 **Rh** 로듐 102.905
6	55 **Cs** 세슘 132.905	56 **Ba** 바륨 137.327	57 **La** 란탄 (란타넘) 138.905	72 **Hf** 하프늄 178.492	73 **Ta** 탄탈 (탄탈럼) 180.948	74 **W** 텅스텐 183.841	75 **Re** 레늄 186.207	76 **Os** 오스뮴 190.233	77 **Ir** 이리듐 192.217
7	87 **Fr** 프랑슘 223	88 **Ra** 라듐 226	89 **Ac** 악티늄 227	104 **Rf** 러더포듐 (267)	105 **Db** 두브늄 (268)	106 **Sg** 시보귬 (271)	107 **Bh** 보륨 (270)	108 **Hs** 하슘 (277)	109 **Mt** 마이트너륨 (276)

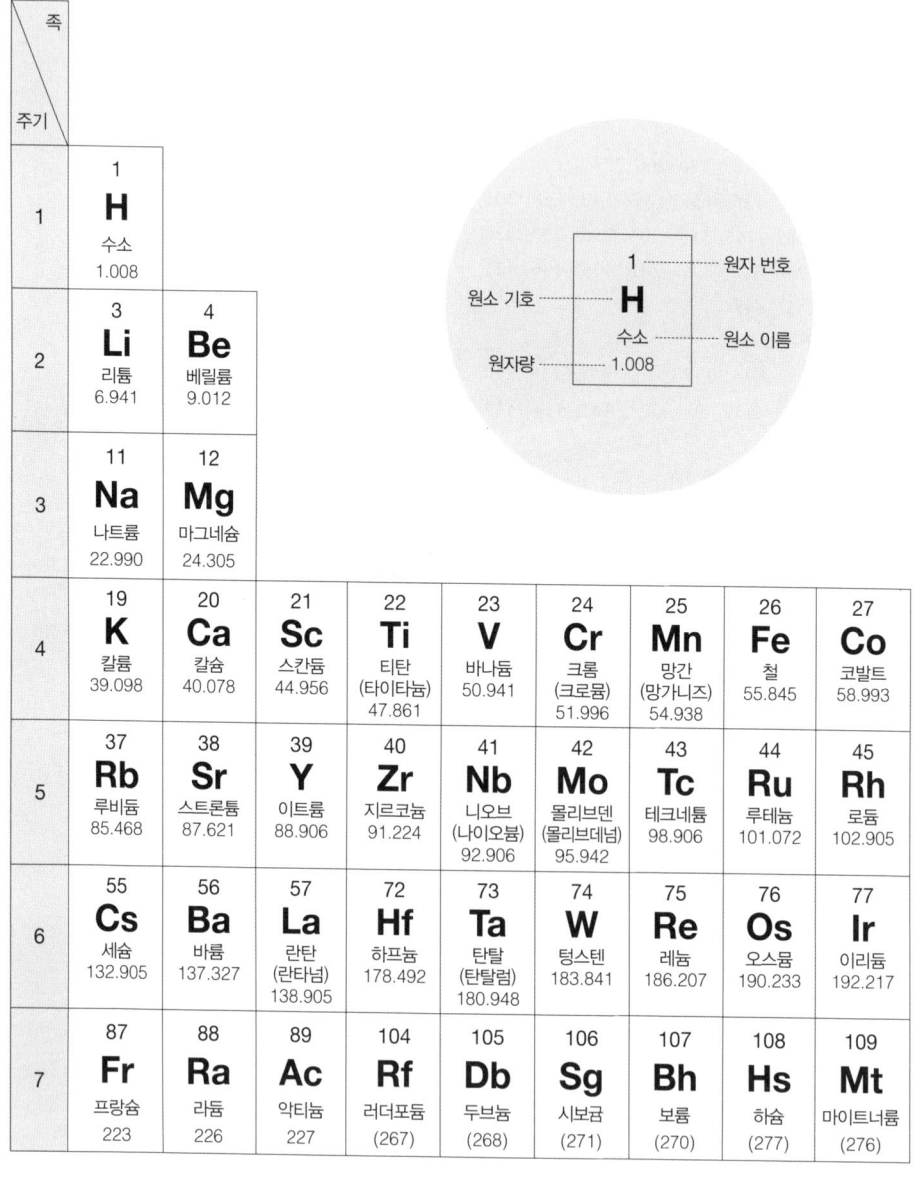

란탄족 (란타넘족)	58 **Ce** 세륨 140.116	59 **Pr** 프라세오디뮴 140.908	60 **Nd** 네오디뮴 144.242	61 **Pm** 프로메튬 145.0	62 **Sm** 사마륨 156.362
악티늄족	90 **Th** 토륨 232.038	91 **Pa** 프로탁티늄 231.036	92 **U** 우라늄 238.029	93 **Np** 넵투늄 (237)	94 **Pu** 플루토늄 (244)

원소 주기율표

								2 **He** 헬륨 4.003
			5 **B** 붕소 10.812	6 **C** 탄소 12.011	7 **N** 질소 14.007	8 **O** 산소 15.999	9 **F** 플루오르 (플루오린) 18.998	10 **Ne** 네온 20.180
			13 **Al** 알루미늄 26.982	14 **Si** 규소 28.086	15 **P** 인 30.974	16 **S** 황 32.066	17 **Cl** 염소 35.453	18 **Ar** 아르곤 39.948
28 **Ni** 니켈 58.693	29 **Cu** 구리 63.546	30 **Zn** 아연 65.384	31 **Ga** 갈륨 69.723	32 **Ge** 게르마늄 (저마늄) 72.641	33 **As** 비소 74.922	34 **Se** 셀렌 (셀레늄) 78.963	35 **Br** 브롬 (브로민) 79.904	36 **Kr** 크립톤 83.798
46 **Pd** 팔라듐 106.421	47 **Ag** 은 107.868	48 **Cd** 카드뮴 112.412	49 **In** 인듐 114.818	50 **Sn** 주석 118.711	51 **Sb** 안티몬 (안티모니) 121.760	52 **Te** 텔루르 (텔루륨) 127.603	53 **I** 요오드 (아이오딘) 126.904	54 **Xe** 크세논 (제논) 131.294
78 **Pt** 백금 195.085	79 **Au** 금 196.967	80 **Hg** 수은 200.592	81 **Tl** 탈륨 204.383	82 **Pb** 납 207.2	83 **Bi** 비스무트 208.980	84 **Po** 폴로늄 209	85 **At** 아스타틴 210	86 **Rn** 라돈 222
110 **Ds** 다름슈타튬 (281)	111 **Rg** 뢴트게늄 (280)	112 **Cn** 코페르니슘 (285)	113 **Nh** 니호늄 (286)	114 **Fl** 플레로븀 (289)	115 **Mc** 모스코븀 (289)	116 **Lv** 리버모륨 (293)	117 **Ts** 테네신 (294)	118 **Og** 오가네손 (294)

63 **Eu** 유로퓸 151.964	64 **Gd** 가돌리늄 157.253	65 **Tb** 테르븀 (터븀) 158.925	66 **Dy** 디스프로슘 162.500	67 **Ho** 홀뮴 164.930	68 **Er** 에르븀 (어븀) 167.259	69 **Tm** 툴륨 168.934	70 **Yb** 이테르븀 (이터븀) 173.043	71 **Lu** 루테튬 174.967
95 **Am** 아메리슘 (243)	96 **Cm** 퀴륨 (247)	97 **Bk** 버클륨 (247)	98 **Cf** 캘리포늄 (251)	99 **Es** 아인슈타이늄 (252)	100 **Fm** 페르뮴 (257)	101 **Md** 멘델레븀 (258)	102 **No** 노벨륨 (259)	103 **Lr** 로렌슘 (262)

옮긴이 이충호

서울대학교 사범대학 화학과를 졸업했다. 지금은 교양 과학도서의 번역가로 활동하고 있다. 『세계를 변화시킨 12명의 과학자』로 우수과학도서(한국과학문화재단) 번역상을 수상했으며, 『신은 왜 우리 곁을 떠나지 않는가』로 제20회 한국과학기술도서(대한출판문화협회) 번역상을 수상했다. 옮긴 책으로는 『사라진 스푼』 『바이올리니스트의 엄지』 『뇌과학자들』 『카이사르의 마지막 숨』 『잠의 사생활』 『그러므로 나는 의심한다』 『경영의 모험』 『동물의 생각에 관한 생각』 『진화심리학』 『원소의 이름』 『돈의 물리학』 『변화는 어떻게 일어나는가』 등이 있다.

사라진 스푼: 주기율표에 얽힌 광기와 사랑, 그리고 세계사

1판 1쇄 2011년 10월 28일
1판 22쇄 2024년 7월 8일

지은이   샘 킨
옮긴이   이충호
펴낸이   김정순
책임편집 허영수 이근정
디자인   김진영 김덕오
마케팅   이보민 양혜림 손아영

펴낸곳   (주)북하우스 퍼블리셔스
출판등록 1997년 9월 23일 제406-2003-055호
주소   04043 서울시 마포구 양화로 12길 16-9(서교동 북앤빌딩)
전자우편 henamu@hotmail.com
홈페이지 www.bookhouse.co.kr
전화번호 02-3144-3123
팩스   02-3144-3121

ISBN 978-89-5605-551-0   03430